Entscheidungen
des Reichsgerichts
in Zivilsachen

Sammlung der noch wichtigen Entscheidungen nach Fachgebieten geordnet

Herausgegeben

von

Professor Dr. **L. Auerbach**, Berlin
Präsident des Reichspatentamtes a. D. Dr. **Johannes Eylau**, München,
Rechtsanwältin **Charlotte Graf**, Berlin, Ministerialdirektor z. Wv. Senatspräsident Dr. **Ernst Knoll**, Berlin, Rechtsanwalt **Erich Kummerow**, Berlin,
Rechtsanwalt **Hermann Reuß**, Berlin, Rechtsanwalt Dr. **Walter Schmidt**, Düsseldorf, Landgerichtsdirektor **Alexander Swarzenski**, Berlin,
Rechtsanwalt Dr. **Werner Vahldiek**, Berlin

Gruppe I Bürgerliches Recht

Sachenrecht

Teil 3

Berlin 1952

Walter de Gruyter & Co.

vormals G. J. Göschen'sche Verlagshandlung / J. Guttentag, Verlagsbuchhandlung / Georg Reimer / Karl J. Trübner / Veit & Comp.

Sachenrecht

Herausgegeben

von

Charlotte Graf

Rechtsanwältin in Berlin

Teil 3

Berlin 1952

Walter de Gruyter & Co.

vormals G. J. Göschen'sche Verlagshandlung / J. Guttentag, Verlagsbuchhandlung / Georg Reimer / Karl J. Trübner / Veit & Comp.

Archiv-Nr. 28 17 52

Satz und Druck: Otto Walter, Berlin SW 29

Inhaltsverzeichnis

Sachenrecht

Teil 3

Verzeichnis

der aufgenommenen Entscheidungen aus der alten Sammlung

Die Entscheidungen sind grundsätzlich — von unwesentlichen Streichungen abgesehen — ungekürzt gebracht worden. Ausnahmsweis gekürzte Entscheidungen sind mit einem † gekennzeichnet.

Soweit eine Entscheidung mehrere Fachgebiete betrifft, ist sie nur in einem Fachgebiet aufgenommen worden. Die anderen Gebiete enthalten nur den Leitsatz der betreffenden Entscheidung mit einem Hinweis, wo der vollständige Abdruck erfolgt ist.

Um das Auffinden der Entscheidungen zu erleichtern, wird am Schluß der Sammlung ein Gesamt-Fundstellenregister erscheinen, in dem alle Entscheidungen der amtlichen Sammlung verzeichnet sind. Die in der Sammlung abgedruckten Entscheidungen sind nach der Fundstelle der alten und der neuen Sammlung zitiert; bei den nicht aufgenommenen findet sich ein Hinweis über den Grund des Ausscheidens.

Sachenrecht

Hypothek

(Fortsetzung)

RGZ. 93, 114.

Wirkungen einer zugunsten eines nachstehenden Hypothekengläubigers eingetragenen Löschungsvormerkung, die den Fall der Nichtentstehung der Hypothekenforderung mitumfaßt. Ist dieser Fall für den Vormerkungsberechtigten gegeben, wenn der Grundstückseigentümer den Eintritt der Bedingung, unter der eine Forderung durch die vorgehende Hypothek gesichert werden sollte, wider Treu und Glauben verhindert hat?

BGB. §§ 162, 883, 888, 1179.

V. Zivilsenat. Urt. v. 5. Juni 1918.

I. Landgericht II Berlin. — II. Kammergericht daselbst.

Anfangs 1914 verkaufte die Klägerin ihr damals unbebautes Grundstück an P.; von dem Kaufpreise zu 39 750 ℳ sollten 38 750 ℳ hypothekarisch sichergestellt werden. In einem Vertrage vom 22./23. Dezember 1913, geschlossen zwischen P., der Klägerin und der Beklagten zu 1, war abgemacht, daß die Beklagte auf dem Grundstücke bis zum 1. Juli 1914 eine Villa bezugs- und schlüsselfertig herstellen sollte. Auch übernahm die Beklagte noch anderweite Leistungen, z. B. die Zahlung der Kosten des Kaufvertrags zwischen P. und der Klägerin sowie die Zahlung der von P. auf den Kaufpreis bar zu entrichtenden 1000 ℳ. Von der vertragsmäßigen Vergütung der Beklagten sollten 41 500 ℳ für sie selbst oder für einen von ihr zu bezeichnenden Dritten, der das Baugeld hergeben würde, eingetragen werden. Die Klägerin sollte hinter diesen Betrag mit ihrem Restkaufgelde zurücktreten, jedoch gegen Löschungsvormerkung bei der vortretenden Post. Nach Herstellung des

Baues sollte die Vormerkung gelöscht werden und die Beklagte denjenigen Teil der Baugeldhypothek, der nicht durch das Baugeld in Anspruch genommen sei, für sich behalten.

Die Beklagte bezeichnete als Baugeldgeber den Bankier G. Am 14. Februar 1914 wurde P. auf Grund der Auflassung als Eigentümer und wurden in Abt. III drei Hypotheken eingetragen: Nr. 1 eine Darlehnshypothek von 36 000 ℳ für G., Nr. 2 eine Darlehnshypothek von 5500 ℳ (d. i. der Rest der 41 500 ℳ) für die Beklagte zu 1, Nr. 3 die Restkaufgeldhypothek von 38 750 ℳ für die Klägerin. Gleichzeitig wurde bei Nr. 1 und 2 die Verpflichtung des Grundstückseigentümers vorgemerkt, die beiden Posten löschen zu lassen, sofern und soweit sie sich mit dem Eigentum am Grundstück in einer Person vereinigen würden. Am 19. Februar 1914 ließ P. unter Nr. 4 für die Beklagte zu 1 noch eine Hypothek von 5000 ℳ „für Bauvergütung" eintragen. Von Nr. 2 verpfändete die Beklagte 1 demnächst einen Teilbetrag an die Beklagte 2.

Im Januar 1915 wurde das Grundstück auf Antrag G.s für bar zu zahlende 44 000 ℳ zwangsweise versteigert. Bei der Kaufgelderbelegung fiel die Klägerin völlig aus, während die für die Beklagte 1 unter Nr. 2 eingetragene Hypothek mit 5628,63 ℳ zur Hebung kam. Die Klägerin erhob gegen die Auszahlung dieses Erlösanteils Widerspruch. Mit der Klage forderte sie gegenüber beiden Beklagten die Feststellung, daß der Erlösanteil ihr selbst zustehe. Sie machte geltend, die Forderung, welche für die Beklagte 1 durch die Hypothek von 5500 ℳ habe gesichert werden sollen, sei nicht zur Entstehung gelangt, da die Beklagte weder Baugelder hergegeben noch den Bau, dessen Errichtung sie übernommen, schlüsselfertig hergestellt habe; sie habe ihn unvollendet liegen lassen.

Die Vorinstanzen gaben der Klage statt. Auf die Revision der beiden Beklagten wurde die Sache an das Berufungsgericht zurückverwiesen.

Aus den Gründen:

. . . „Die zugleich mit der Eintragung des Eigentums des P. vom 14. Februar 1914 in Abt. III Nr. 2 für die Beklagte zu 1 eingetragene, von P. bestellte Hypothek von 5500 ℳ, der die Klägerin den Vorrang vor ihrer an demselben Tage in Abt. III Nr. 3 eingetragenen Restkaufgeldhypothek von 38 750 ℳ eingeräumt hatte, ist nach dem Eintragungsvermerk eine Hypothek für ein Darlehen. Unstreitig bestand aber zur Zeit der Eintragung eine Darlehnsforderung für die Beklagte zu 1 nicht. Der Berufungsrichter nimmt an, daß auch später überhaupt keine

Forderung, die durch die Hypothek gesichert wäre, zur Entstehung gelangt sei. Zur Sicherung der Vergütung für den Bau, dessen Herstellung auf dem von der Klägerin erworbenen Grundstücke des P. neben anderen Verpflichtungen die Beklagte in dem Vertrage vom 22./23. Dezember 1913 übernommen hatte, ist in Höhe von 5000 ℳ eine Hypothek in Abt. III Nr. 4 für die Beklagte eingetragen worden. Bezüglich der Hypothek von 5500 ℳ unter Nr. 2 aber nimmt der Berufungsrichter an, es sei für die hypothekarische Sicherung einer Forderung der Beklagten die Bedingung gesetzt worden, daß die Beklagte entweder selbst ein Baudarlehn hergab und damit die Hypothek belegte oder, falls das Baugelddarlehn von einem Dritten beschafft und dafür diese Hypothek nicht in Anspruch genommen wurde, den Bau schlüsselfertig herstellte; wenn die Beklagte weder das Baugelddarlehn hergeben noch den Bau schlüsselfertig herstellen, sondern ihn unfertig liegen lassen würde, habe sie die Hypothek auch nicht für den Betrag, den sie für den von ihr geleisteten Teil ihrer Arbeiten zu verlangen hätte, in Anspruch zu nehmen berechtigt sein sollen ... (Folgt die Ausführung, daß diese Annahme des Berufungsrichters einen Rechtsirrtum nicht erkennen lasse.)

Unstreitig hat die Beklagte zu 1 weder Baugelddarlehn vorgestreckt noch den Bau vollendet. Daraus folgert der Berufungsrichter ohne Rechtsirrtum, daß die Bedingung, unter der eine Forderung der Beklagten durch die streitige Hypothek von 5500 ℳ gesichert sein sollte, nicht eingetreten sei. Die Klägerin entnimmt aus dem Ausfalle der Bedingung, daß die Forderung, zu deren Sicherheit die für die Beklagte eingetragene Hypothek dienen sollte, nicht zur Entstehung gelangt sei, und stützt hierauf sowie auf die bei der Hypothek für sie eingetragene Löschungsvormerkung ihren Klaganspruch auf Feststellung, daß der auf die streitige Hypothek entfallene Versteigerungserlös nicht den Beklagten, sondern ihr zustehe. Der Berufungsrichter geht im Einklange mit der ständigen Rechtsprechung des Reichsgerichts (vgl. RGZ. Bd. 52 S. 9; Warneyer 1911 Nr. 193, 179) davon aus, daß eine Vormerkung zur Sicherung des Anspruchs auf Löschung einer Hypothek gemäß § 1179 BGB. auch für den Fall der Nichtentstehung der Hypothekenforderung bestellt werden kann. Er nimmt an, daß auch vorliegend die bei der streitigen Hypothek eingetragene Löschungsvormerkung den Fall der Nichtentstehung der Hypothekenforderung umfasse ... (Es wird die Begründung des Berufungsrichters hierfür wiedergegeben und sodann fortgefahren:) Von diesen Erwägungen aus und auf Grund der Annahme der Nichtvalutierung der Hypothek gelangt der Berufungsrichter zu dem

Ergebnis, daß die Klägerin beiden Beklagten gegenüber berechtigt sei, den auf die streitige Hypothek Nr. 2 entfallenen Versteigerungserlös für sich in Anspruch zu nehmen, weil die Hypothek nicht der Beklagten zu 1, sondern gemäß §§ 1163 Abs. 1 Satz 1, 1177 Abs. 1 BGB. als Grundschuld dem Grundstückseigentümer zugestanden habe, die Beklagte zu 2 gemäß §§ 883 Abs. 2, 888 BGB. sich auf die zufolge der Löschungsvormerkung gegenüber der Klägerin unwirksame Verpfändung nicht berufen könne und der Grundstückseigentümer infolge der Löschungsvormerkung gegenüber der Klägerin verpflichtet sei, ihr diesen ihm als Grundschuldgläubiger an sich gebührenden Teil des Versteigerungserlöses zur Deckung des Ausfalls zu überlassen, den sie bei ihrer Restkaufgeldhypothek Nr. 3 erlitten habe.

Die Revision stellt diese Ausführungen und Schlußfolgerungen zur Nachprüfung. Jedoch kann es zunächst einem Bedenken nicht unterliegen, daß nach dem zwischen P., der Beklagten zu 1 und der Klägerin geschlossenen Vertrage vom 22./23. Dezember 1913 die dort bereits vorgesehene Löschungsvormerkung, die gleichzeitig mit der Eintragung der Hypothek von 41 500 *M*, welcher die Klägerin den Vorrang vor ihrem hypothekarisch einzutragenden Restkaufgeld einräumte, eingetragen werden sollte, auch den Fall der Nichtentstehung der Hypothekenforderung umfassen sollte. Die Klägerin räumte, wie der Berufungsrichter einwandfrei darlegt, den 41 500 *M*, von denen demnächst 36 000 *M* für den Baugeldgeber G. in Nr. 1 und 5500 *M* für die Beklagte zu 1 in Nr. 2 der Abt. III eingetragen wurden, den Vorrang vor ihrem Restkaufgelde, das nach dem Kaufvertrage mit P. an erster Stelle einzutragen gewesen wäre, unter der Voraussetzung ein, daß Baugelddarlehn zu dem auf dem Grundstücke von der Beklagten zu 1 auszuführenden Neubau hergegeben würden und die Beklagte den Bau fertigstelle. Soweit die einzutragende Hypothek von 41 500 *M* nicht in dieser Weise belegt werden, also die Hypothekenforderung nicht zur Entstehung gelangen würde, sollte durch die gleichzeitig einzutragende Löschungsvormerkung der Klägerin das Recht auf Herbeiführung der Löschung der Hypothek und somit auf Vorrücken ihrer Restkaufgeldhypothek gewährt werden. Daß aber auch die demnächst eingetragene Löschungsvormerkung nach dem Inhalt des Grundbuchs für jedermann erkennbar den Fall der Nichtentstehung der Hypothekenforderung umfaßte, also durch sie der Anspruch auf Löschung auch für diesen Fall gesichert wurde, ergibt sich daraus, daß zu gleicher Zeit die Hypothek für G. Nr. 1 von 36 000 *M*, die Hypothek für die Beklagte zu 1 von 5500 *M* Nr. 2, die Restkaufgeldhypothek für die Klägerin von

38 750 ℳ Nr. 3 und bei ersteren beiden Hypotheken die Löschungsvormerkung eingetragen worden sind, daß die Eintragung zugunsten der Klägerin als Gläubigerin der, statt an erster Stelle, erst nach den beiden von der Vormerkung betroffenen Hypotheken eingetragenen Hypothek für das Restkaufgeld erfolgt ist, und daß durch die Eintragung allgemein und ohne Einschränkung der Anspruch auf Löschung, sofern und soweit die Hypothek sich mit dem Eigentum in einer Person vereinigen würde, gesichert worden ist, eine solche Vereinigung aber nach §§ 1163 Abs. Satz 1, 1177 Abs. 1 BGB. auch im Falle der Nichtentstehung der Hypothekenforderung stattfindet.

Nach der ständigen Rechtsprechung des Reichsgerichts hat nun eine mit diesem Inhalte bei einer Hypothek zugunsten eines nachstehenden Hypothekengläubigers eingetragene Löschungsvormerkung die Wirkung, daß der Vormerkungsberechtigte, wenn ihm ein Anspruch auf Löschung wegen Nichtentstehung der Hypothekenforderung gegen den Grundstückseigentümer zusteht, gegen Verfügungen, die seinen Anspruch vereiteln oder beeinträchtigen würden, nicht nur dann geschützt ist, wenn es sich um Verfügungen des Grundstückseigentümers über die ihm wegen Nichtentstehung der Hypothekenforderung nach den vorgenannten Vorschriften zustehende Grundschuld handelt, sondern auch dann, wenn die Verfügungen von demjenigen, der zwar als Gläubiger eingetragen, aber wegen Nichtentstehung der Hypothekenforderung nicht wahrer Gläubiger ist, über die Hypothek getroffen sind (vgl. Jur. Wochenschr. 1908 S. 275 Nr. 11; Warneyer 1911 Nr. 124, 184, 193, 379; Urteil vom 1. Mai 1912 V. 465/11). Vorliegend wäre daher, wenn der Klägerin gegen den Grundstückseigentümer P. ein Anspruch auf Löschung der streitigen Hypothek Nr. 2 von 5500 ℳ zugestanden hätte, nicht nur die als Gläubigerin der Hypothek eingetragene Beklagte zu 1, sondern gemäß §§ 883 Abs. 2, 888 Abs. 1 BGB. auch die Beklagte zu 2, der die Hypothek in Höhe eines Teilbetrags von 3000 ℳ von der Beklagten zu 1 verpfändet worden ist, der Klägerin gegenüber verpflichtet gewesen, die Zustimmung zu der von dem Eigentümer zu bewirkenden Löschung zu erteilen, und zwar gleichviel, ob sie hinsichtlich des Bestehens und der Bedeutung der Vormerkung oder hinsichtlich des durch diese gesicherten Anspruchs auf Löschung in gutem oder bösem Glauben gewesen wäre (vgl. Gruchot Bd. 52 S. 1070; Jur. Wochenschr. 1908 S. 275 Nr. 11; Warneyer 1911 Nr. 124; Urt. V. 465/11). Nachdem das mit der Hypothek belastete Grundstück, bevor die Hypothek zur Löschung gebracht wurde, zwangsweise versteigert worden und die Hypothek gemäß § 91 ZVG. durch den Zuschlag erloschen war, hätte sich der Anspruch der Klägerin auf Zustimmung zur Löschung in das Recht darauf umgesetzt, daß die beiden Beklagten den auf die Hypothek entfallenden Erlösteil für sich zu liquidieren unterließen, und, da die Hypothek der Klägerin Abt. III Nr. 3 unmittelbar im Range nachfolgte, wäre die Klägerin berechtigt, diesen Erlösteil zur Befriedigung wegen ihrer ausgefallenen Hypothek in Anspruch zu nehmen (RGZ. Bd. 57 S. 212, Bd. 63 S. 155; Gruchot Bd. 52 S. 1071; Warneyer 1911 Nr. 124; Urt. V. 465/11).

Die Beklagten haben jedoch mit der Behauptung, die Beklagte zu 1 habe den von ihr übernommenen Bau zu 7/8 fertiggestellt, auch übersteige der Preis für die gelieferten Materialien und Arbeiten bei weitem den Betrag der streitigen Hypothek von 5500 *M*, mehrere Einwendungen erhoben, aus denen sich ergeben soll, daß, auch wenn für die Sicherung einer Forderung der Beklagten zu 1 durch die streitige Hypothek die vorbezeichnete Bedingung gesetzt worden sei, doch trotz Nichtvollendung des Baues der Anspruch der Beklagten zu 1 gegen P. wegen der gelieferten Materialien und Arbeiten als durch die Hypothek gesichert zu gelten habe, oder daß die Klägerin gegenüber der Beklagten zu 1 arglistig handle, wenn sie den auf die streitige Hypothek entfallenen Versteigerungserlös der Beklagten zu 1 entziehen wolle und für sich beanspruche. Der Berufungsrichter hat diese Einwendungen sämtlich für unbegründet erklärt. Die Revision bekämpft die Verwerfung der Einwendungen nach drei Richtungen. . . .

(Es wird ausgeführt, daß die Angriffe der Revision nach zwei Richtungen unbegründet seien.)

Weiter haben die Beklagten geltend gemacht, P. habe die vom Baugeldgeber G. erhaltenen Baugeldraten wiederholt ganz oder zum Teil an die Beklagte zu 1 nicht abgeführt, sondern für sich verbraucht; hätte die Beklagte die Baugelder vollständig erhalten, so würde sie den Bau vereinbarungsgemäß fertiggestellt haben; die Klägerin müsse die Handlungen des P., der überhaupt nur ihr Strohmann gewesen sei, gegen sich gelten lassen; da die Beklagte infolge der vertragswidrigen Vorenthaltung von Baugeldraten den Bau nicht habe fertigstellen können und zur Niederlegung der Arbeiten berechtigt gewesen sei, könne sich die Klägerin nicht darauf berufen, daß der Bau nicht fertiggestellt worden sei. Der Berufungsrichter begründet die Verwerfung dieses Einwandes wie folgt: Soweit P. Baugelder, die er von G. erhalten, nicht an die Beklagte abgeführt habe, habe er sich einer Unterschlagung nicht schuldig gemacht, da er selbst und nicht die Beklagte den Baugeldvertrag mit G. abgeschlossen habe. Sache der Beklagten wäre es gewesen, hierbei die nötige Vorsorge zu treffen, daß sie auch tatsächlich in den Besitz des Baugeldes gelangte. Selbst wenn aber P. hinsichtlich des Baugeldes seinen vertraglichen Verpflichtungen nicht nachgekommen sein sollte, würde noch kein Zuwiderhandeln wider Treu und Glauben anzunehmen sein. Keinesfalls wäre dargetan, daß die Klägerin hierfür aufzukommen hätte, ebensowenig würde der Schluß gerechtfertigt sein, daß die Beklagte durch die Nichtzahlung an der Vollendung des Baues verhindert worden sei....

Gegen diese Ausführungen wendet sich die Revision mit Recht. Aus den Bestimmungen des Vertrags vom 22./23. Dezember 1913, wonach die Beklagte zu 1 die Kosten des Kaufvertrags zwischen P. und der Klägerin, die von P. an die Klägerin auf den Kaufpreis zu leistende Anzahlung von 1000 ℳ und sämtliche Zinsen und Provisionen für die auf das Grundstück aufzunehmende Baugeldhypothek bis zum 1. Juli 1914, an welchem Tage der Bau auf dem Grundstücke von der Beklagten zu 1 fertiggestellt werden sollte, übernommen hat, ist zu entnehmen, daß, wenn das Baugeld nicht von der Beklagten selbst hergegeben, sondern von einem Dritten beschafft würde, die von dem Dritten in Raten je nach Fortschreiten des Baues wie üblich gezahlten Baugelder an die Beklagte zu 1 abgeführt werden sollten, damit die Beklagte für die von ihr zu dem Baue gelieferten Materialien und geleisteten Arbeiten entsprechend Deckung erhielte. Die Klägerin hat auch gegenüber dem von den Beklagten eingenommenen Standpunkte, daß, nachdem P. mit G. einen Baugeldervertrag geschlossen habe, die von G. gezahlten Baugelderraten an sie abzuführen gewesen seien, Gegenteiliges nicht angeführt. Die Beklagten haben aber behauptet, P. habe von den Mitte Februar, am 27. Februar, am 6. März und am 20. März 1914 erhaltenen Baugeldraten 40 ℳ, 164 ℳ, 200 ℳ und 500 ℳ an die Beklagte zu 1 nicht abgeführt, sondern für sich verbraucht. Ferner habe P. von der am ersten Freitag im April 1914 erhaltenen Baugeldrate von 3000 ℳ nichts an die Beklagte zu 1 abgeliefert. 600 ℳ davon habe K., der Vertreter der Klägerin, erhalten. Die Beklagte habe nun dem K. erklärt, sie arbeite nicht mehr weiter, sie verlange, daß K. für Ersatz sorge. K. habe versprochen, für eine Erhöhung des Baugeldes zu sorgen sowie bei den Auszahlungen dabei zu sein und den P. vollkommen auszuschalten. Ende April 1914 jedoch habe P. wiederum 500 ℳ für sich behalten. Bei der späteren Auszahlung einer Baugeldrate von 5000 ℳ sei es nur mit Mühe gelungen, den P. noch auf der Treppe abzufassen und ihm das Geld bis auf einige hundert Mark, mit denen er entwischt sei, abzunehmen. Das sei nun der Beklagten endlich zu viel geworden, und sie habe, nachdem sie von K. Ersatz der nicht abgelieferten Baugelder verlangt, K. aber Ausflüchte gemacht habe, die Arbeit am Bau, der bereits zu 7/8 vollendet gewesen sei, niedergelegt.

Wären diese Behauptungen richtig, so hätte P., indem er Baugeldbeträge in einer mehr oder weniger erheblichen Höhe wiederholt trotz Widerspruchs der Beklagten zu 1 dieser vorenthielt und für sich verwendete, der Beklagten gegenüber wider Treu und Glauben gehandelt. Der Beklagten würden Beträge, die ihr Deckung für ihre Leistungen je nach Fortschreiten des Baues gewähren sollten, entzogen worden sein; nach dem Verhalten des P., gegen das sie bei K. keinen Schutz erhalten konnte, hätte sie besorgen müssen, daß ihr auch weiter Baugeldbeträge von P. vorenthalten würden. Daher wäre sie zur Einstellung der Arbeit am Bau berechtigt gewesen. Wenn anzunehmen wäre, daß sie, falls sie die Baugeldraten ungekürzt erhalten hätte, den Bau vollständig fertiggestellt haben würde, wäre es auf die wider Treu und Glauben verstoßende Handlungsweise des P. zurückzuführen, daß die vollständige Fertigstellung des Baues durch sie unterblieb. Dem stände auch nicht das Schreiben der Beklagten an die Klägerin vom 30. Juni 1914 entgegen. Wie die Revision mit Recht bemerkt, enthält dieses Schreiben nur einen Vergleichsvorschlag. Die Beklagte hat darin erklärt, die Klägerin werde ihr doch auf keinen Fall zumuten, daß sie noch mehr Geld an den Bau zugeben und obendrein täglich für ihr eigenes Geld dem P. nachlaufen und von seiner Gnade abhängig sein solle; sie hat für die Fertigstellung des Baues gegenüber der Klägerin Bedingungen gestellt, durch deren Erfüllung sie augenscheinlich das, was ihr durch P. an Baugeldern entzogen worden war, ganz oder doch zum Teil wieder einbringen wollte. Durch die Schlußbemerkung, daß sie, wenn Klägerin es vorziehen sollte, den Bau durch eine andere Firma fertigstellen zu lassen, ihr nichts in den Weg legen werde, hat sie sich ihrer aus dem Verhalten des P. sich ergebenden Rechte in keiner Weise begeben. Wäre aber dadurch, daß P. wider Treu und Glauben Baugeldbeträge nicht an die Beklagte abgeliefert, sondern für sich verwendet hat, verursacht worden, daß der Bau nicht fertiggestellt wurde, indem die Beklagte wegen des Verhaltens des P. die Weiterführung des Baues, den sie sonst vollendet hätte, mit Recht unterließ, so hätte die Bedingung der schlüsselfertigen Herstellung des Baues, unter der die Forderung der Beklagten gegen P. wegen der Bauarbeiten und der übernommenen Nebenverpflichtungen durch die streitige Hypothek gesichert sein sollte, gemäß § 162 Abs. 1 BGB. als eingetreten zu gelten. Daher wäre diese Forderung der Beklagten, wiewohl der Bau nicht fertiggestellt worden ist, doch insoweit, als die Beklagte nicht durch die erhaltenen Baugelder gedeckt wäre, als durch die streitige Hypothek gesichert anzusehen. Demgegenüber könnte sich die Klägerin auf die zu ihren Gunsten eingetragene Löschungsvormerkung nicht berufen. Denn die durch die streitige Hypothek zu sichernde Forderung hätte als entstanden zu gelten, und daher würde für die Klägerin ein Anspruch gegen P. auf Löschung wegen Vereinigung der Hypothek mit dem Eigentum in einer Person nicht gegeben sein. Daraus würde sich ergeben, daß die von der Klägerin erhobene Widerspruchsklage — die sich darauf stützt, daß die Forderung, zu deren Sicherung die für die Beklagte zu 1 eingetragene und für die Beklagte zu 2 verpfändete Hypothek von 5500 ℳ dienen sollte, nicht zur Entstehung gelangt sei und daher die Klägerin den auf die Hypothek entfallenen Teil des Versteigerungserlöses für ihre unmittelbar nachstehende ausgefallene Restkaufgeldhypothek von 38 750 ℳ auf Grund der Löschungsvormerkung in Anspruch nehmen könne — ungerechtfertigt wäre, ohne daß es gegenüber dieser Klagbegründung noch darauf ankäme, ob die Klägerin durch ihren Geschäftsführer K. an dem wider Treu und Glauben verstoßenden Verhalten des P. teilgenommen hätte oder ob P. überhaupt nur eine vorgeschobene Person der Klägerin gewesen wäre." . . .

RGZ. 93, 121.

1. Erfordert bei bestehendem Nießbrauch die Pfändung der Mietforderungen durch einen dem Nießbraucher vorgehenden Hypothekengläubiger außer dem Schuldtitel gegenüber dem Eigentümer einen gegen den Nießbraucher gerichteten Vollstreckungstitel und eine gegen ihn gerichtete Pfändung?

2. Wird die Gültigkeit der Pfändung dadurch berührt, daß im Pfändungsbeschluß die dem Nießbraucher zustehenden Mietforderungen versehentlich als solche des Eigentümers bezeichnet werden?

BGB. §§ 1124, 1277; ZPO. §§ 737, 750, 829.

V. Zivilsenat. Urt. v. 5. Juni 1918.

I. Landgericht III Berlin. — II. Kammergericht daselbst.

Auf einem dem St. gehörigen Grundstücke standen in Abt. III Nr. 9 bis 11 für den Beklagten 3 Hypotheken von zusammen 125 000 ℳ eingetragen. Mit dem Range hinter diesen Hypotheken und hinter einer weiteren für den Baumeister K. eingetragenen Hypothek von 40 000 ℳ haftete auf dem Grundstücke der Nießbrauch eines gewissen M., dessen Ausübung dem Beklagten übertragen war.

Am 16. März 1916 ließ sich die Klägerin von K. „ohne Gewährleistung“ die letzten 10 000 ℳ seiner Hypothek für 1000 ℳ abtreten und mit 5 % Zinsen seit dem 1. April 1914 am 28. März 1916 im Grundbuch unter Bildung eines Teilhypothekenbriefes umschreiben. Nachdem sie den Brief am 15. April 1916 erhalten, bewirkte sie es, daß ihr am 27. desselben Monats von dem der Hypothek zugrunde liegenden vollstreckbaren Schuldtitel Ausfertigung sowohl zur Zwangsvollstreckung gegen den Eigentümer St. als auch zur Duldung der Zwangsvollstreckung gegen den Nießbraucher M. als Rechtsnachfolger des Eigentümers erteilt wurde. Nach Zustellung dieser vollstreckbaren Ausfertigung beantragte sie beim Amtsgerichte, die angeblich „dem Schuldner St.“ gehörigen Mieten des Grundstücks vom 1. Oktober 1916 ab zu pfänden und ihr zur Einziehung zu überweisen. Der Beschluß, den das Amtsgericht dementsprechend am 25. Juli erließ, wurde am 15. September 1916 den Mietern sowie außer dem Schuldner St. auch dem Nießbraucher M. zugestellt.

Daraufhin beantragte der Beklagte die Zwangsverwaltung des Grundstücks, die am 2. November 1916 angeordnet wurde. Der Beklagte wurde zum Zwangsverwalter bestellt, die Mieten für die Zeit vom 1. Oktober bis Ende Dezember 1916 im Betrage von 8022,49 ℳ als Streitmasse zwischen den Parteien hinterlegt. Auch ließ der Beklagte durch Beschluß vom 29. März / 17. April 1917 wegen eines Teilbetrags seiner letzten Hypothek in Höhe von 10 000 ℳ den Anspruch pfänden und sich zur Einziehung überweisen, der dem Nießbraucher M. an den preußischen Justizfiskus auf Auszahlung der hinterlegten 8022,49 ℳ sowie der Hinterlegungszinsen zustehe. Zugestellt wurde dieser Beschluß dem Drittschuldner am 18. April 1917.

Inzwischen hatte, im Februar 1917, die Klägerin bereits Klage mit dem Antrag erhoben, den Beklagten zur Einwilligung in die Auszahlung der hinterlegten 8022,49 ℳ sowie der Hinterlegungszinsen an die Klägerin zu verurteilen. Der Beklagte erhob Widerklage auf Einwilligung der Auszahlung an ihn selbst.

Die Parteien stritten namentlich darüber, ob die Klägerin durch ihre Zwangsvollstreckungsmaßregeln an den Mieten, die nicht ihrem Schuldner sondern dem Nießbraucher zuständen, Rechte habe erwerben können. Der Beklagte berief sich darauf, daß ihm nicht bloß die Ausübung des Nießbrauchs, sondern auch das bessere Hypothekenrecht zugestanden und daß er im Gegensatze zu der formell unrichtigen Pfändung der Klägerin eine formell und materiell gültige Pfändung erzielt habe.

Die Vorinstanzen erkannten unter Abweisung der Widerklage der Klage gemäß. Die Revision hatte keinen Erfolg.

Aus den Gründen:

... „In der Sache selbst hat sich der Berufungsrichter auf eine Prüfung der Frage, ob dem Nießbraucher und dem vorgehenden Hypothekengläubiger gegenüber eine rechtswirksame Pfändung der Mietforderungen vorlag, nicht eingelassen, vielmehr unter Bezugnahme auf die reichsgerichtliche Rechtsprechung die formelle Pfändung gegenüber dem Eigentümer für ausreichend erachtet, um die Streitmasse der Klägerin zuzusprechen.

Die Revision hat demgegenüber geltend gemacht, das Urteil des Reichsgerichts RGZ. Bd. 81 S. 146 beruhe auf der Erwägung, daß eine trotz bestehenden Nießbrauchs gegen den Eigentümer allein gerichtete Pfändung der Mietforderungen zwar unrechtmäßig sei, demungeachtet aber mit der Widerspruchsklage des § 771 ZPO. von dem Nießbraucher nicht angefochten werden könne, wenn der pfändende Hypothekengläubiger mit seiner Hypothek dem Nießbrauch im Range vorgehe. Denn dann stehe dem Nießbraucher kein materielles Recht zur Seite und es erscheine als ein ungerechtfertigter und unnötiger Umweg, den Hypothekengläubiger auf die Erwirkung eines Duldungsurteils und einer Pfändung gegenüber dem Nießbraucher zu verweisen. Diese Sachlage ändere sich aber, wenn dem Nießbraucher nicht bloß der nachstehende Nießbrauch, sondern auch ein dem pfändenden Hypothekengläubiger vorgehendes Hypothekenrecht zur Seite stehe. Dieses Hypothekenrecht müsse zwar nach § 1124 BGB. einer rechtmäßigen Verfügung oder Pfändung weichen, nicht aber einer unrechtmäßigen und formell ungültigen. In einem solchen Falle stehe auch das materielle Recht auf der Seite des widersprechenden Nießbrauchers und Hypothekengläubigers. Seinem Anspruch aus § 771 ZPO. sei also Folge zu geben, im vorliegenden Falle um so mehr, als dem Gegner der richtige Weg (sog. Umweg) durch die Beschlagnahme im Zwangsverwaltungsverfahren und durch die spätere vollwirksame Pfändung des Beklagten verschlossen worden sei.

Die Richtigkeit dieser Ausführungen bedurfte keiner Nachprüfung, weil im vorliegenden Falle die Pfändung der Klägerin auch vom formellen Standpunkt aus nicht zu beanstanden ist. Infolge der Bestellung des Nießbrauchs gehörten die Mietforderungen allerdings nicht mehr dem Eigentümer des Grundstücks, sondern dem Nießbraucher (RGZ. Bd. 68 S. 13). Verfügen im Sinne des § 1124 BGB. konnte deshalb an sich nur der Nießbraucher, nicht der Eigentümer. Eine Verfügung im Wege der Zwangsvollstreckung nach § 1277 BGB. aber konnte demungeachtet auch der dem Nießbrauche vorgehende Hypothekengläubiger erzielen, weil die Mietforderungen nach wie vor nach § 1123 BGB. seinem Hypothekenpfandrecht unterlagen. Nur unter dem Gesichtspunkt einer solchen Verfügung aber kommt im vorliegenden Falle, wo die Beschlagnahme im Wege des Zwangsverwaltungsverfahrens (§ 865 Abs. 2 ZPO., § 148 ZwVG.) schon am 2. November 1916, innerhalb des streitigen ersten Mietvierteljahrs, erfolgt ist, die Mietpfändung der Klägerin in Betracht. Sie erforderte infolge des bestehenden Nießbrauchs nach §§ 750, 737flg. ZPO. (vgl. auch Jäckel-Güthe ZwVG. 5. Aufl. § 146 Anm. 5 IV. 2; Planck BGB. § 1148 Anm. 3 Abs. 2, 3) außer dem Schuldtitel gegen den Hypothekenschuldner (Eigentümer) einen Duldungstitel gegen den Nießbraucher und eine gegen diesen gerichtete Pfändung. Dem ist indessen im vorliegenden Falle Genüge geschehen. Der Vollstreckungstitel gegen den aus dem Grundbuch ersichtlichen Nießbraucher (vgl. § 1148 BGB.) lag vor und ist als solcher von dem Beklagten, der lediglich die Rechte M.s ausübte, nicht bemängelt worden. Auch die Zustellung des Pfändungsbeschlusses an M. ist erfolgt. Unzutreffend und von dem Beklagten gerügt war nur die Bezeichnung der gepfändeten Mietforderungen im Pfändungsbeschlusse als solcher des Eigentümers St. Dieses Versehen aber war ohne Bedeutung, weil es die Identität der Forderungen nicht in Frage stellte. Die Person des Berechtigten war bekannt und aus dem Grundbuch ersichtlich. Auf sie kam es auch nicht an, weil die gepfändeten Forderungen dem Hypothekenrecht unterlagen, gleichviel ob St. oder der Nießbraucher der Berechtigte war. Unwesentliche Unrichtigkeiten im Pfändungsbeschlusse aber berühren dessen Gültigkeit nicht (vgl. RGZ. Bd. 75 S. 317 mit Nachw.)."

RGZ. 93, 248.

1. Unter welchen Umständen ist zum Zustandekommen der die Übergabe des Hypothekenbriefs ersetzenden Vereinbarung eine Annahmeerklärung entbehrlich, wenn die dem Zessionar vom Zedenten übermittelte Abtretungsurkunde die Erklärung enthält, daß der Brief dem Zessionar ausgehändigt werden soll?

2. Kann der Zedent seine Erklärung nachträglich dem Grundbuchamte gegenüber widerrufen?

BGB. § 1117 Abs. 2, § 151.

V. Zivilsenat. Urt. v. 10. Juli 1918

I. Landgericht I Berlin. — II. Kammergericht daselbst.

Am 7. Mai 1914 bestellte der Kläger seiner Ehefrau Bertha K. zur Sicherheit für ein von ihr angeblich gewährtes Darlehen von 14000 ℳ zu notariellem Protokolle vor dem Notar F. eine auf seinen beiden Grundstücken einzutragende Hypothek. Am 9. Juni 1914 trat Frau K. die Hypothek mit seiner Genehmigung an die Beklagte ab. In der Abtretungsurkunde wurde zugleich die Aushändigung des Hypothekenbriefs an die Beklagte bewilligt und beantragt. Auch diese Erklärungen erfolgten sämtlich zu Protokoll des Notars F. Auf Veranlassung des Klägers und seiner Ehefrau reichte der Notar am 2. Juli 1914 die Urkunde vom 7. Mai 1914, betreffend die Bestellung der Hypothek für Frau K., dem Grundbuchamt ein, während er die Abtretungsurkunde vom 9. Juni der Beklagten übersandte. Darauf erfolgte sowohl die Eintragung der Hypothek für Frau K. wie auch die Umschreibung für die Beklagte. Diese erhielt vom Grundbuchamt auch den Hypothekenbrief zugesandt, wiewohl der Kläger hiergegen nachträglich Einspruch erhob.

Der Kläger legte des näheren dar, daß die Beklagte die Umschreibung der Hypothek vertragswidrig erlangt habe, vertrat im übrigen aber auch den Standpunkt, daß sie das Hypothekenrecht überhaupt nicht erworben habe. Er beantragte, die Beklagte zu verurteilen, 1. in die Löschung des Abtretungsvermerks zu willigen, 2. den Hypothekenbrief herauszugeben.

Das Landgericht wies den ersten Antrag zu 1 ab, erkannte aber nach dem zweiten. Auf die Berufung der Beklagten wurde die Klage gänzlich abgewiesen. Die Revision des Klägers hatte keinen Erfolg.

Aus den Gründen:

... „Das Berufungsgericht erachtet den vorliegenden Berichtigungsanspruch insgesamt für hinfällig, weil es annimmt, daß die Beklagte die ihr abgetretene Gesamthypothek einwandlos erworben habe.... Die Revision greift die Urteilsbegründung durchweg an. Ihre Einwendungen sind jedoch verfehlt.

Wenn sie zunächst geltend macht, daß es schon an dem Nachweise fehle, wie die Frau K., von der die Beklagte ihr Recht herleite, ihrerseits die Hypothek erworben hätte, so kann die Stichhaltigkeit dieses Angriffs dahingestellt bleiben. Allerdings fehlt im Berufungsurteile sowohl die Feststellung, daß Frau K. den Hypothekenbrief jemals körperlich übergeben erhalten habe, wie auch eine Feststellung dahin, daß die körperliche Übergabe durch eine den Anforderungen des § 1117 Abs. 2 entsprechende Vereinbarung ersetzt worden sei. Dieser erste

Revisionsangriff versagt jedoch deswegen unbedingt, weil der Erwerb der Hypothek durch die Beklagte nach Lage des Falles überhaupt nicht davon abhing, daß das Hypothekenrecht zuvor an die Zedentin, Frau K., gediehen war. Ist nämlich der letztere Erfolg ausgeblieben, dann stand die Hypothek seit ihrer Eintragung in der Eigenschaft als Eigentümergrundschuld dem Kläger selbst zu und ihm gebührte dann auch die Verfügung über die Hypothek. War er aber der Verfügungsberechtigte, dann konnte er die Verfügung der nicht berechtigten Frau K. dadurch voll wirksam machen, daß er jener Verfügung seine Zustimmung erteilte. Die Revision übersieht nun die erhebliche Tatsache, daß der Kläger in der Tat die gesamte Abtretungserklärung der Frau K. vom 9. Juni 1914 einschließlich der Erklärung, daß der (zu bildende) Hypothekenbrief an die Beklagte herauszugeben sei, ausdrücklich genehmigt hat. Wäre also anzunehmen, daß Frau K. die Hypothek nicht erworben hat, dann griffen zugunsten der Beklagten die Vorschriften der §§ 182, 185 BGB. Platz, und ob die Beklagte die ihr abgetretene Hypothek alsdann auch rechtsgültig erworben hat, hinge in gleicher Weise hier wie in dem Falle, daß Frau K. in eigener Person die Verfügungsberechtigte gewesen wäre, nur noch von Beantwortung der weiteren Frage ab, ob auch die Übergabe des Hypothekenbriefs in gehöriger Weise erfolgt ist (§ 1154 BGB.).

Gegen die bejahende Feststellung des Berufungsurteils hat sich die Revision ebenfalls gewendet, indes wiederum ohne Erfolg. Wie feststeht, enthält die Abtretungsurkunde formgerecht die Bewilligung und den Antrag auf Aushändigung des Hypothekenbriefs an die Beklagte, und diese Urkunde ist ihr auch ausgehändigt worden. Indem nun die Beklagte die Urkunde annahm und behielt, überdies auch dem Grundbuchamte mit dem Antrag auf Umschreibung der Gesamthypothek einreichte, sprach sie darin zugleich die Annahme des Angebots auf Übertragung der Hypothek sowie auf Aushändigung des Hypothekenbriefs aus, und so kam auch unzweifelhaft eine Vereinbarung des Inhalts zustande, daß die Beklagte berechtigt sein solle, sich den Brief vom Grundbuchamt aushändigen zu lassen (§ 1117 Abs. 2 BGB.). Einer Erklärung der Annahme gegenüber der Zedentin Frau K. bedurfte es zum Zustandekommen des Vertrags nicht, weil eine solche Erklärung unter den gegebenen Umständen nach der Verkehrssitte nicht zu erwarten war (§ 151 BGB.). Beruhte doch die Abtretung auf einer mit der Beklagten getroffenen Vereinbarung. Schon der erste Grund, aus dem das Berufungsgericht die Übergabe des Hypothekenbriefs an die Beklagte als wirksam vollzogen erachtet hat, greift daher durch.

Die Revision macht hiergegen zwar zweierlei geltend: einmal, daß der Beklagten nach Inhalt der Abtretungsurkunde die Aushändigung des Hypothekenbriefs nur mit einer Beschränkung bewilligt worden sei, und zweitens, daß das Grundbuchamt den Hypothekenbrief für den Notar F. als Treuhänder in Besitz gehabt habe.... (Zu dem ersten Einwande wird ausgeführt, daß ursprünglich nur zwischen dem Kläger und seiner Frau vereinbart war, der Hypothekenbrief solle nicht ihr sondern dem F. ausgehändigt werden.) Frau K. hat alsdann aber die Bewilligung und den Antrag, daß der (zu bildende) Hypothekenbrief ihrer Zessionarin, der Beklagten, ausgehändigt werden solle, vorbehaltlos erklärt, und der Kläger hat dieser Erklärung ebenfalls ohne jede Einschränkung zugestimmt. Demnach konnte die Beklagte die letzten, gerade an sie gerichteten Erklärungen dahin verstehen, daß beide Teile, sowohl Frau K. wie auch der Kläger, ungeachtet ihrer früheren untereinander getroffenen Verabredung, nunmehr dahin einverstanden seien, daß der Hypothekenbrief jetzt unmittelbar ihr, der Beklagten, ausgehändigt werden solle, und nahm die Beklagte das ihr so ohne Einschränkung gemachte Angebot an, dann kam hierdurch eben die Vereinbarung im Sinne des § 1117 Abs. 2 zustande. Ob der Kläger und Frau K. für sich gemeint hatten, ihre untereinander getroffene Abrede, daß der Hypothekenbrief an Notar F. auszuhändigen sei, solle entsprechend auch noch der Beklagten gegenüber gelten, kann nicht entscheidend sein, da der Beklagten gegenüber nur das Geltung hat, was ihr gegenüber klar und vorbehaltlos zum Ausdruck gekommen ist, und so, wie es nach Treu und Glauben zu verstehen war.

Unter diesen Umständen stellt sich zugleich auch die fernere Behauptung des Klägers sowie der Revision als verfehlt dar, daß das Grundbuchamt den gebildeten Hypothekenbrief an die Beklagte nicht habe herausgeben dürfen, weil es ihn für den Treuhänder F. in Besitz gehabt habe. Für das Grundbuchamt war lediglich der Inhalt der Abtretungsurkunde maßgebend, und auch das Grundbuchamt konnte die dortigen Erklärungen nur dahin verstehen — und hat sie offenbar auch so verstanden —, daß jetzt, nachdem die Hypothek an die Beklagte abgetreten war, ihr auch der Hypothekenbrief behändigt werden solle. Daß dieser auch jetzt noch dem Notar F., nicht aber der Beklagten ausgehändigt werden solle, war auch dem Grundbuchamt in der Abtretungsurkunde in keiner Weise erkennbar gemacht. Nachträglich soll zwar, wie die Revision noch anführt, F. durch seine Eingabe vom 10. September 1914 beim Grundbuchamte gegen die Aushändigung des Hypothekenbriefs an die Beklagte Widerspruch erhoben haben. Aber auch diese Behauptung war unwesentlich, weil ein einseitiger Widerruf der in der Abtretungsurkunde enthaltenen Erklärungen überhaupt nicht mehr zulässig war und vom Grundbuchamte daher auch nicht berücksichtigt werden durfte (vgl. Jur. Wochenschr. 1908 S. 547 Nr. 5)."...

RGZ. 94, 154.

1. Steht § 1114 BGB., der die hypothekarische Belastung eines Grundstückbruchteils nur gestattet, wenn er in dem Anteil eines Miteigentümers besteht, der Eintragung von Ersatzhypotheken auf Miteigentumsanteilen entgegen, die durch Zuschlag an denselben Ersteher wiedervereinigt und damit beseitigt sind?

2. Besteht die Möglichkeit, daß solche Ersatzhypotheken, nachdem sie eingetragen worden sind, in der Folge aufrücken und befriedigt werden oder sind sie als gegenstandslos zu löschen?

ZwVG. §§ 50, 125, 19, 20, 90, 130; ZPO. § 864 Abs. 2;
BGB. §§ 1114, 894, 1169.

V. Zivilsenat. Urt. v. 23. November 1918.

I. Landgericht Beuthen. — II. Oberlandesgericht Breslau.

Auf dem Grundstücke Deutsch P. Bd. 5 Bl. 117, dessen Alleineigentümer früher der Beklagte Martin B. war, hafteten in Abt. III Nr. 5: 6000 ℳ Darlehn, mit $4^1/_2$ % verzinslich, für die Kreissparkasse, Nr. 6: 5000 ℳ Darlehn mit $4^1/_2$ % Zinsen für die Kaufmannswitwe Amalie J.

Am 6. November 1899 ließ Martin B. die Miteigentumshälfte schenkungsweise seiner Ehefrau, der Mitbeklagten Pauline B., auf, und es kamen dann im Jahre 1904 die beiden Eigentumshälften nacheinander zur Zwangsversteigerung. Beide Eigentumsanteile erstand der Kläger, und zwar zuerst durch Zuschlagsbescheid vom 10. März 1904 den des Martin B., dann durch Zuschlag vom 26. Oktober 1904 den der Pauline B. Beide Male wurde die Hypothek der Kreissparkasse als im geringsten Gebot enthalten übernommen, von den 5000 ℳ Abt. III Nr. 6 blieben 3205,11 ℳ unter Freigabe des andern Anteils auf dem früheren Anteile von Martin B., der Rest von 1794,89 ℳ unter dessen Freigabe auf dem früheren Anteile der Pauline B. stehen. Außerdem aber wurde, da die Hypothek der Kreissparkasse von 6000 ℳ bei beiden Zwangsversteigerungen in vollem Umfange berücksichtigt war, gemäß den §§ 50, 125 ZwVG. zur Sicherung der bedingten Ersatzzahlungsverpflichtung zunächst in Abt. III Nr. 17 bzw. 18 je eine Sicherungshypothek von 6000 *M* eingetragen und dann am 30. Juni 1905 eine Ersatzverteilung vorgenommen, wobei „für den Fall und insoweit, als das Recht auf Befriedigung aus der Sparkassenhypothek nach Maßgabe der besonderen Vorschriften über die Gesamthypothek erlösche", zunächst die Ersatzhypothek Nr. 17 auf dem früheren Anteile von Martin B. und dann die Ersatzhypothek Nr. 18 auf dem früheren Anteile der Pauline B. in bestimmter Reihenfolge und in bestimmten Beträgen den ausgefallenen Berechtigten, den Beklagten Nr. 1 bis 3, und in letzter Linie den früheren Eigentümern, den Beklagten Nr. 4, 5, zugeteilt wurde.

Mit der im Mai 1917 erhobenen Klage verlangt der Kläger die Löschung der Ersatzhypotheken, indem er geltend macht, daß zwar die erste Ersatzhypothek zu Recht eingetragen worden sei, nicht aber die zweite, nachdem er auch die andere Hälfte erworben habe und so Alleineigentümer geworden sei (§ 1114 BGB.). Aber auch die erste Ersatzhypothek auf dem früheren Anteile von Martin B. sei deswegen gegenstandslos geworden und müsse gelöscht werden, weil die Bedingung, daß die Sparkassenhypothek nach den Vorschriften über die Gesamthypothek auf dem Anteil erlösche, nicht mehr eintreten könne, nachdem beide Anteile wieder in einer Hand vereinigt seien.

Das Landgericht trat dem bei und verurteilte nach dem Klagantrage die Beklagten zur Löschung bzw. Duldung dieser Löschung. Ihre Berufung ist vom Oberlandesgerichte zurückgewiesen, auf ihre Revision aber das Berufungsurteil aufgehoben und unter Abänderung des landgerichtlichen Urteils die Klage abgewiesen worden.

Aus den Gründen:

... „Die Klage, die nach den §§ 894, 1169 BGB. (vgl. RGZ. Bd. 86 S. 301/5, Bd. 91 S. 218/26; Jur. Wochenschr. 1916 S. 910 Nr. 7) berechtigt erscheinen könnte, wenn ihre Voraussetzungen zuträfen, stützt sich auf zwei Gründe.

1. Es sei zum mindesten die Ersatzhypothek Nr. 18 auf dem früheren Anteile der Pauline B. hinfällig, weil dieser Anteil durch den Zuschlag an den früheren Ersteher des andern Anteils — der dadurch gemäß § 90 ZwVG. Alleineigentümer des Grundstücks geworden sei — zu bestehen aufgehört habe und nach § 1114 BGB. mit einer Sonderhypothek nicht mehr habe belastet werden dürfen. Diesen Grund hat das Landgericht unter Bezugnahme auf die Entscheidung des Kammergerichts in Johows Jahrbuch Bd. 23 A S. 230, Bd. 26 A S. 1571/60 für zutreffend erachtet, das Oberlandesgericht hat sich darüber nicht ausgelassen. Der Grund berührt die Ersatzhypothek auf dem früheren

Anteile des Martin B. (Abt. III Nr. 17) überhaupt nicht, kann aber auch für die Ersatzhypothek Abt. III Nr. 18 nicht für durchgreifend erachtet werden. Die Vertreter dieser Ansicht berücksichtigen nicht, daß der Eigentumsübergang des § 90 ZwVG. nicht für sich allein, losgelöst von den anderen Vorschriften dieses Gesetzes, insbesondere der Kaufgelderbelegung und den Eintragungen im Grundbuche, betrachtet werden kann. Er wird in seinen Wirkungen gehemmt durch die Beschlagnahme des Grundstücks und deren Eintragung im Grundbuche (§§ 19, 20 ZwVG) und erlangt seine volle Wirkung erst, wenn nach der Kaufgelderbelegung auf Ersuchen des Vollstreckungsrichters die daraus sich ergebenden Eintragungen im Grundbuche vorgenommen und der Versteigerungsvermerk gelöscht wird (§ 130 ZwVG., vgl. auch Stillschweig in der Jur. Wochenschr. 1914 S. 9). Aber auch vom Standpunkte des Kammergerichts würde das Löschungsbegehren aus diesem Grunde nicht ohne weiteres berechtigt sein. Denn das Kammergericht verlangt, daß in einem Falle wie dem vorliegenden die Ersatzhypothek an Stelle des erloschenen Anteils auf dem ganzen Grundstück eingetragen wird, und zur Bewilligung einer solchen Eintragung hat sich der Kläger nicht bereit erklärt.

2. Die Bedingung der Ersatzhypotheken soll überhaupt nicht mehr eintreten können und deshalb sollen die Ersatzhypotheken gegenstandslos geworden sein. Dieser von beiden Vorderrichtern für zutreffend erachtete Grund wird von der Revision mit Recht angegriffen.

Zunächst ist nicht einzusehen, warum die beiden jetzt vereinigten, aber verschieden belasteten Anteile nicht in der Folge durch freiwillige Veräußerung (Auflassung, Testament) aus irgendwelchen Gründen sollten wiederhergestellt werden können. Aber auch wenn man davon absieht, bietet sich die in der Berufungsinstanz von den Beklagten vorgebrachte und vom Berufungsrichter erörterte Möglichkeit, daß wegen der auf die früheren Anteile erteilten Hypothek Nr. 6 gemäß § 864 Abs. 2 ZPO. die früheren Anteile als solche zur Zwangsversteigerung kommen. Der Berufungsrichter erkennt dies an, hält es aber für einflußlos, weil die Hypothek der Kreissparkasse dadurch nicht berührt werde und nicht nach den Vorschriften über die Gesamthypothek erlöschen könne. Die Befugnis zur Anteilsversteigerung nach der Vorschrift des § 864 Abs. 2 ZPO. (vgl. auch RGZ. Bd. 20 S. 270; Gruchot Beitr. Bd. 55 S. 670; Jäckel-Güthe, Zwangsversteigerungsgesetz, Vorbem. vor. § 1 Anm. 5, 6) stehe der Sparkasse nicht zu, weil Anteile von Miteigentümern nach der Vereinigung nicht mehr vorhanden seien und ihre Hypothek nicht mehr die verschwundenen Anteile, sondern nur noch das ganze Grundstück belaste. Eine Anteilsversteigerung sei vielmehr nur auf Antrag der Gläubigerin Abt. III Nr. 6 möglich. Dann sei aber die Sparkassenhypothek in das geringste Gebot aufzunehmen und könne nicht erlöschen. Dabei ist jedoch, wie die Revision mit Recht gerügt hat, übersehen, daß die Anteilsversteigerung der Witwe J. dazu führen kann, daß die Anteile durch die Zwangsversteigerung wieder in verschiedene Hände kommen und so der frühere Zustand wiederhergestellt wird. Infolgedessen erübrigt sich das Eingehen auf die Frage, ob die Vorschriften des Zwangsversteigerungsgesetzes, insbesondere eine etwaige analoge Anwendung des § 64 a. a. O. (vgl. Jäckel-Güthe Anm. 2 Abs. 2, 7 13), nicht auch sonst die Möglichkeit des Aufrückens und einer gänzlichen oder teilweisen Befriedigung der Ersatzhypotheken begründen könnten." ...

RGZ. 97, 223.

1. Hat bei der Pfändung einer vorläufigen Eigentümergrundschuld aus §§ 1190, 1163 BGB., die als solche im Grundbuche zunächst nicht eintragbar ist, das im Pfändungsbeschlusse enthaltene Verfügungsverbot bedingte Wirksamkeit? Erlangt es, nachdem die Eigentümergrundschuld endgültig festgestellt und die Pfändung im Grundbuch eingetragen worden ist, rückwirkende Kraft?

2. Welche Bedeutung hat der Verzicht des eingetragenen Gläubigers auf den nicht valutierten Teil einer Höchstbetragshypothek?

BGB. §§ 1190, 1163, 1168, 161, 135 flg.; ZPO. §§ 830, 857 Abs. 6

V. Zivilsenat Urt. v. 29. November 1919.

I. Landgericht München-Gladbach. — II. Oberlandesgericht Düsseldorf.

Die Witwe P. in V. hatte am 1. März 1910 zugunsten der offenen Handelsgesellschaft K.-H., deren geschäftsführender Gesellschafter der Kläger war, auf ihrem Grundstück eine Sicherungshypothek im Höchstbetrage von 45 000 M für alle Ansprüche eintragen lassen, die der Gläubigerin aus ihrer Geschäftsverbindung mit der offenen Handelsgesellschaft H. J. Br. erwachsen waren und noch erwachsen würden.

Die Witwe P., die in Zahlungsschwierigkeiten sich befand, verschuldete der Beklagten aus einem rechtskräftigen Urteile vom 8. April 1914 den Betrag von 36 075 M nebst Zinsen, außerdem aber auch dem Kläger nach dessen Angabe einen Betrag von 60 000 M. Da aus der durch die Sicherungshypothek gedeckten Geschäftsverbindung der Firma K.-H., mit der Firma H. J. Br., die inzwischen abgebrochen worden war, jener Firma nur eine Wechselforderung von 17 500 ℳ nebst Zinsen erwachsen war, blieb ein Betrag von annähernd 27 500 ℳ frei. Die Beklagte erwirkte am 5. August 1914 beim Amtsgericht in V. einen Beschluß, durch den die Sicherungshypothek, soweit sie wegen Nichtbestehens der Forderung gemäß § 1163 BGB. Eigentümergundschuld geworden wäre, sowie der Anspruch auf Berichtigung des Grundbuchs in Höhe von 27 500 ℳ gepfändet und ihr zur Einziehung überwiesen wurde. Am 6. Oktober 1914 erwirkte sie dann noch eine einstweilige Verfügung des Landgerichts, die die Eintragung eines Widerspruchs bei der Sicherungshypothek in Höhe des 17 500 ℳ übersteigenden Betrags wegen mangelnden Bestehens der gesicherten Forderung anordnete und der Eigentümerin P. jede Verfügung über die Eigentümergrundschuld untersagte. Die Eintragung des Widerspruchs geschah am 20. Oktober 1914. Am 27. Oktober 1914 erkannte der Kläger als Vertreter der Firma K.-H. auf Verlangen der Beklagten in einer schriftlichen Urkunde an, daß Ansprüche der Firma an J. Br. nur in Höhe von 17 500 ℳ nebst Zinsen zur Entstehung gelangt seien und weitere Ansprüche wegen Aufhebung der Geschäftsverbindung nicht zur Entstehung gelangen würden.

Der Kläger erwirkte am 27. Dezember 1915 wegen eines Teilbetrags von 30 000 ℳ nebst Zinsen einen Zahlungsbefehl gegen die Witwe P. und ließ, nachdem die Firma K.-H. am 10. Januar 1916 einen Verzicht auf die Sicherungshypothek in Höhe von 25 000 ℳ hatte eintragen lassen, am selben Tage die so entstandene Eigentümergrundschuld von 25 000 ℳ pfänden und sich zur Einziehung überweisen, am 12. Januar 1916 diese Pfändung und Überweisung auch im Grundbuch eintragen.

Demnächst, am 28. November 1916, erzielte die Beklagte Eintragungen im Grundbuche, wonach die Sicherungshypothek in Höhe von 25 000 ℳ (hinter 20 000 ℳ) in eine Eigentümergrundschuld umgeschrieben und insoweit mit dem durch den Widerspruch gesicherten Range als zugunsten der Beklagten durch den Beschluß vom 5. August 1914 gepfändet und überwiesen bezeichnet wurde. Inzwischen war auf Antrag der Firma K.-H. die Zwangsversteigerung des Grundstücks eingeleitet worden und die Beklagte war ihr wegen eines Teilbetrags ihrer Forderung beigetreten. Im Verteilungstermine vom 22. Juni 1917 wurden die auf die Eigentümergrundschuld entfallenden 25 000 ℳ der Beklagten in Anrechnung auf ihre Forderung an Kapital, Zinsen und Kosten zugeteilt, infolge des vom Kläger erhobenen Widerspruchs jedoch die Hinterlegung angeordnet.

Der Kläger hat darauf am 13. Juli 1917 Klage erhoben mit dem Antrage, seinen Widerspruch für berechtigt zu erklären und unter Abänderung des Teilungsplans die 25 000 ℳ ihm zuzuteilen. Das Landgericht erkannte nach diesem Antrage des Klägers, das Oberlandesgericht aber wies unter Abänderung des landgerichtlichen Urteils die Klage ab. Die hiergegen vom Kläger eingelegte Revision hatte keinen Erfolg.

Aus den Gründen:

„... Der Streit der Parteien betrifft die Frage, ob die Pfändung und Überweisung der Eigentümergrundschuld, die die Beklagte am 5. August 1914 erwirkte, sowie die am 20. Oktober 1914 zufolge der einstweiligen Verfügungen vom 6. Oktober 1914 von der Beklagten erwirkten Eintragungen im Grundbuche (Widerspruch und Veräußerungsverbot in Ansehung der Eigentümergrundschuld) rechtswirksam und geeignet waren, die spätere, am 10. Januar 1916 nach Eintragung des Verzichts der eingetragenen Gläubigerin in Höhe von 25 000 ℳ zugunsten des Klägers bewirkte Pfändung und Überweisung auszuschließen.

Das Landgericht hatte sich der Auffassung des Klägers angeschlossen, indem es von der Annahme ausging, daß vor dem Verzicht der eingetragenen Gläubigerin eine eintragungsfähige und der Verfügung der Grundstückseigentümerin sowie der Pfändung unterliegende Eigentümergrundschuld nicht bestanden habe, die früheren zugunsten der Beklagten erwirkten Maßnahmen daher gegenstandslos gewesen seien. Vor dem Verzichte habe die Höhe der durch die Höchstbetragshypothek gesicherten Forderung der eingetragenen Gläubigerin trotz ihres Anerkenntnisses vom 27. Oktober 1914 nicht endgültig festgestanden, weil die Forderung trotzdem durch die Zinsen, die für eine nicht abzusehende Zeit fortliefen, ständig gewachsen und auch wegen der gleichfalls unbekannten Kosten einer etwaigen, dann tatsächlich notwendig gewordenen Rechtsverfolgung ihrer Höhe nach nicht bestimmbar gewesen sei.

Das Oberlandesgericht hat sich den Bedenken gegen die zugunsten der Beklagten am 20. Oktober 1914 im Grundbuch erfolgten Eintragungen nicht verschlossen, hat jedoch diesen Eintragungen keine Bedeutung beigemessen, weil es das in der einstweiligen Verfügung vom 6. Oktober 1914 enthaltene Veräußerungsverbot allein schon für ausreichend erachtet hat, die spätere zugunsten des Klägers bewirkte Pfändung und Überweisung unwirksam zu machen. Die Eintragung des Verzichts der eingetragenen Gläubigerin habe nur die Bedeutung der endgültigen Feststellung der Forderung gehabt, im übrigen aber an der bereits bestehenden Eigentümergrundschuld nichts geändert. Die zugunsten der Beklagten am 5. August 1914 bewirkte Pfändung und Überweisung dieser Eigentümergrundschuld habe nunmehr, nach Feststellung der Forderung, gemäß §§ 830 Abs. 1 Satz 3 und 857 Abs. 6 ZPO. auch im Grundbuch eingetragen werden können, und das sei durch die Eintragungen vom 28. November 1916 rechtswirksam zugunsten der Beklagten geschehen.

Die gegen diese Ausführungen gerichteten Revisonsangriffe sind nicht begründet. Nach der Rechtsprechung des Reichsgerichts, wie sie nach anfänglichen Schwankungen sich schließlich herausgebildet hat,

vgl. RGZ. Bd. 55 S. 220, Bd. 75 S. 250, Bd. 78 S. 409; Gruchot Bd. 56 S. 1072, Bd. 58 S. 670; ZBlfFrG. Bd. 16 S. 579; Urt. vom 19. September 1917 V 104/17,

besteht auch bei der Höchstbetragshypothek des § 1190 BGB., solange die gesicherte Forderung noch nicht entstanden und endgültig festgestellt ist, zunächst eine vorläufige Eigentümergrundschuld im Sinne des § 1163 Satz 1 BGB., die erst nach der Feststellung, soweit diese reicht, in eine Gläubigerhypothek übergeht, im übrigen endgültig Eigentümergrundschuld bleibt. Daß diese vorläufige Eigentümergrundschuld im Wege der Zwangsvollstreckung gepfändet und überwiesen werden kann, ist um so weniger zweifelhaft, als selbst in den früheren Urteilen des Reichsgerichts, die die vorläufige Eigentümergrundschuld nur als eine Anwartschaft auf eine künftige Eigentümergrundschuld auffaßten, die Pfändbarkeit dieses Rechtes niemals in Zweifel gezogen worden ist,

vgl. RGZ. Bd. 51 S. 116 a. E., Bd. 56 S. 14, Bd. 61 S. 376; Jur. Wochenschr. 1912 S. 297 Nr. 17.

Die Rechtswirksamkeit der von der Beklagten am 5. August 1914 erzielten Pfändung und Überweisung ist daher, vorbehaltlich der noch zu erörternden Eintragung, nicht zu bezweifeln. Die Pfändung und Überweisung der Eigentümergrundschuld bedurfte aber nach den §§ 830 Abs. 1, 857 Abs. 6 ZPO. der Eintragung im Grundbuch und diese ist erst nach dem am 10. Januar 1916 eingetragenen Verzicht der eingetragenen Gläubigerin und nach der am 12. Januar 1916 zugunsten des Klägers eingetragenen Pfändung und Überweisung am 28. November 1916 bewirkt worden. Inzwischen war nun zugunsten der Beklagten die einstweilige Verfügung vom 6. Oktober 1914 ergangen, die auf Grund des Pfändungs- und Überweisungsbeschlusses der Beklagten zu deren Gunsten die Eintragung eines Widerspruchs bei der zur Eigentümergrundschuld gewordenen Höchstbetragshypothek und die Eintragung eines Verfügungsverbots für die Grundstückseigentümerin anordnete. Diese Eintragungen sind am 20. Oktober 1914 vorgenommen worden, ihre Wirksamkeit ist aber streitig, und ebenso wird von der Revision auch die Wirksamkeit der einstweiligen Verfügung und des darin enthaltenen Verfügungsverbots in Abrede gestellt, um so der späteren zugunsten des Klägers bewirkten Pfändung und Überweisung Raum zu schaffen.

Nun ist in der Rechtsprechung des Reichsgerichts allerdings daran festgehalten worden, daß vorläufige Eigentümergrundschulden und Verfügungen darüber, insbesondere auch Vormerkungen, abgesehen von der im Gesetze (§ 1179 BGB.) zugelassenen, nicht für ausdehnungsfähig erklärten Ausnahme der Löschungsvormerkungen, im Grundbuche nicht eintragbar, solche Eintragungen vielmehr abzulehnen sind,

vgl. RGZ. Bd. 56 S. 14, Bd. 61 S. 374, Bd. 75 S. 250, Bd. 72 S. 275, Bd. 84 S. 80 u. a.

Über die Bedeutung einer trotzdem vorgenommenen Eintragung aber hat sich das Reichsgericht noch nicht ausgesprochen, und diese Frage brauchte auch jetzt nicht entschieden zu werden. Denn dem Berufungsrichter ist darin beizutreten, daß es auf die Eintragungen vom 20. Oktober 1914 nicht ankommt, weil schon ein außerhalb des Grundbuchs im Zwangsvollstreckungswege ergangenes Verfügungsverbot ausreicht, um die im Wege der Zwangsvollstreckung zugunsten des Klägers ergangenen späteren Verfügungen der Beklagten gegenüber unwirksam zu machen. Die Eintragung des Verfügungsverbots im Grundbuche hat in Wirklichkeit nur die Bedeutung, den guten Glauben der Erwerber auszuschließen, bei Verfügungen im Zwangsvollstreckungswege, wie sie der Kläger erzielt hat, aber kommt es auf den guten Glauben nicht an. Sie sind ohne Rücksicht darauf wirkungslos, wenn dem Zwangsvollstreckungsschuldner die Verfügungsbefugnis fehlt (Jur. Wochenschr. 1918 S. 129 Nr. 1).

Als entscheidend hat nun der Berufungsrichter das in der einstweiligen Verfügung enthaltene Verfügungsverbot erachtet und die Revision hat infolgedessen, wie bereits erwähnt, auch die Rechtswirksamkeit der einstweiligen Verfügung angegriffen. Einstweilige Verfügungen nach §§ 935, 940 ZPO. seien nur zur Sicherung einer Individualleistung, nicht zur Sicherung eines Geldanspruchs, wie er der Beklagten zugestanden habe, zulässig. Für solche Geldansprüche sei vielmehr der Arrest das gegebene Rechtsmittel. Man könnte hiergegen einwenden, daß die Beklagte durch den Beginn der Zwangsvollstreckung (die Pfändung und Überweisung vom 5. August 1914) an der Eigentümergrundschuld bereits Individualrechte erlangt hatte, doch bedurfte auch diese Frage keiner Entscheidung. Es kommt auch darauf schließlich nicht an, weil das die Wirksamkeit der Pfändung und Überweisung des Klägers nach §§ 135 flg. BGB. ausschließende Verfügungsverbot schon in dem Pfändungs- und Überweisungsbeschlusse vom 5. August 1914 enthalten war (§ 829 Abs. 1 ZPO.). Die endgültige Wirksamkeit dieses Verfügungsverbots hing allerdings ebenso wie die der Pfändung, zu deren Durchführung es erlassen wurde, nach den für Hypothekenforderungen und Grundschulden, und demzufolge — wie in der Rechtsprechung anerkannt ist — auch für Eigentümergrundschulden geltenden Vorschriften der §§ 830, 857 Abs. 6 ZPO. von der Eintragung im Grundbuch ab; diese Eintragung ist aber schließlich am 28. November 1916 vorgenommen worden. Die Wirksamkeit begann auch nicht etwa erst mit dieser Eintragung, vielmehr trat, wie dies im § 830 Abs. 2 ZPO. (vgl. auch RGZ. Bd. 76 S. 233) in Ansehung des Zahlungsverbots und der zivilrechtlichen Wirkungen der Pfändung gegenüber dem Drittschuldner ausdrücklich anerkannt ist, alsbald der im § 161 BGB. geregelte Schwebezustand ein. Dieser Schwebezustand kann, wenn der Vollendung der Pfändung Schwierigkeiten entgegenstehen, wie z. B. im Falle des Verlustes des Hypothekenbriefs oder in Fällen der hier vorliegenden Art, wo es sich um eine vorläufige, noch nicht eintragbare Eigentümergrundschuld handelt, unter Umständen längere Zeit dauern. Gerade das mehr oder minder häufige Vorkommen solcher Schwierigkeiten aber beweist die Notwendigkeit der bedingten Wirksamkeit des im Pfändungsbeschluß enthaltenen richterlichen Verfügungsverbots und der Rückbeziehung seiner an die Vollendung der Pfändung geknüpften Folgen.

Gegen die Rechtswirksamkeit der zugunsten der Beklagten am 28. November 1916 bewirkten Eintragung der Pfändung und Überweisung ist dann noch geltend gemacht worden, daß die Eintragung eine andere Eigentümergrundschuld, nämlich die durch Verzicht nach § 1168 BGB. entstandene, betreffe, während Gegenstand der Pfändung und Überweisung der Beklagten die vorläufige Eigentümergrundschuld des § 1163 BGB. gewesen sei. Diese Ausführungen sind jedoch mit Recht vom Berufungsrichter für verfehlt erachtet worden. Der Verzicht der eingetragenen Gläubigerin hatte, da dieser insoweit, als der Verzicht reichte, eine Gläubigerhypothek noch nicht zustand, nicht die Bedeutung des § 1168 BGB. Er bedeutete vielmehr nur die Begrenzung der gesicherten Forderung und hatte zur Folge, daß die der vorläufigen

Eigentümergrundschuld anhaftende auflösende Bedingung nunmehr endgültig im vollen Umfange des Verzichts in Wegfall kam. An der Eigentümergrundschuld selbst wurde im übrigen nichts geändert. Sie blieb, was sie war und wie sie auch der Pfändungs- und Überweisungsbeschluß bezeichnete, eine wegen Nichtentstehens einer gesicherten Forderung entstandene Eigentümergrundschuld. Zweifelhaft kann dies um so weniger sein, als der Berufungsrichter ausdrücklich festgestellt hat, daß die Forderung der Firma K.-H. den Betrag von 20 000 ℳ niemals überschritten hat." ...

RGZ. 103, 137.

1. Wirkt eine Mietepfändung auf Grund dinglichen Titels als Beschlagnahme im Sinne der §§ 1123, 1124 BGB.?

2. Wie ist zu entscheiden bei einer Mehrheit solcher Pfändungen?

VII. Zivilsenat. Urt. v. 4. November 1921.

I. Landgericht I Berlin. — II. Kammergericht daselbst.

Th. Sch. war Eigentümer mehrerer Grundstücke in Ch. Seine Mietzinsansprüche wurden von den Beklagten, aber auch von seiner Schwester, Frau R., der Rechtsvorgängerin des Klägers, gepfändet. Die Mieten wurden nach Vereinbarung eingezogen und hinterlegt. Der gesamte Betrag belief sich auf 12 309,40 M. Mit Klage und Widerklage verlangten beide Parteien, daß der Gegner in die Auszahlung des Geldes an die andere Partei willige. Der Kläger stützte sich dabei auf die älteren Pfändungen, die Beklagten beriefen sich auf die Vorschriften des Anfechtungsgesetzes. Das Landgericht hat der Klage stattgegeben, die Widerklage abgewiesen. In der Berufungsinstanz machten die Beklagten auch noch geltend, daß ihnen in Ansehung der Mieteinnahmen aus dem Grundstück Schl.-Straße 45, die mit 4060,97 ℳ hinterlegt sind, das bessere dingliche Recht zur Seite stehe. Die Berufung wurde zurückgewiesen. Die nur in Höhe von 4060,92 ℳ eingelegte Revision hatte Erfolg.

Gründe:

Es handelt sich nur noch um Beträge, die als Miete für das Haus Schl.-Straße 45 vereinnahmt und dann hinterlegt sind. Für welche Zeitabschnitte das Geld gezahlt ist, hat das Kammergericht noch nicht festgestellt. Rechtlich wird nur noch darum gestritten, ob die Beklagten auf Grund ihres besseren dinglichen Rechts Ansprüche erheben können und gegebenenfalls welche. Für sie war im Grundbuche des Hauses

Schl.-Straße 45 eine Hypothek von 45 000 ℳ eingetragen. Nacheingetragen standen 30 000 ℳ für die Rechtsvorgängerin des Klägers. Wegen beider Hypotheken ist auf Grund dinglichen Schuldtitels gepfändet worden, für den Kläger am 4. April 1914, für die Beklagten am 15. April 1914. Der spätere Beschluß ist auch später zugestellt worden. Ein weiterer Pfändungsbeschluß ist zugunsten des Klägers am 8. April 1914 erlassen worden, und zwar auf Grund eines Schuldtitels über die persönliche Forderung von 30 000 ℳ, welche durch die oben erwähnte Hypothek gesichert war.

Die Beklagten berufen sich gegenüber den für den Kläger ausgebrachten Pfändungen auf die §§ 1123, 1124 BGB. Sie erblicken dabei in einer Pfändung auf Grund dinglichen Titels eine Beschlagnahme im Sinne jener Vorschriften. Diesen Gesichtspunkt hat das Kammergericht als verfehlt abgelehnt. Dadurch hat es sich, wie die Revision mit Recht hervorhebt, zu der seit langem feststehenden Rechtsprechung des Reichsgerichts in Widerspruch gesetzt. An neueren Entscheidungen seien genannt RGZ. Bd. 81 S. 146, Bd. 86 S. 135, Bd. 88 S. 99, Bd. 101 S. 5. Das Schrifttum hat diese Rechtsprechung überwiegend gebilligt. An ihr ist auch im gegenwärtigen Falle festzuhalten. Der Kommentar von Staudinger, auf welchen sich der Berufungsrichter für seine abweichende Ansicht bezieht, ist dem Reichsgericht ebenfalls beigetreten (vgl. Anm. I 1a zu § 1121, Anm. I 4b zu § 1123). An der vom Kammergericht bezogenen Stelle wird nur ausgeführt, daß bei mehreren Pfändungen auf Grund dinglichen Titels das Alter der Pfändung über den Rang entscheidet. Wenn Staudinger sich dabei auf die Entscheidung des Kammergerichts KGBl. Bd. 20 S. 44 beruft, so setzt er sich allerdings mit seiner eigenen Ansicht in Widerspruch, wie sie an den oben angeführten beiden Stellen ausgesprochen ist. Das Kammergericht hält a. a. O. nämlich eine Verwirklichung des dinglichen Rechts im Wege der Zwangsvollstreckung in das bewegliche Vermögen für begrifflich unmöglich, eine Pfändung könne immer nur auf den schuldrechtlichen Anspruch gestützt werden. Von diesem Standpunkt aus versagt es einer Pfändung auf Grund dinglichen Titels jede Wirkung, also auch die einer Beschlagnahme im Sinne der §§ 1123, 1124 BGB. Dieser Standpunkt ist aber unhaltbar. Die Vorschrift des § 1147 BGB. gewährleistet dem Hypothekengläubiger das Recht, seine Befriedigung aus dem Grundstück und aus den Gegenständen, auf die sich die Hypothek erstreckt, im Wege der Zwangsvollstreckung zu suchen. Ein Unterschied zwischen den verschiedenen Arten der Zwangsvollstreckung ist dabei nicht gemacht. Daß überhaupt auf Grund eines dinglichen Titels gepfändet werden darf, folgt schon aus § 794 Nr. 5 ZPO. und aus Nr. 4 das. in Verb. mit § 688 Abs. 1 Satz 2 ZPO. Es soll nach diesen Bestimmungen in Ansehung der Zwangsvollstreckung, ebenso wie nach § 592 ZPO. in Ansehung des Urkundenprozesses, der Anspruch aus einer Hypothek, einer Grundschuld und einer Rentenschuld als Anspruch gelten, welcher die Zahlung einer Geldsumme zum Gegenstande hat. Die Zwangsvollstreckung wegen Geldforderungen findet aber in bewegliches Vermögen durch Pfändung statt (§ 803 ZPO.). Ebenso zeigt § 1277 BGB., daß auf Grund eines dinglichen Titels eine Pfändung vorgenommen werden kann. Diese Vorschrift lehrt auch, daß bei solcher Zwangsvollstreckung derjenige Gegenstand gepfändet werden kann, auf welchen sich das dingliche Recht erstreckt. Nach § 1277 BGB. muß nämlich der Pfandgläubiger seine Befriedigung aus einem ihm verpfändeten Rechte, soweit nicht ein anderes bestimmt ist, auf Grund eines vollstreckbaren Titels im Wege der Zwangsvollstreckung suchen. Es ist also Verurteilung zur Duldung der Zwangsvollstreckung in das Recht und Pfändung des — ohnehin haftenden — Rechts erforderlich (vgl. Komm. v. RGR. Anm. 1 zu § 1277 BGB. und Stein Anm. II 1 zu § 804 ZPO.).

Der Entscheidungsgrund des Kammergerichts versagt also. In einer Mietepfändung auf Grund dinglichen Titels ist eine Beschlagnahme im Sinne der §§ 1123, 1124 enthalten. Das Berufungsurteil kann auch nicht mit der Erwägung aufrechterhalten werden, daß bei dem Zusammentreffen mehrerer solcher Mietepfändungen nur der älteren Pfändung eine Beschlagnahmewirkung beizulegen ist, daß alle späteren Pfändungen bloße „Verfügungen" sind, die nach der einmal erfolgten Beschlagnahme gemäß §§ 1123, 1124 unwirksam bleiben müssen. Diese Ansicht wird vom RGR.-Komm. Anm. 7 zu § 1124 vertreten. Ein Grund, warum der jüngeren Pfändung die Beschlagnahmewirkung versagt bleiben sollte, ist dort nicht angegeben und ist auch nicht ersichtlich. Wenn jede Pfändung von Mietzinsen auf Grund dinglichen Titels eine Beschlagnahme im Sinne der §§ 1123, 1124 enthält, so stehen mehrere Pfändungen auch als mehrere Beschlagnahmen nebeneinander. Ihr Wettbewerb wird, wie regelmäßig bei dinglichen Rechten, durch das Rangverhältnis entschieden (§§ 879 flg. BGB.). Das hat der Senat grundsätzlich bereits angenommen, als es sich um den Streit zwischen Hypothekengläubiger und Nießbraucher handelte (Gruchot Bd. 58 S. 1032). Wie bei einem Streit zweier Hypothekengläubiger zu entscheiden sein würde, ist damals noch offen geblieben; auch diese Frage hat der Senat aber bereits (Warneyer 1915 Nr. 117) in dem hier entwickelten Sinne entschieden. Auch das Schrifttum steht überwiegend auf diesem Standpunkt, ebenso das Kammergericht in ROLG. Bd. 26 S. 143.

Im gegenwärtigen Falle enthält also die Pfändung vom 15. April 1914 die maßgebende Beschlagnahme, „die" Beschlagnahme im Sinne der §§ 1123, 1124. Ihr gegenüber kann die auf Grund dinglichen Titels vorgenommene Pfändung vom 4. April 1914 ebenso wie die auf Grund persönlichen Titels vorgenommene Pfändung vom 8. April 1914 nur als „Verfügung" in Betracht kommen. Als Verfügungen kommen diese Pfändungen aber auch in Betracht, denn jede Pfändung birgt außer dem staatlichen Akt der Beschlagnahme noch eine — allerdings erzwungene — Verfügung des Vollstreckungsschuldners in sich (vgl. RGZ. Bd. 93 S. 121, Bd. 76 S. 116, Warneyer 1916 Nr. 171).

Auf diesem Boden ist der Streit der Parteien zu entscheiden. Inwieweit die Beklagten die Pfändungen vom 4. und 8. April 1914 anerkennen müssen, hängt noch von weiteren tatsächlichen Feststellungen ab. Erst wenn ermittelt ist, für welche Zeitabschnitte die hinterlegten Mietbeträge eingezogen sind, wird darüber nach den Vorschriften der §§ 1123, 1124 BGB. abgeurteilt werden können.

RGZ. 104, 68.

Hat die bei Bestellung einer Amortisationshypothek getroffene Vereinbarung, daß die Zahlung der Tilgungsbeiträge nicht sofort zur Tilgung der Hypothekenforderung dienen, sondern daraus ein Guthaben angesammelt werden und erst nach Erreichung einer bestimmten Höhe des Guthabens der betreffende Hypothekenteil auf den zahlenden Eigentümer übergehen, sowie daß das Guthaben (der Amortisationsfonds) als Zubehör des Grundstücks von jedem neuen Eigentümer erworben werden solle, dingliche Wirkung?

V. Zivilsenat. Urt. v. 18. Januar 1922.

I. Landgericht Greifswald. — II Oberlandesgericht Stettin.

Auf dem früher der Frau M. gehörenden Grundstück L. standen eine zu 4½ v. H. verzinsliche, mit ½ v. H. in halbjährigen Raten zu amortisierende Hypothek von 81 000 ℳ für die Sparkasse des Kreises N. und eine im Range nachfolgende Hypothek von 30 000 ℳ für die Klägerin eingetragen. Im § 25 der Satzung der Sparkasse ist bezüglich Amortisationshypotheken bestimmt: „Bei Darlehen mit Tilgungszwang zahlt der Schuldner neben dem vereinbarten Zinsfuße eine mit ihm festgestellte Tilgungsrate. Die Tilgungsraten machen ein von dem

Grundstücke nicht zu trennendes Zubehör desselben aus, dergestalt, daß es mit diesem auf jeden neuen Besitzer übergeht und ohne dasselbe weder an einen Dritten abgetreten noch aus anderen Titeln in Anspruch genommen oder mit Beschlag belegt werden kann. . . . Der Schuldner ist berechtigt, sobald die ausgesparten Tilgungsraten 10 v. H. des geliehenen Kapitals erreicht haben, die Abschreibung im Grundbuche zu beantragen, wobei er jedoch dem Überrest das Vorzugsrecht vor der auf diesem Wege erworbenen eigenen Hypothek einzuräumen hat."

Im Mai 1917 wurde auf Antrag der Kreissparkasse wegen rückständiger Zinsen die Zwangsversteigerung über das Grundstück eingeleitet. Der Beklagte hatte gegen Frau M. vollstreckbare Forderungen von zusammen über 17 000 ℳ. Wegen dieser Forderungen erwirkte er einen Beschluß vom 5. Juli 1918, wonach „der Anspruch der Schuldnerin gegen die Kreissparkasse auf Amortisation der Amortisationshypothek von 81 000 ℳ zu 4½ v. H. Zinsen und ½ v. H. Amortisation seit dem 1. April 1912, wodurch bis jetzt ein Betrag von 3000 ℳ abgetragen ist", für ihn gepfändet und zur Einziehung überwiesen wurde. Er meldete dann im Oktober 1918 und nochmals im Januar 1919 „seine Forderung aus diesem Pfändungs- und Überweisungsbeschlusse" zu den Zwangsversteigerungsakten an. Es wurden ihm aber von dem Vollstreckungsrichter die Bescheide erteilt, daß nach § 25 der Satzung der Kreissparkasse der Tilgungsfonds nur bedingt der Schuldnerin zur Verfügung stehe und daß er auf jeden neuen Besitzer übergehe und nicht mit Beschlag belegt werden dürfe. Demnächst wurde das Grundstück im Januar 1919 versteigert und der Klägerin für das bar zu entrichtende Meistgebot von 137 600 ℳ zugeschlagen. Am 24. Februar 1919 meldete die Kreissparkasse ihre Ansprüche aus ihrer Hypothek an und bemerkte zugleich, daß der Amortisationsfonds sich auf 4031,57 ℳ belaufe. Im Verteilungstermin am 3. März 1919 wurden auf die Hypothek der Kreissparkasse zum Ansatz gebracht und gelangten zur Hebung außer Zinsen und Kosten a) Tilgungsbeiträge für die Jahre 1917 und 1918 und für die Zeit vom 1. Januar bis zum 3. März 1919 mit zusammen 1755 ℳ, b) das Hypothekenkapital von 81 000 ℳ. Die Klägerin war hinsichtlich ihrer Hypothek zuerstausfallende Hypothekengläubigerin, und zwar in Höhe von 14 601,33 ℳ. Sie erhob „als Gläubigerin und Ersteherin" Widerspruch a) gegen die Auszahlung der Tilgungsraten von 1755 ℳ an die Kreissparkasse, b) gegen die Auszahlung „des 4031,57 ℳ betragenden Amortisationsfonds an die Kreissparkasse oder an den Beklagten, bzw. gegen Auszahlung der Hypothek von 81 000 M in Höhe des 4031,57 M betragenden Tilgungsfonds". Darauf wurden die 1755 und die 4031,57 M als Streitmasse der Kreissparkasse und der Klägerin hinterlegt. Am 25. April 1919 beantragte der Beklagte, die Tilgungsraten von 1755 und den Amortisationsfonds von 4031,57 M, weil die Klägerin nicht in Monatsfrist ihren Widerspruch im Klagewege verfolgt habe, an ihn auf Grund des Pfändungs- und Überweisungsbeschlusses auszuzahlen. Er wurde aber vom Vollstreckungsrichter ablehnend beschieden, weil für ihn nicht die Hypothek, sei es ganz sei es teilweise, gepfändet sei, sondern der Tilgungsfonds, und dieser nicht in die Hände des Gerichts gelangt, sondern nach wie vor bei der Kreissparkasse verblieben sei.

Am 7. Mai 1919 erhob die Klägerin gegen den Beklagten Klage mit dem Antrage, die von dem Beklagten erwirkte Pfändung und Überweisung der 1755 M Tilgungsbeiträge und der 4031,57 M Amortisationsfonds für unzulässig zu erklären und den Beklagten zu verurteilen, in die Auszahlung dieser hinterlegten Beträge nebst Hinterlegungszinsen an sie zu willigen. Sie machte geltend, nach der Satzung der Kreissparkasse bildeten die Tilgungsbeiträge und der Amortisationsfonds ein Zubehör des Grundstücks und seien daher durch den Zuschlag des Grundstücks auf sie übergegangen; die Beschlagnahme durch den Beklagten sei deshalb ungültig. Nachträglich stellte die Klägerin den Hilfsantrag, festzustellen, daß dem Beklagten auf Grund des Pfändungs- und Überweisungsbeschlusses vom 5. Juli 1918 ein Anspruch auf die 1755 M Tilgungsbeiträge und die 4031,57 M Amortisationsfonds nicht zustehe, und den Beklagten zu verurteilen, die Auszahlung dieser hinterlegten Beträge an sie geschehen zu lassen.

Der erste Richter erkannte dahin: dem Beklagten stehe auf Grund des Pfändungs- und Überweisungsbeschlusses vom 5. Juli 1918 ein Anspruch auf das im Verteilungsplan angesetzte Liquidat von 1755 M Tilgungsbeiträgen und 4031,57 M Amortisationsbeiträgen nicht zu; im übrigen wies er die Klage ab. Auf die Berufung des Beklagten wies der Berufungsrichter die Klage gänzlich ab. Die Revision der Klägerin hatte den Erfolg, daß die Berufung des Beklagten gegen das erstinstanzliche Urteil hinsichtlich der 1755 M zurückgewiesen wurde; im übrigen wurde die Revision zurückgewiesen.

Aus den Gründen:

. . . Bezüglich der Frage sowohl, ob die vom ersten Richter ausgesprochene Feststellung, daß dem Beklagten auf Grund des Pfändungs- und Überweisungsbeschlusses vom 5. Juli 1918 ein Anspruch auf die

1755 ℳ Tilgungsbeiträge und 4031,57 ℳ Amortisationsbeiträge nicht zustehe, gerechtfertigt war, wie auch bezüglich der Frage, ob der Widerspruch der Klägerin gegen den Teilungsplan begründet war, ist in erster Linie maßgebend und daher zunächst zu prüfen, ob, abgesehen von einer etwaigen Berechtigung des Beklagten, die Klägerin ein Recht hat, die genannten Beträge für sich in Anspruch zu nehmen. In dieser Hinsicht führt der Berufungsrichter bezüglich der 4031,57 ℳ aus, die Klägerin habe keinesfalls einen Anspruch auf einen entsprechenden Teil des mit vollen 81 000 ℳ für das Kapital der Amortisationshypothek der Kreissparkasse N. angesetzten Versteigerungserlöses. Wenn trotz der Satzung der Kreissparkasse oder einer entsprechenden Vereinbarung der Beteiligten, was dahingestellt bleiben könne, die Tilgungsbeiträge als Teilzahlungen auf die Kapitalschuld anzusehen seien, die notwendig nach §§ 1163 Abs. 1 Satz 2, 1177 Abs. 1, 362 BGB. die Entstehung einer Eigentümergrundschuld zur Folge haben müßten, so stehe der Anspruch auf einen entsprechenden Teil von 4031,57 ℳ des für das ganze Kapital der Amortisationshypothek angesetzten Erlösbetrags der Versteigerungsschuldnerin Frau M. oder dem Beklagten als Pfändungsgläubiger zu. Wenn aber zulässigerweise satzungs- und abredegemäß die gezahlten Tilgungsbeiträge nicht schon als Zahlungen auf die Schuld behandelt, sondern einstweilen nur als ein besonderes Guthaben der Schuldnerin zwecks späterer Aufrechnung unter den gesetzlichen Voraussetzungen oder vertraglicher Verrechnung angesammelt worden sein sollten, und demnach durch die Zahlung der Tilgungsbeiträge eine Eigentümergrundschuld für die Versteigerungsschuldnerin nicht entstanden sei, so sei die Hypothek der Kreissparkasse in voller Höhe bestehen geblieben. Eine Aufrechnung oder eine vertragliche Verrechnung zwischen den Beteiligten bezüglich eines Guthabens aus gezahlten Tilgungsbeiträgen habe nach dem Vorbringen der Parteien nicht stattgefunden. Die Klägerin habe als nachstehende Hypothekengläubigerin keinesfalls einen Anspruch auf ein Vorrücken um den gezahlten Betrag. Für die Klägerin als Ersteherin käme nur ein Erwerb des etwa bei der Kreissparkasse angesammelten Tilgungsguthabens der Versteigerungsschuldnerin, nicht aber ein Anspruch auf einen Teil des von ihr zu entrichtenden Versteigerungserlöses in Betracht.

Die Revision macht hiergegen geltend, die Vereinbarung, daß die gezahlten Raten ein Guthaben für den jeweiligen Grundstückseigentümer bilden und daß die Hypothekenforderung erst, wenn das Guthaben 10 v. H. der Forderung erreicht habe, getilgt sein sollte, sei zulässig und es sei eine Eigentümergrundschuld nicht entstanden, da die

10 v. H. durch die gezahlten 4031,57 ℳ nicht erreicht seien. Ein solcher Vertrag sei auch als zugunsten eines Dritten, hier des jeweiligen Eigentümers, möglich, und vorliegend sei ein derartiger Vertrag als abgeschlossen anzusehen, wie die Bezeichnung des Amortisationsfonds als Zubehör des Grundstücks ergebe. Mit dem Zuschlage sei die Klägerin Gläubigerin des Amortisationsfonds geworden. An sich könne sie nunmehr, da die Hypothek erloschen und voll zur Hebung gelangt sei, Rückzahlung des Amortisationsfonds verlangen. Es entspreche aber den praktischen Bedürfnissen, daß ihr gestattet werde, die Kreissparkasse in Höhe des Amortisationsfonds auf diesen zu verweisen und von ihrem Liquidat auf das Kapital von 81 000 ℳ die 4031,57 ℳ für sich in Anspruch zu nehmen.

Es sind indes bei Amortisationshypotheken, wie das Reichsgericht wiederholt ausgesprochen hat (RGZ. Bd. 54 S. 88, Bd. 91 S. 299), die zu entrichtenden Tilgungsbeiträge nicht Nebenleistungen, die wie Zinsen neben dem Kapital zu zahlen wären, sondern sie sind, auch wenn sie in der Form von Zuschlägen zu den Zinsen festgesetzt werden, als Kapitalteile zur allmählichen Tilgung der Kapitalforderung bestimmt. Werden sie von dem Grundstückseigentümer, der zugleich der persönliche Schuldner ist, gezahlt, so erlischt gemäß § 362 BGB. die Forderung in Höhe der gezahlten Beträge. Die Rechtsfolge davon ist nach § 1163 Abs. 1 Satz 2 BGB., daß der zahlende Eigentümer die Hypothek insoweit erwirbt, und zwar gemäß § 1177 Abs. 1 BGB. als Grundschuld. Dies gilt auch dann, wenn die gezahlten Tilgungsbeiträge rückständig waren; § 1178 Abs. 1 Satz 1 BGB., wonach die Hypothek für Rückstände von Nebenleistungen erlischt, wenn sie sich mit dem Eigentum in einer Person vereinigt, findet auf rückständige Tilgungsbeiträge, weil sie keine Nebenleistungen sind, nicht Anwendung. Die in der Rechtslehre vereinzelt vertretene Meinung, daß, wenn die Tilgungsbeiträge nicht in bestimmten Summen, sondern in der Form von Zuschlägen zu den Zinsen oder sonst in Prozenten des ganzen Kapitals zu entrichten seien, mit Rücksicht auf diese Eigenart der Amortisationshypothek eine Eigentümerhypothek erst mit Beendigung des Schuldverhältnisses zur Entstehung gelangen könne, weil wegen der Entrichtung der Beträge von dem ganzen Kapital die Forderung keine Zerlegung in einen getilgten und einen ungetilgten Teil zulasse, ist nicht zu billigen. In solchen Fällen gibt der Kapitalbetrag nur den Maßstab für die Höhe der jeweilig zu entrichtenden Tilgungsbeiträge ab; durch Zahlung der fälligen Beträge wird die Hypothekenforderung, soweit sie noch besteht, in Höhe der danach zu errechnenden Tilgungsbeiträge getilgt, da insoweit die Zahlung eine solche auf die Kapitalforderung darstellt, und es tritt dann kraft Gesetzes die vorbezeichnete Folge des Übergangs des entsprechenden Teiles der Hypothek auf den Eigentümer ein.

Hieran kann auch eine bei Bestellung der Hypothek getroffene Vereinbarung nichts ändern, daß die Zahlung der Tilgungsbeiträge nicht sofort zur Tilgung der Hypothekenforderung dienen, sondern die gezahlten Beiträge als besonderes Guthaben des Schuldners bis zur Erreichung des ganzen Kapitals oder eines bestimmten Teilbetrages aufzusammeln seien, und erst, wenn das Guthaben zu der betreffenden Höhe gelangt sei, die Tilgung der Hypothekenforderung im Wege der Aufrechnung oder Verrechnung eintreten solle. Eine solche Vereinbarung hat keine dingliche Wirkung. Sie ist nichts anderes als eine Ausschließung des § 1163 Abs. 1 Satz 2 BGB. Den Vorschriften des Sachenrechts aber wohnt die Natur der zwingenden Rechtsnorm inne. Dem Gläubiger steht außer der Kapital- und Zinsforderung nicht noch eine besondere Forderung zu, auf welche der Schuldner Zahlungen bis zu einer bestimmten Höhe zu leisten hätte. Tatsächlich werden die fälligen Tilgungsbeiträge auf das, abgesehen von den Zinsen, allein geschuldete Kapital entrichtet. Die Vereinbarung verfolgt lediglich den Zweck, den Übergang der Hypothek zu dem der Zahlung entsprechenden Teil auf den Eigentümer zunächst zu verhindern und den Übergang erst stattfinden zu lassen, wenn die Zahlungen eine bestimmte Höhe erreicht haben. Dem steht aber die Vorschrift des § 1163 Abs. 1 Satz 2 BGB. entgegen. Die Vereinbarung kann nur schuldrechtlich wirksam sein, etwa insofern, als sie den zahlenden Schuldner und Eigentümer dem Gläubiger gegenüber verbindet, erst wenn sich der Übergang der Hypothek bis zu der festgesetzten Höhe vollendet hat, den betreffenden Hypothekenteil für sich in Anspruch zu nehmen. Dies findet auch eine Bestätigung im § 21 Abs. 2 des Hypothekenbankgesetzes vom 13. Juli 1899, wonach die Banken sich von der Verpflichtung, in Ansehung des amortisierten Betrags ihrer Amortisationshypotheken die Handlungen vorzunehmen, die ihnen behufs Berichtigung des Grundbuchs, der Löschung der Hypothek oder der Herstellung eines Teilhypothekenbriefs nach den Vorschriften des bürgerlichen Rechts obliegen, im voraus nicht befreien dürfen.

Ferner ist für unwirksam zu erachten eine Vereinbarung, daß die gezahlten, zu einem Amortisationsfonds gesammelten Tilgungsbeiträge als Zubehör des Grundstücks auf jeden neuen Eigentümer übergehen sollen. Zubehör eines Grundstücks sind nach § 97 BGB. nur bewegliche

Sachen, die dem wirtschaftlichen Zwecke des Grundstücks als der Hauptsache zu dienen bestimmt sind und zu ihm in einem dieser Bestimmung entsprechenden räumlichen Verhältnisse stehen. Keine dieser Begriffsbestimmungen trifft auf einen Amortisationsfonds zu. Ebensowenig ist der Amortisationsfonds ein Bestandteil des Grundstücks, da er kein mit dem Eigentum am Grundstück verbundenes Recht im Sinne des § 96 BGB. bedeutet. Auch als ein Vertrag zugunsten Dritter, der jeweiligen Eigentümer, ist die Vereinbarung nicht aufzufassen. Die durch die Zahlung der Tilgungsbeiträge auf den Eigentümer übergehende Teilhypothek verbleibt nach dem Gesetze dem Eigentümer, auch wenn das Grundstück von einem neuen Eigentümer erworben wird. Diese Rechtsfolge auszuschließen, ist der Zweck der Vereinbarung. Sie setzt sich sonach in Widerspruch zu sachenrechtlichen Vorschriften und kann daher keine Geltung beanspruchen.

Nun ist es allerdings anerkannten Rechtens (vgl. RGZ. Bd. 27 S. 218, Bd. 64 S. 214, Bd. 74 S. 405, JW. 1907 S. 702 Nr. 2, Warneyer 1915 Nr. 196), daß die in den Reglements der zur Zeit des Inkrafttretens des Bürgerlichen Gesetzbuchs bestehenden landschaftlichen oder ritterschaftlichen Kreditanstalten vielfach enthaltenen Bestimmungen in Geltung sind, wonach der Eigentümer zur Verfügung über den abgetragenen Teil der amortisierbaren Pfandbriefschuld vor deren völliger Tilgung oder vor einer zugelassenen Aufrechnung des Guthabens des Schuldners an dem Amortisationsfonds nicht berechtigt ist, vorher eine Eigentümergrundschuld nicht besteht und das Guthaben dem jeweiligen Grundstückseigentümer zusteht. Jedoch beruht dies auf dem Vorbehalt im Art. 167 EG. z. BGB., wonach die landesgesetzlichen Vorschriften, welche solche Kreditanstalten betreffen, in Kraft bleiben. Die Kreissparkasse, für die vorliegend die in Rede stehende Amortisationshypothek bestellt worden ist, ist eine Kreditanstalt im Sinne des Art. 167 EG. nicht. Bezüglich ihrer Hypothek gilt daher das Vorerörterte (Urt. vom 25. November 1916 V 224/16, zum Teil abgedruckt in RGZ. Bd. 89 S. 131). Deshalb würde, auch wenn § 25 ihrer Satzung ihrer Hypothek zugrunde gelegt wäre, die Bestimmung, daß die Tilgungsraten als Zubehör des Grundstücks auf jeden neuen Eigentümer übergehen und erst, wenn die aufgesparten Tilgungsraten 10 v. H. des Kapitals erreicht hätten, dem Schuldner die Berechtigung zustehen soll, über den betreffenden Hypothekenteil zu verfügen und ihn im Grundbuch für sich umschreiben zu lassen, der dinglichen Wirkung entbehren.

Demnach ist in jedem Falle durch die von der Grundstückseigentümerin und persönlichen Schuldnerin Frau M. geleistete Zahlung der

Tilgungsbeiträge von zusammen 4031,57 ℳ die Hypothek in Höhe dieses Betrages als Grundschuld auf Frau M. übergegangen und hat die Klägerin durch den Zuschlag des Grundstücks weder diese Grundschuld noch den Amortisationsfonds erworben. Daraus ergibt sich aber, daß die Klägerin weder als nachstehende erstausgefallene Hypothekengläubigerin noch als Ersteherin berechtigt ist, von dem auf die Amortisationshypothek der Kreissparkasse in Ansatz gebrachten Teile des Versteigerungserlöses den hinterlegten Betrag von 4031,57 ℳ für sich in Anspruch zu nehmen. Zugleich folgt daraus, daß auch der von der Klägerin gegen den Teilungsplan erhobene Widerspruch bezüglich der 4031,57 ℳ unbegründet war. Die Hypothek von 81 000 ℳ bestand in vollem Betrage zu Recht, in Höhe von 4031,57 ℳ stand sie als Grundschuld der Frau M. zu, im übrigen der Kreissparkasse. Daß das ganze Hypothekenkapital von der Kreissparkasse liquidiert wurde, gab der Klägerin weder als Hypothekengläubigerin noch als Ersteherin ein Recht zum Widerspruch gegen die Auszahlung der 4031,57 ℳ an die Kreissparkasse. Der Umstand, daß die Kreissparkasse auch die 4031,57 ℳ für sich liquidierte, wiewohl die Hypothek in dieser Höhe auf Frau M. übergegangen war, betraf lediglich die Beziehungen zwischen der Kreissparkasse und der Frau M. oder auch dem Beklagten, falls sich der von diesem erwirkte Pfändungsbeschluß vom 5. Juli 1918, was dahingestellt bleiben kann, auf diesen Teil des Versteigerungserlöses erstreckt haben sollte. Die Klägerin wurde durch das vorgehende, zu Recht bestehende Hypothekenrecht bezüglich der Befriedigung aus dem Versteigerungserlöse wegen ihrer Hypothek stets verdrängt; lediglich auf einen Legitimationsmangel der liquidierenden Kreissparkasse bezüglich der 4031,57 ℳ konnte der Widerspruch nicht mit Grund gestützt werden (RGZ. Bd. 62 S. 170, Bd. 78 S. 63). Danach ist wegen Fehlens der Berechtigung der Klägerin bezüglich der 4031,57 ℳ sowohl der vorbezeichnete Hilfsantrag der Klage als auch der Antrag der hilfsweisen Anschlußberufung, den Widerspruch der Klägerin für begründet zu erklären, vom Berufungsrichter mit Recht zurückgewiesen worden.

Anders verhält es sich hinsichtlich der 1755 ℳ. Diese Tilgungsbeiträge sind nicht vor der Zwangsversteigerung von Frau M. gezahlt, sondern aus dem Versteigerungserlöse berichtigt. Da die Zahlung dieser Tilgungsbeiträge nach dem vorher Ausgeführten als Zahlung auf das Hypothekenkapital zu gelten hatte, mithin die Kreissparkasse wegen dieses Teils der Hypothekenforderung aus dem Grundstück befriedigt wurde, erlosch gemäß § 1181 Abs. 1 BGB. die Hypothek insoweit.

Oder anders ausgedrückt: die Kreissparkasse hat, indem sie, abgesehen von den 4031,57 *M*, auf den Versteigerungserlös sowohl das ganze Kapital wie auch die Tilgungsbeiträge in Ansatz brachte, auf ihre Hypothek 1755 *M* zuviel liquidiert. Deshalb standen die 1755 *M* der Klägerin als nachstehender erstausgefallener Hypothekengläubigerin zu und ist ihre Berechtigung, diesen Teil des Versteigerungserlöses für sich in Anspruch zu nehmen, anzuerkennen. (Es wird sodann ausgeführt, daß der Berechtigung der Klägerin auch nicht ein Recht des Beklagten auf Grund des Pfändungsbeschlusses entgegenstehe und daß ferner die Klägerin ein rechtliches Interesse an der Feststellung habe, daß den Beklagten kein Anspruch auf die 1755 *M* zustehe.)

RGZ. 115, 303.

1. In welchem Sinne kann es für die Wirksamkeit der vertraglichen Abtretung einer Grundschuld (oder Hypothek) auf den guten Glauben des Erwerbers über die Berechtigung des bisherigen Gläubigers ankommen?

2. Kann nach § 1154 Abs. 1 Satz 2 BGB. die Beglaubigung einer schriftlich abgegebenen Abtretungserklärung verlangt werden, wenn feststeht, daß diese Erklärung der rechtlichen Wirksamkeit entbehrt?

3. . . . .*

V. Zivilsenat. Urt. v. 29. November 1926.

I. Landgericht München I. — II. Oberlandesgericht daselbst.

Mit der Klage war ursprünglich verlangt, die Beklagte habe einzuwilligen, daß die über die Abtretung einer Grundschuld im Betrag von 21505,734 g Feingold ausgestellte Urkunde vom 15. April 1924 öffentlich beglaubigt werde. Der erste Richter hat der Klage willfahrt. In der Berufungsinstanz hat die Klägerin den Antrag dahin geändert, die Beklagte habe die Erklärung vom 15. April 1924 öffentlich beglaubigen zu lassen. Das Berufungsgericht hat die Klage abgewiesen. Die Revision der Klägerin hatte keinen Erfolg.

Gründe:

Die Beklagte hat am 15. März 1924 auf ihrem Grundbesitz in der Steuergemeinde P. eine Eigentümergrundschuld über 21505,734 g Feingold eintragen lassen. Über die Grundschuld sind in der Folge mehrfach privatschriftliche Abtretungserklärungen ausgestellt worden, nämlich unter dem 25. März 1924 über eine Abtretung der Beklagten an

* Geringere Bedeutung.

den Ingenieur Anton M. in M.; unter dem gleichen Tage über eine Abtretung des M. an seine Ehefrau Therese M., mit der er in Gütertrennung lebt; unter dem 15. April 1924 über eine Abtretung der Beklagten an die O. Kreditbank, A.-G. in M.; unter dem 22. April 1924 über eine Abtretung durch diese an die Klägerin.

Der Grundschuldbrief ist mit den Abtretungen vom 25. März 1924 an Frau M. gelangt und von ihr mit einem vom 22. April 1924 datierten, spätestens aber schon am 14. gl. M. geschriebenen Briefe an die O. Kreditbank gesandt worden. Nach dem Inhalt dieses Schreibens war ihr bekannt, daß der Grundschuldbrief von der O. Kreditbank bei der Klägerin „zur Deckung ihrer Überzüge" verwendet werden sollte. Frau M. erklärt dort, den Grundschuldbrief nur unter der Bedingung abzugeben, daß ihr „nachträglich ein erst heute nachmittag von Herrn St. ausgearbeiteter Vertrag, in dem als Grundlage dargelegt sein wird, daß ich den Grundschuldbrief nur unter der Bedingung abgebe, daß von Herrn B. die gegen meinen Mann eingereichte Pfändung aufgehoben wird, bis der Streit gerichtlich entschieden ist, von den Herren der O. Kreditbank unterschrieben wird. Widrigenfalls verlange Rückgabe des Grundschuldbriefs a. m. Eigentums" . . .

Nach dem festgestellten Sachverhalt hat die O. Kreditbank den empfangenen Grundschuldbrief mit Schreiben vom 14. April 1924 der Klägerin gesandt, worauf diese mit Schreiben vom 17. gl. M. die Unterzeichnung der „Sicherungsabtretung", die später das Datum des 22. April 1924 erhielt, und weiter verlangte, daß eine Erklärung der Beklagten, der nach dem Grundbuch die Grundschuld zustehe, beigebracht werde, wonach diese mit der Übergabe des Grundschuldbriefs an die O. Kreditbank auch sämtliche Ansprüche und Rechte daraus an letztere abgetreten habe. Darauf wurde die Erklärung vom 15. April 1924 gefertigt und mit der vom 22. gl. M. der Klägerin übersandt.

Auf Antrag der Klägerin ist in einem Vorprozeß die O. Kreditbank durch rechtskräftiges Urteil des Landgerichts vom 30. April 1925 verurteilt worden, die Urkunde vom 22. April 1924 öffentlich beglaubigen zu lassen.

Die jetzige Klage ist auf die Beglaubigung der Urkunde vom 15. April 1924 gerichtet; dieses Begehren wird von der Beklagten hauptsächlich damit bekämpft, daß die unter diesem Datum beurkundete Abtretung in Wahrheit nicht stattgefunden habe. Vielmehr habe die O. Kreditbank den Grundschuldbrief von Frau M. erhalten und das sei der Klägerin auch bekanntgegeben worden, als ihr die Bank den Grundschuldbrief übergeben habe. Die Klägerin könne nicht eine Erklärung öffentlich beglaubigt verlangen, die über eine, wie ihr bekannt, gar nicht erfolgte Abtretung abgegeben worden sei.

Das Berufungsgericht hat den auf §§ 1154, 1192 BGB. gestützten Klagantrag abgewiesen, weil die Klägerin die angeblich abgetretene Grundschuld nicht erworben habe, nicht Grundschuldberechtigte geworden und deshalb nicht befugt sei, das Verlangen nach Beglaubigung zu stellen. Es geht davon aus, daß die O. Kreditbank selbst die Grundschuld nicht erworben habe, weil ihr Frau M. nach Inhalt ihres erwähnten Schreibens die Grundschuld nur fiduziarisch und nur unter einer aufschiebenden Bedingung abgetreten habe, die unstreitig nie eingetreten sei. Dieser Sachverhalt und der daraus erwachsene Mangel des Rechtserwerbs der O. Kreditbank sei der Klägerin nur infolge grober Fahrlässigkeit unbekannt geblieben; schon im Schreiben der Bank vom 14. April 1924 werde bei Übersendung des Grundschuldbriefs erwähnt, daß er von Frau M. „zu diesem Zwecke zur Verfügung gestellt wurde als weitere Sicherheit für unseren Kontokorrentkredit." Nach diesem Briefinhalt — sagt das Berufungsurteil — hätten der Klägerin, als sie die vom 15. und 22. April 1924 datierten Abtretungserklärungen zugesandt erhielt, Zweifel an deren Richtigkeit entstehen, sie hätte ihnen nachgehen müssen und dann den wahren Sachverhalt festgestellt.

Die Revision bekämpft die Annahme einer der Klägerin zur Last fallenden groben Fahrlässigkeit und erhebt gegen die Beklagte, soweit sie die unter dem 15. April 1924 beurkundete Abtretungserklärung nicht gelten lassen will, den Einwand der Arglist. Übrigens habe die Verpflichtung, eine Abtretungserklärung öffentlich beglaubigen zu lassen, nur das Vorhandensein einer solchen Erklärung zur Voraussetzung.

In der ersten Instanz war zunächst ein Versäumnisurteil gegen die Beklagte ergangen; die Kosten dieser Versäumnis hat das Berufungsgericht aber der Klägerin auferlegt, weil der erste Richter ein dem Einwilligungsbegehren willfahrendes Urteil gemäß § 1154 Abs. 1 Satz 2 BGB. gar nicht hätte erlassen dürfen, mit seinem Ausspruch auch der Klägerin in der Vollstreckung nicht gedient gewesen wäre, ihr mithin insoweit jedes Rechtsschutzinteresse gefehlt habe, das Versäumnisurteil also nicht in gesetzlicher Weise im Sinne des § 344 ZPO. ergangen sei. Die Revision führt auch hierüber Beschwerde, weil es nicht darauf ankomme, ob und inwieweit der Klägerin mit dem Urteilsausspruch gedient sei, sondern nur darauf, ob er mit dem beantragten Inhalt verlangt werden könne; dies sei aber zu bejahen, da das Einwilligungsbegehren gegenüber der Beglaubigungspflicht schlechthin nur ein weniger bedeute.

Die Revision war zurückzuweisen.

Allerdings müssen die Erwägungen, womit das Berufungsgericht seinen rechtlichen Ausgangspunkt für die Beurteilung des vorliegenden Falles bezeichnet, Bedenken begegnen. Es spricht aus, die vertragliche Abtretung des Anspruchs aus einer Grundschuld bedürfe zu ihrer rechtlichen Wirksamkeit in allen Fällen, also auch, wenn sie lediglich fiduziarisch zu Sicherungszwecken erfolge, nicht nur der Erteilung der Abtretungserklärung in schriftlicher Form und der Übergabe des Grundschuldbriefs, sondern auch des guten Glaubens des Erwerbers im Zeitpunkt seines Erwerbs, und zwar des guten Glaubens im Sinne der §§ 891, 892 BGB., wenn die Voraussetzungen des § 1155 BGB. vorliegen, dagegen „im Sinne des § 932 Abs. 2 BGB., wenn, wie in vorwürfiger Sache, die eben genannten Voraussetzungen fehlen".

Diese Heranziehung des § 932 Abs. 2 kann so verstanden werden, als wolle das Berufungsgericht auch den Erwerb durch Übertragung eines Rechtes unter die Regeln des § 932 stellen, der vom Eigentumserwerb an körperlicher Fahrnis handelt (§§ 929, 90). Dies wäre rechtsirrig (LZ. 1917 Sp. 459 Nr. 7). Es handelt sich um den Anspruch auf Beglaubigung nach § 1154 Abs. 1 Satz 2; dieser ist nach § 1192 auch für Grundschulden gegeben, kann auch bei Sicherungsabtretungen nicht versagt werden und geht — was ebensowohl seinem Zwecke, der Verwertbarkeit des abgetretenen Rechtes insbesondere auch im grundbuchrechtlichen Verkehr (GBO. § 29) zu dienen, wie der Vorschrift des § 401 BGB. entspricht — im Falle der Weiterabtretung auf den weiteren Erwerber des Rechtes über. Der Anspruch erwächst aus der Abtretung, aus dem Verhältnis des bisherigen zum neuen Gläubiger; in dieser Eigenschaft stehen sich hier die Parteien gegenüber, nicht etwa im Verhältnis des Schuldners zum neuen Gläubiger (§ 404 BGB.). Hat die Klägerin die Grundschuld nicht erworben, so ist sie nicht neuer Gläubiger geworden und ist ihrem Anspruch auf Beglaubigung der Abtretungsurkunde vom 15. April 1924 der Boden entzogen. Das Berufungsgericht stellt fest, daß die O. Kreditbank, die der Klägerin die Grundschuld abzutreten erklärt hat, diese selbst nicht erworben hatte. Daß der Erwerb der Klägerin nicht unter dem Schutze des § 892 BGB. steht, verkennt auch das Berufungsgericht nicht: im Grundbuch eingetragen stand bloß die Beklagte, von ihr aber hat die Klägerin nicht erworben. Der Erwerb von der O. Kreditbank anderseits hätte für die Klägerin unter dem Schutze des § 892 nur nach Maßgabe des § 1155 gestanden, nämlich wenn öffentlich beglaubigte Abtretungserklärungen vorgelegen hätten, was nicht der Fall war. Im übrigen ist der gutgläubige Rechtserwerb nach §§ 398 flg. BGB. als solcher im allgemeinen nicht geschützt. Nur der Schuldner steht nach §§ 406 bis 411 unter gewissen Schutzvorschriften; für das Verhältnis des neuen Gläubigers zum Schuldner gilt § 405 in Ansehung der zwei dort erwähnten Einwendungen. Ohne Rechtsirrtum ist das Berufungsgericht zu der Annahme gelangt, daß die Beklagte die Grundschuld, nachdem sie diese an M. abgetreten, nicht nochmals wirksam an die O. Kreditbank habe abtreten können und daß danach die Abtretungserklärung vom 15. April 1924 — des im übrigen unbestrittenen Erfordernisses der Übergabe des Hypothekenbriefs (§§ 1117, 952) ungeachtet — unwirksam geblieben sei. Hieran muß, da die O. Kreditbank auch von Frau M. nicht wirksam erworben hat, der Rechtserwerb der Klägerin und damit auch ihr Beglaubigungsanspruch scheitern.

Nun hat das Berufungsgericht auch noch auf die Entscheidung RGZ. Bd. 90 S. 273 (278) verwiesen, wo nicht von gutgläubigem Rechtserwerb die Rede ist, sondern folgendes ausgeführt wird: derjenige, der eine privatschriftliche Abtretungserklärung und den Hypothekenbrief dem Abtretungsempfänger ausgehändigt hat, könne sich einem weiteren Erwerber gegenüber nicht darauf berufen, daß er in Wirklichkeit die Hypothek jenem Abtretungsempfänger nicht übereignet habe; ein solches Vorbringen könne vielmehr mit dem Einwand der Arglist zurückgewiesen werden, sofern der weitere Erwerber seinerseits die Hypothek vom Abtretungsempfänger durch schriftliche Abtretungserklärung und Übergabe des Hypothekenbriefs, also formgerecht (§ 1154) und „in dem guten Glauben (§ 932 Abs. 2 BGB.) erwirbt, daß der Abtretungsempfänger zufolge der an ihn bewirkten Abtretung und Übergabe des Hypothekenbriefs Gläubiger der Hypothek geworden sei". Die Anführung des § 932 Abs. 2 BGB. an dieser Stelle bedeutet, daß der dort erforderte gute Glaube des weiteren Erwerbers nicht nur durch bestimmtes Wissen wie nach § 892 Abs. 1 Satz 1 ausgeschlossen werde, sondern auch schon durch grobfahrlässiges Nichtwissen vom Rechtsmangel des früher versuchten Erwerbs. Die Heranziehung dieser Entscheidung im Berufungsurteil und die Hervorhebung der wiedergegebenen Stellen läßt vermuten, daß das Berufungsgericht gleichfalls — des weitergehenden Wortlauts der Urteilsbegründung ungeachtet — nicht den Rechtserwerb selbst als bei Gutgläubigkeit wirksam bezeichnen, sondern nur der Beklagten bei Gutgläubigkeit der Klägerin die Möglichkeit versagen will, ihre schriftliche Erklärung vom 15. April 1924 zu verleugnen.

Aber auch diese der Entscheidung RGZ. Bd. 90 S. 273 angepaßte Betrachtungsweise kann nicht zu einem der Klägerin dienlichen Ergebnis führen, gleichviel ob ihr Gutgläubigkeit in dem in Rede stehenden Sinne beizumessen sein möchte oder nicht. Der dort behandelte Fall ist von dem hier gegebenen wesentlich verschieden. In jenem hatte St. zwei Briefhypotheken an H., dieser sie an Sch. abgetreten; Sch. hatte die Briefe in Händen und St. verlangte sie von ihm mit der Begründung heraus, H. habe sich verpflichtet, die Abtretungen nicht zur Umschreibung an das Gericht weiterzugeben, so daß St. dem Schuldner gegenüber nach wie vor als Gläubiger gelten und zur Empfangnahme der Zinsen berechtigt bleiben solle; eine Abrede, wonach der Abtretende Gläubiger bleiben solle, mache die Abtretung nichtig, der Beklagte Sch. habe daher kein Recht auf die Hypotheken erworben und müsse die Briefe herausgeben. Diese Verleugnung einer urkundlich vorbehaltlosen Abtretungserklärung wurde für unzulässig erachtet, da ein mit dem Sachverhalt unbekannter Dritter mit Unrecht Schaden leiden würde. Dabei handelt es sich um die Herausgabe der Hypothekenbriefe, um die Entziehung eines gutgläubig angestrebten Rechtserwerbs, um den Versuch, die Abtretungsfolgen ungeschehen zu machen. Daß demgegenüber entscheidend auf den guten Glauben des dritten Erwerbers abzustellen war, leuchtet ein; wer trotz Kenntnis des Sachverhalts oder in grobfahrlässiger Nichtbeachtung aller bestehenden Zweifel den Abtretungsvertrag abgeschlossen, etwa Entgelt gezahlt hat und ähnliches mehr, kann den Rechtsvorgängern nicht wohl den Einwand der Arglist entgegenhalten, wenn die rechtlichen Folgerungen aus der Sachlage gezogen werden. Anders hier, wo es sich um das Verlangen der Beglaubigung einer Abtretungserklärung handelt, von der feststeht, daß sie der rechtlichen Wirksamkeit entbehrt. Der Auffassung der Revision, daß es für das Beglaubigungsverlangen nur auf das Vorhandensein einer Abtretungserklärung — ohne Rücksicht auf ihre inhaltliche Wirksamkeit — ankomme, kann in dieser Allgemeinheit nicht beigetreten werden. Wie schon oben berührt, soll die Beglaubigung (§ 129 BGB.) der Erleichterung des Rechtsverkehrs, insbesondere auch der grundbuchmäßigen Verfügung dienen (Prot. Bd. 8 S. 650). Eine unwirksame Erklärung aber beglaubigen zu lassen, bedeutet eine Störung des Rechtsverkehrs. Denn dadurch würde der Erklärung eine äußere Legalisierung zuteil, die nur irre führen und zu bewußter oder unbewußter Täuschung über ihren Inhalt führen könnte, zumal in Anbetracht der in § 1155 getroffenen besonderen Regelung. Insoweit bleibt es also dabei, daß die Beglaubigung nur derjenige verlangen kann, der das Recht wirklich erworben hat, und daß der Einwand, der Rechtserwerb sei nicht wirksam erfolgt, ohne Rücksicht auf eigene Erklärungen des mit dem Beglaubigungsbegehren in Anspruch Genommenen erhoben werden kann. Es erscheint aus überwiegenden Rücksichten des sicheren und redlichen Rechtsverkehrs geboten, daß eine zum Rechtserwerb ungeeignete Urkunde nicht durch öffentliche Beglaubigung das Ansehen einer vollwertigen Urkunde erhält.

Hiernach war die Revision in der Hauptsache zurückzuweisen, ohne daß es einer Nachprüfung des gegen die Klägerin erhobenen Vorwurfs der groben Fahrlässigkeit bedarf.

. . .

RGZ. 121, 38.

1. . . .

2. Unter welchen Voraussetzungen kann die Umwandlung einer Grundschuld in eine Hypothek oder die Auswechslung von Forderungen nach § 1180 BGB. angenommen werden?

BGB. 1180, 1198.

VI. Zivilsenat. Urt. v. 26. März 1928.

Die Entscheidung ist abgedruckt unter: „Bürgerliches Recht, Allgemeiner Teil".

RGZ 122, 131.

1. Ist der Hypothekengläubiger nach Fälligkeit seines Anspruchs auch ohne vorherige Beschlagnahme zur Einziehung der Versicherungsentschädigung für ein abgebranntes Gebäude befugt?

2. Kann der Versicherer dem Hypothekengläubiger bei der Klage aus § 1128 Abs. 2, § 1282 Abs. 1 BGB. alle Einwendungen aus der Person des Versicherungsnehmers entgegenhalten?

3. Ist der Hypothekengläubiger nur bei der Klage aus § 101 VVG., nicht aber bei Geltendmachung des Anspruchs aus § 1128 Abs. 2, § 1282 Abs. 1 BGB. zur Abtretung seiner Hypothekenrechte an den Versicherer verpflichtet?

BGB. § 1128 Abs. 2, § 1282 Abs. 1. VVG. § 101.

VII. Zivilsenat. Urt. v. 16. Oktober 1928.

I. Landgericht Arnsberg. — II. Oberlandesgericht Hamm.

Der Kaufmann Anton D. und die Witwe D. waren mit ihren Hausgrundstücken in T. bei der Beklagten gegen Feuersgefahr versichert. Am 22. August 1926 brannten ihre Gebäude nieder. Gegen Anton D. wurde bei der Staatsanwaltschaft ein Verfahren wegen Brandstiftung eingeleitet, das mit seiner Außerverfolgungsetzung geendet hat. Auch ein zweites, wegen Versicherungsbetrugs gegen ihn eingeleitetes Verfahren ist von der Staatsanwaltschaft eingestellt worden. Im Schadenermittlungs-Verfahren hat die Beklagte für das Hausgrundstück des Anton D. eine Entschädigung von 10413 RM festgesetzt und für das der Witwe D. gehörige Gebäude eine solche von 9330 RM.

Für Anton D. war auf seinem Grundstück eine Grundschuld von 24000 GM eingetragen, die er am 4. November 1925 unter Übergabe des Briefs an den Kläger abgetreten hatte. Auf dem Grundstück der Witwe D. stehen für den Kläger eigene Hypotheken eingetragen.

Die abgebrannten Gebäude sollen nicht wieder aufgebaut werden. Die Eigentümer haben sich mit der Auszahlung der Entschädigungssumme an den klagenden Spar- und Darlehenskassenverein einverstanden erklärt. Dieser verlangt als Realgläubiger von der verklagten Provinzial-Feuersozietät Auszahlung der Versicherungsentschädigung, und zwar von der auf das Gebäude des Anton D. entfallenden den ganzen von der Beklagten festgesetzten Betrag von 10413 RM, von der Entschädigungssumme für das Haus der Witwe D. den Teilbetrag von 5624,40 RM nebst Zinsen. Die Beklagte hält sich zur Zahlung nicht für verpflichtet, weil zur Zeit bei der Kriminalpolizei in D. noch eine weitere Untersuchung wegen der Entstehung des Brandes schwebe und auch ein Zivilprozeß des Anton D. gegen sie wegen der Entschädigung beim Landgericht A. anhängig sei; gegebenenfalls erklärt sie sich zur Zahlung gegen Abtretung der dem Kläger zustehenden Realrechte bereit.

Das Landgericht hat nach dem Klagantrag erkannt, das Berufungsgericht hat die Berufung der Beklagten zurückgewiesen. Auch ihre Revision blieb ohne Erfolg.

Gründe:

Der § 101 VVG. wäre für die Entscheidung des Rechtsstreits nur von Bedeutung, wenn das Berufungsgericht festgestellt hätte, daß Anton D. sich der Brandstiftung oder des Versicherungsbetrugs schuldig gemacht hat, und wenn deshalb wegen seines Gebäudes keine Ansprüche des Versicherungsnehmers gegen die Beklagte bestehen würden. Denn die genannte Vorschrift will den Realgläubigern nur für den Fall selbständige Rechte gegen den Versicherer geben, daß dieser von seiner Leistung gegen den Versicherungsnehmer frei geworden ist. Im übrigen reichen die Vorschriften der §§ 1127, 1128 BGB. zur Wahrung der Interessen der Realgläubiger aus. Das Berufungsgericht läßt aber dahingestellt, ob die Beklagte dem Versicherungsnehmer gegenüber wegen seines gegen Gesetz oder Vertrag verstoßenden Verhaltens (Brandstiftung oder Versicherungsbetrug) von der Leistung befreit worden ist, und spricht die Klage auf Grund der §§ 1127, 1128 BGB. zu, worauf sie auch in erster Linie gestützt war. Einen Rechtsirrtum enthält diese Auffassung nicht.

Nach § 1128 Abs. 2, § 1282 Abs. 1 BGB. ist der Hypothekengläubiger nach Fälligkeit seines Anspruchs zur Einziehung der Versicherungsentschädigung befugt, ohne daß es zuvor ihrer Beschlagnahme zu seinen Gunsten bedarf. Dies gilt entsprechend auch für den Grundschuldgläubiger (§ 1192 BGB.). Als fällig waren die Ansprüche des Klägers aus der Grundschuld und aus der Hypothek zu betrachten. Denn bei der Auslegung der von Anton D. für sich und für die Witwe D. abgegebenen Erklärung, die Versicherungssumme solle unmittelbar an den Kläger ausgezahlt werden, konnte in ihr auch ein Verzicht der Grundstückseigentümer auf Einhaltung der vereinbarten oder der gesetzlichen Kündigungsfrist gefunden werden. Es kommt deshalb nur auf die Einwendungen an, die dem Klaganspruch von der Beklagten sonst entgegengehalten werden. Durch § 101 VVG. sind ihr diese nicht abgeschnitten, weil der Anspruch, um den es sich handelt, aus § 1128 BGB. hergeleitet wird. Nur dann, wenn die Beklagte auch einwenden würde, daß sie dem Kläger nichts zu zahlen brauche, weil sie gegenüber dem Versicherungsnehmer von der Leistung frei geworden sei, könnte sie mit diesem Einwand im Hinblick auf § 101 VVG. nicht gehört werden. Aber die Beklagte hat umgekehrt gerade behauptet, daß sie dem D. gegenüber von der Leistung noch nicht frei geworden sei, da zwischen ihr und D. noch ein Prozeß wegen der Versicherungsentschädigung schwebe. Es bleibt deshalb nur der von der Beklagten aus § 16 Nr. 4 der Versicherungsbedingungen entnommene Einwand übrig, wonach die Versicherungsanstalt, solange eine polizeiliche oder gerichtliche Untersuchung über die Entstehung des Brandes schwebt, die Auszahlung der Entschädigung verweigern kann, bis der Versicherungsnehmer eine Erklärung der zuständigen Behörde darüber beibringt, daß sich die Untersuchung nicht gegen ihn richte. Dieser Einwand greift aber nicht durch, weil nach der Feststellung des Berufungsgerichts kein solches Verfahren schwebt.

Nicht gerechtfertigt ist auch das hilfsweise gestellte Verlangen der Beklagten, daß ihr der Kläger die ihm an den Grundstücken der abgebrannten Versicherungsnehmer zustehenden Grundschuld- und Hypothekenrechte abtrete. Das Recht auf Abtretung könnte höchstens in Frage kommen, wenn die Beklagte von ihren Versicherungspflichten gegen die versichert gewesenen Grundstückseigentümer frei geworden wäre, was sie in diesem Prozeß selbst nicht gelten lassen will. Bei der Einziehung des Versicherungsanspruchs auf Grund der § 1128 Abs. 2, § 1282 Abs. 1 BGB. ist das Recht auf Abtretung abzulehnen, weil der Versicherer mit ihr zum Nachteil des versicherten Grundstückseigentümers gegen Zahlung der Versicherungsentschädigung die Hypothek oder Grundschuld eintauschen, also in Wirklichkeit seine Entschädigungspflicht aus dem Versicherungsvertrag nicht oder nicht voll erfüllen würde. Denn das Grundstückseigentum bliebe dann weiter belastet.

RGZ. 122, 327.

Kann für eine durch Verkehrshypothek gesicherte Forderung an einem andern Grundstück eine Sicherungshypothek unter der Bedingung bestellt werden, daß der Gläubiger aus der Verkehrshypothek nicht volle Befriedigung findet (Ausfall-Sicherungshypothek)?

BGB. § 1132.

V. Zivilsenat. Beschl. v. 28. November 1928.

I. Amtsgericht Berlin-Schöneberg. — II. Landgericht II Berlin.

Die Frage wurde bejaht aus folgenden

Gründen:

Der Beschwerdeführer ist im Grundbuch von Berlin-Schöneberg als Eigentümer mehrerer Grundstücke eingetragen. In der notariellen Verhandlung vom 11. Januar 1928 erklärte er: Auf diesen Grundstücken seien in Abteilung III unter Nr. 7 und 9 Hypotheken von 71 684 und 107 526 g Feingold für die offene Handelsgesellschaft in Firma St. Br. in New York eingetragen. Für den Fall, daß die Gläubigerin wegen dieser Hypothekenforderungen aus den belasteten Grundstücken keine Befriedigung finden sollte, bestelle er ihr eine unverzinsliche Gesamtsicherungs-Hypothek von 150 000 GM an einigen anderen Grundstücken. Zugleich unterwerfe er sich für diese Forderung der sofortigen Zwangsvollstreckung wegen des jedesmaligen Rückstands in der Weise, daß die Vollstreckung aus der Urkunde gegen den jeweiligen Eigentümer zulässig sein solle. Der Beschwerdeführer hat die

Eintragung dieser Hypothek in das Grundbuch bewilligt und beantragt. Der Rechtspfleger des Grundbuchamts beanstandete durch Zwischenverfügung, daß die Forderung, für welche die Hypothek bestellt werde, ihrem Betrag nach nicht bestimmt sei, es könne deshalb nur eine Höchstbetragshypothek eingetragen werden, bei der aber die Unterwerfung unter die sofortige Zwangsvollstreckung nicht möglich sei. Auf die Gegenvorstellung des Notars trat das Amtsgericht dem Rechtspfleger bei. Durch den angefochtenen Beschluß hat das Landgericht die Beschwerde gegen diese Verfügung zurückgewiesen. Der Antrag auf Eintragung wurde sodann vom Grundbuchamt nach nochmaliger Fristsetzung abgelehnt.

Das Kammergericht hat die weitere Beschwerde des Antragstellers dem Reichsgericht zur Entscheidung vorgelegt und dabei folgendes ausgeführt:

Die Urkunde vom 11. Januar 1928 sei dahin aufzufassen, daß die neue Hypothek als bedingte Hypothek einzutragen, aber zur Sicherung derselben Forderungen bestimmt sei, die den bereits eingetragenen wertbeständigen Verkehrshypotheken zugrundelägen, so daß durch die Eintragung der Sicherungshypothek mit den Verkehrshypotheken eine Gesamthypothek in Höhe von 150 000 GM entstehe. Dieses Ergebnis lasse sich nicht dadurch vermeiden, daß die Eintragungsbewilligung anscheinend nur an den neu zu belastenden Grundstücken eine Gesamthypothek begründen wolle. Denn die Gleichheit der zugrundeliegenden Forderungen schließe die mehreren Hypotheken mit einer der Parteibestimmung entzogenen Notwendigkeit zum einheitlichen Recht der Gesamthypothek zusammen, so daß eine solche immer vorliege, wenn und soweit für dieselbe Forderung gleichzeitig oder nachträglich an verschiedenen Grundstücken Hypothek bestellt werde. Unzulässig sei aber eine Gesamthypothek, die auf dem einen Grundstück Verkehrs- und auf dem andern Sicherungshypothek sei, möge sie von vornherein als einheitliche Gesamthypothek bestellt oder die Eintragung der zweiten ungleichartigen Hypothek erst nachträglich für dieselbe Forderung bewilligt werden. Das Reichsgericht habe jedoch in RGZ. Bd. 70 S. 248 bei ähnlicher Sachlage eine Ausnahme zugelassen und ausgesprochen, die Bestellung und Eintragung einer bedingten Sicherungshypothek (Höchstbetragshypothek) sei für den Fall möglich, daß eine auf einem andern Grundstück eingetragene Verkehrshypothek einen Ausfall erleide. Anscheinend sei angenommen worden, daß hierbei keine Gesamthypothek begründet werde. Das Kammergericht könne sich dem nicht anschließen und halte an seiner im Beschluß vom

29. Januar 1908 (RJA. Bd. 9 S. 137) für einen ganz gleichliegenden Fall entwickelten Ansicht fest, daß bei solcher Sachlage wie hier weder eine Gesamthypothek mit einem von § 1132 BGB. abweichenden Inhalt, noch eine zweite selbständige Einzelhypothek für die nämliche Forderung rechtlich zulässig sei. Es könne nicht anerkannt werden, daß die Gründe, die der Eintragung einer Gesamthypothek auf dem einen Grundbuchblatt als Verkehrshypothek, auf dem andern als unbedingte Sicherungshypothek entgegenständen, nicht auch durchgreifen sollten, wenn die Sicherungshypothek als bedingte eingetragen werde. Die verschiedene Gestaltung der Einzelhypotheken müsse im letzteren Falle nicht weniger als im ersteren zu den in RGZ. Bd. 70 S. 248 dargelegten, dem Willen des Gesetzes widersprechenden und für den Rechtsverkehr höchst bedenklichen Folgen führen.

Die Zuständigkeit des Reichsgerichts ist gemäß § 79 Abs. 2, 3 GBO. gegeben, namentlich mit Rücksicht darauf, daß der erkennende Senat im Urteil vom 6. Mai 1914 V 4/14 (teilweise abgedruckt im Recht 1914 Nr. 2465) die Entscheidung auf die in RGZ. Bd. 70 S. 248 nur beiläufig ausgesprochene Ansicht über die streitige Rechtsfrage gegründet hat.

Die Zulässigkeit der weiteren Beschwerde unterliegt keinem Bedenken. Zutreffend hebt das Kammergericht hervor, sie sei nicht dadurch gegenstandslos geworden, daß das Grundbuchamt nach Erlaß des landgerichtlichen Beschlusses den Eintragungsantrag endgültig zurückgewiesen habe (KGJ. Bd. 43 S. 141).

Sachlich ist an der in den beiden genannten Entscheidungen des Senats zum Ausdruck gelangten Rechtsansicht festzuhalten. Die weitere Beschwerde erscheint daher als begründet. Unzutreffend ist zunächst, wie auch das Kammergericht annimmt, der Grund, aus dem das Grundbuchamt und das Landgericht die Eintragung beanstandet haben. Nach der Eintragungsbewilligung vom 11. Januar 1928 sollen, wie das Kammergericht zutreffend ausführt, nicht unbestimmte künftige Ausfallforderungen gesichert werden, sondern die gleichen der Höhe nach bestimmten Forderungen, die den alten Eintragungen zugrundeliegen, nur mit der Maßgabe, daß die neu belasteten Grundstücke zwar für jeden Teil der Forderung haften, ihre Haftung aber auf den Betrag von 150 000 RM beschränkt ist. Dagegen soll die Gesamtsicherungshypothek auf den neu zu belastenden Grundstücken nicht unbedingt bestellt werden, sondern aufschiebend bedingt dadurch, daß die Gläubigerin wegen ihrer wertbeständigen Verkehrshypotheken einen Ausfall erleide. Die Bestellung einer aufschiebend bedingten Hypothek ist unbedenklich zulässig; in dieser Beziehung wird auf die Ausführungen in RGZ. Bd. 70 S. 248 verwiesen. Auch daraus können keine Bedenken hergeleitet werden, daß mit der einen, neu einzutragenden Gesamtsicherungshypothek zwei verschiedene Forderungen gesichert werden sollen; denn es handelt sich dabei um Forderungen desselben Gläubigers gegen denselben Schuldner (RGZ. Bd. 75 S. 247; RGRKomm. Anm. 5 zu § 1113 BGB.).

Das Kammergericht meint, es müsse, da es sich um die Sicherung derselben Forderungen handle, durch die Eintragung der neu beantragten Hypothek notwendig eine Gesamthypothek in Höhe von 150 000 RM mit den früheren Hypotheken entstehen; dies sei jedoch im vorliegenden Falle nicht zulässig, weil nach feststehender Rechtsprechung des Reichsgerichts eine Gesamthypothek nicht auf dem einen Grundstück als Verkehrshypothek, auf dem andern als Sicherungshypothek eingetragen werden könne (RGZ. Bd. 70 S. 248, Bd. 98 S. 110). Dieser Schluß ist nicht gerechtfertigt. Aus der Fassung des § 1132 Abs. 1 BGB. entnehmen allerdings Schrifttum und Rechtsprechung nahezu übereinstimmend, daß die hypothekarische Haftung mehrerer Grundstücke für dieselbe Forderung nur in der Form einer Gesamthypothek begründet werden kann, und daß daher für die eine Forderung nicht mehrere Einzelhypotheken an verschiedenen Grundstücken bestellt werden können. Eine Ausnahme ist in RGZ. Bd. 98 S. 110 nur insofern zugelassen, als eine Zwangs-Sicherungshypothek auch dann eingetragen werden darf, wenn für dieselbe Forderung schon eine Verkehrshypothek eingetragen ist, ohne daß in diesem Falle eine Gesamthypothek entsteht. Durch Zulassung der hier in Rede stehenden aufschiebend bedingten Ausfall-Sicherungshypothek neben Verkehrshypotheken wird aber dieser Grundsatz keineswegs durchbrochen, da eine gleichzeitige Haftung mehrerer Grundstücke für dieselben Forderungen gar nicht in Frage kommt, soweit man einerseits die früher bestellten Hypotheken, anderseits die bedingte Hypothek ins Auge faßt. Die aufschiebend bedingte Ausfall-Sicherungshypothek stellt zwar bereits ein Vermögensrecht, keine bloße Anwartschaft dar (RGRKomm. Vorbem. 4 vor § 158 BGB.); sie kommt aber als Hypothek erst zur Entstehung, wenn die aufschiebende Bedingung eintritt (§ 158 Abs. 1 BGB.; RGRKomm. Anm. 2 zu § 158 und Anm. 2 zu § 1113 BGB.), wenn also der Gläubiger bei Verwirklichung seines Rechts aus den Verkehrshypotheken einen Ausfall erlitten hat. Dieser Ausfall kann sich nur bei der Zwangsversteigerung der Grundstücke ergeben, und zwar frühestens nach Eintritt der Rechtskraft des Zuschlags. Da ein

Ausfall nur dann in Frage kommen kann, wenn die Hypothek nicht in das geringste Gebot fällt, so sind die Verkehrshypotheken nach §§ 52, 91 ZVG. in dem Augenblick erloschen, wo der Ausfall festgestellt wird. Die bedingte Ausfall-Sicherungshypothek kann hiernach erst entstehen, wenn die Verkehrshypotheken schon untergegangen sind. Die Verkehrshypotheken und die bedingte Ausfall-Sicherungshypothek sichern somit zwar dieselbe Forderung, aber nicht gemeinsam und gleichzeitig, sondern die Haftung des mit der Ausfall-Sicherungshypothek belasteten Grundstücks tritt erst dann ein, wenn die Haftung der mit den Verkehrshypotheken belasteten Grundstücke endgültig erloschen ist. Eine Gesamthypothek, die sowohl die zuerst unbedingt als auch die später ausfallweise belasteten Grundstücke zu derselben Zeit erfaßt, kommt infolgedessen nicht zur Entstehung (RGRKomm. Anm. 2 zu § 1113 BGB.). Ungerechtfertigt sind daher die Einwendungen, die das Kammergericht im Vorlegungsbeschluß und in der Entscheidung RJA. Bd. 9 S. 137 gegen die Zulässigkeit der Begründung einer aufschiebend bedingten Ausfall-Sicherungshypothek (neben einer Verkehrshypothek für dieselbe Forderung) aus den Vorschriften über die Gesamthypothek herleitet.

Auch die übrigen vom Kammergericht in der letztgenannten Entscheidung geäußerten Bedenken greifen nicht durch. Die Begründung einer bedingten Hypothek steht, wie schon erwähnt und wie auch das Kammergericht nicht bezweifelt, an sich mit dem Wesen der Hypothek nicht im Widerspruch. Wenn das Bürgerliche Gesetzbuch unter die Vorschriften über die Hypothek keine solche aufgenommen hat, die den Rechtsgedanken der Verweisung des Gläubigers auf andere, ihm für dieselbe Forderung verhaftete Pfänder verwirklicht, so ist damit nicht gesagt, daß es den Parteien verwehrt sei, diesen wirtschaftlichen Erfolg auf einem Wege zu erreichen, der dem Zweck und Sinn der Hypothek nicht widerstreitet. Auch die Sicherstellung einer Forderung durch Sicherungsübereignung und die Ausfallbürgschaft sind im Bürgerlichen Gesetzbuch nicht geregelt, und doch kann die Zulässigkeit ihrer Vereinbarung nicht bestritten werden (RGRKomm. Anm. 6 zu § 930 BGB. und Vorbem. 5b vor § 765). Grundbuch- und hypothekenrechtliche Bedenken, unter dem Gesichtspunkt der Rechtssicherheit, bestehen gegen die Zulassung der fraglichen Eintragung auch nicht. Insbesondere ist eine Gefährdung des Schuldners durch eine Vervielfältigung der Hypothek in der Hand gutgläubiger Erwerber bei der Zulassung der bedingten Ausfall-Sicherungshypothek nicht zu befürchten, da sich ihre

Bedingtheit aus der Eintragung im Grundbuch ergeben muß. Zudem kann diesem Bedenken durch sinngemäße Anwendung des § 49 GBO. begegnet werden, wie dies der Senat auch im Fall der nachträglichen Eintragung einer Zwangs-Sicherungshypothek für eine schon durch Verkehrshypothek gesicherte Forderung in RGZ. Bd. 98 S. 111 als angemessen erachtet hat.

RGZ. 123, 169.

Welche Rechtsfolge tritt ein, wenn die Eintragung einer Verkehrshypothek bewilligt, aber versehentlich eine Sicherungshypothek eingetragen worden ist?

BGB. §§ 1113, 1184.

V. Zivilsenat. Beschl. v. 24. Januar 1929.

I. Aufwertungsstelle beim AG. Michelstadt. — II. Landgericht Darmstadt.

Der Antragsteller ist seit 1907 eingetragener Gläubiger einer „Sicherungshypothek für eine Kaufgeldforderung" von ursprünglich 110 000 ℳ und betreibt ihre Aufwertung in Höhe von noch 100 000 ℳ. Er hat für die persönliche Forderung rechtzeitig Abweichung vom normalen Höchstsatz beantragt und unter Berufung auf § 10 Abs. 1 Nr. 6 AufwG. ihre Aufwertung auf 100 % verlangt. Das Landgericht hat erkannt, daß ein näher bezeichneter Teilbetrag der Forderung auf nur 25 %, der Rest aber frei und ohne gesetzliche Höchstgrenze aufzuwerten sei. Dagegen hat die Schuldnerin weitere sofortige Beschwerde eingelegt mit dem Antrag, den Beschluß der Aufwertungsstelle wiederherzustellen, d. h. die Aufwertung der ganzen Forderung auf nur 25 % festzusetzen. Das Oberlandesgericht hat die weitere Beschwerde unter Hinweis auf die Beschlüsse des Kammergerichts JW. 1926 S. 2691, 1928 S. 1401 Nr. 3 gemäß § 28 Abs. 2 FGG. in Verbindung mit § 74 AufwG. dem Reichsgericht zur Entscheidung vorgelegt. Bei der Entscheidung wurde u. a. erwogen:

In dem an sich möglichen Fall, daß die Forderung überhaupt nicht als durch Hypothek gesichert anzusehen und dann gemäß §§ 62, 63 Abs. 3 AufwG. ohne gesetzliche Höchstgrenze aufzuwerten sei, wäre die Aufwertungsstelle nicht zuständig. Die in der Sache bisher ergangenen Beschlüsse der Vorinstanzen gehen sämtlich davon aus, daß entsprechend der Eintragung im Grundbuch eine Sicherungshypothek bestehe. Diese Annahme des Landgerichts kann das Gericht der weiteren

Beschwerde aber dann nicht binden, wenn sie auf einer Verletzung des Gesetzes beruht. Dem Landgericht haben die Grundakten vorgelegen. Daraus ergibt sich, daß die Vertragsparteien sich am 14. März 1907 auf eine Briefhypothek geeinigt und auch dementsprechende Grundbuchanträge gestellt haben. Dem hat das Grundbuchamt auch insofern Rechnung getragen, als es einen Brief ausgefertigt und ihn dem Gläubiger im Einvernehmen mit dem Eigentümer ausgehändigt hat. Im Widerspruch dazu hat es die Hypothek im Grundbuch als Sicherungshypothek bezeichnet.

Über die Rechtsfolgen eines derartigen Zwiespaltes zwischen Einigung und Anträgen einerseits und Eintragung im Grundbuch anderseits herrscht in der Rechtslehre Streit. Auszugehen ist davon, daß die gewöhnliche Hypothek und die Sicherungshypothek nicht zwei von Grund aus verschiedene Rechtsgebilde (aliud) sind. In beiden Fällen besteht eine Hypothek, d. h. eine Belastung des Grundstücks, wonach an den Gläubiger eine bestimmte Geldsumme zur Befriedigung wegen einer ihm zustehenden Forderung aus dem Grundstück zu zahlen ist. Der Unterschied besteht nur darin, daß bei der Sicherungshypothek sich das Recht des Gläubigers aus der Hypothek unter allen Umständen nur nach der Forderung bestimmt, während bei der gewöhnlichen Hypothek der öffentliche Glaube des Grundbuchs auch für die Forderung gilt. Während der Gläubiger einer gewöhnlichen Hypothek sich nach § 1138 BGB. auch in Ansehung der Forderung auf den öffentlichen Glauben des Grundbuchs berufen und dem Eigentümer den Beweis des Nichtbestehens der Forderung überlassen kann, trifft den Gläubiger einer Sicherungshypothek die Beweislast, wenn der Eigentümer das Bestehen der Forderung bestreitet. Die Sicherungshypothek ist also ein minderes Recht gegenüber dem Vollrecht der gewöhnlichen Hypothek. Ist dieses Vollrecht mangels Verlautbarung im Grundbuch nicht zustandegekommen, so besteht doch das Hypothekenrecht wenigstens in der eingetragenen schwächeren Gestalt der Sicherungshypothek. Man kann nicht sagen, daß das Grundbuch „unrichtig" sei und daß entgegen der Eintragung außerhalb des Grundbuchs eine gewöhnliche Hypothek bestehe. Denn zur Entstehung einer Hypothek gehören eben Einigung und Eintragung. Ist kein Vollrecht eingetragen, so kann auch kein Vollrecht entstanden sein, wohl aber kann das — trotz einer auf Vollrecht gerichteten Einigung — eingetragene mindere Recht entstanden sein, weil auf alle Fälle die Parteien dahin einig waren, daß der Gläubiger aus dem Grundstück eine bestimmte Geldsumme zur Befriedigung wegen einer ihm zustehenden Forderung solle verlangen dürfen.

RGZ. 125, 133.

1. Über die Geltendmachung der Löschungsvormerkung in der Zwangsversteigerung.

2. Über den Eintritt eines neuen Gläubigers in das durch eine Höchstbetragshypothek gesicherte laufende Kreditverhältnis.

BGB. §§ 883, 888, 1179, 1180, 1190, 1198. ZPO. § 878. ZVG. § 115.

V. Zivilsenat. Urt. v. 19. Juni 1929.

I. Landgericht Plauen. — II. Oberlandesgericht Dresden.

Die Grundstücke P. Bl. 1622, 1674 gehörten seit vielen Jahren der offenen Handelsgesellschaft L. K. in P. Die Gesellschaft stand mit der Landesbank W. AG. in P. in Geschäftsverbindung. Am 19. August 1924 wurde auf den Grundstücken für die Landesbank eine Gesamtsicherungshypothek zum Höchstbetrag von 60 000 GM zur Sicherung aller gegenwärtigen und künftigen Ansprüche der Bank gegen die Firma L. K. eingetragen. Am 16. Februar 1925 wurde bei dieser Hypothek für den Kläger eine Vormerkung dahin eingetragen, daß er einen Löschungsanspruch habe, falls und soweit die Hypothek sich mit dem Eigentum in einer Person vereinige. Zugleich wurde auf den Grundstücken für den Kläger eine Vormerkung zur Sicherung des Anspruchs auf Eintragung einer Gesamtsicherungshypothek zum Höchstbetrag von 40 000 RM wegen seiner Ansprüche aus laufender Geschäftsverbindung mit der Firma L. K. eingetragen. Mit dem Range dieser Vormerkung wurde für den Kläger am 3. August 1926 eine Gesamtsicherungshypothek zum Höchstbetrag von 20 000 RM wegen seiner Forderungen aus laufender Geschäftsverbindung eingetragen. Der Kläger erlangte eine durch diese Hypothek gesicherte Forderung von 17 415,53 RM.

Am 29. Juli 1925 hatte die Landesbank gegen die Firma L. K. Ansprüche in Höhe von 18 890 RM. Außerdem hatte die Firma L. K. damals bei der Bank noch Wechsel eines gewissen Kn. über 120 000 RM diskontiert, die aber im August 1925 vom Akzeptanten Kn. eingelöst wurden, so daß hieraus Ansprüche der Bank gegen die Firma L. K. in der Folgezeit nicht entstanden sind. Am 29. Juli 1925 zahlte die Beklagte an die Landesbank für Rechnung der Firma L. K. 18 890 RM; dabei erklärten in grundbuchmäßiger Form:

1. die Landesbank: sie trete, nachdem die Geschäftsverbindung beendet sei, ihre Gesamtsicherungshypothek von 60 000 GM mit den entstandenen und künftig noch entstehenden Ansprüchen aus laufender Geschäftsverbindung an die Beklagte ab und bewillige und beantrage die Eintragung der Abtretung im Grundbuch;

2. die Firma L. K.: sie nehme die Abtretungserklärung der Landesbank wegen der Ansprüche aus laufender Geschäftsverbindung, seien es entstandene oder künftig noch entstehende, an und beantrage gleichfalls die Eintragung im Grundbuch.

Am 6. August 1925 wurde die Abtretung der Gesamtsicherungshypothek der Landesbank an die Beklagte dahin eingetragen, daß die Hypothek mit den entstandenen und künftig noch entstehenden Ansprüchen aus laufender Geschäftsverbindung an die Beklagte abgetreten sei. Diese setzte die Geschäftsverbindung mit der Firma L. K. fort und gewährte ihr über die 18 890 RM hinaus nach der Eintragung der Abtretung neue Wechselkredite, bis sich die Gesamtschuld der Firma L. K. bei ihr auf 56 009,06 RM belief.

Im August 1926 kamen die Grundstücke zur Zwangsversteigerung. Der Kläger und die Beklagte gehörten zu den betreibenden Gläubigern. Die Grundstücke wurden im Termin vom 23. Juni 1927 für ein bares Meistgebot von 95 250 RM einem Dritten zugeschlagen. Im Verteilungstermin vom 1. September 1927 wurden die aus dem Bargebot verfügbaren 95 990,83 RM derart belegt, daß die Beklagte aus der ihr abgetretenen Hypothek volle Befriedigung ihrer angemeldeten Forderung von 56 009,06 RM erhalten, der Kläger, dem noch andere Rechte vorgingen, mit seinen angemeldeten 17 415,53 RM ausfallen sollte.

Schon im Versteigerungstermin hatte der Kläger erklärt, er behalte sich vor, geltend zu machen, daß die für die Beklagte eingetragene Sicherungshypothek ihr nur in Höhe des am 29. Juli 1925 mit einer Forderung ausgefüllten Betrags von 18 890 GM zustehe. Im Verteilungstermin erhob der Kläger Widerspruch gegen die bevorrechtigte Zuweisung von mehr als 18 890 RM an die Beklagte. Diese erkannte die Berechtigung des Widerspruchs nicht an. Der Kläger erhob Ende September 1927 Klage auf Einwilligung, daß ihm aus dem hinterlegten Versteigerungserlös der von ihm begehrte Betrag von 17 415,53 RM nebst Zinsen ausgezahlt werde. Landgericht und Oberlandesgericht haben die Beklagte verurteilt. Ihre Revision ist ohne Erfolg geblieben.

Gründe:

(Es wird zunächst dargelegt, daß der Kläger, wenn sein Widerspruch berechtigt ist, Befriedigung aus dem Versteigerungserlös findet. Dann wird fortgefahren:)

Die Hypothek, aus der das vom Kläger angefochtene Liquidat der Beklagten stammt, war eine Höchstbetragshypothek (§ 1190 BGB.). Sie war schon vor der Abtretung an die Beklagte mit einem durch

Vormerkung gesicherten Anspruch des Klägers belastet, wonach der Eigentümer dem Kläger gegenüber zur Löschung verpflichtet war, wenn und soweit die Hypothek sich mit dem Eigentum in einer Person vereinigte (§ 1179 BGB.). Daß auch der Fall der Nichtentstehung einer gesicherten Forderung nach dem Willen der Beteiligten die Bedingung der Vereinigung von Hypothek und Eigentum erfüllte (§ 1163 Abs. 1 Satz 1, § 1177 BGB.), ist außer Streit (vgl. Komm. v. RGR. Anm. 6 zu § 1179; Planck 4. Aufl. Bd. 3 S. 1041 Anm. 2a zu § 1179). Bei einer Höchstbetragshypothek zur Sicherung aller Ansprüche aus einer Geschäftsverbindung kann erst beim Abschluß der Geschäftsverbindung endgültig festgestellt werden, ob und inwieweit die Hypothek durch Forderungen des Gläubigers ausgefüllt ist. Bis zu dieser abschließenden Feststellung ist die Hypothek, wie nunmehr in Rechtsprechung und Wissenschaft geklärt ist (Komm. v. RGR. Anm. 1 zu § 1190; Wolff Sachenrecht 7. Aufl. S. 556 unter III; RGZ. Bd. 120 S. 110 und öfter), in ihrem jeweilig nicht ausgefüllten Teil als eine vorläufige, auflösend bedingte Eigentümergrundschuld anzusehen. Zur endgültigen, bedingungsfreien Eigentümergrundschuld wird der nicht ausgefüllte Teil erst mit jener abschließenden Feststellung. Erst in diesem Zeitpunkt kann der Grundstückseigentümer die Berichtigung des Grundbuchs verlangen. Damit ist auch der Augenblick gekommen, in dem eine Löschungsvormerkung aus § 1179 BGB. dem Vormerkungsberechtigten die Ausübung seines Rechts gestattet. Da nun aber bei einer Zwangsversteigerung des belasteten Grundstücks spätestens im Verteilungstermin die Möglichkeit aufhört, daß bei einer außerhalb des geringsten Gebots stehenden, durch den Zuschlag erlöschenden Höchstbetragshypothek noch neue Forderungen aus dem hypothekarisch gesicherten Rechtsverhältnis entstehen, so wird jedenfalls in diesem Zeitpunkt der dann nicht forderungsbekleidete Teil der Höchstbetragshypothek zur endgültigen Eigentümergrundschuld (Komm. v. RGR. Anm. 1 zu § 1190). Somit tritt unter diesen Umständen auch spätestens im Verteilungstermin die Löschungsvormerkung aus § 1179 BGB. in Wirksamkeit. Zwar wirkt sie nicht, wie das Berufungsgericht anzunehmen scheint, dahin, daß der zur endgültigen Eigentümergrundschuld gewordene Teil der Höchstbetragshypothek auf den Vormerkungsberechtigten „übergeht". Hat dieser aber ein dingliches Recht, das der mit der Vormerkung belasteten Höchstbetragshypothek im Range nachsteht und einen Ausfall erleiden würde, wenn die Höchstbetragshypothek zu ihrem vollen Betrag bei der Verteilung des Versteigerungserlöses vor ihm berücksichtigt würde, so kann er der Zuteilung des Erlöses auf den zur endgültigen Eigentümergrundschuld gewordenen Teil der Hypothek, der an sich dem Eigentümer gebühren würde, widersprechen und verlangen, daß dieser Erlösteil auf die ihm vorgehenden Zwischenberechtigten und ihn selbst nach Maßgabe der zwischen ihnen bestehenden Rangverhältnisse verwendet werde (Komm. v. RGR. Anm. 7 zu § 1179 und Anm. 1 zu § 1190; Planck S. 1043 Anm. 2f und 4f zu § 1179; Jäckel-Güthe 5. Aufl. Anm. 4 zu § 48 und Anm. 3 zu §§ 50, 51 ZVG.). Dieses Recht folgt ohne weitere Voraussetzungen aus der Löschungsvormerkung und dem schlechteren Range des vom Ausfall bedrohten Rechts desjenigen, für den die Vormerkung eingetragen ist. Unzutreffend ist die Ansicht der Revision, daß der Vormerkungsberechtigte die geschilderte Rechtsstellung nur dann hätte, wenn er für seinen durch die Vormerkung gesicherten Löschungsanspruch bereits ein Urteil gegen den Grundstückseigentümer erstritten oder wenn sich der Eigentümer-Grundschuldgläubiger dem Anspruch des Vormerkungsberechtigten durch freiwillige Erklärung unterworfen hätte. Diese Ansicht findet auch in der von der Revision angezogenen Entscheidung des Bayerischen Obersten Landesgerichts vom 22. Februar 1915 (Recht 1915 Nr. 1096) keine Stütze. In dem dort behandelten Falle hatte der Vormerkungsberechtigte sich im Zwangsversteigerungsverfahren überhaupt nicht gerührt, und das Versteigerungsgericht hatte deshalb bei der Verteilung des Erlöses die Vormerkung nicht berücksichtigt. Mit Recht hat in diesem Falle auch das Oberste Landesgericht die Widerspruchsklage des Vormerkungsberechtigten abgewiesen, weil er „in der Zwangsversteigerung seinen Löschungsanspruch nicht geltend gemacht hatte". Der beiläufige Zusatz der Begründung „und weil der Eigentümer sich dem Löschungsanspruch nicht unterworfen hatte" war für die Entscheidung ohne maßgebliche Bedeutung. Sollte er aber im Sinne der Revision gemeint sein, so wäre er nicht zu billigen. Das Verlangen, daß der Vormerkungsberechtigte, der in der Zwangsversteigerung durch Widerspruch gegen den Teilungsplan seinen Löschungsanspruch geltend macht, zunächst ein Urteil oder eine Unterwerfungserklärung des Eigentümer-Grundschuldgläubigers beibringen müßte, um mit seinem Widerspruch Gehör zu finden, würde den Berechtigten ungebührlich belasten. Er würde sogar bei überraschend hereinbrechender Zwangsversteigerung einem unlauteren Eigentümer gegenüber im ausschlaggebenden Augenblick des bestimmungsmäßigen Werts der Vormerkung beraubt und gegen ungerechtfertigten Verlust schutzlos gemacht werden. Es muß daher zur Wahrung des Klagerechts des Vormerkungsberechtigten aus § 115 ZVG., §§ 876 flg. ZPO. genügen, wenn er die Rechte aus der Vormerkung im Zwangsversteigerungsverfahren überhaupt geltend gemacht, insbesondere im Verteilungstermin gegen die Zuweisung des Erlösteils an den Eigentümer Widerspruch erhoben hat (so auch Komm. v. RGR. Anm. 7 zu § 1179).

Ist hiernach der Kläger auf Grund seines im Verteilungstermin erhobenen Widerspruchs berechtigt, der Beklagten gegenüber die Rechte aus der Löschungsvormerkung vom 16. Februar 1925 zu verfolgen, so fragt sich weiterhin, ob dem Kläger ein Löschungsanspruch für einen Teil der am 29. Juli 1925 an die Beklagte abgetretenen Höchstbetragshypothek erwachsen ist. Bei dieser Prüfung ist zu erörtern:

1. ob am 29. Juli 1925 ein Teil der Hypothek bereits zur endgültigen Eigentümergrundschuld geworden war;

2. für den Fall der Verneinung der Frage zu 1: ob trotz des Weiterbestehens der Hypothek als solcher die Vormerkung zugunsten des Klägers dahin wirkte, daß er die dingliche Belastung des Grundstücks wegen derjenigen Forderungen, die erst nach dem 29. Juli 1925 entstanden sind, nicht gegen sich gelten zu lassen braucht.

Beide Vorinstanzen sind der Meinung, daß die an die Beklagte abgetretene, ursprünglich für die Landesbank eingetragene Höchstbetragshypothek nach dem Willen der Beteiligten auch nach dem 29. Juli 1925 nur zur Sicherung des bis zu diesem Tage für die abtretende Bank entstandenen, an die Beklagte abgetretenen Guthabens von insgesamt 18 890 RM bestimmt gewesen sei und gedient habe. Sie vermissen in den Urkunden vom 29. Juli 1925 eine Willensäußerung der Beteiligten dahin, daß künftig auch weitere von der Beklagten an die Firma L. K. zu gewährende Kredite von der dinglichen Sicherung durch die abgetretene Hypothek umfaßt werden sollten. Trifft diese Auslegung zu, so ergibt sich aus den vorangehenden Ausführungen ohne weiteres, daß die Klage gerechtfertigt ist. Denn es könnte dann kein Zweifel obwalten, daß eine endgültige Eigentümergrundschuld in Höhe von 41 110 RM seit dem 29. Juli 1925 bestand und daß deshalb die Löschungsvormerkung des Klägers zu diesem Betrag wirksam ist. Die Auslegung der Urkunden vom 29. Juli 1925 durch die Vorinstanzen ist aber nicht unbedenklich. Die von der Beklagten schon im zweiten Rechtszug vorgetragene, in der Revisionsinstanz wiederholte gegenteilige Auslegung hat manches für sich. Die Urkunden lassen mit Sicherheit erkennen, daß die Beteiligten nicht nur mit dem bereits vorhandenen Guthaben der bisherigen Gläubigerin, sondern auch mit dem Entstehen künftiger Ansprüche aus dem durch die Hypothek zu sichernden Kreditverhältnis gerechnet haben. Die Ansicht des Berufungsgerichts, daß sie dabei nur an die Regreßansprüche der Landesbank gedacht hätten, die vielleicht noch aus den im August 1925 fälligen Wechseln über 120 000 RM entstehen würden, hat wenig Wahrscheinlichkeit für sich. Das Berufungsgericht scheint bei seiner Auslegung zu übersehen, daß durch sie ein offener Widerspruch in die Erklärungen der Beteiligten hineinkommt. Hätten sie wirklich bei dem Gedanken an künftige Ansprüche die im August 1925 fälligen Wechsel maßgebend berücksichtigt, so hätten sie schwerlich die Geschäftsverbindung zwischen der Landesbank und der Firma L. K. ohne weiteres für „beendet" erklärt. Angesichts dieses Ausgangspunkts und der unstreitigen Tatsache, daß die Beklagte nach der Abtretung der Hypothek der Firma L. K. weitere Kredite gewährt hat, liegt die Annahme erheblich näher, daß die Beteiligten bei der Abtretung an künftige Ansprüche der Abtretungsempfängerin aus einer zwischen ihr und der Firma L. K. fortzusetzenden laufenden Geschäftsverbindung gedacht haben. Auch bei dieser Auslegung mag die Fassung der Urkunden nicht sonderlich klar und glücklich sein; ein offener Widerspruch, wie er bei der gegenteiligen Auslegung nicht zu vermeiden ist, ergibt sich bei ihr indessen nicht.

Die Klage ist aber selbst dann begründet, wenn man mit der Beklagten davon ausgeht, daß die Beteiligten am 29. Juli 1925 dahin einig geworden sind, die Landesbank scheide aus der Geschäftsverbindung mit der Firma L. K. aus und die Beklagte trete in sie ein unter Übernahme des bisher entstandenen Guthabens der Landesbank und mit der Abrede, daß weitere Kredite der Beklagten an die Firma L. K. gleichfalls den dinglichen Schutz der in vollem Umfang abgetretenen Höchstbetragshypothek genießen sollten. Dabei können auch die Bedenken der Vorinstanzen über die Wirksamkeit der Einigung zwischen den Beteiligten vom 29. Juli 1925 und über die Fassung der grundbuchmäßigen Eintragung vom 6. August 1925 auf sich beruhen. Auch wenn zugunsten der Beklagten unterstellt wird, daß diese Bedenken dem Übergang der Höchstbetragshypothek auf sie nach Maßgabe der von ihr behaupteten Vereinbarung nicht im Wege stehen, braucht doch der Kläger als Vormerkungsberechtigter sich diesen Übergang nur insoweit gefallen zu lassen, als die Hypothek bereits am 29. Juli 1925 forderungsbekleidet war. Dabei ist unerheblich, ob an diesem Tage durch eine Abrechnung zwischen der Landesbank und der Firma L. K. die abschließende Feststellung des Endguthabens der bisherigen Gläubigerin aus der bis dahin laufenden Geschäftsverbindung stattgefunden hat oder nicht. Hat sie stattgefunden, so stand im Augenblick der Abtretung an die Beklagte fest, daß die Höchstbetragshypothek in dem das Endguthaben der Landesbank übersteigenden Betrage zur endgültigen, von der ihr bis dahin anhaftenden auflösenden Bedingung befreiten Eigentümergrundschuld geworden war und nur noch auf dem Wege der Umwandlung (§ 1198 BGB.) wieder zu einer Gläubiger-Höchstbetragshypothek für die Beklagte werden konnte. Diese Umwandlung hätte aber die Löschungsvormerkung des Klägers beeinträchtigt und wäre deshalb ihm gegenüber nach §§ 883, 888 BGB. unwirksam gewesen (Planck S. 1045 Anm. 4b, c zu § 1179). Sollte aber, wie die Beklagte offenbar geltend machen will, mangels einer Abrechnung am 29. Juli 1925 die Höchstbetragshypothek in ihrem bis dahin nicht forderungsbekleideten Teile noch nicht zur endgültigen Eigentümergrundschuld geworden und der Wille der Beteiligten dahin gegangen sein, daß die Hypothek auch künftig trotz der Umgestaltung des gesicherten Kreditverhältnisses durch den Eintritt eines neuen Gläubigers dinglich in ihrer alten rechtlichen Gestalt fortbestehen und abgetreten werden sollte, so ergibt sich keine für die Beklagte günstigere Rechtslage.

Grundsätzlich bestehen zwar keine Bedenken dagegen, daß auch eine nicht oder nicht voll valutierte Höchstbetragshypothek zum vollen Nennbetrag abgetreten werden kann, solange das gesicherte Kreditverhältnis fortbesteht. Die Abtretung hat dann aber zur Folge, daß der nicht valutierte Teil nach wie vor zur Sicherung für künftige Forderungen des alten Gläubigers aus seiner Geschäftsverbindung mit dem Schuldner dient. Die Abtretung hat nicht etwa eine Erweiterung des geschützten Kreditverhältnisses dahin zur Folge, daß nun auch künftige Ansprüche aus der Geschäftsverbindung des neuen Gläubigers mit dem Schuldner gesichert werden. Will man nicht — mit der strengsten Auslegung des Gesetzes — eine solche Erweiterung nur auf dem Wege der Umwandlung nach § 1198 BGB. zulassen (so Komm. v. RGR. Anm. 1 zu § 1180), so läßt sie sich doch, gleichviel ob das Guthaben des alten Gläubigers durch Abtretung in den Kreis der neuen Geschäftsverbindung einbezogen wird oder nicht, bestenfalls nur auf dem Wege des Forderungswechsels nach § 1180 BGB. durchführen (RGU. v. 19. Februar 1916 V 370/15; Planck Anm. 3a zu § 1180 BGB. S. 1049, Anm. 5b zu § 1190 S. 1104 und S. 1110 oben; Staudinger 9. Aufl. Bd. III 2 S. 1335 Anm. 4d zu § 1190; Wolff S. 558 unter IV, V; Herold im ZBl. f. FG. und Not. Bd. 10 S. 197; Bollenbeck in Zeitschr. des deutschen Notarvereins 1915 S. 18;

Biermann im Bankarchiv Bd. 7 S. 261). Die abweichende Ansicht von Jung (Zeitschrift für Notariat usw. in Bayern 1915 S. 401), der neben den Wegen über § 1198 und § 1180 BGB. noch einen dritten Weg für den Eintritt des neuen Gläubigers in das durch die Höchstbetragshypothek zu sichernde Kreditverhältnis für möglich zu halten scheint und vielleicht in einer Entscheidung des Bayerischen Obersten Landesgerichts vom 17. Februar 1905 (Bl. f. RA. Bd. 70 S. 298) einen Vorgang findet, entbehrt einer Stütze im Gesetz. Im Gebiete des Liegenschaftsrechts sind nur die gesetzlich vorgesehenen Wege zur Erlangung einer dinglich gesicherten Rechtsstellung gangbar. Mit Unrecht glaubt die Revision einen solchen Weg für die Einbeziehung der in der Person eines neuen Gläubigers entstehenden Ansprüche in das durch eine abgetretene Höchstbetragshypothek gesicherte Kreditverhältnis in den §§ 1153, 1190 BGB. zu finden. Soweit Ansprüche in der Person des abtretenden Gläubigers nicht entstanden sind — und so liegt es bei dem nicht valutierten Teil der Höchstbetragshypothek —, ist weder eine Forderung noch die Hypothek auf diesem Wege übertragbar. Auch auf die — im Komm. v. RGR. Anm. 5 zu § 1190 und bei Planck Anm. 5 b zu § 1190 S. 1104 angezogene — Entscheidung des Oberlandesgerichts Dresden vom 16. Oktober 1908 (OLG. Bd. 18 S. 185) kann sich die Revision nicht berufen. Denn einerseits geht diese Entscheidung noch von der heute überholten Grundanschauung aus, daß die Höchstbetragshypothek auch ohne die Entstehung von Forderungen aus dem geschützten Rechtsverhältnis eine echte Gläubigerhypothek sei; anderseits betrifft sie nur einen Fall, wo nach der Abtretung keine Ansprüche des neuen Gläubigers entstehen und geschützt werden sollten, sondern solche des alten Gläubigers, und wo gerade deshalb von den Beteiligten vereinbart wurde, daß der Abtretungsempfänger als Vertreter des Abtretenden dem Schuldner neue Kredite geben und so die neuen Forderungen in der Person des alten Gläubigers zur Entstehung gelangen sollten. Von einer solchen Vereinbarung kann aber im vorliegenden Falle auch bei Zugrundelegung des Sachvortrags der Beklagten und bei weitherziger Auslegung der Urkunden vom 29. Juli 1925 keine Rede sein. Wenn hiernach einerseits feststeht, daß Forderungen der Landesbank nach dem 29. Juli 1925 nicht mehr entstanden sind, und anderseits zugunsten der Beklagten der für sie günstigste Fall unterstellt wird, daß die von ihr der Firma L. K. gegebenen neuen Kredite als ihre Forderungen gemäß § 1180 BGB. in das durch die Höchstbetragshypothek gesicherte Kreditverhältnis einbezogen worden sind, so ist die Beklagte dennoch nicht gegen die

Wirkungen der Vormerkung des Klägers geschützt, soweit diese neuen Kredite in Betracht kommen. Denn auch die Forderungsauswechslung nach § 1180 BGB. hat den durch die Vormerkung gesicherten Löschungsanspruch des Klägers beeinträchtigt. Ohne die Auswechslung hätte die Firma L. K. bei der Beendigung der Geschäftsverbindung mit der Landesbank von der früher eingetragenen Gläubigerin Verzicht (Löschungsbewilligung, Berichtigungsbewilligung) in Höhe des durch das Endguthaben aus der beendigten Verbindung nicht erschöpften Teils der Höchstbetragshypothek verlangen können. Damit wäre in dieser Höhe praktisch der Fall der Vereinigung von Hypothek und Eigentum eingetreten und der Löschungsanspruch des Klägers wirksam geworden. In der zur Auswechslung erforderlichen Einigungserklärung des Schuldner-Eigentümers lag also, soweit die Auswechslung sich auf den am 29. Juli 1925 noch nicht forderungsbekleideten Teil der Hypothek bezog, eine den vorgemerkten Löschungsanspruch schmälernde Verfügung über eine zwar äußerlich verdeckte, innerlich aber vorhandene Eigentümergrundschuld. Diese Verfügung braucht der Vormerkungsberechtigte sich nicht gefallen zu lassen (Planck Anm. 2d zu § 1180 S. 1049; KGE. v. 11. Juli 1911 in RJA. Bd. 11 S. 242; Huth im ZBl. f. FG. und Not. Bd. 6 S. 179). Die abweichende Auffassung von Goldschmit (in Bayer. NotarZ. 1908 S. 1 flg.) entbehrt der rechtlichen Begründung. Er betont, daß vom Standpunkt der herrschenden Meinung aus die beliebte und häufige Forderungsauswechslung nach § 1180 BGB. wegen der Folgen für den Eigentümer und den neuen Gläubiger im Falle der Geltendmachung des Löschungsanspruchs des Vormerkungsberechtigten aus § 1179 praktisch kaum durchführbar und § 1180 in einer großen Zahl von Fällen nahezu wertlos wäre. Er überschätzt dabei aber wohl auf der einen Seite die Häufigkeit von Löschungsvormerkungen nach § 1179 und von Auswechslungen nach § 1180 BGB. und unterschätzt auf der anderen Seite sowohl die Anforderungen des Grundbuchverkehrs an die Sorgfaltspflicht eines neuen Kreditgebers als auch das Schutzbedürfnis des Vormerkungsberechtigten, dessen ältere, aus dem Grundbuch ersichtliche Rechtsstellung auch der Eigentümer und der neue Gläubiger berücksichtigen müssen. Schützt nach alledem auch bei Zugrundelegung der Darstellung, welche die Beklagte von den Vorgängen am 29. Juli 1925 gibt, die bereits am 16. Februar 1925 bei der Hypothek der Beklagten eingetragene Vormerkung den Kläger vor einem Liquidat über 18 890 RM aus dieser Hypothek, so ist die Widerspruchsklage des Klägers gegen die Beklagte mit Recht in den Vorinstanzen durchgedrungen.

RGZ. 125, 362.

1. Können die gesetzlichen Grenzen der Haftung des Grundstückszubehörs für eine Grundschuld vertraglich eingeschränkt werden?

2. Wie wird das Recht aus einer Grundschuld übertragen, das am Grundstück durch den Zuschlag in der Zwangsversteigerung erloschen, an einem von der Versteigerung ausgeschlossenen Zubehörstück aber bestehen geblieben ist?

BGB. §§ 1113, 1120 bis 1122, 1147, 1181, 1191, 1192, 1196, 1197.
ZVG. §§ *91, 118, 127, 128, 130.*

V. Zivilsenat. Urt. v. 3. Oktober 1929.

I. Landgericht Münster i. W. — II. Oberlandesgericht Hamm.

Die offene Handelsgesellschaft Ber. & Bee. — Gesellschafter: die Kaufleute Carl Ber. und Franz Bee. — betrieb eine Spinnerei und Weberei. Zum Gesellschaftsvermögen gehörten Grundstücke, die im Grundbuch auf den Namen der Gesellschaft eingetragen waren. Die Gesellschaft ließ am 29. November 1924 auf ihnen eine Eigentümergrundschuld von 100 000 GM für sich eintragen. Die beiden Gesellschafter setzten sich durch Vertrag vom 28. März 1925 dahin auseinander, daß Bee. als offener Gesellschafter ausschied und stiller Gesellschafter wurde, Ber. das Geschäft unter der alten Firma allein fortführte. In Ausführung des Vertrags wurden die Gesellschaftsgrundstücke im November 1925 dem Ber. übereignet und die Eigentümergrundschuld an Bee. abgetreten.

Ber. geriet in Vermögensverfall. Im Juli 1926 wurde die Zwangsversteigerung seiner Grundstücke angeordnet. Im August 1926 trat Bee. von seiner Grundschuld ab:

a) 40 000 GM mit dem Vorrang vor dem Rest an die Firma H.,
b) 25 000 GM mit dem Range hinter den zu a erwähnten 40 000 GM, aber vor dem Rest von 35 000 GM an die Firma M.

Die Abtretungen wurden in das Grundbuch eingetragen; die gebildeten Teilgrundschuldbriefe über 40 000 und 25 000 GM wurden den neuen Gläubigerinnen ausgehändigt. Die Grundstücke wurden im November 1926 versteigert. Die ganze Grundschuld von 100 000 GM stand außerhalb des geringsten Gebots. Bee. blieb Meistbietender mit einem Bargebot von 204 500 RM und erhielt dafür den Zuschlag. Im Verteilungstermin vom 18. Januar 1927 wurden der Firma H. auf die Teilgrundschuld aus dem Bargebot 9234,73 RM zugeteilt; mit dem Rest fiel sie aus. Da Bee. auf sein Bargebot nur 20 450 RM zahlte und dieser Betrag auf vorgehende Berechtigte entfiel, wurde der Firma H.

eine Forderung von 9234,73 RM gegen Bee. übertragen und dafür eine Sicherungshypothek in das Grundbuch eingetragen. Auf den Teilgrundschuldbrief wurde ein entsprechender Vermerk gesetzt; der Brief wurde an H. zurückgegeben. Die Firma M. fiel mit ihrer Teilgrundschuld gänzlich aus. Ihr Teilgrundschuldbrief wurde unbrauchbar gemacht und zu den Zwangsversteigerungsakten genommen. Die ganze Grundschuld von 100 000 GM wurde auf Ersuchen des Versteigerungsgerichts am 7. März 1927 gelöscht. Demnächst traten M. durch privatschriftliche, H. durch notariell beglaubigte Erklärung ihre Grundschuldrechte an die Beklagte ab. Ob dabei der Teilgrundschuldbrief von H. an die Beklagte übergeben wurde, ist streitig. Bee. hat die ersteigerten Grundstücke an die Beklagte übereignet.

Die offene Handelsgesellschaft Ber. & Bee. hatte mit der Klägerin am 5. März 1925 folgenden Vertrag geschlossen: Die Klägerin erteilte der Gesellschaft einen Spinn- und Webauftrag, zu dessen Ausführung die Gesellschaft eine größere Mangelmaschine anschaffen mußte; die Klägerin gab dazu der Gesellschaft ein Darlehen von 60 000 RM; die Empfängerin verpflichtete sich, alsbald nach der Lieferung der Mangel mit der Klägerin einen Sicherungsübereignungs-Vertrag dahin zu schließen, daß dieser das Eigentum an der gelieferten Mangel bis zur Rückzahlung des Darlehens übertragen, bis dahin der Besitz leihweise der Gesellschaft überlassen werden sollte. Die Gesellschaft bezog die Mangel von einer Firma G.; die Lieferung erfolgte im Juni 1925; mit der Aufstellung auf dem Fabrikgelände der Gesellschaft wurde Anfang August begonnen; Ende November 1925 war die Mangel betriebsfertig aufgestellt. Am 31. August 1925 wurde die vorgesehene Sicherungsübereignung auf die Klägerin vorgenommen. Im oben erwähnten Zwangsversteigerungsverfahren machte die Klägerin ihr Eigentum an der Mangel geltend. Da alle betreibenden Gläubiger die Maschine freigegeben hatten, verkündete das Versteigerungsgericht im Versteigerungstermin einen Beschluß dahin, daß auf Antrag der Klägerin das Verfahren hinsichtlich der Mangel aufgehoben werde.

Die Klägerin verlangt mit der Klage kraft ihres Eigentums die Herausgabe der Mangel, die auf dem von der Beklagten erworbenen Fabrikgelände steht. Die Beklagte leitet aus den ihr abgetretenen Teilgrundschulden ein Recht darauf her, die Herausgabe zu verweigern und zu verlangen, daß die Klägerin wegen des in der Zwangsversteigerung ausgefallenen Teils der ehemals H.'schen Grundschuld die Zwangsvollstreckung in die Mangel dulde. Dieses Verlangen verfolgt sie im vorliegenden Rechtsstreit mit der Widerklage, nachdem sie früher durch einen vom Versteigerungsgericht beanstandeten und dann nicht weiter verfolgten Antrag die Fortsetzung des Zwangsversteigerungsverfahrens in die Mangel herbeizuführen versucht hatte.

Das Landgericht hat die Klage abgewiesen und der Widerklage stattgegeben. Das Oberlandesgericht hat umgekehrt erkannt. Die Revision der Beklagten hatte Erfolg aus folgenden

Gründen:

Das Berufungsgericht geht zutreffend davon aus, daß die Klägerin durch die Sicherungsübereignung vom 31. August 1925 Eigentümerin der Mangel geworden ist (§ 930 BGB.). Der Besitz der Beklagten an der Mangel steht fest. Die Voraussetzungen des § 985 BGB. sind also für die Klage gegeben. Die Entscheidung des Rechtsstreits hängt ausschließlich davon ab, ob die Beklagte ein dem Eigentum der Klägerin entgegenstehendes Recht hat, das die Klage zu Fall bringt und die Widerklage stützt.

Daß die Mangel bereits mit ihrer Lieferung im Juni 1925 Zubehör des Fabrikgrundstücks der offenen Handelsgesellschaft Ber. & Bee. geworden ist (§§ 97, 98 Nr. 1 BGB.), hat schon das Landgericht mit einwandfreier Begründung dargelegt. Nach den §§ 1120, 1192, 1196 BGB. erstreckte sich daher die am 29. November 1924 begründete Eigentümergrundschuld auch auf die Maschine, die mit der Lieferung im Juni 1925 (§ 929 BGB.) in das Eigentum der Gesellschaft gelangt war. Am 31. August 1925 unterlag also die Mangel der Haftung für die Grundschuld. Daß diese Haftung damals gemäß § 1197 BGB. nicht im Wege der Zwangsvollstreckung zum Zwecke der Befriedigung des Gläubigers geltend gemacht werden konnte, weil die Grundschuld dem Grundstückseigentümer zustand, steht der Haftung selbst nicht entgegen. Eine Enthaftung nach den §§ 1121, 1122 Abs. 2 BGB. ist nicht eingetreten, da die Mangel auf dem Grundstück geblieben und ihre Zubehöreigenschaft innerhalb der Grenzen einer ordnungsmäßigen Wirtschaft nicht aufgehoben worden ist. Auch durch die Sicherungsübereignung vom 31. August 1925 ist die Maschine von der Haftung für die Grundschuld nicht frei geworden. Die gegenteilige Ansicht des Berufungsgerichts wird von der Revision mit Recht angegriffen.

Das Berufungsgericht nimmt an, daß die Mangel durch einen in der Sicherungsübereignung liegenden stillschweigenden Freigabevertrag zwischen der offenen Handelsgesellschaft Ber. & Bee. und der Klägerin von der Haftung für die Grundschuld mit dinglicher Wirkung gegen alle späteren Erwerber der Grundschuld freigeworden sei. Diese Annahme ist rechtsirrig. Es kann dahingestellt bleiben, ob der festgestellte Sachverhalt genügenden Anhalt dafür bietet, daß die an der Sicherungsübereignung beteiligten Vertragsparteien einen Freigabevertrag dieser Art schließen wollten, und welche Rechtswirkungen ein solcher Vertrag, wenn er geschlossen ist, unter ihnen hervorgerufen hat. Denn keinesfalls konnte er eine Enthaftung der Mangel mit dinglicher Wirkung gegen Dritte erreichen. Wie das Reichsgericht einer vertragsmäßigen Erweiterung des Umfangs der Haftungserstreckung im § 1120 BGB. die dingliche Wirkung versagt hat (RGZ. Bd. 63 S. 373; Komm. v. RGR. Bd. 3 S. 516 Anm. 1 zu § 1120), so muß auch einer vertragsmäßigen Einschränkung der in den §§ 1120 bis 1122 BGB. aufgestellten Grundsätze über die Hypothekenerstreckung auf Zubehör eine über den Kreis der Vertragschließenden hinausgehende Bedeutung versagt bleiben. Selbst wenn also die Klägerin mit Ber. & Bee. ein Enthaftungsabkommen geschlossen haben sollte, wie es das Berufungsgericht in der Veräußerung der Mangel am 31. August 1925 erblickt, würde daraus bestenfalls eine persönliche Einrede der Klägerin hergeleitet werden können für den Fall, daß die ursprüngliche Eigentümergrundschuld-Gläubigerin die Haftung des Zubehörs für die Grundschuld geltend macht. Einem an dem Abkommen nicht beteiligten späteren Grundschuldgläubiger gegenüber bestimmen aber die §§ 1120 bis 1122 BGB. den Umfang der Haftung. Inwieweit bei dem gegebenen Sachverhalt noch dem ehemaligen Mitgesellschafter und ersten Abtretungsempfänger Bee. die persönliche Einrede hätte entgegengehalten werden können, mag dahinstehen. Den späteren Abtretungsgläubigern H. und M., von denen erst die Beklagte ihre Rechte herleitet, steht jedenfalls ein vertragsmäßiges Enthaftungsabkommen zwischen der Klägerin und der ursprünglichen Eigentümer-Grundschuldgläubigerin nicht mehr entgegen. Mit der Begründung des Berufungsgerichts läßt sich also die Entscheidung nicht halten. Es fragt sich aber, ob sie etwa aus anderen Rechtsgründen zutrifft (§ 563 ZPO.). Bei dieser Prüfung bedürfen einer Erörterung namentlich die Ereignisse in der Zwangsversteigerung und ihr Einfluß auf die Grundschuld, aus der die Beklagte ihre Rechte herleitet.

Während des Zwangsversteigerungsverfahrens bis zum Zuschlag an Bee. waren H. und M. Teilgrundschuldgläubiger. Ihre Rechte erstreckten sich auf die Mangel als Zubehör des belasteten Grundstücks. Mit dem Zuschlag erloschen zwar ihre außerhalb des geringsten Gebots stehenden Grundschulden an dem versteigerten Grundstück sowohl soweit sie zur Hebung gelangten, als auch soweit sie ausfielen § 1181

BGB., §§ 91, 118, 128, 130, 130 flg. ZVG.). Die Haftung des von der Zwangsversteigerung ausgeschlossenen Zubehörs für den Ausfall der Grundschulden blieb aber bestehen. An diesem vom erkennenden Senat in ständiger Rechtsprechung aufgestellten, auch sonst im Schrifttum nunmehr herrschenden Rechtsgrundsatz ist festzuhalten (RGZ. Bd. 55 S. 414; Gruch. Bd. 48 S. 1064; LZ. 1915 Sp. 287 Nr. 10; Komm. v. RGR. 6. Aufl. Bd. 3 S. 570 Anm. 3 zu § 1147; Planck 4. Aufl. Bd. 3 S. 904 Anm. 1c zu § 1147; Staudinger 9. Aufl. Bd. III 2 S. 1291 Anm. II 6e zu § 1181; Wolff Sachenrecht 8. Bearb. S. 491 unter VII). Es fragt sich nun aber, ob H. und M. ihre Grundschuldgläubigerrechte, die an der Mangel trotz des Wegfalls der Grundstückshaftung fortbestanden, noch mit der Wirkung auf die Beklagte übertragen konnten und übertragen haben, daß diese der Entfernung der Mangel vom Grundstück widersprechen und wegen der ihr übertragenen Rechte Befriedigung aus der Maschine suchen darf. Diese Frage ist zu bejahen.

Es kann dahingestellt bleiben, ob das Recht, kraft dessen dem in der Zwangsversteigerung ausgefallenen Grundschuldgläubiger nach dem Erlöschen der Grundstückshaftung das von der Versteigerung ausgenommene Zubehör weiter haftet, begrifflich noch als eine echte Grundschuld oder als ein anders geartetes Recht anzusehen ist. Diese Frage berührt sich mit jener anderen, ob das Recht des außerhalb des geringsten Gebots stehenden Grundstücksberechtigten auf den an die Stelle des Grundstücks tretenden Versteigerungserlös ein dem alten Grundstückspfandrecht wesensgleiches dingliches Recht darstellt oder ob das ehemals dingliche Recht am Grundstück sich in ein schuldrechtliches Forderungsrecht auf den Erlös verwandelt. Die Meinungen hierüber gehen auseinander. Für die Verwandlung in ein Forderungsrecht sprechen sich z. B. aus der Komm. v. RGR. (Bd. 3 S. 492 Anm. 6 zu § 1113 a. E.) und Hirsch (Übertragung der Rechtsausübung S. 375 flg., namentlich S. 381). Andere wollen dem trotz Wegfalls der Grundstückshaftung fortbestehenden Gläubigerrecht grundsätzlich seine alte Rechtsnatur belassen (so z. B. RGZ. Bd. 88 S. 304; Jaeckel-Güthe 6. Aufl. S. 427 flg. Anm. 1 zu § 92 ZVG.). Alle aber stimmen darin überein, daß die für das alte Recht gegebenen gesetzlichen Vorschriften nur insoweit anwendbar bleiben, als nicht ihre Anwendung gerade dadurch ausgeschlossen wird, daß nicht mehr das Grundstück, sondern etwas anderes (Erlös, Zubehör) fortan den alleinigen Gegenstand der Haftung bildet. Demgemäß wird insbesondere allgemein angenommen, daß bei Verfügungen über das bestehen gebliebene Recht nicht mehr die Form erforderlich ist, in der zur Zeit der Grundstückshaftung über das Recht verfügt werden mußte, sondern daß das Recht nunmehr formlos übertragen werden kann (vgl. neben Planck, Jaeckel-Güthe und Hirsch a.a.O. weiterhin auch Predari GBO. 2. Aufl. S. 453; Güthe in Zeitschr. des D. Notarv. 1911 S. 733; Nottebohm im ZBl. f. FG. Bd. 12 S. 365). Dieser Ansicht ist beizupflichten. Wollte man ihr nicht folgen und an der alten Form der Übertragung festhalten, so würde sich ergeben, daß das Recht nach der Durchführung des Zwangsversteigerungsverfahrens überhaupt nicht mehr übertragbar wäre. Denn das Erlöschen der Grundstückshaftung nach dem Ausfall des Rechts (§ 91 Abs. 1 ZVG.) führt nach § 130 das. zur Löschung des Rechts im Grundbuch und nach § 127 Abs. 1 Satz 1 das. zur Unbrauchbarmachung des Briefs. Eine Übertragung durch Einigung und Eintragung im Grundbuch (§ 873 BGB.) oder durch schriftliche Abtretung und Briefübergabe (§§ 1154, 1192 das.) ist also nach ordnungsmäßiger Abwicklung des Verfahrens nicht mehr möglich. Die Unübertragbarkeit des Rechts würde weiterhin seine Unpfändbarkeit zur Folge haben (§§ 851, 857 Abs. 6 ZPO.). Im Gesetz fehlt aber jeder Anhalt dafür, daß das am Erlös oder am Zubehör sich fortsetzende Gläubigerrecht dem Rechtsverkehr durch Ausschluß seiner Übertragung und Pfändung entzogen sein sollte. Das Ergebnis würde auch praktisch nicht befriedigen. Somit muß die formfreie Übertragung zugelassen werden. Bei der Seltenheit der Fälle kann darin keine zu Bedenken Anlaß gebende Gefährdung der Sicherheit des Rechtsverkehrs gefunden werden. Für die wissenschaftliche Betrachtung mögen durch diese Behandlung des fortbestehenden Gläubigerrechts die Grundsätze des Liegenschaftsrechts über die Übertragung dinglicher Rechte in gewisser Weise durchbrochen und mag das Recht einer Mobiliarhypothek genähert erscheinen. Diese Folge ergibt sich aber zwingend aus dem Ausnahmecharakter eines ohne Grundstückshaftung sich fortsetzenden Grundstückspfandrechts und muß gegenüber dem praktischen Bedürfnis in Kauf genommen werden. Hiernach hat die Beklagte durch die Abtretungen der Firmen H. und M., gleichviel in welcher Form sie vorgenommen worden sind, deren an der Mangel fortbestehende Grundschuldgläubigerrechte in Höhe des Ausfalls in der Zwangsversteigerung erworben. Ob bei der Abtretung der Firma H. ihr vom Versteigerungsgericht zu Unrecht nach Satz 2 statt nach Satz 1 des § 127 Abs. 1 ZVG. behandelter Grundschuldbrief der Beklagten übergeben worden ist, kann dahingestellt bleiben, da der Brief nach den entwickelten Rechtsgrundsätzen beim Übergang der Rechte auf die Beklagte keine Rolle mehr spielte.

Nun hat freilich die Beklagte kraft der ihr übertragenen Grundschuldrechte kein eigentliches Recht zum Besitze der Mangel (Planck a. a. O.), da ja auch bei noch bestehender Haftung des Grundstücks der Grundschuldgläubiger kein Recht auf den Besitz des ihm mit dem Grundstück haftenden Zubehörs hat. Eine unmittelbare Einwendung aus § 986 BGB. kann daher die Beklagte auf Grund der ihr übertragenen Rechte gegen die Eigentumsklage aus § 985 BGB. nicht erheben. Dennoch kann sie der von der Klägerin begehrten Herausgabe der Mangel aus einem anderen Rechtsgrunde widersprechen. Die Herausgabe würde zur Entfernung der Mangel vom Grundstück und damit nach §§ 1121, 1192 BGB. zu ihrer Befreiung von der Haftung für das Recht der Beklagten führen. Einer solchen Zerstörung ihres eigenen, das Eigentum der Klägerin belastenden Rechts braucht sich die Beklagte aber nicht zu unterwerfen. Sie kann vielmehr zur Wahrung ihres Rechts die Herausgabe verweigern und ihrerseits zur Befriedigung ihres Rechts von der Klägerin die Duldung der Zwangsvollstreckung in die Mangel verlangen (RGZ. Bd. 55 S. 417 flg.; OLG. Bd. 33 S. 166). Daran ist sie auch dadurch nicht gehindert, daß die ihr abgetretenen Grundschuld-Gläubigerrechte sich mit dem Eigentum am Grundstück in ihrer Hand vereinigt haben. § 1197 BGB. steht ihren Anträgen nicht entgegen. Zwar genügt zur Begründung dieser Ansicht nicht allein der Hinweis auf die Tatsache, daß die Mangel, die für die abgetretenen Grundschuldrechte haftet, nicht Eigentum der Beklagten ist, sondern Eigentum der Klägerin. Denn würde das Grundstück selbst noch für ihre Rechte haften, so wäre die Beklagte durch § 1197 BGB., § 865 ZPO. auch an der Vollstreckung in solche Zubehörstücke gehindert, die nicht in ihrem eigenen Eigentum ständen. Anders liegt aber die Sache, nachdem die Grundstückshaftung erloschen ist. § 1197 BGB. verbietet seiner Zweckbestimmung nach dem Eigentümergrundschuld-Gläubiger nur die Zwangsvollstreckung in das eigene Grundstück, scheidet also aus, wenn die Grundstückshaftung nicht mehr besteht, sondern nach ihrem Erlöschen nur noch die Befriedigung aus einem verhaftet gebliebenen Zubehörstück in Betracht kommt.

Nach alledem wäre die Klage abzuweisen und der Widerklage stattzugeben, wenn nicht etwa die Bereicherungseinrede, mit der die Klägerin in letzter Linie die Rechtsstellung der Beklagten bekämpft, begründet ist und zu einer abweichenden Entscheidung führt. Insoweit ist der Rechtsstreit noch nicht zur Entscheidung reif.

RGZ. 126, 272.

Kann eine Höchstbetragshypothek zur Sicherung von Forderungen gegen verschiedene Schuldner ins Grundbuch eingetragen werden?

BGB. §§ 1113, 1190.

V. Zivilsenat. Beschl. v. 4. Dezember 1929.

I. Amtsgericht Spandau. — II. Landgericht III Berlin.

Der Sachverhalt und die Entscheidung ergeben sich aus den

Gründen:

In einer notariell beurkundeten Erklärung vom 24. Dezember 1928 haben 1. Herbert B., 2. seine Frau Hertha geb. G., 3. der Rentner G. bekannt, von der offenen Handelsgesellschaft Paul E. in Berlin als Gesamtschuldner ein verzinsliches, bis spätestens 20. März 1929 rückzahlbares Darlehen von 1500 GM erhalten zu haben. G. hat weiter erklärt, zur Sicherheit für dieses Darlehen sowie für die Forderungen der Firma Paul E. aus beabsichtigten Warenlieferungen an Herbert B. bewillige und beantrage er die Eintragung einer Sicherungshypothek zum Höchstbetrag von 4000 GM auf seinem näher bezeichneten Grundstück. Das Grundbuchamt, dem die Urkunde vom Notar eingereicht war, hat den Antrag auf Eintragung der Hypothek auf Kosten des Antragstellers zurückgewiesen. Das Wesentliche bei einer Höchstbetragshypothek sei, daß die Feststellung der Forderung vorbehalten, die Forderung also unbestimmt sei; wenn der Antragsteller einen Teilbetrag der Forderung in bestimmter Höhe angebe, so könne wegen dieses Betrags nur eine gewöhnliche Hypothek eingetragen werden, der Eintrag einer Höchstbetragshypothek für die ganze Forderung sei inhaltlich unzulässig.

G. hat Beschwerde eingelegt und ausgeführt, die Parteien hätten gerade eine einheitliche Hypothek beabsichtigt, damit im Falle der Abtragung des baren Darlehens die Hypothek im entsprechenden Maß für den Warenkredit frei werde und nicht etwa eine Eigentümerhypothek entstehe. Die Eintragung sei so, wie beantragt, zulässig. Denn für eine Höchstbetragshypothek sei es keineswegs erforderlich, daß die Forderung dem Grunde nach noch unbestimmt sei; wesentlich sei nur, daß der Betrag späterer Festsetzung vorbehalten bleibe. Wenn auch zur Zeit der Antragstellung schon eine Darlehensforderung entstanden gewesen sei, so habe doch der Betrag der Gesamtforderung nicht festgestanden, auf den allein es ankomme.

Das Landgericht hat die Beschwerde zurückgewiesen. Zwar könne nach KGJ. Bd. 34 S. A 320 eine Höchstbetragshypothek auch für eine an sich feststehende Forderung bestellt werden, wenn die Höhe der dinglichen Belastung des Grundstücks von den Parteien nicht unzweifelhaft festgestellt werden solle. Anderseits sei in der späteren Entscheidung ROLG. Bd. 29 S. 373 die Eintragung einer Höchstbetragshypothek für unzulässig erklärt worden, wenn die zu sichernde Forderung zur Zeit der Eintragung ihrem Umfang nach schon feststehe. Doch brauche dieser Streit nicht entschieden zu werden. Denn im vorliegenden Fall hätten die Parteien nicht eine Darlehenshypothek gewollt; sie hätten auch nicht den Weg gewählt, formell eine Darlehenshypothek eintragen zu lassen, deren zugrundeliegende Forderung wechseln könne und solle, so daß im Erfolg doch eine Art von Sicherungshypothek habe geschaffen werden sollen. Die Parteien hätten vielmehr eine einheitliche Behandlung der gesamten Forderungen der Firma Paul E. gewollt. Sowohl die schon entstandene, vielleicht nur infolge von Novation als Darlehen bezeichnete Forderung von 1500 GM, als auch die durch die beabsichtigten Warenlieferungen künftig entstehenden Forderungen hätten als einheitliches Ganzes aufgefaßt und dinglich gesichert werden sollen. In diesem Fall sei die Eintragung einer Höchstbetragshypothek, wie beantragt, an sich möglich. Daß die Forderung der Höhe nach teilweise schon feststehe, hindere nicht die Eintragung der Hypothek. Aber die Zurückweisung des Antrags sei aus anderem Grunde geboten. Eine einheitliche Hypothek könne zwar auch zur Sicherung mehrerer selbständiger Forderungen bestellt werden, aber doch nur dann, wenn sich die verschiedenen Forderungen sämtlich gegen einen und denselben Schuldner richteten, oder gegen mehrere Schuldner, die unter sich in einer Rechtsgemeinschaft ständen. Im vorliegenden Falle richte sich die Darlehensforderung gegen die Eheleute B. und den Rentner G. als Gesamtschuldner, die künftigen Warenforderungen dagegen nur gegen Herbert B., allenfalls zugleich auch gegen G., keinesfalls aber gegen Frau B. Es handele sich also um verschiedene Forderungen gegen ganz verschiedene Gruppen von Schuldnern. In solchem Falle könne nur dann eine einheitliche Hypothek eingetragen werden, wenn die Gruppen von Schuldnern in irgendeiner Rechtsgemeinschaft ständen, oder dann, wenn die Schuldner bei beiden in Frage kommenden Gruppen in gleicher Weise als Schuldner beteiligt seien und in entsprechender Rechtsgemeinschaft ständen (RGZ. Bd. 75 S. 245; KGJ. Bd. 35 S. 279; Güthe 4. Aufl. II S. 1837; RGRKomm. § 1190 Anm. 1; ROLG. Bd. 45 S. 238).

Die weitere Beschwerde führt aus: Es sei nicht richtig, daß nur dann eine einheitliche Hypothek für Forderungen gegen mehrere Schuldner bestellt werden könne, wenn diese in einer Rechtsgemeinschaft ständen. Das Gesetz enthalte keine ausdrückliche dahingehende Vorschrift. Auch Unklarheiten könnten nicht herbeigeführt werden durch Eintragung einer Hypothek zur Sicherung mehrerer Forderungen gegen eine Mehrheit von Schuldnern, die nicht in Rechtsgemeinschaft stehen, wenn nur die Schuldner und die Forderungen genügend klar bezeichnet würden. Aber auch vom Standpunkt des Landgerichts beständen gegen die beantragte Eintragung keine Bedenken, denn es handle sich um e i n e Forderung gegen e i n e n Schuldner, nämlich Herbert B. Der Umstand, daß neben ihm für einen Teil der Forderungen auch noch andere Personen hafteten, schade nicht, zumal da sie für diesen Teil Gesamtschuldner mit ihm seien. Beim Gesamtschuldverhältnis, wo nach § 422 BGB. der Stand der Schuld stets gegen alle Schuldner gleich sei, könne bei dieser Mehrheit von Schuldnern keinerlei Unklarheit entstehen.

Das Kammergericht hält das Rechtsmittel für begründet. Es meint, der Umstand, daß die Darlehensforderung von 1500 GM schon entstanden sei, hindere nicht die Eintragung einer Höchstbetragshypothek für einen Kreis von Forderungen, zu dem diese Darlehensforderung gehöre. Es solle hier ein Kreditverhältnis gesichert werden, die Hypothek solle also nicht die einzelnen bestimmten Forderungen, sondern das Schlußguthaben der Gläubigerin sichern, das sich bei Beendigung des Kreditverhältnisses aus den zur Zeit der Hypothekenbestellung schon entstandenen und den künftig entstehenden Forderungen ergeben werde. Auch der Umstand, daß sich die zu sichernden Forderungen teilweise gegen verschiedene Personen richteten, schade im vorliegenden Falle nicht. Das Kammergericht habe an solcher Mehrheit von Schuldnern schon in seinem Beschluß I X 814/26 (JR. 1927 Nr. 364) keinen Anstoß genommen. Dort habe eine Höchstbetragshypothek für die Forderungen eines Kreditgebers gegen den Inhaber eines Handelsgeschäfts und gegen einen etwaigen späteren Erwerber des Handelsgeschäfts eingetragen werden sollen. Der gegenwärtige Fall unterscheide sich von jenem nur dadurch, daß dort eine Mehrheit von Schuldnern und ein Nebeneinandertreten von Gesamtschulden aller und von Sonderschulden eines von ihnen erst für die Zukunft vorgesehen gewesen sei, während hier dieses Verhältnis von vornherein bestehe. Der Umstand, daß im vorliegenden Fall eine Verpflichtungsgemeinschaft für einen Teil der zu sichernden Forderungen (hier der Ansprüche aus den Warenlieferungen) fehle, stehe der Zulässigkeit der beantragten Eintragung nicht entgegen. Das Kammergericht möchte deshalb der weiteren Beschwerde stattgeben. Es glaubt aber daran durch die Entscheidungen des Reichsgerichts RGZ. Bd. 75 S. 245 und Bd. 118 S. 354 gehindert zu sein, und hat die weitere Beschwerde gemäß § 79 Abs. 2 GBO. dem Reichsgericht zur Entscheidung vorgelegt. Das Reichsgericht habe — so führt das Kammergericht aus — gegen die Zulässigkeit einer einheitlichen Höchstbetragshypothek das Bedenken, daß die Bestellung einer solchen Hypothek im Gesetz keine Stütze finde, auch unklare Verhältnisse geschaffen werden könnten, zumal wenn die Persönlichkeiten der verschiedenen in Betracht kommenden Schuldner noch nicht festständen, sondern ihre Feststellung vom Eintritt in ein gewisses Verhältnis abhängig gemacht werde, und endlich, daß auch in der Zwangsversteigerung unüberwindliche Schwierigkeiten zu befürchten seien. Das Kammergericht läßt dahingestellt, ob die hiergegen namentlich von Kretzschmar Bankarchiv Bd. 21 S. 324, Cammerer Bay. NotV. 1924 S. 222, Güthe-Triebel 5. Aufl. S. 1938 und von Rosenberg JW. 1928 S. 2449 geltend gemachten Gesichtspunkte allgemein durchschlügen. Für Fälle, in denen es, wie hier, nur für einen Teil der zu sichernden Forderungen an einer Verpflichtungsgemeinschaft fehle, seien die Bedenken des Reichsgerichts jedenfalls nicht begründet. Eine Unbestimmtheit der Person der Schuldner liege nicht vor. Unklarheiten oder Vollstreckungsschwierigkeiten seien nicht in höherem Maße zu befürchten, als wenn für alle Forderungen eine Gesamthaft bestehe, zumal da auch bei Gesamtschulden die einzelnen Schuldner nach § 425 BGB. verschiedene Einreden gegen die Forderungen haben könnten.

Durch Erklärung gegenüber dem Grundbuchamt vom 2. Mai 1929 hat der Rentner G. seinen Antrag vom 24. Dezember 1928 zurückgenommen. Demnächst hat er unter Hinweis auf diese Zurücknahme gebeten, nur noch über die Kosten zu entscheiden.

Der Fall der Vorlegungspflicht nach § 79 GBO. ist gegeben. Der erkennende Senat hat in seinem — ebenfalls auf Grund des § 79 GBO. ergangenen — Beschluß vom 1. März 1911 (RGZ. Bd. 75 S. 245) ausgesprochen, daß eine ungeteilte Hypothek für mehrere Forderungen gegen verschiedene, nicht in einer Verpflichtungsgemeinschaft stehende Schuldner nicht eingetragen werden könne. Dieser Satz ist dann im Urteil vom 1. Oktober 1927 V 544/26 ausdrücklich bestätigt worden. Und im Urteil vom 5. November 1927 (RGZ. Bd. 118 S. 354) hat der Senat diese Rechtsansicht unter Zurückweisung der im Schrifttum dagegen geltend gemachten Bedenken aufrechterhalten. In den beiden letzten Fällen handelte es sich allerdings um die Rechtswirksamkeit von bereits eingetragenen Höchstbetragshypotheken, während im gegenwärtigen Fall, wie auch in dem in RGZ. Bd. 75 S. 245 entschiedenen, die Hypothek erst eingetragen werden soll. Gleichwohl stehen auch die beiden jüngeren Entscheidungen dem vom Kammergericht in seinem Vorlegungsbeschluß eingenommenen Standpunkt entgegen. Denn wenn, wie in RGZ. Bd. 118 S. 354 ausgesprochen ist, eine Hypothek der in Rede stehenden Art ein rechtlich unmögliches Verhältnis darstellt und trotz ihrer Eintragung unwirksam ist, so liegt es auf der Hand, daß ihre Eintragung vom Grundbuchrichter abgelehnt werden muß (vgl. RGZ. Bd. 118 S. 164).

In der Sache selbst ist dem Landgericht und dem Kammergericht darin beizutreten, daß der vom Grundbuchamt angeführte Grund die Ablehnung des Eintragungsantrags nicht rechtfertigt. Denn der Umstand, daß zu einem Kreis gesicherter Forderungen eine Forderung gehört, deren Betrag schon als feststehend hingestellt ist, steht der Eintragung einer Höchstbetragshypothek nicht entgegen, die den Betrag jener einen Forderung übersteigt. Fraglich kann nur sein, ob nicht die Eintragung der Höchstbetragshypothek deshalb abzulehnen war, weil es sich um Forderungen gegen mehrere, nicht in einer Verpflichtungsgemeinschaft stehende Schuldner handelt. Zwar hat die weitere Beschwerde — hilfsweise — geltend gemacht, es handle sich hier gar nicht um eine Hypothek, die für mehrere Forderungen gegen verschiedene Schuldner haften solle. Es solle vielmehr nur e i n e Forderung gegen e i n e n Schuldner gesichert werden, nämlich der Schlußsaldo aus der Geschäftsverbindung der Gläubigerin mit Herbert B. Er sei der Schuldner sowohl aus dem schon gegebenen Darlehen als auch aus den künftigen Warenlieferungen. Der Umstand, daß neben ihm für einen Teil der Forderung (das Darlehen) noch zwei andere Schuldner hafteten, ändere nichts daran, daß die ganze Forderung sich gegen e i n e n Schuldner richte. Damit kann indessen dem Konflikt nicht aus dem Weg gegangen werden. Denn das Landgericht hat die Eintragungsbewilligung ersichtlich — und sachentsprechend — dahin verstanden, daß die Darlehensforderung durch die Hypothek auch insoweit gesichert sein sollte, als sie sich gegen Frau B. und den Beschwerdeführer richtet, daß die Hypothek also auch dann in Anspruch genommen werden sollte, wenn etwa Herbert B. für seine Person als Schuldner des Darlehens ausscheiden und für dieses nur noch seine Frau und der Beschwerdeführer — oder auch nur eines dieser beiden — haften würde.

Auch die weitere Beschwerde will offensichtlich der Eintragungsbewilligung keinen anderen Sinn beilegen.

Der Umstand, daß die drei Schuldner — worauf die weitere Beschwerde schließlich noch hinweist — wenigstens in bezug auf das Darlehen in einer Verpflichtungsgemeinschaft stehen, kann die beantragte Hypothek — wenn man sich auf den Standpunkt der bisherigen Rechtsprechung des Senats stellt — ebenfalls nicht zulässig machen. Denn die übrigen Forderungen gehen eben nur gegen Herbert B. allein, nicht auch gegen die beiden anderen Darlehensschuldner. Und in dem eben gedachten Fall, wenn die Haftung des Herbert B. für das Darlehen etwa wegfallen sollte, ohne daß zugleich seine beiden Mitschuldner befreit würden — einem Fall, für den, wie gesagt, die Hypothek ebenfalls gelten soll — würde durch die Hypothek eine Mehrheit selbständiger Forderungen gegen mehrere selbständige Schuldner gesichert, ohne daß auch nur für einen Teil der Forderungen eine Verpflichtungsgemeinschaft der mehreren Schuldner bestände.

Es kommt somit darauf an, ob an dem Grundsatz festzuhalten ist, daß eine Hypothek für mehrere Forderungen gegen verschiedene, nicht in einer Verpflichtungsgemeinschaft stehende Schuldner nicht bestellt werden kann. Eine erneute Prüfung hat den Senat dazu geführt, diesen Grundsatz aufzugeben. Die Bedenken, die ihn bisher von der Zulassung einer Hypothek der bezeichneten Art abgehalten haben, erweisen sich bei nochmaliger Prüfung nicht als so erheblich, daß dem Bedürfnis des Verkehrs nach Begründung solcher Sicherheiten noch weiterhin Widerstand entgegengesetzt werden müßte.

Wenn in RGZ. Bd. 75 S. 247 gesagt ist, eine Hypothek für mehrere Forderungen gegen verschiedene, nicht in einer Verpflichtungsgemeinschaft stehende Schuldner finde im Gesetz keine Stütze, so ließe sich, wie schon Rosenberg JW. 1928 S. 2449 bemerkt hat, der Einwand, daß das Gesetz durchgehend nur von „der" durch die Hypothek gesicherten Forderung spricht, auch gegen eine Hypothek für eine einzige, wider mehrere Gesamtschuldner gerichtete Forderung erheben, ebenso aber auch gegen eine einheitliche Hypothek zur Sicherung mehrerer, wider einen und denselben persönlichen Schuldner gerichteter Forderungen. Trotz dieser Gesetzesfassung, die erkennbar nur den Regelfall im Auge hat, bestehen keine Bedenken, eine Hypothek zur Sicherung einer gegen mehrere Gesamtschuldner gerichteten Forderung und eine Hypothek für mehrere Forderungen gegen einen und denselben persönlichen Schuldner zu bestellen.

Ausschlaggebend war für den Senat bisher die Besorgnis, daß durch die Bestellung einer Hypothek der fraglichen Art unklare Verhältnisse geschaffen würden, besonders angesichts der Möglichkeit, daß den mehreren Schuldnern verschiedenartige Einreden gegen die Forderung zustehen und dann gemäß § 1137 BGB. auch der Grundstückseigentümer diese verschiedenen Einreden gegen die Hypothek geltend machen könnte, ferner das Bedenken, es könnten unentwirrbare Verhältnisse bei der Zwangsvollstreckung eintreten. Auch diese Bedenken erscheinen nunmehr dem Senat nicht als so schwerwiegend, daß eine solche Hypothek inhaltlich unzulässig wäre oder auch nur wegen Besorgnis der Verwirrung aus dem Grundbuch ferngehalten werden müßte. Zwar ist daran festzuhalten, daß das Grundbuch keine unklaren Verhältnisse schaffen darf, daß namentlich bei einer Hypothek der Umfang der Grundstückshaftung für alle in Betracht kommenden Fälle genau bestimmt oder doch bestimmbar sein muß, und daß Eintragungen nicht erfolgen sollen, deren Fassung dunkel oder mehrdeutig ist. In allen Fällen ist das Vorhandensein der erforderlichen Klarheit und Deutlichkeit besonders im Hinblick auf die Möglichkeit einer Zwangsvollstreckung zu prüfen, die sich als das letzte und entscheidende Ziel jedes Hypothekeneintrags darstellt. Aber nicht jede Möglichkeit, daß sich bei einer Zwangsvollstreckung oder auch sonst Schwierigkeiten bei der Bestimmung des Umfangs der Grundstückshaftung herausstellen könnten, macht die Eintragung einer Hypothek unzulässig.

Gegenüber dem Regelfall, daß nur eine einzige Forderung wider einen einzigen Schuldner durch die Hypothek gesichert wird, ergeben sich schon dann gewisse Schwierigkeiten, wenn für die eine gesicherte Forderung mehrere Schuldner haften. Wie aus § 425 BGB. zu entnehmen ist, können den einzelnen Schuldnern verschiedene Einwendungen gegen die Forderung zustehen, und bei dem Abhängigkeitsverhältnis zwischen Hypothek und persönlicher Forderung können sich daran Verwicklungen für die Hypothek knüpfen. Die Bestimmung der Rechtslage im Fall einer Mehrheit persönlicher Schuldner für eine durch Hypothek gesicherte Forderung kann, wie Biermann (Arch. BürgR. Bd. 40 S. 318 flg.) gezeigt hat, mit erheblichen Schwierigkeiten verbunden sein. Gleichwohl kann, wie auch in der bisherigen Rechtsprechung des Senats anerkannt ist, die Eintragung einer Hypothek nicht deshalb abgelehnt werden, weil für die zu sichernde Forderung mehrere Schuldner haften.

Unbedenklich zuzulassen ist die Eintragung einer Hypothek zur Sicherung mehrerer selbständiger Forderungen gegen einen und denselben Schuldner. Hier entstehen nicht notwendig entsprechend viele selbständige Teilhypotheken, wie das etwa in den in RGZ. Bd. 113 S. 233 gedachten Fällen angenommen worden ist, wo verschiedene Teilbeträge einer und derselben Forderung auf verschiedenen Grundstücken eingetragen werden oder eine Gesamthypothekenforderung nachträglich auf die einzelnen Grundstücke verteilt wird. Die Hypothek kann vielmehr als einheitliches dingliches Recht bestehen. Auch bei solcher Mehrheit von Forderungen können gegenüber dem vom Gesetz ins Auge gefaßten Regelfall gewisse Schwierigkeiten entstehen, etwa dann, wenn dem Schuldner wider einzelne Forderungen besondere Einwendungen zustehen oder wenn ein Bürge nur für einzelne der mehreren Forderungen haftet. Aber diese Schwierigkeiten sind nicht wesentlich anders, als wenn der Schuldner gegen einen Teil der einzigen durch die Hypothek gesicherten Forderung besondere Einwendungen geltend zu machen hat, oder wenn der Bürge nur für einen Teilbetrag der Forderung haftet.

Für Fälle nun, in denen die Hypothek nicht nur mehrere selbständige Forderungen sichert, sondern diese Forderungen auch gegen verschiedene selbständige Schuldner gerichtet sind, läßt sich nicht von vornherein und grundsätzlich sagen, daß wegen dieser Mehrheit von Forderungen und Schuldnern unklare Verhältnisse geschaffen oder unentwirrbare Verwicklungen hervorgerufen werden müßten. Das Zusammentreffen beider Abweichungen vom Regelfall — Mehrheit von selbständigen Forderungen und zugleich Mehrheit selbständiger Schuldner — muß nicht notwendig Verwicklungen schaffen oder besorgen lassen, die mit der Forderung klarer Gestaltung der Grundstücksverhältnisse nicht zu vereinbaren wären. Solche Besorgnisse kann auch nicht die im vorliegenden Fall gegebene Besonderheit begründen, daß der einzige persönliche Schuldner eines Teils der zu sichernden Forderungen zugleich Gesamtschuldner für den übrigen Teil ist.

Dazu kommt, daß — worauf Güthe-Triebel 5. Aufl. S. 1938 hingewiesen hat — im Fall des § 2060 BGB., d. h. dann, wenn Miterben nur für den ihren Erbteilen entsprechenden Bruchteil einer ursprünglich gegen ihren Erblasser gerichteten hypothekarisch gesicherten Forderung haften, von Gesetzes wegen ein Tatbestand der hier in Rede stehenden Art eintritt, und daß nicht angenommen werden kann, beim Eintritt dieser Voraussetzungen solle etwa die hypothekarische Sicherung erlöschen.

Der Senat tritt sonach in der Konfliktsfrage dem vom Kammergericht im Vorlegungsbeschluß eingenommenen Standpunkt bei. Das führt dazu, daß die beantragte Eintragung von den Vorinstanzen rechtsirrig abgelehnt worden ist. Dem Eintragungsantrag hätte stattgegeben werden müssen, wenn er nicht nach Erhebung der weiteren Beschwerde zurückgenommen worden wäre. Dem Antragsteller können also für die Zurückweisung seines Antrags und für das Beschwerdeverfahren keine Kosten auferlegt werden. Unberührt bleibt seine Kostenpflicht, die sich auf die Zurücknahme seines Antrags gründet.

RGZ. 127, 309.

Ist die Eintragung einer Hypothek auf den Namen eines nicht rechtsfähigen Vereins gültig?

BGB. § 1115.

V. Zivilsenat. Beschl. v. 1. März 1930.

I. Amtsgericht Hindenburg. — II. Landgericht Gleiwitz.

Der Sachverhalt und die Entscheidung ergeben sich aus den

Gründen:

Eine Darlehenshypothek steht „für die Freiwillige Sterbekasse S." als Gläubigerin eingetragen. Die Arbeiter S. und W. haben als „vertretungsberechtigte Vorstandsmitglieder der Gläubigerin" über die Rückzahlung des Kapitals quittiert und Löschung der Post bewilligt. Auf Grund dieser Quittung haben die Grundeigentümer Löschung beantragt und dabei bemerkt, die Sterbekasse habe keine Rechtspersönlichkeit, sondern sei ein nicht rechtsfähiger Verein; deswegen sei die Hypothek „in Wirklichkeit gegenstandslos und das Grundbuch durch diese Eintragung unrichtig geworden"; auch aus diesem Grunde werde die Löschung der Hypothek beantragt. Das Grundbuchamt hat durch Zwischenverfügung die Auffassung der Antragsteller, daß die Hypothekeneintragung wegen fehlender Rechtspersönlichkeit der eingetragenen Gläubigerin gegenstandslos sei, als irrig bezeichnet und, weil die Gläubigerin einer Gesellschaft gleichstehe (§ 54 BGB.), die Mitwirkung aller Gesellschafter bei der Geschäftsführung für notwendig erklärt. Die hiergegen eingelegte Beschwerde wurde vom Landgericht zurückgewiesen. Die weitere Beschwerde der Antragsteller rügt die Nichtanwendung des § 22 GBO.; sie meint, mangels Rechtsfähigkeit der Sterbekasse sei eine Einigung über die Hypothekenbestellung nicht zustande gekommen und die Eintragung nicht rechtswirksam. Das Kammergericht hat die weitere Beschwerde gemäß § 79 Abs. 2 GBO. dem Reichsgericht vorgelegt, weil es von der Entscheidung des Reichsgerichts in V B 28/25 vom 19. Dezember 1925 (JFG. Bd. 3 S. 1 = SeuffArch. Bd. 80 S. 126) abweichen möchte.

Das Kammergericht führt im Vorlegungsbeschluß aus: Die Vorentscheidungen seien jedenfalls deswegen aufzuheben, weil sie von mangelnder Rechtsfähigkeit der Sterbekasse als feststehender Tatsache ausgingen, während ein Nachweis hierfür bisher weder verlangt noch versucht worden sei; das Grundbuchamt werde zunächst zur Klärung der rechtlichen Stellung der Sterbekasse zu veranlassen sein. Fehle der Sterbekasse die Rechtsfähigkeit, so sei nach der vorbezeichneten Entscheidung des Reichsgerichts mangels einer dem § 1115 BGB. genügenden Eintragung keine Hypothek entstanden, das Grundbuch also durch die Einschreibung einer solchen unrichtig geworden. Erbrächten die Antragsteller den von ihnen zu erfordernden Nachweis mangelnder Rechtsfähigkeit, so würde von diesem Standpunkt aus ihrem Berichtigungsantrag stattzugeben sein. Für eine Löschung auf Grund einer Erklärung der Vereinsmitglieder sei dagegen kein Raum. Von diesem Standpunkt des Reichsgerichts aus müßte also die Zwischenverfügung des Grundbuchamts durch eine völlig andere ersetzt werden.

Das Kammergericht will sich aber der Auffassung des Reichsgerichts insoweit nicht anschließen, als sie für den Fall mangelnder Rechtsfähigkeit des als Hypothekengläubiger eingetragenen Vereins eine durch die Eintragung herbeigeführte Unrichtigkeit des Grundbuchs auch dann annimmt, wenn der Wille der Beteiligten auf Erwerb des Rechts durch die Mitglieder gerichtet war. Es hält vielmehr nicht für notwendig, daß die einzelnen Mitglieder als Gläubiger im Grundbuch eingetragen werden, um ihr Gläubigerrecht zum Ausdruck zu bringen, und meint, bei der Eintragung sei eine Zusammenfassung der Gläubiger-Mitglieder unter dem Namen des Vereins statthaft; damit sei der Vorschrift des § 1115 BGB. und auch dem Erfordernis der Bestimmtheit im Grundbuchrecht genügt; diese Art der Eintragung habe gegenüber der Eintragung der einzelnen Mitglieder den wesentlichen Vorzug, daß nicht bei jedem Mitgliederwechsel eine Grundbuchberichtigung erforderlich werde; Nachteile seien aus solcher Eintragung nicht zu befürchten; schlimmstenfalls enthalte sie eine Ungenauigkeit in der Gläubigerbezeichnung, die zwar der Klarstellung bedürfe, das Grundbuch aber nicht unrichtig mache. Von diesem Standpunkt des Kammergerichts aus komme nur Löschung der Hypothek auf Grund der Quittung mit Löschungsbewilligung und des Löschungsantrags in Betracht; dazu sei den Antragstellern durch Zwischenverfügung aufzugeben, daß sie die mangelnde Rechtsfähigkeit der Kasse und die Vertreterbefugnis der

Quittungsaussteller für die als Gläubiger in Betracht kommenden Mitglieder dartun oder statt dessen löschungsfähige Quittungen sämtlicher in Frage kommenden Mitglieder beibringen sollten. So angesehen, erachtet das Kammergericht die bisherige Zwischenverfügung des Grundbuchamts lediglich für unzureichend und erweiterungsbedürftig.

Die Zuständigkeit des Reichsgerichts ist nach § 79 Abs. 2 GBO. begründet (wird näher ausgeführt).

Sachlich ist an der im Beschluß vom 19. Dezember 1925 niedergelegten Rechtsansicht festzuhalten. Ein nicht rechtsfähiger Verein kann als solcher kein Gläubigerrecht erwerben; nur die einzelnen Mitglieder des Vereins können gemeinschaftlich Gläubiger werden. Geschieht trotzdem eine Hypothekenbestellung auf den Namen des Vereins, so kann zwar vielleicht im Wege der Auslegung angenommen werden, daß die Einigung für die im Verein zusammengefaßten Mitglieder gültig erfolgt ist; aber es fehlt dann noch eine rechtswirksame Eintragung; ohne solche ist eine Hypothek nicht entstanden. § 1115 BGB. schreibt die Eintragung des Gläubigers zwingend vor. Eingetragen ist der Verein, der nicht Gläubiger sein kann. Die Personen, die wirklich Gläubiger sein sollen und können, sind nicht eingetragen. In diesem letzten Punkt ist das Kammergericht anderer Ansicht; es möchte die Eintragung des Vereins als Eintragung der Mitglieder-Gläubiger unter ihrem Vereinsmitglieder-Sammelnamen ansehen. Allerdings ist die richtige Angabe des Namens des Gläubigers nicht unbedingt wesentlicher Bestandteil der Eintragung; es genügt eine Bezeichnung ohne Namensangabe, wenn daraus die Person des Gläubigers zweifelfrei zu entnehmen ist (RGRKomm. Anm. 3 zu § 1115; Planck-Strecker Anm. 2 zu § 1115; Enneccerus-Wolff Lehrbuch Bd. 3 § 133 IV; RGZ. Bd. 61 S. 356, Bd. 65 S. 279, Bd. 72 S. 40). An genügender Bestimmtheit und Klarheit aber fehlt es bei solcher Eintragung eines „Vereins". Der sachliche Inhalt dieser Bezeichnung als Zusammenfassung der Mitglieder ist nicht ein für allemal klar und bestimmt, sondern wechselt je nach dem Ein- und Austritt von Mitgliedern. Dabei wäre weder aus der Eintragung selbst noch aus ihren grundbuchmäßigen Unterlagen festzustellen, wer im gegebenen Zeitpunkt Mitglied und demgemäß Gläubiger ist. Bei Änderung des Mitgliederbestandes tritt der Wechsel im Gläubigerrecht ohne Eintragung kraft Gesetzes durch Anwachsung ein (§ 738 BGB.; RGZ. Bd. 82 S. 160). Der nicht rechtsfähige Verein soll nach dem Willen des Gesetzgebers nicht wie eine Rechtspersönlichkeit im Verkehr auftreten. Nur ausnahmsweise ist ihm eine Persönlichkeitsbefugnis in § 50 Abs. 2 ZPO. gegeben worden. Gerade im Grundbuchrecht, das eine besondere Genauigkeit und das Festhalten an gewissen Formen erfordert, muß vermieden werden, dem nicht rechtsfähigen Verein auf einem Umweg in gewisser Beziehung doch den Vorteil der Rechtspersönlichkeit auf Kosten der grundbuchlichen Klarheit zu verschaffen. Deshalb kann die Eintragung des Vereins nicht in eine solche des Mitglieder umgedeutet werden.

Es kann auch nicht etwa angenommen werden, daß eine solche Eintragung zwar aus Gründen der Zweckmäßigkeit und Klarheit nicht hätte erfolgen sollen, daß sie aber doch, wo nun einmal geschehen, rechtswirksam sei. Bei § 1115 BGB., der die Mindesterfordernisse der Eintragung aufstellt, handelt es sich um eine sachlichrechtliche Vorschrift von wesentlicher Bedeutung. Ihre Nichtbefolgung hat die Nichtigkeit der Belastung zur Folge. Wenn das Kammergericht darauf hinweist, daß in § 273 der bayerischen Dienstanweisung für die Grundbuchämter bei großer Zahl und häufigem Wechsel der Vereinsmitglieder Eintragung der „jeweiligen Mitglieder des nicht rechtsfähigen Vereins" zugelassen werde, so kann die dieser Vorschrift zugrunde liegende Auffassung nicht gebilligt werden und an der Beurteilung aus § 1115 BGB. nichts ändern. Gegenüber der Hervorhebung praktischer Vorteile solcher Eintragung ist daran festzuhalten, daß das Gesetz Vereinen, welche die Rechtsfähigkeit nicht erworben haben, die aus der Rechtspersönlichkeit im Verkehr entspringenden Vorteile nicht hat zukommen lassen wollen.

Hiernach ist, falls die Angabe der Beschwerdeführer über die mangelnde Rechtsfähigkeit der Sterbekasse zutreffen sollte, eine Hypothek nicht entstanden. Das Grundbuch ist dann durch deren Einschreibung unrichtig geworden. Die Ansicht der Vorinstanzen, in solchem Falle bestehe eine Hypothek der Vereinsmitglieder, ist rechtsirrig.

RGZ. 130, 227.

Kann § 1149 BGB. auf einen Vertrag angewendet werden, durch den der Schuldner das belastete Grundstück ohne vorherigen Schwebezustand zum Zweck der Befriedigung an den Gläubiger verkauft?

VI. Zivilsenat. Urt. v. 10. November 1930.

I. Landgericht II Berlin. — II. Kammergericht daselbst.

Auf das öffentliche Erbieten des Erstklägers zur Hingabe eines Darlehens meldeten sich die Beklagten und boten eine Verzinsung in Höhe von 10 % monatlich an. Sie erhielten darauf von den Klägern Darlehen von 9500 und 6000 RM, das erste am 19. Juni 1924, fällig am 1. Oktober 1924, das zweite am 7. Juli 1924, fällig am 15. Dezember 1924. Zu diesen Darlehen wurden die Zinsen bis zu den Fälligkeitstagen mit je 3500 RM hinzugerechnet. Demgemäß wurden im Grundbuch des den Beklagten gehörenden Grundstücks Hypotheken von 13 000 und 9500 GM für die offene Handelsgesellschaft eingetragen, deren Inhaber die Kläger sind. Da die Beklagten das am 1. Oktober 1924 fällige erste Darlehen nicht zurückzahlen konnten, teilte der Erstbeklagte dem Erstkläger mit, daß die Beklagten für die Hypotheken und Zinsen das belastete Grundstück hergeben wollten. Mit einem Schreiben vom 1. Dezember 1924 forderte der Erstkläger den Erstbeklagten auf, bis zum 4. Dezember 1924 entweder die Darlehensbeträge nebst den Zinsen zurückzuzahlen oder die notarielle Erklärung mit dem Verkaufsangebot zu übersenden. Darauf boten die Beklagten in notarieller Urkunde vom 3. Dezember 1924 den Klägern das mit den Hypotheken zugunsten der Kläger belastete Grundstück für 22 500 RM zum Kauf an. Der Kaufpreis sollte in der Weise beglichen werden, daß die Kläger die für sie eingetragenen Hypotheken als Allein- und Selbstschuldner übernähmen. In der notariellen Erklärung vom 9. Dezember 1924 nahmen die Kläger das Kaufangebot an. Im jetzigen Rechtsstreit verlangen sie in erster Linie Einwilligung der Beklagten in ihre Eintragung als Eigentümer des Grundstücks. Das Landgericht entsprach diesem Antrag. Die Berufung der Beklagten blieb erfolglos. Ihre Revision führte aus einem hier nicht erörterten Grunde zur Aufhebung und Zurückverweisung. In der Revisionsinstanz beriefen sich die Beklagten für die Nichtigkeit des Kaufvertrags u. a. auf § 1149 BGB. Diese Rüge wurde zurückgewiesen aus folgenden

Gründen:

... Die Revision macht geltend, daß sich die Nichtigkeit des Kaufvertrags aus § 1149 BGB. ergebe. Diese Vorschrift betrifft die Eigentums-Verfallklausel. Der Eigentümer eines Grundstücks kann, solange nicht die Hypothekenforderung ihm gegenüber fällig geworden ist, dem Gläubiger nicht das Recht einräumen, zum Zwecke der Befriedigung die Übertragung des Eigentums zu verlangen. Die Revision hebt zutreffend hervor, daß das zweite hypothekarisch gesicherte Darlehen zur Zeit des Abschlusses des Kaufvertrags noch nicht fällig war. Die Anwendung dieser Vorschrift wird auch nicht dadurch ausgeschlossen, daß der zwischen den Parteien geschlossene Vertrag die Rechtsnatur eines Kaufvertrags hat. Auch in diesem Falle kann die Absicht der Vertragschließenden in erster Linie darauf gerichtet sein, daß der Gläubiger

Befriedigung durch Erlangung des Eigentums erhalten soll, wenn gleichzeitig die Forderung des Gläubigers in Wegfall gebracht wird (RGZ. Bd. 92 S. 101). Das entscheidende Gewicht bei § 1149 will die Revision offenbar darauf legen, daß der Gläubiger das Eigentum am Grundstück zum Zwecke der Befriedigung erlangen soll. Sie will sich darauf berufen, daß das Berufungsgericht hervorhebt, zur Tilgung einer bestehenden Geldschuld sei eine Verpflichtung zur Übereignung des Grundstücks eingegangen worden. Allein gleichwohl ist die Rüge nicht begründet. Bei der lex commissoria handelt es sich um die Vereinbarung, daß, wenn der Schuldner seiner Verbindlichkeit zur Verfallzeit nicht Genüge leistet, das Pfand dem Gläubiger für die Forderung verfallen soll. Diese Vereinbarung wurde schon im 4. Jahrhundert n. Chr. verboten, weil sie vielfach zur wucherlichen Ausbeutung kreditbedürftiger Personen diente (Mot. z. BGB. Bd. 3 S. 680). In diesem Sinne ist auch das Verbot der lex commissoria in § 1149 BGB. zu verstehen. Diese Vorschrift bezieht sich nur auf eine Vereinbarung jenes Inhalts für den Fall, daß der Gläubiger nicht befriedigt wird, dann allerdings ohne Unterschied, ob der Gläubiger berechtigt sein soll, das Grundstück in Zahlung zu nehmen, oder ob ihm dann das Grundstück ohne weiteres an Zahlungsstatt zufallen soll (Planck Bem. 2 zu § 1149; Raape Die Verfallklausel bei Pfand- und Sicherungsübereignung S. 9 und 11). In der dem gleichen Zweck bei Bestellung eines Pfandrechts an beweglichen Sachen dienenden Vorschrift des § 1229 BGB. wird ausdrücklich eine Vereinbarung für den Fall vorausgesetzt, daß der Pfandgläubiger nicht oder nicht rechtzeitig befriedigt wird. Sachlich ist dieselbe Voraussetzung aus dem gleichen Zwecke des § 1149 in bezug auf die Befriedigung des Hypothekengläubigers zu entnehmen. Die Vorschrift bezieht sich aber nicht auf eine Vereinbarung, die nicht an die Bedingung der Nichtbefriedigung des Gläubigers geknüpft ist, sondern völlig unabhängig hiervon ohne einen Schwebezustand und selbständig getroffen wird, auch wenn der Vertrag die Übertragung des Eigentums am Grundstück zum Zwecke der Befriedigung des Hypothekengläubigers zum Gegenstand hat (vgl. RGZ. a. a. O. S. 105).

RGZ. 131, 323.

Ist die bei teilweiser Ablösung einer Hypothek nach § 268 Abs. 3 in Verb. mit § 1150 BGB. eintretende Rangfolge dinglich wirksam oder wirkt sie nur zugunsten des Hypothekengläubigers persönlich?

V. Zivilsenat. Urt. v. 18. Februar 1931.

I. Landgericht III Berlin. — II. Kammergericht daselbst.

Auf den Grundstücken des Bergingenieurs R. waren in Abt. III unter Nr. 9 eine Darlehnshypothek von 250 000 GM für Frau M. und unter Nr. 10 eine solche von 50 000 GM für den Fabrikbesitzer G. zur Gesamthaft mit gleichem Rang eingetragen. Hinter diesen Hypotheken stand eine Sicherungshypothek für den Kläger zum Höchstbetrage von 30 000 RM. Für die Zahlung der Zinsen der Hypotheken von Frau M. und von G. hatte der Kläger selbstschuldnerische Bürgschaft übernommen.

Nachdem die Zwangsversteigerung der Grundstücke angeordnet worden war, zahlte der Kläger, um sie abzuwenden, am 12. Januar und am 8. Juni 1927 an Frau M. und an G. die am 1. Januar und 1. April 1927 fälligen Hypothekenzinsen im Gesamtbetrage von 13 500 RM. Am 27. November 1927 zahlte der Beklagte zu dem gleichen Zweck an Frau M. auf die Hypothek von 250 000 GM den Betrag von 63 000 RM (60 000 RM Hauptforderung und 3000 RM Kosten). In notariell beglaubigter Urkunde vom gleichen Tage erklärte R., daß er, wenn eine „cessio legis" hinsichtlich des Teilbetrags von 60 000 RM auf den Beklagten nicht anzunehmen sein sollte, die durch Zahlung entstandene Eigentümergrundschuld unter Umwandlung in eine Hypothek an den Beklagten abtrete. Am 14. März 1928 traten Frau M. und G. den Zinsanspruch von 13 500 RM an den Kläger ab „unter Vorbehalt des Ranges für die Hypothekenkapitalbeträge nebst den zukünftigen Zinsen".

Die Grundstücke wurden demnächst versteigert. Im Teilungsplan vom 5. Mai 1928 waren unter Nr. 7 für den Beklagten 60 000 RM nebst Zinsen und Kosten (Gesamtbetrag 63 435,10 RM) und unter Nr. 9 für den Kläger 13 500 RM und 120 RM Kosten in Ansatz gebracht. Das Liquidat des Klägers fiel bei der Versteigerung aus, das des Beklagten kam größtenteils zur Hebung. Nachdem der Kläger im Termin gegen den Teilungsplan Widerspruch erhoben hatte, wurde der Betrag von 13 620 RM als Streitmasse unter den Parteien hinterlegt. Im Rechtsstreit beantragt der Kläger, den Beklagten zur Anerkennung der Berechtigung des Widerspruchs und zur Einwilligung in die Auszahlung der hinterlegten Summe an den Kläger zu verurteilen.

Das Landgericht erkannte nach dem Klagantrage. Das Berufungsgericht wies die Klage ab. Die Revision des Klägers blieb erfolglos.

Gründe:

Der auch an anderen Stellen des Bürgerlichen Gesetzbuches (§ 426 Abs. 2 Satz 2, § 774 Abs. 1 Satz 2, §§ 1225, 1249, 1143 Abs. 1, §§ 1150, 1164, 1176) wiederkehrende Grundsatz des § 268 Abs. 3 Satz 2 BGB., wonach der Gläubiger durch das Ablösungsrecht des zahlenden Dritten nicht benachteiligt werden darf, hat die Bedeutung, daß der durch den Dritten befriedigte Gläubiger durch den Übergang der Forderung und Hypothek auf jenen gegenüber der Lage, die durch eine Zahlung des Schuldners nach allgemeinen Rechtsgrundsätzen, also durch Tilgung der Forderung eingetreten wäre, nicht schlechter gestellt werden darf (RGZ. Bd. 82 S. 136; RGRKomm. Anm. 4 zu § 268 BGB.). Unstreitig hat der Kläger zum Zwecke der Abwendung der Zwangsversteigerung an die Hypothekengläubiger Frau M. und G. die am 1. Januar und 1. April 1927 fälligen Hypothekenzinsen gezahlt. Wären diese Gläubiger insoweit durch den Grundstückseigentümer befriedigt worden, so wäre nach § 1178 BGB. die Hypothek für die Zinsrückstände erloschen; es wäre also keine Eigentümergrundschuld entstanden, sondern die Hypothekengläubiger wären mit ihrer Hauptforderung in die Rangstelle der nach § 12 ZVG. bei der Zwangsversteigerung des Grundstücks vorgehenden Zinsforderung aufgerückt. Dadurch, daß der Kläger die Zinsrückstände getilgt hat und daß infolgedessen nach den §§ 1150, 268 Abs. 3 Satz 1 BGB. die Hypothek für die Zinsrückstände auf ihn übergegangen ist, würde der Gläubiger bei unveränderter Rangfolge gegenüber dem Falle einer Tilgung der Zinsen durch den Grundstückseigentümer benachteiligt worden sein. Denn infolge dieses Übergangs wäre ihm ein Vorrücken mit seiner Kapitalforderung in die Rangstelle der getilgten Zinsen verwehrt. Eine solche Benachteiligung des Gläubigers will die Vorschrift des § 1150 in Verbindung mit § 268 Abs. 3 Satz 2 BGB. verhindern. Sie hat die Bedeutung, daß der auf den Kläger übergegangene Zinsanspruch hinter den dem Hypothekengläubiger verbliebenen Anspruch auf das Hypothekenkapital im Range zurücktritt, dem letzteren also der Vorrang vor den Zinsen gebührt.

Es fragt sich, ob in diesem Rangverhältnis dadurch eine Änderung eingetreten ist, daß der Beklagte am 22. November 1927 zum Zwecke der Abwendung der Zwangsversteigerung des Grundstücks auf die Hypothek der Frau M. den Betrag von 63 000 RM gezahlt hat, was kraft Gesetzes (§§ 1150, 268 Abs. 3 Satz 1 BGB.) den Übergang der Hypothek in Höhe des abgelösten Betrags auf ihn zur Folge hatte. Eine solche Rangänderung würde nur dann eintreten, wenn es sich bei dem dem Gläubiger durch Abs. 3 Satz 2 des § 268 BGB. eingeräumten Recht um ein rein persönliches Recht handelte, das bei rechtsgeschäftlichem oder gesetzlichem Übergang der Hypothek auf den neuen Gläubiger nicht mit überginge. Das ist jedoch zu verneinen.

Für die den gleichen gesetzlichen Zweck verfolgende Vorschrift des § 1176 BGB. wird von der herrschenden Lehre und Rechtsprechung anerkannt, daß die Rangänderung, welche durch die Zerlegung der Hypothek in eine Resthypothek und eine Eigentümergrundschuld wegen der Teilbeträge eintritt, nicht zugunsten oder zu Lasten der Berechtigten persönlich, sondern zugunsten oder zu Lasten der Teile der Hypothek wirkt. Die gesetzliche Rangfolge des § 1176 BGB. ist also eine absolute, dinglich wirksame, nicht bloß eine zugunsten des Gläubigers persönlich wirkende, relative. Daß für die das gleiche bezweckende Bestimmung des § 268 Abs. 3 Satz 2 BGB. etwas anderes zu gelten habe und daß die durch sie herbeigeführte Rangänderung lediglich dem Gläubiger persönlich zukommen müsse, kann nicht angenommen werden. Allerdings bestimmt § 1176 BGB., daß die Hypothek, die auf Grund der daselbst genannten Vorschriften dem Eigentümer, einem der Eigentümer oder dem persönlichen Schuldner zufällt, nicht zum Nachteil der dem Gläubiger verbleibenden Hypothek geltend gemacht werden kann, während nach § 268 Abs. 3 Satz 2 BGB. eine Geltendmachung zum Nachteil des Gläubigers untersagt ist. Aber aus dieser, durch die Stellung des § 268 BGB. im Rechte der Schuldverhältnisse ohne weiteres erklärten anderen Fassung der Gesetzesbestimmung läßt sich für die Annahme eines bloß persönlichen Rechts des Hypothekengläubigers für den Fall der §§ 1150, 268 Abs. 3 Satz 2 BGB. nichts herleiten. Es muß vielmehr auch für die nach § 268 Abs. 3 Satz 2 in Verbindung mit § 1150 BGB. eintretende Rangänderung in entsprechender Anwendung des § 1176 BGB. der Grundsatz gelten, daß der Vorrang nicht dem Gläubiger persönlich, sondern der ihm verbleibenden Hypothek als dinglicher Rang gebührt, und daß daher, wenn der Erwerber der Zinsrückstände die Zwangsversteigerung in das Grundstück betreibt, das Kapital in das geringste Gebot aufzunehmen ist.

Soweit der erkennende Senat in seinem Urteil vom 2. April 1913 (RGZ. Bd. 82 S. 133) ausgesprochen hat, daß die Bestimmung im § 1150 mit § 268 Abs. 3 Satz 2 BGB. lediglich ein rein persönliches Recht für den Gläubiger, nicht ein der Hypothek anklebendes Recht darstelle, und daß dieses im Falle der Abtretung seine Wirkung verliere (a. a. O. S. 138), kann diese Ansicht nicht aufrechterhalten werden. Eine solche Meinung würde auch mit dem im Grundbuchrecht geltenden Grundsatz der Stetigkeit der dinglichen Rechte im Widerspruch stehen. Sie hätte die Folge, daß jeder nach Eintritt der Rangänderung zwischen den Teilen der Hypothek rechtsgeschäftlich oder gesetzlich erfolgende Übergang eines der Teile auf einen Dritten die nach den §§ 1150, 268 Abs. 3 BGB. eingetretene Rangänderung wieder zuungunsten des vorgetretenen und zugunsten des zurückgetretenen Hypothekengläubigers verändern würde. Jene Ansicht würde auch, zumal bei mehrfacher Ausübung des Ablösungsrechts gegenüber Teilbeträgen der Hypotheken und darauf folgendem gesetzlichem oder rechtsgeschäftlichem Übergang von Teilen der abgelösten Rechte auf Dritte, zu praktisch kaum lösbaren Schwierigkeiten bei der Feststellung des geringsten Gebots und bei der Aufstellung des Teilungsplans führen.

Wird daher, wie es hier der Fall war, nach der vorhergehenden Ablösung der für die Zinsrückstände bestellten Hypothek und dem dadurch hervorgerufenen Rangrücktritt der Zinshypothek hinter die für die Hauptforderung bestehende Hypothek auch die vorgehende Hypothek für die Hauptforderung durch einen Dritten nach §§ 268, 1150 BGB. ganz oder teilweise abgelöst, so erfolgt der Übergang der letzteren auf den Dritten nach § 268 Abs. 3 mit dem ihr dinglich anhaftenden Range vor der Zinshypothek. Mit Recht hat daher das Kammergericht angenommen, daß der Hypothek der Frau M. von 250 000 GM der Rang vor der auf den Kläger übergegangenen Hypothek für die rückständigen Zinsen zustand und daß sich an diesem Rangverhältnis dadurch nichts geändert hat, daß von der Hypothek der Frau M. ein Teilbetrag von 60 000 RM nach § 268 Abs. 3 Satz 2 BGB. auf den Beklagten übergegangen ist. Auch dieser Teilhypothek des Beklagten gebührt hiernach der Vorrang vor der Zinshypothek des Klägers. An dieser Rangordnung haben die rechtlich überflüssigen (RGZ. Bd. 91 S. 302) rechtsgeschäftlichen Übertragungen der bereits kraft Gesetzes zuvor auf den Kläger und den Beklagten übergegangenen Ansprüche nichts zu ändern vermocht.

RGZ. 132, 9.

1. Wird die Gültigkeit einer Hypothek durch eine persönliche Pfandbrieflieferungspflicht des Schuldner-Eigentümers beeinträchtigt?

2. Kann der Schuldner-Eigentümer dem Gläubiger die Befugnis zugestehen, ihm die Löschung der Hypothek bis zur Lieferung von Pfandbriefen zu verweigern?

BGB. §§ 262 flg., 273, 1113, 1144.

V. Zivilsenat. Urt. v. 21. März 1931.

Die Entscheidung ist abgedruckt unter „Bürgerliches Recht, Schuldrecht“.

RGZ. 132, 321.

1. Können Maschinen, die zunächst unter § 97 Abs. 2 Satz 1 BGB. fallen, später Zubehör des Fabrikgrundstücks werden?

2. Erstreckt sich die Hypothek am ganzen Grundstück nach § 1120 BGB. auch auf das nur einem der Bruchteilseigentümer gehörige Zubehör?

V. Zivilsenat. Urt. v. 25. April 1931.

I. Landgericht Breslau. — II. Oberlandesgericht daselbst.

Ein Grundstück in Breslau gehörte seit August 1924 zu 56/100 dem Kaufmann und Fabrikbesitzer K., zu 44/100 dessen Ehefrau. Der Ehemann betrieb seitdem als alleiniger Inhaber der Firma Kl. & Co. auf dem Grundstück eine schon vor dem Kriege gegründete Schokoladen- und Zuckerwarenfabrik. Beide Eheleute belasteten das Grundstück im Februar 1925 mit einer Hypothek für die Erstbeklagte, im Juli 1925 mit einer solchen für die Zweitbeklagte. Am 11. April 1929 übereignete der Ehemann als Alleininhaber der Firma Kl. & Co. der Klägerin sicherungshalber eine Anzahl von Maschinen, die sich schon vor dem Jahre 1925 in dem Fabrikgebäude befunden hatten, zum Fabrikbetrieb bestimmt waren und auch nach dieser Sicherungsübereignung in der Fabrik blieben. Im Oktober 1929 kam das Grundstück zur Zwangsversteigerung. Im Versteigerungstermin wurde auf den Antrag der Klägerin die Zwangsvollstreckung in die ihr übereigneten Maschinen einstweilen eingestellt. Die Zweitbeklagte erhielt den Zuschlag. Alle Hypotheken standen außerhalb des geringsten Gebots. Im Verteilungstermin kam die Erstbeklagte mit ihrer Post voll zur Hebung, ließ sie aber gemäß § 91 Abs. 2 ZVG. bestehen. Die Zweitbeklagte wurde bei ihrer nach § 91 Abs. 1 das. erlöschenden Post nur mit 8368,65 RM befriedigt und fiel mit 62 121,74 RM aus. Sie sucht wegen ihres Ausfalls Befriedigung aus den der Klägerin übereigneten Maschinen, die sie als Grundstückszubehör bezeichnet und der Hypothekenhaftung unterwerfen will. Die Klägerin leugnet die Zubehöreigenschaft der Maschinen und deren Haftung für die Hypotheken und verlangt mit der Klage kraft ihres Eigentums von beiden Beklagten die Freigabe der Maschinen. Die Zweitbeklagte begehrt widerklagend Verurteilung der Klägerin zur Duldung der Zwangsvollstreckung wegen eines Teilbetrags von 10 000 RM vom Ausfall ihrer Hypothek. Beide Vorinstanzen haben die Klage abgewiesen und der Widerklage stattgegeben. Die Revision der Klägerin blieb erfolglos.

Gründe:

Das Berufungsgericht geht ohne Rechtsirrtum davon aus, daß die der Klägerin übereigneten Maschinen keine wesentlichen Bestandteile des Fabrikgrundstücks (§ 94 BGB.), sondern bewegliche Sachen sind, die dem wirtschaftlichen Zweck des Grundstücks zu dienen bestimmt sind und zu ihm in einem dieser Bestimmung entsprechenden räumlichen Verhältnis stehen (§ 97 Abs. 1 Satz 1, § 98 Nr. 1 das.). Insoweit erhebt auch die Revision keinen Angriff. Sie wendet sich nur gegen die Begründung, mit der das Berufungsurteil die auf § 97 Abs. 2 Satz 1 BGB. gestützte Einwendung der Klägerin gegen die Zubehöreigenschaft der Maschinen zurückgewiesen hat. Auch insoweit ist jedoch das Ergebnis des Berufungsgerichts nicht von Rechtsirrtum beeinflußt.

Die Klägerin hat zur Begründung ihrer Ansicht, daß die Maschinen nur einer vorübergehenden Benutzung für den wirtschaftlichen Zweck des Fabrikgrundstücks gedient hätten, folgende Behauptungen aufgestellt: Die Maschinen seinen schon in den Jahren 1919 bis 1924 von der Firma Kl. & Co. erworben worden. Die Firma sei damals noch eine aus zwei Gesellschaftern — dem Ehemann K. und einem gewissen Sch. — bestehende offene Handelsgesellschaft gewesen. Das Grundstück habe ihr nicht gehört; sie habe es lediglich von den damaligen vier Miteigentümern gemietet gehabt, zu denen allerdings auch der Ehemann K. gehört habe. Die Maschinen seien mithin von der Firma nur für die Dauer der Miete des Grundstücks in ein räumliches Verhältnis zu ihm gebracht worden. Auch nachdem K. Alleininhaber der Firma geworden sei und zusammen mit seiner Ehefrau das Grundstückseigentum erworben habe, sei das Firmenvermögen buch- und bilanzmäßig vom Grundstückseigentum getrennt geblieben. Der nur für beschränkte Zeit geschlossene Mietvertrag habe fortbestanden. Die Beklagten haben diese Sachdarstellung bestritten. Das Berufungsgericht hat sie für unerheblich erachtet und ausgeführt: Nach dem Ergebnis der Beweisaufnahme sei das Fabrikgebäude in den Jahren 1912 oder 1913 zum Betrieb der Schokoladen- und Zuckerwarenfabrik errichtet und seitdem dauernd für diesen Betrieb benutzt worden. Wenn auch zwischen den Fabrikinhabern und den Grundstückseigentümern ein Mietvertrag über das Fabrikgebäude bestanden haben möge, so sei das Mietverhältnis jedenfalls nicht als ein nur vorübergehendes zu betrachten gewesen. Seit 1924 sei — wenn es seitdem überhaupt noch bestanden haben sollte — seine Beendigung gegen den Willen des K., der nunmehr Alleininhaber der Fabrikfirma und zugleich mit seiner Frau Grundstückseigentümer gewesen sei, nicht mehr in Frage gekommen. Es müsse also angenommen werden, daß das Fabrikgebäude jedenfalls seit dieser Zeit nicht mehr nur vorübergehend zum Betrieb der Fabrik habe verwendet werden sollen. Die zum Betrieb der Fabrik bestimmten Maschinen hätten daher nicht nur vorübergehend für den wirtschaftlichen Zweck des Fabrikgrundstücks benutzt werden sollen.

Die Revision wendet sich zunächst gegen die Ansicht, daß die Maschinen schon mit ihrer Anschaffung durch die offene Handelsgesellschaft Kl. & Co. in den Jahren 1919 bis 1924 Zubehör des von der Gesellschaft gemieteten Fabrikgrundstücks geworden seien. Es kann *dahingestellt bleiben, ob das Berufungsgericht diese Ansicht aufstellen* wollte und aufgestellt hat und, bejahendenfalls, ob sie zutreffend begründet worden ist. Denn ersichtlich legt das angefochtene Urteil das entscheidende Gewicht erst auf die Verhältnisse seit 1924, also seit der Zeit, wo Grundstückseigentum und Firmeninhaberschaft in der Person des K. zusammentrafen. Nun mag zwar für die Entscheidung der Frage, ob eine bewegliche Sache gemäß § 97 Abs. 2 Satz 1 BGB. nur vorübergehend für den wirtschaftlichen Zweck eines Grundstücks benutzt wird, im allgemeinen die beim Beginn der Benutzung dem Benutzer innewohnende Absicht über die Benutzungsdauer ausschlaggebend sein, so daß regelmäßig die Zubehöreigenschaft nicht begründet werden wird, wenn jene Absicht den künftigen Wegfall der Benutzung auf dem Grundstück in sich schließt (RGRKomm. Anm. 11 zu § 97; Planck Anm. 2e zu § 97). Der Revision kann auch zugegeben werden, daß der Mieter eines Fabrikgrundstücks regelmäßig seine dem Fabrikbetrieb gewidmeten Maschinen nicht zu dauernder, sondern nur zu vorübergehender Benutzung auf das Grundstück bringen wird. Erwirbt er dann aber nachträglich das Grundstückseigentum, so ändern sich die Verhältnisse. Nunmehr ist regelmäßig davon auszugehen, daß die zunächst nur zur vorübergehenden Benutzung eingebrachten Sachen fortan der dauernden Benutzung auf dem Grundstück gewidmet und damit Zubehör des Fabrikgrundstücks geworden sind (Planck a.a.O.). Die buch- und bilanzmäßige Trennung von Firmenvermögen (einschließlich der Maschinen) und Privatvermögen (einschließlich des Grundstücks) rechtfertigt noch keine Ausnahme von dieser Regel. Dasselbe gilt von der etwaigen Fortsetzung des Mietverhältnisses zwischen Fabrikfirma und Grundstückseigentümer in einem solchen Fall. Endlich spricht auch nicht gegen die Begründung der Zubehöreigenschaft der Maschinen die von der Revision ins Feld geführte theoretische Möglichkeit, daß später vielleicht das Geschäft allein ohne das Grundstück verkauft oder von dem Grundstück wegverlegt werden könnte. Daß K. praktisch jemals die Absicht gehabt hätte, von einer solchen Möglichkeit Gebrauch zu machen, hat die Klägerin nicht behauptet. Das Berufungsgericht hat das Gegenteil tatsächlich festgestellt. Seine Ausführungen ergeben, daß die Maschinen seit 1924, also seit sich die Alleininhaberschaft an der Fabrikfirma und die durch das Miteigentum der Frau nicht wesentlich beschränkte wirtschaftliche und rechtliche Herrschaft über das Grundstück in der Hand des Ehemanns K. vereinigt hatten, nach dessen maßgeblichem Willen nicht mehr nur vorübergehend, sondern dauernd für das Grundstück benutzt werden sollten. *Diese tatsächliche Feststellung läßt keinen Rechtsirrtum erkennen.* Sie rechtfertigt jedenfalls für die Zeit seit dem Jahre 1924 die Ablehnung des § 97 Abs. 2 Satz 1 BGB. und die Bejahung der Zubehöreigenschaft für die Maschinen.

Die im Jahre 1925 auf das Grundstück gelegten Hypotheken der Beklagten erstreckten sich nach § 1120 BGB. auch auf die Maschinen als Zubehörstücke des belasteten Grundstücks. Die Ausnahmevorschrift, wonach Zubehörstücke, die nicht in das Eigentum des Grundstückseigentümers gelangt sind, von der Hypothekenhaftung frei bleiben, kann für sie nicht Platz greifen. Zwar stand zur Zeit der Eintragung der Hypotheken das Grundstück im Miteigentum (§ 1008 BGB.) der Eheleute K., während die Maschinen dem Ehemann K. (als Inhaber der Fabrikfirma) allein gehörten. Dieser Unterschied in den Eigentumsverhältnissen am Grundstück und an den Maschinen rechtfertigt aber nicht die Anwendung jener Ausnahmevorschrift. Die im Schrifttum streitige Fragengruppe, wie sich die Erstreckung der Hypothekenhaftung in Ansehung des Zubehörs gestaltet, wenn Alleineigentum am Zubehörstück und Miteigentum am Grundstück oder Alleineigentum am Grundstück und Miteigentum am Zubehörstück zusammentreffen, braucht hier nicht allgemein erörtert zu werden (vgl. Planck-Strecker Anm. 3cβ zu § 1120; Staudinger Anm. II B 2 zu § 1120; Warneyer Anm. III zu § 1120). Denn nach der besonderen Gestaltung des Sachverhalts besteht kein Zweifel darüber, daß hier das Miteigentum der Ehefrau K. an dem belasteten Grundstück die Erstreckung der Hypothekenhaftung auf die im Alleineigentum des Ehemannns stehenden Maschinen nicht hinderte. Die Hypotheken der Beklagten lasteten auf dem ganzen Grundstück, also auch auf dem Anteil des Ehemanns, und erfaßten daher das zu diesem Anteil gehörige Zubehör, das im Eigentum des Ehemanns stand. Die Maschinen des Ehemanns waren Zubehör des ganzen Grundstücks, also auch seines Anteils. Sie wurden daher von den Hypotheken der Beklagten erfaßt. Daraus folgt nach den in

RGZ. Bd. 125 S. 362 entwickelten Rechtsgrundsätzen die Bestätigung der von den Vorinstanzen getroffenen Entscheidung zur Klage und Widerklage.

RGZ. 133, 84.

1. . . .

2. Gilt die Abtretung einer Höchstbetragshypothek mit der ihr zugrunde liegenden Forderung als eine selbständige, nach schuldrechtlichen Grundsätzen zu beurteilende Abtretung der Forderung im Sinne des *§ 1190 Abs. 4 BGB.*, wenn die Abtretung im Grundbuch nicht eingetragen worden ist und dies auch nicht mehr geschehen kann?

BGB. § 1190. KO. § 43.

VII. Zivilsenat. Urt. v. 9. Juni 1931.

Die Entscheidung ist abgedruckt unter „Bürgerliches Recht, Schuldrecht".

RGZ. 134, 221.

Zur Frage, ob die Bestellung einer zweiten Höchstbetragshypothek den Gläubiger nur wegen des Mehrbetrags seiner Gesamtforderung oder zugleich bedingt auch wegen des Ausfalls sichert, den er bei der älteren Höchstbetragshypothek erleidet.

BGB. § 1190.

V. Zivilsenat. Urt. v. 21. November 1931.

I. Landgericht Plauen. — II. Oberlandesgericht Dresden.

Für die Klägerin haftete auf mehreren Grundstücken des Grundbuchs von P. eine Höchstbetragshypothek von 60 000 RM als Gesamthypothek zur Sicherung ihrer Forderung aus der Geschäftsverbindung mit der offenen Handelsgesellschaft Aug. G., deren Gesellschafter die Kaufleute Georg G. und Lothar G. waren. Als Eigentümer des einen Grundstücks sind die offene Handelsgesellschaft zur Hälfte, die beiden Gesellschafter zu je einem Viertel, als Eigentümerin der übrigen Grundstücke ist die offene Handelsgesellschaft eingetragen.

Die beiden Gesellschafter sind ferner zu je einem Sechstel Miteigentümer anderer Grundstücke der Grundbücher von P. und C. Am 8. November 1928 wurde der Klägerin die Eintragung einer weiteren Höchstbetrags-Gesamthypothek von 110 000 GM bewilligt, und zwar sowohl auf den schon mit der Vorhypothek von 60 000 RM belasteten Grundstücken wie auch auf dem Bruchteilseigentum der beiden Gesellschafter an den erwähnten weiteren Grundstücken. In der Eintragungsbewilligung für diese Nachhypothek heißt es, daß die Hypothek zur Sicherung der Ansprüche der Klägerin dienen solle, soweit „sie nicht bereits durch die Gesamtsicherungs-Höchsthypothek von 60 000 RM gesichert" seien. Im Eintragungsvermerk des Grundbuchamts lautete die Fassung auf 110 000 GM Höchstbetragshypothek für die Klägerin „wegen ihrer in der Eintragungsbewilligung bezeichneten Ansprüche, soweit diese die durch die Gesamtsicherungshypothek zum Höchstbetrage von 60 000 RM gesicherten Ansprüche übersteigen."

Über das Vermögen der offenen Handelsgesellschaft und das der beiden Gesellschafter ist Konkurs eröffnet. Zwischen dem verklagten Konkursverwalter und der Klägerin ist streitig geworden, ob die Nachhypothek von 110 000 GM auch den Ausfall sichere, den die Klägerin etwa bei der Vorhypothek erleide. Die Klägerin klagte deshalb auf Feststellung, daß die Sicherungshöchstbetragshypothek von 110 000 GM zum Zuge komme mit demjenigen Betrag der Gesamtforderung der Klägerin, der nach Befriedigung aus den der Hypothek von 60 000 RM verhafteten Grundstücken verbleibe. Ihre Klage wurde in allen Instanzen abgewiesen:

Gründe:

Der Streit der Parteien betrifft die Frage, ob die zweite Höchstbetragshypothek von 110 000 GM nur für einen über die 60 000 RM der Vorhypothek hinausgehenden Mehrbetrag der Gesamtforderung der Klägerin bestellt ist (RGZ. Bd. 118 S. 162) oder ob sie die Klägerin zugleich bedingt auch wegen des Ausfalls sichert, den diese im Fall einer Zwangsversteigerung der für die Vorhypothek haftenden Grundstücke bei der letzteren erleidet (RGZ. Bd. 70 S. 245 [248], Bd. 122 S. 327). Die Vorinstanzen haben gegen die Klägerin im Sinn einer reinen Mehrbetragssicherung entschieden. Dem ist beizutreten.

Gegen die Zulässigkeit der Feststellungsklage ergibt sich kein Bedenken. Für die Klägerin hängt die Entschließung darüber, wie weit sie im Falle der Zwangsversteigerung bei Ausbietung der Vorhypothek zu gehen habe, von der Frage ab, ob sie wegen eines etwaigen Ausfalls die auf weiteren Grundstücken haftende Nachhypothek in Anspruch nehmen kann. Ihr rechtliches Interesse an der alsbaldigen Feststellung des streitigen Rechtsverhältnisses ist damit dargetan.

Nach § 1190 BGB. kann eine Hypothek in der Weise bestellt werden, daß nur der Höchstbetrag, bis zu dem das Grundstück haften soll, bestimmt, im übrigen die Feststellung der Forderung vorbehalten wird. Es besteht Einigkeit darüber, daß auf diese Weise nicht nur eine einzelne bestimmte Forderung, sondern auch eine zunächst unbestimmte Mehrheit von solchen, ein ganzer Forderungskreis dinglich gesichert werden kann. Wird streitig, welche Forderungen unter die Sicherung fallen, so muß die Entscheidung dem Eintragungsvermerk in Verbindung mit der ihm zugrunde liegenden Eintragungsbewilligung entnommen werden. Im vorliegenden Falle stimmen nun, wie aus der Wiedergabe im Tatbestand ersichtlich ist, die Eintragungsbewilligung und der Eintragungsvermerk in ihrem den Umfang der Haftung betreffenden Wortlaut nicht genau überein. Von der Fassung der Eintragungsbewilligung ist das Grundbuchamt bei der Eintragung im Anschluß an die Rechtsprechung (KG. im JFG. Bd. 1 S. 490; OLG. Dresden das. Bd. 4 S. 422; ObLG. München ebendort Bd. 5 S. 370) dahin abgewichen, daß es an Stelle von

„soweit sie (die Ansprüche) nicht bereits gesichert sind"

gesagt hat:

„soweit sie die (durch die Vorhypothek) gesicherten Ansprüche übersteigen".

Diese Abweichung ist indessen nur gering und äußerlich, nicht von sachlicher Bedeutung, und so ist sie offenbar auch vom Grundbuchrichter, der sonst nicht ohne Rückfrage abgewichen wäre, und von den Beteiligten angesehen worden, die sie hingenommen haben. Denn in beiden Fassungen wird von den schon „gesicherten" Ansprüchen gesprochen und durch Bezugnahme auf sie der Umfang der neuen Belastung bestimmt. Über die Bedeutung des Wortes „gesichert" werden nunmehr von den Parteien gegensätzliche Auffassungen vertreten, deren Unterschied die Klägerin zutreffend dahin gekennzeichnet hat, daß es darauf ankomme, ob man das Wort Sichern „intentional", d. h. im Sinne „beabsichtigter" Sicherung, oder „effektiv", nämlich im Sinne „erreichter" Sicherung verstehe. Es läßt aber nicht nur keinen Rechtsirrtum erkennen, sondern entspricht auch der Auffassung des Revisionsgerichts, wenn die Instanzgerichte unter den gegebenen Umständen das Wort „gesichert" in jenem ersten Sinne, im Absichts- und nicht im Erfolgssinne, ausgelegt haben, wie in dem Ausdruck „sicherstellen" deutlicher hervortritt. Stände hier der Gebrauch des Wortes bei Bestellung der ersten Hypothek (Vorhypothek von 60 000 RM) in Frage, so könnte seine Anwendung im Hinblick auf den Sicherungszweck, also im vorschauenden Sinne, im Sinne der erst erstrebten und erhofften Sicherung (Absichts- oder Zwecksinn), kaum einem Zweifel unterliegen (vgl. auch den Gebrauch in den Wörtern „Sicherungsübereignung, Sicherungsabtretung"). Im vorliegenden Falle handelt es sich freilich um die Anwendung des Wortes im Rückblick auf eine durch die Bestellung der ersten Hypothek schon gegebene Sicherung („soweit nicht bereits gesichert", „soweit sie die gesicherten Ansprüche übersteigen"). Dies zwingt aber keineswegs dazu, das Wort in einem anderen als dem Absichtssinn, nämlich im Erfolgssinn der verwirklichten Sicherung zu verstehen, wie ihn das Wort „decken" wiedergibt. In der Rechtssprache ist vielmehr der Gebrauch des Wortes „sichern" im Sinne der durch das Mittel der Sicherung (Pfand, Bürge usw.) zur Verfügung gestellten, aber noch nicht bis zur Befriedigung durchgeführten Forderungsverstärkung überwiegend und vorherrschend.

Die Klägerin beansprucht die Nachhypothek in einer doppelten Bedeutung: zunächst als bedingte Ausfallssicherungshypothek wegen der Forderungen, für die in erster Linie die Vorhypothek haften soll, und zweitens als unbedingte Mehrbetragshypothek für den über 60 000 RM hinausgehenden Betrag ihrer Forderung aus dem Kreditverhältnis. Es kann dahingestellt bleiben, ob eine solche Zusammenfassung einer bedingten und einer unbedingten Sicherung in einer einheitlichen Eintragung als mit dem Erfordernis der Klarheit des Grundbuchs und mit dem das Grundbuchrecht beherrschenden Spezialitätsgrundsatz noch vereinbar und daher als zulässig überhaupt anerkannt werden könnte. Keinesfalls kann den Vorinstanzen entgegengetreten werden, wenn sie in der Eintragungsbewilligung und im Eintragungsvermerk, wie sie hier vorliegen, keine bedingte Ausfallssicherung mit Beziehung auf die Vorhypothek ausgedrückt finden, beide vielmehr nur im Sinne einer bloßen Mehrbetragssicherung auslegen. In der Fassung des Eintragungsvermerks hat diese Bedeutung durch den Gebrauch des Wortes „übersteigen" höchstens noch eine schärfere Ausprägung erhalten. Wenn die Revision demgegenüber erneut den von der Klägerin verfolgten wirtschaftlichen Zweck in den Vordergrund rückt, so ist ihr entgegenzuhalten, daß der einseitige Zweck eines Vertragsbeteiligten, falls er wirklich als schon bei Vertragsschluß verfolgt festzustellen wäre, doch nur dann Berücksichtigung verlangen könnte, wenn er auch zum Vertragswillen beider Teile erhoben worden wäre und in den rechtsbegründenden Urkunden Ausdruck gefunden hätte. Das haben aber beide Vorinstanzen ohne Rechtsverstoß verneint. Dabei ist zweierlei nicht ohne Gewicht. Als Ausfallssicherung konnte die Nachhypothek für die Klägerin nur auf den für die Vorhypothek noch nicht haftenden Grundstücken in Frage kommen. Unstreitig ist ferner in der Urkunde über die Unterwerfung unter die sofortige Zwangsvollstreckung diese Unterwerfung in Ansehung der Nachhypothek und der für sie verpfändeten Grundstücke nur wegen des (über 60 000 RM hinausgehenden) „Restbetrags" der Gesamtschuld bis zum Höchstbetrag von 110 000 RM bewilligt, also auch hier zwischen den beiden Teilbeträgen oder Teilkreisen des Schuldverhältnisses streng geschieden worden. Wenn die Revision schließlich für ihren Standpunkt das Urteil des erkennenden Senats vom 29. November 1930 (RGZ. Bd. 131 S. 16) heranziehen zu können glaubt und ausführt, es bestehe nach dieser Entscheidung für die Klägerin die Möglichkeit, eine Forderung, die sie zunächst der Vorhypothek unterstellt habe, nachdem sie bei dieser keine Deckung gefunden, in die Sicherung durch die Nachhypothek einzubeziehen und hier erneut geltend zu machen, so hat sie jenes Erkenntnis mißverstanden. Denn dort wurde zwar für den — auch tatsächlich anders gestalteten — Fall der Bestellung mehrerer Höchstbetragshypotheken auf verschiedenen Grundstücken für denselben Forderungsgesamtkreis dem Gläubiger ein gewisses Verfügungsrecht darüber eingeräumt, für welche der einzelnen, an sich unter die Sicherung fallenden Forderungen er die Haftung des einzelnen Grundstücks in Anspruch nehmen wolle. Es wurde jedoch (S. 23 a. a. O.) ausdrücklich die Folgerung abgelehnt, daß etwa eine der zu sichernden Einzelforderungen durch mehrere Einzelhypotheken habe gesichert sein sollen; vielmehr wurde als Wille der Beteiligten angenommen, daß jede einzelne Forderung nur durch eine einzige Hypothek gesichert werde, und zwar durch die vom Gläubiger seinerzeit zu bestimmende. Im Streitfall aber will die Klägerin Teilbeträge ihrer Gesamtforderung nacheinander durch mehrere Einzelhypotheken gesichert erhalten, ohne daß die hierfür notwendige, im Falle des Urteils RGZ. Bd. 131 S. 16 gar nicht zur Erörterung gelangte Voraussetzung einer Ausfallssicherung gegeben wäre (vgl. auch Güthe-Triebel GBO. Vorbem. vor § 13 Anm. 54 Abs. 2, Bd. 1 S. 238).

RGZ. 134, 257.

1. Kann der Konkursverwalter für die Konkursmasse Eigentümergrundschulden des Gemeinschuldners in Anspruch nehmen, die aus früheren Hypotheken dadurch entstanden sind, daß der Hypothekengläubiger aus einem von ihm mit Anspruch auf die erste Stelle gewährten neuen Hypothekendarlehen die vorgehenden Hypotheken abgelöst hatte, ohne daß es bis zur Konkurseröffnung zu deren Löschung gekommen war?

2. Kann der Konkursverwalter in solchem Falle gegen die vom Hypothekengläubiger wegen seiner Darlehensforderung erwirkte Pfändung der Eigentümergrundschulden vorgehen?

BGB. § 1163. KO. §§ 3, 221.

V. Zivilsenat. Urt. v. 2. Dezember 1931.

Die Entscheidung ist abgedruckt unter „Konkursrecht".

RGZ. 135, 357.

Unter welchen Umständen kann dem Beglaubigungsanspruch eines späteren Grundschulderwerbers aus § 1154 Abs. 1 Satz 2 BGB. mit der Einrede begegnet werden, daß die Verfügungsbefugnis des ersten Grundschuldgläubigers im Innenverhältnis zum Grundstückseigentümer fiduziarisch beschränkt gewesen sei?

BGB. §§ 1154, 1155, 1157, 1192 Abs. 1.

V. Zivilsenat. Urt. v. 9. März 1932.

I. Landgericht Ulm. — II. Oberlandesgericht Stuttgart.

Die Parteien streiten über zwei Grundschulden von 4000 und 6000 GM, die – auf den Grundstücken des Beklagten in K. noch als einheitliche Eigentümergrundschuld von 10 000 Feingoldmark eingetragen – durch eine lückenlose Kette von Abtretungserklärungen mit den Briefen an die Klägerin gelangt sind. In der ersten dieser Abtretungsurkunden, die der Beklagte am 10. Juli 1926 auf seinen Schwager, einen Werkmeister H., ausgestellt hat, fehlt bei dem untersiegelten Beglaubigungsvermerk des Schultheißen und Ratsschreibers von K. die Angabe des Ortes und des Tages der Ausstellung. Die Klägerin hat deshalb, nachdem ihr aus diesem Grunde die Eintragung ihres Gläubigerrechts im Grundbuche versagt worden war, unter Streitverkündung an den Urkundsbeamten Klage auf Nachholung der öffentlichen Beglaubigung erhoben.

In den Vorinstanzen ist die Klage abgewiesen worden. Auf die Widerklage hatte das Landgericht die Klägerin unbedingt zur Herausgabe der beiden Grundschuldbriefe an den Beklagten verurteilt. Der Berufung der Klägerin hat das Oberlandesgericht dahin stattgegeben, daß es die Verurteilung zur Herausgabe von einer Zug um Zug-Zahlung des Beklagten von 3000 RM nebst Zinsen abhängig machte. Der Entscheidung liegt die Feststellung zugrunde, daß die Abtretung der Grundschuld von 10 000 GM an den Schwager des Beklagten nur fiduziarisch erfolgt sei, um diesem ihre Verwertung als Sicherheit bei einer

Darlehnsaufnahme von höchstens 3000 RM zu ermöglichen, und daß sich die hieraus herzuleitenden Einwendungen des Beklagten auch die Klägerin entgegenhalten lassen müsse. Auf die Revision der Klägerin wurde der Beklagte unter Abweisung seiner Widerklage nach dem Klagantrage verurteilt.

Gründe:

Zugunsten der Klägerin hat das Berufungsgericht die beiden ersten Abtretungen, nämlich die des Beklagten an seinen Schwager H. vom 10. Juli 1926 und die des H. an Ida He. vom 3. Mai 1927, obwohl darin nur von Abtretung des Grundschuldbriefes die Rede ist, im Sinn einer Abtretung der Grundschuld selbst ausgelegt. Rechtliche Bedenken sind dagegen nicht zu erheben.

Die Abtretung des Beklagten an H. trägt zwar den Beglaubigungsvermerk eines öffentlichen Urkundsbeamten. Daran aber, daß dieser Vermerk die nach § 183 Abs. 2 FGG. vorgeschriebene Angabe über Ort und Tag der Ausstellung nicht enthält, ist die beantragte Eintragung des Gläubigerrechts der Klägerin im Grundbuche gescheitert. Diesem Mangel abzuhelfen, ist das Ziel der Klage. Solange er besteht, kann die Klägerin auf die Vorschriften des § 1155 BGB. keine Berufung auf den öffentlichen Glauben des Grundbuchs gründen. Gegen diese Annahme des Vorderrichters ist ebenfalls kein Bedenken geltend zu machen. Gleiches gilt von den Ausführungen, womit das Berufungsgericht darlegt, daß die Abtretung des Beklagten an H. kein Scheingeschäft, sondern eine ernstgemeinte fiduziarische Abtretung gewesen sei zu dem Zwecke, dem H. die Aufnahme eines Darlehns von 2500 bis 3000 RM gegen Sicherheitsbestellung zu ermöglichen. Die weiteren Darlegungen des angefochtenen Urteils aber, mit denen zu begründen versucht wird, daß der Beklagte die sich aus der fiduziarischen Natur der Grundschuldabtretung an H. ergebenden Einreden nach Lage des Falles nicht nur der Ida He., sondern auch allen weiteren Zessionaren der Grundschuld entgegenzusetzen in der Lage sei, halten der rechtlichen Nachprüfung nicht stand.

Nach den tatsächlichen Feststellungen des Berufungsgerichts ging bei der fiduziarischen Überlassung der Eigentümergrundschuld des Beklagten an H. die Vereinbarung dahin, daß die Grundschuld keinesfalls höher als bis zu 3000 RM belastet werden dürfe. In welcher Weise dem H. die Verwendung der Grundschuld zur Befriedigung seines Kreditbedürfnisses gestattet sein sollte, ist im angefochtenen Urteil nicht mit widerspruchsfreier Klarheit gesagt. Denn während es zunächst heißt, der Grundschuldbrief habe trotz des Vorliegens der Abtretungsurkunde eben nicht abgetreten sein, sondern nur zur Stellung einer Sicherheit gegeben werden und auch nicht weiter abgetreten werden sollen, ist später aus dem Einverständnis des Beklagten mit der Haftung des Grundschuldbriefs bis zu 3000 RM gefolgert worden, daß sich der Beklagte nach Treu und Glauben eine Haftung des Grundschuldbriefs auch dann gefallen lassen müsse, wenn die Verfügung über die Grundschuld (durch H.) in anderer Rechtsform erfolge, d. h. also doch durch Abtretung statt durch bloße Verpfändung. Inwiefern aber Treu und Glauben den Beklagten verpflichten sollten, sich auch die Weiterabtretung der Grundschuld gefallen zu lassen, wenn er diese Art der Verwendung ausgeschlossen hatte, hat das Berufungsgericht nicht näher dargelegt. Daher muß es als die wirkliche und, da die Beklagte selbst die äußere Form der Vollabtretung gewählt hatte, der Sachlage offenbar entsprechende Auffassung des Vorderrichters angesehen werden, daß nach dem Willen des Beklagten seinem Schwager H. nicht verwehrt sein sollte, sich den Kredit auch auf Grund fiduziarischer Weiterabtretung der Grundschuld zu verschaffen.

Der Tatbestand, von dem mit dem Berufungsgericht auszugehen ist, war hiernach der, daß H. vom Beklagten durch Erteilung einer schriftlichen, ihrem Wortlaut nach unbeschränkten Abtretungserklärung, die nach § 1154 Abs. 1 Satz 1 BGB. in Verbindung mit der Übergabe des Briefes zur Übertragung des Rechts auch ohne öffentliche Beglaubigung genügte, nach außen hin zur freien Verfügung über die Grundschuld auch in der Gestalt der Weiterabtretung zu vollem Recht in den Stand gesetzt, im Innenverhältnis aber dahin gebunden war, daß er die Grundschuld nur zur Aufnahme eines Darlehns von höchstens 3000 RM, sei es auch durch Sicherungsabtretung, verwenden durfte. Für die Personen, die von H. oder dessen Rechtsnachfolgern die Grundschuld durch äußerlich unbeschränkt auf volle Rechtsübertragung lautende, öffentlich beglaubigte oder beurkundete Abtretungserklärungen erwarben, ergab sich hieraus die Frage, inwieweit ihnen der Beklagte, falls sie volles freies Gläubigerrecht an der Grundschuld in Anspruch nahmen, Einreden aus seinen Vereinbarungen mit H. mit Erfolg entgegenhalten konnte. Bei Erörterung dieser Frage hat der Vorderrichter als einen vom Reichsgericht mehrfach (RGZ. Bd. 71 S. 222, Bd. 81 S. 260, Bd. 90 S. 279) ausgesprochenen Satz an die Spitze gestellt, daß derjenige, der einen Grundschuldbrief im Vertrauen auf eine Abtretungsurkunde erwerbe, gegenüber der Berufung auf die fiduziarische Natur der Abtretung geschützt sei, sofern er bezüglich des Charakters der Abtretung als

Vollzession gutgläubig gewesen sei, wobei die grobe Fahrlässigkeit (richtiger grobfahrlässige Unkenntnis) dem Vorsatz (richtiger der Kenntnis) gleichstehe. Die weitere Frage, ob dieser Gutgläubigkeitsschutz bei einer Kette von Abtretungen jedem der Zessionare zugutekomme oder aber für die Rechtsnachfolger dann nicht mehr gegeben sei, wenn derjenige, der von dem nur fiduziarisch Berechtigten erworben habe, nicht gutgläubig gewesen sei, wird vom Vorderrichter im letzteren Sinn entschieden (da sich für einen noch weitergehenden Schutz die späteren Erwerber die Voraussetzungen des § 1155 BGB. hätten sichern müssen). In beiden Punkten beruht aber die Stellungnahme des Berufungsgerichts auf Mißverständnis und rechtsirriger Anwendung der §§ 1155, 1157 in Verb. mit § 1192 Abs. 1 BGB.

Mit Recht wendet sich zunächst die Revision gegen den vom Vorderrichter aufgestellten Satz, daß bei einer Kette von aufeinander folgenden Abtretungen die gegen den ersten Zessionar des nur fiduziarisch Berechtigten festgestellte Schlechtgläubigkeit beim Erwerb auch gegen dessen Rechtsnachfolger wirke, denen solchenfalls selbständiger Gutgläubigkeitsschutz nicht zu Hilfe komme. Für diesen Satz, der beim Erwerb von einem nur fiduziarisch berechtigten Gläubiger den Gutgläubigkeitsschutz, im offensichtlichen Widerspruch mit dem Grundgedanken und dem Zweck des auf Sicherung des Rechtsverkehrs gerichteten Schutzes gutgläubigen Erwerbs, auf den e r s t e n Übertragungsfall beschränken und, falls er einmal versagt, allen weiteren Erwerbern vorenthalten will, hat das Berufungsgericht keine nähere Begründung gegeben, abgesehen von der — nur in Klammer beigefügten — Aufstellung, daß sich für einen weitergehenden Schutz die späteren Erwerber die Voraussetzungen des § 1155 BGB. sichern müßten. Die Vorschriften des § 1155 schlagen aber hier nicht ein. Denn sie erweitern zwar, wie schon ihre Eingangsworte erkennen lassen, den Gutgläubigkeitsschutz in Ansehung der Person des Übertragenden, seines Gläubigerrechts, seiner Aktivlegitimation, indem sie den öffentlichen Glauben des Grundbuchs unter näher bestimmten Voraussetzungen auch auf Fälle der Rechtsübertragung außerhalb des Grundbuchs erstrecken. Aber ein Rechtssatz des Inhalts, daß man von dem bloß fiduziarisch berechtigten Gläubiger einer Hypothek oder einer Grundschuld nur unter den Voraussetzungen, die sie aufstellen, gutgläubig, d. h. frei von den unbekannten fiduziarischen Beschränkungen, erwerben könne, ist jenen Vorschriften nicht zu entnehmen. Vollends entbehrt es der Folgerichtigkeit, wenn das Berufungsgericht anzunehmen scheint, daß zwar für den ersten Erwerber von H. — die Ida He. — die Möglichkeit gutgläubigen Erwerbes trotz des Mangels der Beglaubigung bei der Abtretung an H. bestanden habe, bei den späteren Erwerbern wegen der Schlechtgläubigkeit der He. aber nicht, obwohl der Beglaubigungsmangel schon vor der Abtretung des H. an die He. lag. Die Frage, um die es sich hier handelt, gehört nicht ausschließlich dem Sondergebiet der Übertragung von Hypotheken usw. an, ist vielmehr allgemeiner Natur und unter Berücksichtigung der Vorschriften der §§ 398 flg., 413 BGB. zu entscheiden, soweit nicht der später noch zu erörternde § 1157 BGB. eingreift. Bei einem Erwerb unter den Voraussetzungen des § 405 BGB. ist aber, wie auch sonst, die Gutgläubigkeit des Erwerbers jeweils im Verhältnis zum unmittelbaren Vormann zu bestimmen: wer von einem berechtigten Grundschuldinhaber im Vertrauen auf dessen auch im Innenverhältnis zum Vormann bestehende Verfügungsbefugnis erwirbt, hat auf Schutz gegen Einwendungen in betreff dieser inneren Verfügungsbefugnis auch dann Anspruch, wenn seinem Rechtsvorgänger dieser Schutz mangels eigener Gutgläubigkeit zu versagen war. Wie im Verkehr mit beweglichen Sachen, so ist auch hier die Gutgläubigkeit nach dem unmittelbaren Verhältnis zwischen Veräußerer und Erwerber jedes einzelnen Übertragungsfalles zu beurteilen. Die Feststellung der Schlechtgläubigkeit von Ida He. reichte daher für sich allein nicht aus, auch den Rechtserwerb der weiteren Zessionare mit Einwendungen aus dem ursprünglichen Treuverhältnis zu belasten, und konnte die Prüfung der Gutgläubigkeit des Erwerbers bei jedem weiteren Rechtsübergang nicht erübrigen. Anderseits gilt auch hier, wie im Sachenrecht, der Satz, daß ein einmal vollendeter gutgläubiger Erwerb in betreff der durch ihn geheilten Mängel und ausgeschlossenen Einwendungen zugunsten der weiteren Rechtsnachfolger wirkt, ohne Rücksicht auf deren etwaige eigene Schlechtgläubigkeit in Ansehung dieser Mängel und Einwendungen (vgl. Komm. von RGR. § 405 BGB. Erl. 1 Abs. 2; Staudinger das. I, 2 u. 3; Planck-Siber das. Anm. 5).

Das Berufungsgericht hat nun freilich auch die Gutgläubigkeit der Klägerin in der Person ihres Erwerbsvertreters G. geprüft und sie verneint. Auf den guten Glauben der Klägerin kam es jedoch erst an, wenn sich nicht schon ein mangelfreier Vollerwerb der Grundschuld dazwischen geschoben hatte, der ihre etwaige eigene Schlechtgläubigkeit unerheblich machte. Die Revision weist in dieser Beziehung mit Recht darauf hin, daß die Grundschuld erst über Zwischenerwerbe durch Go., durch die S. Aktiengesellschaft und durch T. an die Klägerin gelangt ist. Im Berufungsurteil fehlt jede Prüfung dieser Rechtsübergänge. Schon die Gutgläubigkeit des Kaufmanns Go. in Ansehung der freien Verfügungsbefugnis seiner Zedentin He. konnte für den Bereich seines Teilerwerbs von 4000 RM die Grundschuld in seiner Hand von Einwendungen aus den nur fiduziarischen Vorabtretungen befreien. An zweiter Stelle kam der Erwerb der S. Aktiengesellschaft von 1927 in Betracht. Hierbei war diese zwar durch denselben G. vertreten, der später auch die Klägerin bei deren Erwerb von 1929 vertrat, und es ist möglich, daß das Berufungsgericht die Würdigung seiner für die Rechtsstellung der vertretenen Gesellschaft maßgebenden Gutgläubigkeit uneingeschränkt in derselben Art, die sie ihr in Ansehung des Erwerbs der Klägerin hat zuteil werden lassen, auch für den Erwerb der S. Aktiengesellschaft zugrundelegen würde. Bisher ist das aber nicht geschehen, und die Verschiedenheit der Erwerbszeitpunkte wäre von wesentlicher Bedeutung. Schließlich waren in gleicher Weise der Erwerb durch T. und ein Rückerwerb durch die S. Aktiengesellschaft vom April 1929 zu berücksichtigen.

Einer Zurückverweisung der Sache aus diesem Grunde bedarf es jedoch nicht, weil schon jetzt zuungunsten des Beklagten die Vorschrift des § 1157 Satz 2 BGB. durchgreift. Nach Satz 1 das. kann eine Einrede, die dem Grundstückseigentümer auf Grund eines zwischen ihm und dem bisherigen Gläubiger bestehenden Rechtsverhältnisses gegen die Hypothek zusteht, auch dem neuen Gläubiger entgegengesetzt werden. Nach Satz 2 gelten aber die Vorschriften der §§ 892, 894 bis 899, 1140 auch für diese Einrede, und auf die Grundschuld finden laut § 1192 Abs. 1 BGB. die Vorschriften über die Hypothek entsprechende Anwendung (soweit sich nicht, was hier nicht in Frage kommt, daraus ein anderes ergibt, daß die Grundschuld keine Forderung voraussetzt). Die Anwendbarkeit dieser Bestimmungen auf den vorliegenden Fall hängt zunächst davon ab, ob es sich bei dem Streit der Parteien um eine Einrede handelt, die dem Grundstückseigentümer (Beklagten) auf Grund eines zwischen ihm und dem bisherigen Gläubiger (H.) bestehenden Rechtsverhältnisses gegen die Grundschuld zusteht. Das könnte insofern angezweifelt werden, als der Beklagte selbst der erste Gläubiger der von ihm auf das eigene Grundstück gelegten Grundschuld war, und als deshalb die Einrede der im Innenverhältnis beschränkten Verfügungsmacht seines Schwagers H. nicht dem zwischen Grundstückseigentümer und Grundschuldgläubiger, sondern dem zwischen Grundschuld-Zedent und -Zessionar begründeten Rechtsverhältnis entnommen erscheinen könnte. Aber in dieser Weise lassen sich die im Beklagten vereinigten Rollen des Grundstückseigentümers und des Grundschuld-Zedenten nicht scheiden. Mit dem Augenblick der Abtretung an H. verlor die

Eigentümergrundschuld als solche bis zu einem Rückerwerb durch den Beklagten ihre Bedeutung; die Sachlage war von nun an einstweilen keine andere mehr, als ob der Beklagte die Grundschuld von vornherein für H. bestellt hätte, und die Abreden, die er mit seinem Schwager zu dem Zwecke traf, um sich gegen eine ungewollte Inanspruchnahme aus der nach außen hin zu vollem Recht abgetretenen Grundschuld zu sichern, berührten ihn nicht sowohl in seiner Eigenschaft als bisheriger Grundschuldgläubiger wie in der als Eigentümer des belasteten Grundstücks. Es unterliegt daher keinem Bedenken, sein Verhältnis zur Klägerin als das des Grundstückseigentümers zum neuen Grundschuldgläubiger im Sinne der §§ 1157, 1192 Abs. 1 BGB. zu beurteilen. Ebensowenig kann bezweifelt werden, daß es sich um eine Einrede handelt, die dem Beklagten als Eigentümer auf Grund eines zwischen ihm und dem bisherigen Gläubiger (H.) bestehenden Rechtsverhältnisses gegen die Grundschuld zusteht. Das würde selbst dann zu gelten haben, wenn von einer Verteidigung des Beklagten dahin auszugehen wäre, daß laut der Vereinbarungen zwischen ihm und H. eine Weiterabtretung der Grundschuld gänzlich ausgeschlossen, ihre Verwendung zur Kreditsicherung vielmehr nur in der Form der Verpfändung statthaft sein sollte (vgl. Planck-Strecker BGB. 4. Aufl. Bd. III[2] § 1157 Bem. 2 Abs. 2 S. 952; Biermann Sachenrecht S. 533 § 1157 Erl. 1a; Staudinger BGB. 9. Aufl. Bd. III[2] S. 1188 § 1157 Erl. 1; RGRKomm. § 1157 Erl. 1; Predari GBO. S. 95). Um so mehr trifft es zu, wenn nach dem oben Ausgeführten im vorliegenden Falle dem bisherigen Gläubiger H. die Weiterabtretung, jedoch nur mit fiduziarischer Beschränkung, an sich gestattet war. Steht aber danach eine Einrede in Frage, von der § 1157 Satz 1 BGB. zunächst zugunsten des Beklagten anerkennt, daß sie, als auf Grund des zwischen ihm und H. bestehenden fiduziarischen Verhältnisses die Geltendmachung der Grundschuld beschränkend, grundsätzlich auch der Klägerin entgegengesetzt werden kann, so unterliegt sie doch nach Satz 2 das. den sich aus dem öffentlichen Glauben des Grundbuchs gemäß § 892 BGB. ergebenden Schranken. Daraus folgt, daß sie, da beschränkende Eintragungen im Grundbuch nicht in Betracht kommen, der Klägerin als Erwerberin der Grundschuld nur dann entgegengehalten werden kann, wenn diese beim Erwerbe die Unrichtigkeit des Grundbuchs, nämlich das Bestehen der trotz Eintragungsfähigkeit nicht eingetragenen, die Geltendmachung der Grundschuld beschränkenden persönlichen Einrede des Beklagten kannte. Die Vorschrift des § 1157 Satz 2 gewährt einen weiterreichenden Schutz als die des § 405 BGB. (vgl. auch § 932 Abs. 2 das.). Rechtsirrtümlich hat hiernach das Berufungsgericht als der Klägerin schädlich schon grobfahrlässige Unkenntnis der dem Beklagten im Verhältnis zu H. zustehenden Einreden gegen die Grundschuld erachtet. Die von ihm angezogenen drei Entscheidungen des Reichsgerichts stehen ihm nicht zur Seite, da sie keine Tatbestände betreffen, die unter die §§ 1157, 892, 1192 Abs. 1 BGB. fallen. Die Vorschriften des § 1155 das. aber bleiben für die vorliegende Frage auch hier außer Betracht, da das Vorliegen wirksamer Abtretungen an sich nicht streitig ist, die Anwendung des § 1157 Satz 2 aber die Beobachtung der Formen des § 1155 nicht voraussetzt (Planck-Strecker a. a. O. § 1155 Erl. 1 Abs. 2 S. 941, Erl. 2bε Abs. 4; S. 947; Biermann a. a. O. § 1157 Anm. 1c, § 1155 Anm. 3 RGRKomm. § 1157 Erl. 3).

Kenntnis der fiduziarischen Beschränkung des H. als Grundschuldgläubigers hat das Berufungsgericht schon nicht bei der Ida He., keinesfalls aber gegen die Klägerin festgestellt. Auch sind keine Beweiserbieten des Beklagten nach dieser Richtung, sondern nur Entlastungsbeweise der Klägerin unerledigt geblieben. Die zu Lasten der Klägerin lediglich festgestellte grobfahrlässige Unkenntnis ihres Erwerbsvertreters G. genügt zur Verteidigung des Beklagten nicht. Eines Eingehens auf die Frage, ob diese Feststellung im Berufungsurteil rechtlich bedenkenfrei begründet worden ist, bedurfte es bei dieser Sachlage nicht.

Die Klägerin darf hiernach beanspruchen, dem Beklagten gegenüber als unbeschränkte Gläubigerin der Grundschuld kraft gutgläubigen Erwerbs zu gelten. Daraus folgt nach § 1154 Abs. 1 Satz 2 BGB. die Berechtigung des auf sie mitübertragenen Klaganspruchs. Dagegen erweist sich die Widerklage, womit Herausgabe der beiden Grundschuldbriefe ohne volle Auslösung verlangt wird, als unbegründet.

RGZ. 136, 74.

Bestehen Eigentümergrundschulden, soweit eingetragene Strafzinsen zugunsten des Hypothekengläubigers nicht verfallen oder eingetragene Entschädigungen für vorzeitiges Fälligwerden des Kapitals dem Gläubiger nicht erwachsen?

BGB. § 1163 Abs. 1 Satz 1, § 1177 Abs. 1 Satz 1, § 1178 Abs. 1 Satz 1.

V. Zivilsenat. Urt. v. 13. April 1932.

I. Landgericht I Berlin. — II. Kammergericht daselbst.

Auf zwei Grundstücken der Gemeinschuldnerin standen vor Hypotheken der Beklagten solche einer Versicherungsaktiengesellschaft. Diese brachte die Grundstücke zur Zwangsversteigerung. Während die vorgehende Gläubigerin voll befriedigt wurde, kamen auf die Hypotheken der Beklagten nur Teilbeträge zur Hebung, auch dies jedoch nur unter Widersprüchen gegen den Teilungsplan, welche die Grundstückseigentümerin darauf gründete, daß an der Stelle der vorgehenden Hypotheken Eigentümergrundschulden erwachsen seien, die Anspruch hätten auf Befriedigung vor den Hypotheken der Beklagten. Hierbei handelte es sich um folgendes:

Die vorgehenden Hypotheken waren mit einem Zinssatz von „7½, unter Umständen bis zu 10½ % jährlich" eingetragen. In den Eintragungen hieß es dann weiter:

> Wird die Hypothek aus irgendeinem Grunde vor dem 31. März 1933 fällig, so ist für jedes Jahr der dadurch entstehenden Verkürzung der vereinbarten Darlehnsdauer eine Entschädigung von 2 % des Hypothekenkapitals zu zahlen. Außerdem ist unter Umständen eine Bereitstellungsprovision von 2 % des Darlehnskapitals zu entrichten.

Soweit nun die Strafzinsen von (10½—7½ =) 3 % im Zwangsversteigerungsverfahren von der Gläubigerin nicht geltend gemacht worden waren, und soweit die Gläubigerin auch auf die Vorfälligkeitsentschädigung und auf die Bereitstellungsvergütung keinen Anspruch erhoben hatte, nahm die Eigentümerin und demnächst für sie der klagende Konkursverwalter entsprechende Eigentümergrundschulden in Anspruch. Das Landgericht hat die Klage in Ansehung der Bereitstellungsvergütung rechtskräftig abgewiesen, so daß diese hier nicht mehr in Betracht kommt. In Ansehung der Strafzinsen und der Vorfälligkeitsentschädigung hat dagegen das Landgericht den Klaganspruch für begründet erachtet, jedoch nur für die letzten beiden Jahre vor Beschlagnahme der Grundstücke, und hat demgemäß die Beklagte verurteilt, dem Kläger die entsprechenden Auszahlungen aus dem hinterlegten Versteigerungserlöse zu bewilligen. Mit der Mehrforderung hat es den Kläger abgewiesen. Auf die nur von der Beklagten eingelegte Berufung hat das Kammergericht die Klage auch insoweit abgewiesen, als dies nicht schon im ersten Rechtsgang geschehen war. Die Revision des Klägers wurde zurückgewiesen.

Gründe:

Der Revision konnte schon deshalb kein Erfolg zuteil werden, weil in einem Fall der vorliegenden Art nicht nur die hypothekarisch gesicherte Forderung an Mehrzinsen und an Entschädigung für vorzeitiges Fälligwerden, sondern auch die dingliche Sicherung, die Hypothek selbst, regelmäßig als nur unter aufschiebender Bedingung begründet erachtet werden muß. Das Berufungsgericht hat zwar geglaubt, eine dahingehende Feststellung nicht treffen zu können. In seinem Beschlusse vom 13. Mai 1931 (JW. 1931 S. 1761 Nr. 1), auf den es im angefochtenen Urteil bezug nimmt, hat es als im Gutachten der Berliner Zwangsversteigerungsrichter vom Herbst 1930 sowie im Schrifttum vertreten (Thiele JW. 1931 S. 563; Goldschmidt daselbst S. 785, der sich wiederum auf Martin Wolff beruft) die Möglichkeit erwähnt, die Strafzinshypothek als aufschiebend bedingte Hypothek aufzufassen; es hat auch als zulässig anerkannt, daß die Hypothek für Hauptrecht und Zinsen sowie Nebenleistungen nicht einheitlich entweder als unbedingte oder als bedingte Hypothek bestellt, sondern daß eine unbedingte Hypothek für Hauptrecht und gewöhnliche Zinsen und daneben eine bedingte Hyopthek für die Nebenleistung begründet werde. Ob aber tatsächlich eine bedingte Nebenleistungshypothek vorliege, sei, so wird in dem genannten Beschluß ausgeführt, nach dem Inhalt der Eintragung im Grundbuch oder der in bezug genommenen Eintragungsbewilligung zu beurteilen. In jenem früheren Falle, der in erster Reihe Strafzinsen zum Gegenstande hatte, hat das Berufungsgericht (damals als Gericht der weiteren Beschwerde im Zwangsversteigerungsverfahren) der Eintragung im Grundbuch und den daselbst in bezug genommenen Bewilligungsurkunden keinen Anhalt dafür entnehmen können, daß für die Nebenleistung eine bedingte Hypothek bestellt sein sollte. In der vorliegenden Sache geht es davon aus, daß sich kein Anlaß zu verschiedener rechtlicher Behandlung der Strafzinsen und der Entschädigung für vorzeitiges Fälligwerden ergebe, entscheidet sich aber wiederum bei beiden Nebenleistungen für die Annahme unbedingter Hypothek neben bedingter Forderung. Insoweit kann ihm jedoch nicht beigetreten werden.

Es handelt sich um Grundbucheintragungen häufig wiederkehrender Art, deren Auslegung auch dem Revisionsgericht ohne Bindung an Feststellungen der Vorinstanzen zusteht. Ausschlaggebendes Gewicht kommt dabei dem grundsätzlichen Unterschiede zu, der zwischen dem Hauptrecht und den gewöhnlichen, festen Zinsen einerseits, Nebenleistungen von der Art der Strafzinsen und der Vorfälligkeitsentschädigung anderseits besteht. Darin, daß das Berufungsgericht diese beiden Arten von Nebenleistungen in der hier in Betracht kommenden Richtung nicht unterschiedlich beurteilen und behandeln will, ist ihm allerdings zuzustimmen. Denn auch die sogenannten Strafzinsen sind ihrem Wesen nach nicht Zinsen, d. h. Gebrauchsvergütung, sondern, selbst wenn in Hundertteilen des Hauptgeldes festgesetzt, eine vertragsmäßig bestimmte Sonderentschädigung, wie nach anfänglichem Schwanken auch in der Rechtsprechung des 1. Zivilsenats des Kammergerichts feststeht (KGJ. Bd. 20 S. 198, Bd. 32 S. 252, Bd. 52 S. 199). Die Stammschuld aber und die gewöhnlichen Zinsen als das Entgelt für den Gebrauch des Kapitals sind die regelmäßig feststehenden unbedingten Verbindlichkeiten des Schuldners, deren ebenso unbedingte dingliche Sicherung der eigentliche, wesentliche Zweck und Inhalt der Hypothekbestellung ist. Die Mehrzinsen dagegen, die bloß für den Fall der Säumnis mit Zins- oder Hauptgeld versprochen werden, und die für den Fall vorzeitigen Fälligwerdens des Kapitals übernommene Entschädigung stellen nur bedingte Verpflichtungen dar, mit deren möglichem Eintritt zwar gerechnet wird, jedoch nur in dem Sinn unwillkommener Ausnahmeerscheinungen. Bei ihrer Sicherung erscheint daher der Wille nur bedingter Belastung des Grundstücks als das aus der Natur der Sache Folgende, als das Nächstliegende und ist daher im Regelfall anzunehmen. Im Grunde bestätigt dies auch der Vorderrichter selbst, wenn er seine Auffassung schließlich dahin kundgibt, daß die Beteiligten im vorliegenden Fall bei der Bestellung der Hypotheken die etwaige Entstehung von Eigentümergrundschulden nicht im Auge gehabt hätten. Eine unbedingte Hypothek ist, wenn die Forderung, wofür sie bestellt ist, nicht zur Entstehung gelangt, kraft Gesetzes Eigentümergrundschuld (§ 1163 Abs. 1 Satz 1, § 1177 Abs. 1 Satz 1 BGB.). Haben aber die Beteiligten, wie das Berufungsgericht für den vorliegenden Fall letztlich annimmt, die gesetzliche Folge des Entstehens von Eigentümergrundschulden bei Nichtentstehung der aufschiebend bedingten Forderungen nicht gewollt, so ergibt sich daraus, daß ihr Wille nicht auf unbedingte Hypothek gerichtet war, sondern nur auf bedingte hypothekarische Sicherung, die sich beim Nichtentstehen der gesicherten Forderungen erledigte, ohne eine Eigentümergrundschuld zu hinterlassen.

Wenn aber das Berufungsgericht auch hier, wie in dem Falle seines früheren Beschlusses vom 13. Mai 1931, Bedenken gehabt haben sollte, die Bedingtheit der Hypothek in dem Grundbuchvermerk oder dessen in bezug genommenen Grundlagen genügend ausgedrückt zu finden, so würde auch diesem Bedenken die Berechtigung abgesprochen werden müssen. Die Strafzinsen sind durch die in die Grundbucheintragung aufgenommenen Worte „unter Umständen" sowohl in Ansehung der persönlichen Schuld wie der dinglichen Sicherung als nur bedingte Verpflichtung hinlänglich gekennzeichnet, indem sich die nähere Bestimmung der Umstände, von denen der Eintritt der Haftung aufschiebend bedingt abhängig gemacht wurde, aus der zulässigen Bezugnahme auf die Eintragungsbewilligung ergab. Was aber die Vorfälligkeitsentschädigung anlangt, so ist hier die Bedingung mit den Worten: „Wird die Hypothek aus irgendeinem Grunde vor dem 31. März 1933 fällig, so . . ." noch deutlicher und ausführlicher in den Eintragungsvermerk selbst übernommen. Es mag dahingestellt bleiben, ob nicht mit diesen Fassungen auch die Annahme einer Unbedingtheit der Hypothek neben allein bedingter persönlicher Schuld an sich vereinbar wäre. Als das Nächstliegende muß aber gelten, daß durch die Aufnahme der bedingenden Worte in den Eintragungsvermerk auch die Bedingtheit der Hypothek selbst zum Ausdruck gebracht werden sollte. Daß endlich in der Verbindung einer unbedingten Hypothek für Hauptgeld und feste Zinsen mit einer nur bedingten Hypothek für aufschiebend bedingte Nebenleistungen nichts Unmögliches oder Unzulässiges erblickt werden kann, wird auch vom Berufungsgericht angenommen und findet in der schon dargelegten grundsätzlichen Verschiedenheit der den Gegenstand der Sicherung bildenden, in der einheitlichen Eintragung zusammengefaßten Forderungen seine Rechtfertigung.

Die Entscheidung des Berufungsgerichts erweist sich aber auch dann als begründet, wenn man mit ihm annehmen wollte, daß für aufschiebend bedingte Nebenleistungen eine unbedingte Hypothek bestellt sei. In diesem Falle würde zu demselben Ergebnis die gebotene entsprechende Anwendung der Vorschrift des § 1178 Abs. 1 Satz 1 BGB. führen, wonach die Hypothek für Rückstände von Zinsen und anderen Nebenleistungen (sowie für Kosten, die dem Gläubiger zu erstatten sind) erlischt, wenn sie sich mit dem Eigentum in einer Person vereinigt. Der Grundgedanke dieser Vorschrift, die auf innerlich begründeter Unterscheidung zwischen dem Hauptgeld einerseits, den Zinsen sowie sonstigen Nebenleistungen anderseits beruht und daher im Schrifttum (vgl. Hoeniger in DNotV. 1917 S. 6 [22]) als „eigentlich selbstverständlich" bezeichnet wird, geht dahin, zu verhindern, daß sich zwischen die mehreren ein Grundstück belastenden Hypotheken Eigentümergrundschulden aus bezahlten Zinsen oder anderen Nebenleistungen einschieben, deren Entstehung zwar nach § 1163 Abs. 1 BGB. an sich anerkannt werden müßte, aber durch den Grundsatz der Rangwahrung für den Grundstückseigentümer, wie er jener Bestimmung zugrunde liegt, nicht gefordert wird. Die Ausdehnung dieses Grundsatzes, der für das Hauptgeld seine Berechtigung hat, auf die Hypothek für Zinsen und Kosten würde eine Überspannung bedeuten und im Endergebnis durch die Entwertung der zweiten und weiteren Hypotheken eine Gefährdung des Realkredits zum Schaden des Eigentümers bewirken, also dem mit den Vorschriften des § 1163 Abs. 1 verfolgten Zweck gerade zuwiderlaufen. Ganz die gleichen Erwägungen, die gegen die Eigentümerhypothek aus getilgten Zinsen und Kosten sprechen, treffen aber auch auf die Eigentümergrundschulden zu, in die sich bei Unbedingtheit der Belastung die Hypotheken für bedingte, aber nicht verfallene Strafzinsen und für nicht erwachsene Fälligkeitsentschädigungen verwandeln würden. Zwar handelt es sich hier nicht eigentlich um „Rückstände" von Nebenleistungen, da das Fälligwerden zugunsten des Gläubigers, die begriffliche Voraussetzung des Rückstandes, hier gerade nicht eingetreten, die aufschiebende Bedingung der Forderung vielmehr ausgefallen ist. Es kann deshalb von unmittelbarer Anwendung der Vorschrift des § 1178 Abs. 1 Satz 1 BGB. keine Rede sein. Dagegen würde sich die entsprechende Anwendung durch die Rechtsähnlichkeit der Lage und das Zutreffen der gleichen gesetzgeberischen Erwägungen gebieten. Ihr kann auch der Gesetzeswortlaut nicht entgegengehalten werden. Denn den Gegensatz von Rückständen, auf den die Vorschrift auszudehnen sich allerdings verbieten würde, bilden erst in Zukunft fällig werdende Raten der Zinsen und anderen Nebenleistungen, nicht aber solche Beträge aufschiebend bedingter Nebenleistungen, für die, wie bei den hier in Betracht kommenden, wegen Ausfalls der Bedingung eine Gläubigerhypothek nicht entstehen und daher bei Unbedingtheit der dinglichen Belastung die Entstehung einer Eigentümergrundschuld anzuerkennen sein würde. Soweit also in der bisherigen Rechtsprechung, namentlich des Kammergerichts, die ausdehnende Anwendung der Vorschrift des § 1178 Abs. 1 Satz 1 BGB. in solchen Fällen abgelehnt worden ist (vgl. KGJ. Bd. 49 S. 214; ROLG. Bd. 39 S. 245; Recht 1931 Nr. 161), würde ihr nicht beigetreten werden können.

RGZ. 136, 80.

Zur Auslegung und Wirksamkeit der Eintragung einer Höchstbetragshypothek, bei der weder die gesicherte Forderung noch deren Schuldner ausdrücklich bezeichnet ist.

BGB. § 1190.

V. Zivilsenat. Urt. v. 13. April 1932.

I. Landgericht Braunschweig.

Auf dem Grundstück der verklagten Eheleute, dessen Eigentümer sie zu gleichen Teilen sind, ist eine „Sicherungshypothek zum Höchstbetrage von 15 000 RM für die Bl.er Raiffeisenbank (Klägerin) unter

Bezugnahme auf die Bewilligung vom 23. Dezember 1926" eingetragen. Über die gesicherten Forderungen enthält die Eintragungsbewilligung nicht mehr als der Eintragungsvermerk im Grundbuche selbst.

Die Klägerin nimmt den verklagten Ehemann persönlich und beide Eheleute dinglich auf Zahlung von 15 000 RM nebst Zinsen aus Kredit in Anspruch, den sie dem Ehemann gewährt hat. Der verklagte Ehemann hat seine persönliche Verpflichtung anerkannt und ist dem Anerkenntnisse gemäß verurteilt worden. Ihre dingliche Haftung mit dem Grundstück bestreiten dagegen die Beklagten, weil die Eintragung der Höchstbetragshypothek mangels genügender Bezeichnung der gesicherten Forderungen wirkungslos sei. Dem Antrag der Beklagten entsprechend ist die Klägerin vom Landgericht mit der dinglichen Klage abgewiesen worden.

Der von ihr unmittelbar eingelegten Revision wurde stattgegeben aus folgenden

Gründen:

Auch Eintragungen im Grundbuch sind der Feststellung ihrer wahren Bedeutung durch Auslegung zugänglich. Das erkennt das Landgericht selbst zutreffend an, indem es ausführt, da die Klägerin eine Bank sei, ließen die Umstände keinen Zweifel darüber, daß es sich um einen Kredit gehandelt habe, den die Klägerin dem verklagten Ehemann gewährte. Das Landgericht vermißt aber einen genügenden Anhalt dafür, welchen Umfang die zu sichernden Forderungen haben sollten. Anscheinend würde es kein Bedenken gehabt haben wegen der Ansprüche aus Kreditgewährung, die der Klägerin erst nach Eintragung der Hypothek erwachsen sind. Es stößt sich aber daran, daß nicht erkennbar gemacht sei, ob der Beklagte, was tatsächlich der Fall war, schon vor Abgabe der Eintragungsbewilligung der Klägerin auf Grund ihrer Geschäftsverbindung irgendwelche Beträge schuldig geworden sei und ob auch diese unter die Sicherung fallen sollten. Dies Bedenken ist unbegründet. Nach § 1190 BGB. kann eine Hypothek in der Weise bestellt werden, daß nur der Höchstbetrag, bis zu dem das Grundstück haften soll, bestimmt, im übrigen die Feststellung der Forderung vorbehalten wird. Es besteht Einverständnis darüber, daß auf diese Weise nicht nur eine einzelne bestimmte Forderung, sondern auch eine zunächst unbestimmte Mehrheit von solchen, ein ganzer Forderungskreis dinglich gesichert werden kann. Wenn aber, wie auch das Landgericht für den vorliegenden Fall annimmt, der gesicherte Forderungskreis in den Forderungen der Klägerin aus Kreditgewährung an den verklagten Ehemann bestand, so lag kein Anlaß vor für einen Zweifel nach der

Richtung, ob die Sicherung alle diesem Forderungskreis angehörenden Einzelforderungen umfassen sollte. Der Stellungnahme des Landgerichts scheint die Auffassung zugrunde zu liegen, daß bei Bestellung einer Höchstbetragshypothek der Sicherungswille im Zweifel nur auf die erst in Zukunft aus der gesicherten Geschäftsverbindung erwachsenden Ansprüche gehe. Das ist nicht berechtigt. Bei unbeschränkter Fassung der Sicherungsbestellung ist die Erfassung aller dem zu sichernden Kreis angehörenden Forderungen das Nächstliegende. Hiervon ist daher auszugehen, so daß nicht das Allgemeine, sondern die Beschränkung der besonderen Hervorhebung und nötigenfalls des Beweises bedurfte. Aus dem Fehlen einer besonderen Erklärung darüber, daß die Hypothek auch den zur Zeit ihrer Bestellung schon gewährten Kredit sichern sollte, durfte hiernach kein Anstand gegen ihre Wirksamkeit hergeleitet werden.

Ein begründeterer Zweifel hätte nach der Richtung erhoben werden können, ob die Eintragung auch insoweit genügte, als sie den Schuldner der zu sichernden Forderungen nicht ausdrücklich bezeichnete. In der Rechtsprechung ist jedoch zunächst anerkannt, daß es der besonderen Benennung des Schuldners jedenfalls dann nicht bedarf, wenn dieser zugleich der Besteller der Hypothek ist (so bes. KGJ. Bd. 47 A S. 196 = ROLG. Bd. 31 S. 355). Dem ist beizutreten. Das Unterbleiben der ausdrücklichen Benennung des verklagten Ehemanns als Kreditschuldners konnte daher eine Beanstandung der Hypothekeneintragung mindestens insoweit nicht rechtfertigen, als sein Grundstücksanteil in Betracht kam, für den er selbst zugleich Schuldner und Hypothekbesteller war. Aber auch für die Grundstückshälfte der verklagten Ehefrau besteht gegen die Wirksamkeit der Hypothek kein durchgreifendes Bedenken. Die Beteiligten waren einig darüber, daß als Kreditschuldner der zu sichernden Bank nur der Ehemann in Betracht kam; die Ehefrau war niemals in persönliche Schuldbeziehungen zur Klägerin getreten. Wenn nun zur Sicherung eines dem Manne gewährten und weiter zu gewährenden Bankkredits neben dem Schuldner, der seinen Anteil an dem gemeinschaftlichen Grundstück der Eheleute verpfändete, gleichzeitig auch die Ehefrau mit ihrem Anteil Hypothek bestellte, so sprachen die Umstände in Ermanglung irgendwelcher Gegengründe zwingend dafür, daß der durch ihre Hypothek gesicherte Forderungskreis derselbe sein sollte wie bei der Hypothekbestellung des Mannes. Deshalb war auch für ihren Anteil die ausdrückliche Hervorhebung des Mannes als des persönlichen Schuldners kein wesentliches Gültigkeitserfordernis. Mochte sich immerhin in solchem Falle die ausdrückliche

Klarstellung empfehlen, daß die Frau mit ihrer Grundstückshälfte Schulden ihres Mannes sicherte, so läßt sich doch aus dem Unterbleiben dieser Angabe nach den Umständen keine Unwirksamkeit der Hypothekbestellung begründen (vgl. Urteil des Oberlandesgerichts Braunschweig vom 4. Oktober 1906 in ROLG. Bd. 14 S. 126 und das dazu ergangene Revisionsurteil vom 22. Juni 1907 V 558/06 in JW. 1907 S. 513 Nr. 13 u. Recht 1907 Nr. 2321).

RGZ. 137, 95.

Zum gutgläubigen Erwerb einer nicht valutierten Briefhypothek.

BGB. §§ 892, 894, 1117, 1138, 1154, 1163, 1177.

V. Zivilsenat. Urt. v. 29. Juni 1932.

I. Landgericht Stolp. — II. Oberlandesgericht Stettin.

Der Kläger bestellte am 14. Juli 1930 an seinem Grundstück eine Darlehnshypothek von 6000 GM für Ernst D. mit der Vereinbarung, daß dieser berechtigt sein sollte, sich den Brief vom Grundbuchamt aushändigen zu lassen. Die Hypothek wurde am 19. Juli eingetragen. Den gleichzeitig gebildeten Brief hielt das Grundbuchamt bis zur Bezahlung der Kosten zurück. D. trat in öffentlich beglaubigter Urkunde vom 6. August 1930 die Hypothek an den Beklagten ab mit der Vereinbarung, daß dieser berechtigt sein sollte, sich den für D. bestimmten, noch beim Gericht liegenden Hypothekenbrief vom Grundbuchamt aushändigen zu lassen. Die Abtretung wurde am 8. August eingetragen. Der Beklagte zahlte für die Hypothek bei der Abtretung 5000 RM an D., entrichtete später auch die beim Grundbuchamt entstandenen Kosten und erhielt von diesem daraufhin am 7. Oktober 1930 den Brief ausgehändigt. Bereits Ende September hatte er aber erfahren, daß der Kläger von D. kein Darlehen erhalten hatte.

Der Kläger begehrt mit der Klage die Einwilligung des Beklagten zur Umschreibung der Darlehnshypothek in eine Eigentümergrundschuld, die Herausgabe des Hypothekenbriefs und die Zahlung von 100 RM Schadensersatz für verzögerte Erfüllung dieser Ansprüche. Die Klage ist in allen Rechtszügen abgewiesen worden.

Gründe:

Die Klage stützt sich auf § 894 BGB. (in Verbindung mit §§ 952, 985, 286 das.). Der Kläger meint, das Grundbuch seines Grundstücks stehe in Ansehung der für den Beklagten eingetragenen Hypothek mit der wirklichen Rechtslage nicht im Einklang; die Post sei eine Eigentümergrundschuld des Klägers, nicht eine Hypothek des Beklagten, weil die gesicherte Darlehnsforderung des D. gegen den Kläger nicht zur Entstehung gelangt sei. Das Berufungsgericht hat die Unrichtigkeit des Grundbuchs verneint, weil es dem Beklagten den gutgläubigen Erwerb der Hypothek nach Maßgabe der Grundbucheintragung zugesprochen hat. Diese Rechtsauffassung hält der Revision stand.

Das Berufungsgericht geht zutreffend davon aus, daß D. nicht Hypothekengläubiger geworden ist. Während der Eintragung des D. war das für ihn gebuchte Recht mangels Entstehung der gesicherten Darlehnsforderung in Wirklichkeit keine Gläubigerhypothek, sondern eine Eigentümergrundschuld des Klägers (§ 1163 Abs. 1 Satz 1, § 1177 Abs. 1 Satz 1 BGB.). Gegen D. wäre also während seiner Eintragung als Hypothekengläubiger eine Berichtigungsklage des Klägers durchgedrungen. Mit der Abtretung der Post an den Beklagten hat sich aber die Rechtslage zum Nachteil des Klägers geändert. Der Vorderrichter leitet den gutgläubigen Rechtserwerb des Beklagten nur aus den §§ 1154, 1117 BGB. in Verbindung mit § 892 das. her. Er meint, die schriftliche Abtretungserklärung des D. vom 6. August 1930 und die gleichzeitig zwischen ihm und dem Beklagten getroffene Vereinbarung über die Aushändigung des noch beim Grundbuchamt liegenden Hypothekenbriefs an den Beklagten im Verein mit der unstreitigen Tatsache, daß damals der Mangel der Entstehung einer Darlehnsforderung des D. gegen den Kläger dem Beklagten noch unbekannt war, genüge zum wirksamen Erwerb der Hypothek durch den Beklagten. Der Kläger weist demgegenüber darauf hin, daß § 1154 Abs. 1 Satz 1 BGB., insbesondere die dort im zweiten Halbsatz durch Verweisung auf § 1117 Abs. 2 BGB. als Ersatz für die Briefübergabe zugelassene Vereinbarung über die Aushändigung des Briefs vom Grundbuchamt an den neuen Gläubiger, zur Voraussetzung habe, daß der abtretende Gläubiger die abgetretene, hypothekarisch gesicherte Forderung erlangt habe und somit wahrer Hypothekengläubiger geworden sei. Indes übersieht der Kläger dabei die auch vom Berufungsgericht nicht angezogene Vorschrift des § 1138 BGB., die in Verbindung mit § 892 BGB. den Erwerb des Beklagten an der Hypothek auch in Ansehung der ihm unbekannten Nichtentstehung der Forderung schützt, soweit um das dingliche Hypothekenrecht zwischen ihm und dem Grundstückseigentümer gestritten wird. Wie der Beklagte kraft dieses Schutzes die gutgläubig erworbene Hypothek dinglich gegen den Kläger geltend machen könnte, ohne einer Einrede aus der Nichtentstehung der Forderung ausgesetzt zu sein, so steht ihm auch gegenüber der dinglichen Berichtigungsklage aus

§ 894 BGB. die gesetzliche Vermutung zur Seite, daß das Grundbuch bei seinem Erwerb im August 1930 nicht nur bezüglich des eingetragenen dinglichen Rechts, sondern auch bezüglich der eingetragenen gesicherten Forderung richtig war. Der Erwerb des Beklagten ist mithin dem Kläger gegenüber rechtlich nicht anders zu beurteilen, als wenn damals die hypothekarisch gesicherte Darlehnsforderung des D. gegen den Kläger bestanden hätte (vgl. RGRKomm. 6. Aufl. Bd. 3 S. 554 Anm. 3b zu § 1138; Wolff Sachenrecht 8. Aufl. S. 496 flg., § 137 unter II 1b, 3 und unter III) und als wenn deshalb durch die Entstehung der Forderung, durch Einigung und Eintragung nach § 873 BGB. und durch die am 14. Juli 1930 getroffene Vereinbarung des Klägers mit D. nach § 1117 Abs. 2 BGB. das Gläubigerrecht aus der Hypothek für D. begründet gewesen wäre (RGRKomm. a. a. O. S. 510 Anm. 4 zu § 1117). Dann unterliegt aber der wirksame Erwerb des Beklagten an der Hypothek im August 1930 keinen Rechtsbedenken mehr. Denn alle Voraussetzungen nach § 1154 Abs. 1 Satz 1, § 1117 Abs. 2 BGB. sind nunmehr unter Berücksichtigung des Eingreifens der §§ 1138, 892 das. erfüllt. Das Grundbuch ist daher seit der Eintragung vom 8. August 1930 nicht mehr unrichtig. Der bereits im August vollendete Erwerb des Beklagten und die dadurch begründete Richtigkeit des Grundbuchs konnten durch die erst nachträglich im September vom Beklagten erlangte Kenntnis der unterbliebenen Hingabe des dem Kläger durch D. versprochenen Darlehns nicht mehr erschüttert werden.

RGZ. 143, 70.

1. Geht bei der Abtretung einer Hypothek, für die eine Löschungsvormerkung an einer im Range vorgehenden Post eingetragen ist, der vorgemerkte Anspruch auf den neuen Hypothekengläubiger über?

2. Wann entsteht die Eigentümergrundschuld durch Leistungen, die auf eine Tilgungshypothek zur Verzinsung und Tilgung entrichtet werden?

BGB. §§ 362, 367 Abs. 1, §§ 1163, 1177, 1179.

V. Zivilsenat. Urt. v. 3. Januar 1934.

I. Landgericht I Berlin. — II. Kammergericht daselbst.

Frau B. war seit 1925 Eigentümerin eines Hausgrundstücks in B. Am 6. Februar 1926 bewilligte sie in notarieller Urkunde die Eintragung einer Darlehnshypothek von 2 200 000 GM für die Hypothekenbank in M. Im § 3 der Schuldurkunde heißt es:

Das Darlehn ist vom 1. Januar 1926 ab mit 8 % jährlich zu verzinsen. Vom 1. Januar 1928 ab ist zum Zweck der Verzinsung und Tilgung des Darlehns eine Jahresleistung von stets $9^1/_2$ % des ursprünglichen Darlehnskapitals zu zahlen. Der Teilbetrag der Zahlung, der die in der Jahresleistung enthaltenen Zinsen von jährlich 8 % übersteigt, wird jeweils am Schluß des Jahres, in dem die Jahresleistung fällig ist, als Kapitalabzahlung verrechnet . . . Die Zinsen oder die Jahresleistung ... sind bar zu entrichten und werden vierteljährlich je am ersten Tage des dritten Monats eines Kalendervierteljahrs für das betreffende Kalendervierteljahr fällig.

Die Hypothek wurde unter Bezugnahme auf die Eintragungsbewilligung am 8. Februar 1926 in Abt. III Nr. 35 des Grundbuchs eingetragen. Frau B. entrichtete im Jahre 1928 die ihr obliegenden Vierteljahreszahlungen.

Am 1. August 1928 bewilligte die Grundstückseigentümerin in notarieller Urkunde die Eintragung einer neuen Darlehnshypothek von 1 200 000 GM für die Bank für Grundkredit in B. In der Schuldurkunde verpflichtete sie sich der neuen Gläubigerin gegenüber, die Hypothek Nr. 35 löschen zu lassen, soweit sie sich mit dem Eigentum in einer Person vereinige. Zugleich bewilligte und beantragte sie die Eintragung einer entsprechenden Vormerkung für die Gläubigerin der neuen Hypothek. Das Grundbuchamt trug die neue Hypothek am 8. August 1928 in Abt. III Nr. 37 des Grundbuchs ein und vermerkte am 27. September 1928 bei der Hypothek Nr. 35:

> Eigentümer ist verpflichtet, diese Post löschen zu lassen, wenn und soweit sie sich mit dem Eigentum in einer Person vereinigt. Eingetragen am 27. September 1928 zugunsten der Bank für Grundkredit in B. als Gläubigerin der Post Nr. 37.

Am 8. November 1929 trat die Bank für Grundkredit die Hypothek Nr. 37 durch öffentlich beglaubigte Erklärung und Übergabe des Hypothekenbriefs an die Klägerin ab. Am 11. März 1931 wurde bei der Hypothek Nr. 35 eingetragen, daß 87 885,60 GM infolge Tilgung als Grundschuld auf die Eigentümerin übergegangen seien und daß von dieser Grundschuld ein Teilbetrag von 85 000 GM auf Grund eines Pfändungs- und Überweisungsbeschlusses vom 20. Dezember 1930 für die Beklagte gepfändet sei.

Bei dieser Grundbuchlage kam das Grundstück am 13. April 1931 zur Zwangsversteigerung. Die Klägerin blieb bei einem Bargebot von 2 500 000 RM (ohne Übernahme von Hypotheken) Meistbietende und erhielt dafür den Zuschlag. Im Verteilungstermin am 29. Mai 1931 kam die Post Nr. 35 voll zur Hebung, während die ihr im Range unmittelbar folgende Hypothek Nr. 37 einen Ausfall von 1 225 232,24 RM erlitt. Von dem auf Nr. 35 zugeteilten Gesamtbetrag entfielen 87 885,60 GM auf die von der Beklagten gepfändete Eigentümergrundschuld der Frau B. Die Klägerin widersprach, gestützt auf die Löschungsvormerkung vom 27. September 1928, jeder Zuteilung eines Betrages aus Nr. 35 an Frau B. und an die Beklagte. Diesen im Verteilungstermin erhobenen, von der Beklagten nicht anerkannten Widerspruch verfolgt die Klägerin nunmehr mit der Klage aus § 115 ZVG., § 878 ZPO. weiter.

Das Landgericht erklärte den Widerspruch der Klägerin im vollen Umfang für begründet; das Kammergericht dagegen erkannte ihn in Höhe von 71 385,60 GM als berechtigt an, wies aber im übrigen die Klage ab. Das Reichsgericht stellte das Urteil des Landgerichts wieder her.

Gründe:

Das Berufungsurteil beruht auf folgenden Grundgedanken: Die Löschungsverpflichtung, welche die Eigentümerin Frau B. am 1. August 1928 schuldrechtlich der Bank für Grundkredit gegenüber einging und welche am 27. September 1928 durch die Vormerkung bei der Post Nr. 35 gesichert wurde, sei eine Verpflichtung lediglich nach § 1179 (nicht § 883) BGB. gewesen. Der durch die Vormerkung gesicherte Löschungsanspruch sei mit der Abtretung der Post Nr. 37 im November 1929 auf die Klägerin übergegangen. Diese habe den Anspruch noch im Verteilungstermin am 29. Mai 1931 durch Widerspruch gegen eine Zuteilung des auf die Post Nr. 35 entfallenden Versteigerungserlöses an Frau B. und an die Beklagte geltend machen können. Das Widerspruchsrecht der Klägerin habe aber nur insoweit bestanden, als die Hypothek Nr. 35 erst nach der Begründung des vorgemerkten Löschungsanspruchs, also nach dem 1. August 1928, zur Eigentümergrundschuld geworden sei. Dagegen habe der Klägerin kein Widerspruchsrecht insoweit zugestanden, als die Umwandlung der Post Nr. 35 in eine Eigentümergrundschuld schon vor dem 1. August 1928 sich vollzogen hätte. Nun sei von der Hypothek Nr. 35 bis zum 29. Mai 1931 insgesamt ein Teilbetrag von 87 885,60 GM zur Eigentümergrundschuld geworden. Diese Umwandlung habe aber in Höhe von 16 500 GM schon vor dem 1. August 1928 stattgefunden, und zwar durch die am 1. März und 1. Juni 1928 bewirkten Vierteljahrsleistungen der Eigentümerin an die Hypothekenbank in M. Der Widerspruch der Klägerin sei also nur in Höhe von 71 385,60 GM begründet, in Höhe von 16 500 GM dagegen unbegründet.

Diese Ausführungen des Berufungsgerichts werden von der Revision der Klägerin mit folgenden Rechtserwägungen bekämpft:

1. Die Vierteljahrsleistungen der Frau B. an die Hypothekenbank in M. am 1. März und am 1. Juni 1928 hätten angesichts der Vereinbarungen im § 3 der Schuldurkunde vom 6. Februar 1926 bis zum 1. August 1928 noch keine endgültige Eigentümergrundschuld zur Entstehung gebracht.

2. Die schuldrechtliche Löschungsverpflichtung der Eigentümerin aus der Urkunde vom 1. August 1928 und die am 27. September 1928 eingetragene Vormerkung hätten auch solche Teile der Hypothek Nr. 35 umfaßt, die schon vor dem 1. August 1928 zur Eigentümergrundschuld geworden wären. Die Beklagte als Pfändungsgläubigerin müsse die schuldrechtliche Verpflichtung der Eigentümerin und die dingliche Wirkung der Vormerkung ebenso gegen sich gelten lassen wie die Eigentümerin selbst.

Die Anschlußrevision der Beklagten macht geltend:

1. Der am 1. August 1928 schuldrechtlich begründete, am 27. September 1928 durch Vormerkung gesicherte Löschungsanspruch hätte nur von der Bank für Grundkredit als der ursprünglichen Gläubigerin, nicht von der Klägerin als Abtretungsempfängerin der Hypothek Nr. 37 geltend gemacht werden können.

2. Die Beklagte brauche sich ihrem durch Beschluß vom 20. Dezember 1930 begründeten Pfändungspfandrecht an der Eigentümergrundschuld der Frau B. den erst im Verteilungstermin am 29. Mai 1931 geltend gemachten, durch Vormerkung gesicherten Löschungsanspruch nicht entgegenhalten zu lassen.

3. Die Abtretung der Hypothek Nr. 37 an die Klägerin sei nur zum Schein erfolgt.

Die Anschlußrevision, die der Klägerin jedes Widerspruchsrecht gegen den Verteilungsplan des Versteigerungsgerichts bestreitet, konnte keinen Erfolg haben. Vergeblich wendet sie sich gegen das Recht der Klägerin, den ursprünglich für die Bank für Grundkredit begründeten vormerkungsgesicherten Löschungsanspruch durch den im Verteilungstermin erhobenen Widerspruch gegen eine Zuteilung des Versteigerungserlöses auf die Eigentümergrundschuld durchzusetzen. Ohne Rechtsirrtum legt das Berufungsgericht dar, daß die Eigentümerin die Löschungspflicht gegenüber der Bank für Grundkredit „als Gläubigerin der Hypothek Nr. 37" übernommen hat und daß daher mit der Abtretung der Post

Nr. 37 an die Klägerin mangels eines Vorbehalts für die abtretende Bank auch der vormerkungsgeschützte Löschungsanspruch von der alten auf die neue Gläubigerin übergegangen ist. Diese Beurteilung der Rechtslage entspricht allgemeiner Rechtsauffassung (Planck-Strekker BGB. 4. Aufl. Bd. III 2 Anm. 2e Abs. 2 zu § 1179; RGRKomm. 6. Aufl. Bd. 3 Anm. 3 zu § 1179 BGB.). War aber die Klägerin seit November 1929 kraft der vorbehaltlosen Abtretung der Hypothek Nr. 37 auch Gläubigerin des vorgemerkten Löschungsanspruchs, so konnte sie diesen Anspruch noch im Verteilungstermin am 29. Mai 1931 dem Grundschuldrecht der Eigentümerin und dem Pfändungspfandrecht der Beklagten aus dem Beschluß vom 20. Dezember 1930 mit der Wirkung entgegenhalten, daß der auf die gepfändet Eigentümergrundschuld entfallende Versteigerungserlös weder der Grundstückseigentümerin noch der Pfändungsgläubigerin, sondern der auf die Post Nr. 35 im Range unmittelbar folgenden Hypothek Nr. 37 zukommt (RGZ. Bd. 93 S. 118, Bd. 125 S. 136; Planck-Strecker a. a. O. Anm. 4f zu § 1179). Einen Verzicht der Klägerin oder ihrer Rechtsvorgängerin auf den Löschungsanspruch hat das Berufungsgericht ohne Rechtsirrtum verneint. Auch den Einwand der Beklagten, die Abtretung der Hypothek Nr. 37 an die Klägerin im November 1929 sei nur zum Schein erfolgt, hat es mit rechtlich einwandfreier, auf tatsächlicher Würdigung beruhender Begründung zurückgewiesen (... wird näher dargelegt). Die Rügen der Anschlußrevision erschüttern hiernach das Berufungsurteil nicht.

Dagegen mußte die Revision der Klägerin durchdringen. Schon ihr erster Angriff ist begründet. Das Berufungsgericht stützt seine Ansicht, daß die Hypothek Nr. 35 in Höhe von 16 500 GM schon vor dem 1. August 1928 zur Eigentümergrundschuld geworden sei, auf folgende Erwägungen: Nach § 3 der Schuldurkunde vom 6. Februar 1926 habe die Grundstückseigentümerin im Jahre 1928 für Verzinsung und Tilgung der Hypothek Nr. 35 eine Jahresleistung von 209 000 GM zahlen müssen. Davon seien 176 000 GM auf Verzinsung, 33 000 GM auf Tilgung entfallen. Da nun die Jahresleistung in vier Raten am 1. März, 1. Juni, 1. September und 1. Dezember 1928 zu entrichten gewesen sei, habe jede einzelne Vierteljahreszahlung schon 8250 GM als Tilgungsbeitrag enthalten. Durch die Zahlungen der Frau B. am 1. März und 1. Juni 1928 sei also die hypothekarisch gesicherte Kapitalforderung der Hypothekenbank in M. in Höhe von 16 500 GM erloschen (§ 362 Abs. 1 BGB.) und damit die Hypothek in dieser Höhe als Grundschuld auf die Eigentümerin übergegangen (§ 1163 Abs. 1 S. 2, § 1177 Abs. 1

BGB.). Der kraft Gesetzes sich vollziehende Übergang sei nicht gehindert worden durch die Bestimmung der Schuldurkunde, daß der Teilbetrag der Jahreszahlung, der die darin enthaltenen Zinsen von 8 % überstieg, erst am Schluß des Jahres, in dem die Jahresleistung fällig wurde, als Kapitalabzahlung verrechnet werden sollte. Denn diese Vereinbarung entbehre der dinglichen Wirkung (RGZ. Bd. 104 S. 68).

Die Revision führt demgegenüber aus: Die Vierteljahrsleistungen der Grundstückseigentümerin an die Hypothekenbank in M. vom 1. März und 1. Juni 1928 hätten noch nicht unbedingt je 8250 GM des Hypothekenkapitals getilgt. Sie seien vielmehr in Höhe dieser Beträge zunächst nur bedingt als Tilgungsleistungen anzusehen gewesen, nämlich unter der aufschiebenden Bedingung, daß die 8 % Jahreszinsen voll bezahlt würden. Bis zur Entrichtung der letzten Vierteljahreszahlung am 1. Dezember 1928 hätte die Hypothekengläubigerin die drei vorangehenden Leistungen vom 1. März, 1. Juni und 1. September 1928 (mit zusammen 156 750 GM) lediglich auf die Jahreszinsen (176 000 GM) verrechnen können, so daß beim Ausbleiben der Dezemberleistung in den Zahlungen vom März, Juni und September noch keine Tilgungsbeiträge enthalten gewesen wären. Gewißheit darüber, ob die drei ersten Vierteljahresleistungen in Höhe von je 8250 GM als Tilgungsleistungen angesehen werden müßten, habe also frühestens am 1. Dezember 1928 bestanden. Vor diesem Zeitpunkt könne mithin auch noch keine Eigentümergrundschuld für Frau B. endgültig enstanden sein. Am 1. August und ebenso am 27. September 1928 habe daher noch keine vollendete Umwandlung der Hypothek Nr. 35 in eine Eigentümergrundschuld vorgelegen. Die Entstehung einer Eigentümergrundschuld aus dieser Hypothek sei damals vielmehr noch aufschiebend bedingt gewesen.

Der Revision ist beizutreten. Der vom Berufungsgericht für seine gegenteilige Meinung herangezogene Fall in RGZ. Bd. 104 S. 68 (vgl. auch Bd. 142 S. 156) lag im entscheidenden Punkte anders. Dort stand nämlich fest, daß der Hypothekenschuldner Tilgungsbeiträge, die nur auf das Kapital geleistet sein konnten, entrichtet hatte. Der erkennende Senat wendete sich lediglich gegen die auch sonst (Planck-Strekker a. a. O. Anm. 6g, i zu § 1163; RGRKomm. a. a. O. Anm. 1 zu § 1163) mißbilligte Ansicht, daß die gesetzlichen Folgen der Tilgungszahlungen nach § 1163 Abs. 1 S. 2, § 1177 Abs. 1, § 362 BGB. durch eine schuldrechtliche Vereinbarung zwischen dem Hypothekengläubiger und dem Schuldner mit dinglicher Wirkung ausgeschaltet oder hinausgeschoben werden könnten. Hier aber handelt es sich nicht um diese Frage, sondern um die Vorfrage, ob der Hypothekenschuldner

(Frau B.) durch gewisse Vertragsleistungen (am 1. März und 1. Juni 1928) überhaupt schon Zahlungen an die Hypothekengläubigerin (Hypothekenbank in M.) entrichtete, denen in bestimmter Höhe (je 8250 GM) von vornherein unbedingt und endgültig der Charakter als Tilgungsbeiträge auf das Hypothekenkapital innewohnte. Diese Vorfrage kann nur durch Auslegung der Schuldurkunde vom 6. Februar 1926 entschieden werden. Die Auslegung ist vom Revisionsgericht selbständig vorzunehmen (RGZ. Bd. 136 S. 232). Sie führt zu einem der Revision günstigen Ergebnis. Die Vereinbarung, daß erst am Jahresschluß der 8% übersteigende Teil der Jahresleistung als Kapitalabzahlung verrechnet werden sollte, läßt den Willen der Vertragschließenden erkennen, daß die Gläubigerin vor voller Entrichtung der Jahresleistung die im Laufe des Jahres bewirkten Teilzahlungen noch nicht mit je 8250 GM endgültig als Tilgungsbeiträge auf das Kapital gelten zu lassen brauchte, sondern daß sie diese Teilzahlungen zunächst in voller Höhe auf die Jahreszinsen anrechnen durfte (vgl. auch § 367 Abs. 1 BGB.). Angesichts des Grundsatzes der Vertragsfreiheit im Gebiet der Schuldverhältnisse steht einer solchen Vereinbarung rechtlich nichts im Wege. Auch in dem erwähnten Urteil des erkennenden Senats im Bd. 142 ist die Möglichkeit einer Parteivereinbarung dahin, daß eine Leistung des Hypothekenschuldners nur bedingt als Kapitalrückzahlung gelten solle, ausdrücklich anerkannt. Ob also die Hypothekenbank in M. die Leistungen der Frau B. vom 1. März, 1. Juni und 1. September 1928 in Höhe von je 8250 GM als Tilgungszahlungen auf das Hypothekenkapital gelten lassen mußte oder in voller Höhe als Zinsleistungen ansehen konnte, entschied sich erst am 1. Dezember 1928 beim Eingang oder Ausbleiben der letzten Vierteljahrszahlung. Ging diese Zahlung ein, so war nunmehr das hypothekarisch gesicherte Kapital mit 33 000 GM getilgt; blieb sie aber aus, so war die der Hypothek zu Grunde liegende Hauptforderung durch die drei ersten Vierteljahrszahlungen unberührt geblieben. Vor dem 1. Dezember 1928 trat also noch kein endgültiges Erlöschen der Darlehnskapitalforderung bei der Hypothek Nr. 35 ein. Mithin fand bei ihr vorher auch keine endgültige Umwandlung in eine Eigentümergrundschuld nach §§ 1163, 1177 BGB. statt. Anders wäre die Rechtslage allerdings dann zu beurteilen, wenn im § 3 der Schuldurkunde vom 6. Februar 1926 der Versuch gefunden werden könnte, die Vorschrift des § 1163 Abs. 1 Satz 2 BGB. in verschleierter Form zu umgehen. Ein Verdacht in dieser Richtung lag im Fall jenes Urteils vor. Hier aber bietet der Sachverhalt keinen Anlaß zu einem solchen Verdacht. Aus allen diesen Erwägungen folgt: Die am 1. August 1928 begründete

Löschungsverpflichtung der Frau B. gegenüber der Bank für Grundkredit und die am 27. September 1928 eingetragene Vormerkung bei der Post Nr. 35 wurden wirksam zu einer Zeit, als noch kein Teilbetrag dieser Post endgültig zur Eigentümergrundschuld geworden war. Die Löschungsverpflichtung und die Vormerkung erfaßten also die Hypothek in Höhe des ganzen, erst vom 1. Dezember 1928 ab allmählich in eine Eigentümergrundschuld umgewandelten Betrags von 87 885,60 GM auch dann, wenn Löschungspflicht und Vormerkung sich bei ihrer Begründung nur auf eine erst künftig vollzogene Vereinigung der Hypothek mit dem Eigentum in einer Person bezogen. Mithin bedarf es keiner Prüfung mehr, ob die Beschränkung der Löschungspflicht und der Vormerkung auf künftig entstehende Eigentümergrundschuldbeträge dem Inhalt der von der Eigentümerin übernommenen schuldrechtlichen Löschungsverpflichtung und der rechtlichen Tragweite der zur Sicherung dieser Verpflichtung bestellten Vormerkung gerecht wird oder nicht.

RGZ. 143, 241.

1. Wie ist der Widerstreit zwischen Pfändungspfandrecht und Hypothek zu lösen, wenn ein persönlicher Gläubiger Früchte auf dem Halm gepfändet hat und der Hypothekengläubiger demnächst das Grundstück zur Zwangsversteigerung bringt?

2. Erlischt die Hypothek an zulässig gepfändeten, vom Boden getrennten Feldfrüchten, wenn der Gerichtsvollzieher sie von dem Grundstück entfernt?

BGB. §§ 1120, 1121, 1122; ZPO. §§ 771, 805, 810, 865; ZVG. §§ 21, 37, 91.

V. Zivilsenat. Urt. v. 27. Januar 1934.

I. Landgericht Breslau. — II. Oberlandesgericht daselbst.

Der Gutsbesitzer R. war Eigentümer eines Landguts. Darauf lastete für den Beklagten eine Hypothek von 25 000 GM. Die Klägerin ließ auf Grund eines vollstreckbaren Titels gegen R. auf dem Gute pfänden:
am 19. September 1931: 295 Zentner Hafer und 229,50 Zentner Gerste,
am 21. September 1931: 36 Morgen Zuckerrüben (in der Erde),
13 Morgen Kartoffeln (in der Erde),
500 Zentner Stroh.

Die gepfändeten Hafer- und Gerstemengen wurde am Tage der Pfändung durch den Gerichtsvollzieher vom Gut entfernt. Die übrigen Pfandstücke blieben auf dem Grundstück.

Der Beklagte legte, gestützt auf sein Hypothekenrecht, Erinnerung (§ 766 ZPO.) gegen die Pfändungen ein mit der Begründung, die gepfändeten Früchte seien Zubehör des Landguts und deshalb unpfändbar. Die Parteien einigten sich aber dahin, daß Hafer und Gerste öffentlich versteigert werden sollten. Die Versteigerung fand am 28. September 1931 statt und erbrachte als Erlös für den Hafer 2010 RM, für die Gerste 1770 RM. Der Gesamterlös mit 3780 RM wurde als Streitmasse zwischen den Parteien hinterlegt. Das Erinnerungsverfahren endete mit einem Beschluß des Oberlandesgerichts Breslau vom 25. April 1932, durch den die Pfändung von je 25 Zentnern Hafer und Gerste sowie die Pfändung der Kartoffeln und des Strohs für unzulässig (§ 865 Abs. 2 Satz 1 ZPO.), die Pfändung der übrigen Erzeugnisse, die nicht als Zubehör des Landguts angesehen wurden, für zulässig erklärt wurde.

Der Beklagte erwirkte wegen seiner Ansprüche aus der Hypothek am 23. September 1931 die Beschlagnahme des Guts im Wege der Zwangsverwaltung, am 1. Oktober 1931 die Beschlagnahme im Wege der Zwangsversteigerung. Im Versteigerungstermin am 4. Februar 1932 wurde auf den Antrag der Klägerin die Zwangsversteigerung in alle am 19. und 21. September 1931 gepfändeten Gegenstände einstweilen eingestellt. Der Klägerin wurde aufgegeben, binnen bestimmter Frist zur Vermeidung der Fortsetzung der Versteigerung eine Entscheidung des Prozeßgerichts über die weitere Einstellung beizubringen. Am 18. Februar 1932 erhielt der Gutsbesitzer L. als Meistbietender den Zuschlag. Im Verteilungstermin am 26. April 1932 erlitt die Hypothek des Beklagten einen Ausfall von 10 826,16 RM.

Die Klägerin hat innerhalb der ihr vom Versteigerungsgericht gesetzten Frist die vorliegende Klage erhoben und die Anordnung des Prozeßgerichts erwirkt, daß die Zwangsversteigerung in die gepfändeten Feldfrüchte weiterhin einstweilen eingestellt werde. Ihr Klagantrag verlangt

1. den Ausspruch, daß die Fortsetzung des Zwangsversteigerungsverfahrens wegen der Zuckerrüben, der Kartoffeln und des Strohs unzulässig sei,

2. die Verurteilung des Beklagten zur Einwilligung in die Auszahlung der hinterlegten 3780 RM nebst Hinterlegungszinsen an die Klägerin.

Der Beklagte begehrt widerklagend die Verurteilung der Klägerin zur Einwilligung in die Auszahlung der hinterlegten 3780 RM nebst Zinsen an ihn.

Beide Vorinstanzen haben die Klage abgewiesen und der Widerklage stattgegeben. Die Revision der Klägerin hatte nur zum Teil Erfolg.

Gründe:

Die Klägerin stützt ihre Anträge auf das Pfändungspfandrecht, das sie am 19. und 21. September 1931 an den Gutserzeugnissen erworben haben will. Nun steht aber durch den Beschluß des Oberlandesgerichts Breslau vom 25. April 1932 zwischen den Parteien fest, daß die Pfändungen der Klägerin bei den Kartoffeln, dem Stroh und je 25 Zentnern Hafer und Gerste gegen § 865 Abs. 2 Satz 1 ZPO. verstießen und unzulässig waren. Insoweit hat also die Klägerin kein wirksames Pfändungspfandrecht erlangt, auf das sie sich jetzt im Rechtsstreit dem Beklagten gegenüber berufen könnte. Die Hypothek des Beklagten erstreckte sich auf die genannten Früchte (§ 1120 BGB.). Bei ihnen sind die Voraussetzungen der §§ 1121, 1122 BGB. nicht eingetreten. Denn die Kartoffeln und das Stroh sind überhaupt nicht von dem Grundstück entfernt worden; bei den je 25 Zentnern Hafer und Gerste lag in der Entfernung durch den unzulässig pfändenden Gerichtsvollzieher keine Aufhebung der Zubehöreigenschaft innerhalb der Grenzen einer ordnungsmäßigen Wirtschaft (§ 1122 Abs. 2 BGB.). Mit Recht hat das Berufungsgericht aber auch angenommen, daß das Hypothekenrecht des Beklagten an diesen von der Zwangsversteigerung einstweilen ausgeschlossenen Früchten nicht dadurch untergegangen ist, daß die Hypothek am Grundstück durch den Zuschlag nach § 91 Abs. 1 ZVG. erlosch. Diese Auffassung entspricht den Bedürfnissen des Rechtsverkehrs und der Rechtsprechung des Reichsgerichts (RGZ. Bd. 125 S. 366). An ihr ist festzuhalten. Da mithin dem fortwirkenden Hypothekenrecht des Beklagten in Ansehung der hier behandelten Früchte kein gültiges Pfändungspfandrecht der Klägerin gegenübergetreten ist, ergibt sich ohne weiteres, daß der Klaganspruch zu 1 hinsichtlich der Kartoffeln und des Strohs unbegründet ist und daß von den hinterlegten 3780 RM der auf je 25 Zentner Hafer und Gerste entfallende Anteil von 362,50 RM nicht der Klägerin, sondern dem Beklagten gebührt.

Zu prüfen bleibt weiterhin der Klaganspruch zu 1 wegen der Zuckerrüben und der Streit um den Rest der Hinterlegungsmasse im Betrage von 3417,50 RM, der für 270 Zentner Hafer und 204,50 Zentner Gerste erzielt worden ist. Das Berufungsgericht hat insoweit einen sachlichen Widerstreit zwischen einem wirksam begründeten Pfändungspfandrecht der Klägerin und dem Hypothekenrecht des Beklagten anerkannt und diesen Widerstreit dahin entschieden, daß das jüngere und schwächere Recht der Klägerin dem älteren und besseren Recht des Beklagten weichen müsse. Dieses Ergebnis hält nur hinsichtlich der Rüben, nicht aber hinsichtlich des Erlöses für Hafer und Gerste den Angriffen der Revision stand.

Was die Zuckerrüben angeht, so verlangt die Klägerin nicht eine Entscheidung darüber, ob ihr oder dem Beklagten bei etwa weiter durchgeführter Zwangsversteigerung das Recht auf voruzgsweise Befriedigung aus dem dafür erzielten Versteigerungserlöse zusteht. Sie begehrt vielmehr den Ausspruch, daß die vom Beklagten beabsichtigte Fortsetzung des Zwangsversteigerungsverfahrens in Ansehung der Rüben unzulässig sei. Ihren Klagantrag stützt sie ausdrücklich auf den § 771 ZPO. Es ist daher nur zu prüfen, ob die vom Beklagten am 1. Oktober 1931 erwirkte Beschlagnahme des Landguts in der Zwangsversteigerung auch die von der Klägerin am 21. September 1931 gepfändeten Rüben erfaßt hat und — bejahendenfalls — ob das Pfändungspfandrecht der Klägerin der Durchführung der vom Beklagten betriebenen Zwangsversteigerung bei den Rüben entgegensteht.

Die erste Frage ist unbedenklich zu bejahen. Nach § 21 ZVG. umfaßt die Beschlagnahme in der Zwangsversteigerung landwirtschaftliche Erzeugnisse des Grundstücks, die noch mit dem Boden verbunden sind. Das Berufungsgericht geht davon aus, daß die Zuckerrüben nicht nur am Tage der Pfändung (21. September 1931) und zur Zeit der Beschlagnahme des Grundstücks in der Zwangsverwaltung (23. September 1931) noch in der Erde steckten, sondern daß sie auch noch am 1. Oktober 1931 mit dem Boden verbunden waren. Diese Würdigung des Sachverhalts liegt auf tatsächlichem Gebiet und ist für den Revisionsrichter bindend. Aus ihr ergibt sich, daß die vom Beklagten erwirkte Beschlagnahme in der Zwangsversteigerung sich auf die Zuckerrüben erstreckt hat. Die erst später vorgenommene Trennung der Rüben vom Boden beseitigte, wie der erkennende Senat in dem Urteil vom 16. Dezember 1933, V 179/33 (RGZ. Bd. 143 S. 33), näher dargelegt hat, die Verstrickung der am 1. Oktober 1931 noch ungetrennten Früchte in die Beschlagnahme nicht, gleichviel ob die Rüben nach der Trennung Zubehör des Landguts wurden oder nicht. Die Zwangsversteigerung war daher auf die Zuckerrüben zu erstrecken (§ 55 Abs. 1 ZVG.), sofern nicht der Klägerin in ihrem Pfändungspfandrecht ein die Versteigerung hinderndes Recht (§ 771 ZPO., § 37 Nr. 5 ZVG.) zur Seite stand. Diese Rechtsnatur hat indessen das Pfändungspfandrecht der Klägerin nicht, auch wenn es gemäß § 810 Abs. 1 ZPO. zulässig und wirksam erworben ist. Der Beklagte als Hypothekengläubiger war durch das Pfändungspfandrecht der Klägerin nicht gehindert, die Beschlagnahme des Landguts und der mit ihm verbundenen Erzeugnisse im Wege der Zwangsversteigerung herbeizuführen. Die nach der Pfändung vom 21. September 1931 erwirkte Beschlagnahme am 1. Oktober 1931 beseitigte allerdings für sich allein die Rechtswirkungen der Pfändung noch nicht. Der Klägerin als Pfändungsgläubigerin stand aber gegenüber der Beschlagnahme durch den Beklagten als Hypothekengläubiger kein Recht aus § 771 ZPO., § 37 Nr. 5 ZVG., sondern nur das Recht zu, das Pfändungspfandrecht gemäß § 37 Nr. 4 ZVG. zur Berücksichtigung im Zwangsversteigerungsverfahren anzumelden. Ein Widerspruchsrecht der Klägerin gegen die von dem Beklagten betriebene Zwangsversteigerung wäre unvereinbar mit dem Widerspruchsrecht des Beklagten gegen die Pfändung der Klägerin aus § 810 Abs. 2, § 771 ZPO. Inwieweit nach einer Anmeldung der Klägerin ihr Pfändungspfandrecht bei der Feststellung des geringsten Gebots und der Verteilung des Versteigerungserlöses zu berücksichtigen war, hing davon ab, ob der Beklagte als Hypothekengläubiger erfolgreich die Rechte aus § 810 Abs. 2, §§ 771, 805 ZPO. ausübte (S t e i n - J o n a s ZPO, 14. Aufl. Bd. 2 § 810 Bem. IV 1, 2; J ä c k e l - G ü t h e ZVG. 6. Aufl. Vorbem. 22, 24 vor § 1). Da aber gegenwärtig, wie bereits eingangs bemerkt ist, bei den Rüben nicht ein Streit um den Versteigerungserlös, sondern nur der Streit um die Zulässigkeit des Zwangsversteigerungsverfahrens den Gegenstand des Klagebegehrens bildet, ergibt sich aus den vorstehenden Ausführungen jedenfalls, daß der Klagantrag zu 1 auch hinsichtlich der Zuckerrüben unbegründet ist.

Bei dem Streit um den Versteigerungserlös für 270 Zentner Hafer und 204,50 Zentner Gerste ist in Übereinstimmung mit dem Berufungsgericht davon auszugehen, daß dieser Teil der Feldfrüchte schon vor der Pfändung vom 19. September 1931 durch den Grundstückseigentümer R. innerhalb der Grenzen einer ordnungsmäßigen Wirtschaft vom Boden getrennt war, daß er mit der Trennung nicht Zubehör des Grundstücks wurde, also bis zur Beschlagnahme im Wege der Zwangsvollstreckung in das unbewegliche Vermögen pfändbar war (§ 865 Abs. 2 Satz 2 ZPO.) und daß die Pfändung am 19. September 1931 ordnungsmäßig vollzogen worden ist. Der Streit der Parteien geht deshalb im wesentlichen darum, ob das Hypothekenrecht des Beklagten an diesem Teil der Erzeugnisse dadurch erloschen ist, daß der pfändende Gerichtsvollzieher sie am 19. September 1931 sofort von dem Grundstück entfernt hat. Das Berufungsgericht hat diese Frage verneint. Dagegen wendet sich die Revision mit Erfolg. Das Berufungsgericht führt aus:

Nach § 1120 BGB. erstrecke sich die Hypothek des Beklagten grundsätzlich auch auf die getrennten Erzeugnisse des belasteten Landguts. In Ansehung der hier in Betracht kommenden Hafer- und Gerstemengen scheide eine Enthaftung gemäß § 1121 BGB. schon deshalb aus, weil der Beklagte mit der Beschlagnahme in der Zwangsverwaltung (am 23. September 1931) zwar nicht der Entfernung der Früchte vom Grundstück (am 19. September 1931), wohl aber ihrer Veräußerung (am 28. September 1931) zuvorgekommen sei. Aber auch § 1122 BGB. greife nicht Platz. Denn die Entfernung durch den pfändenden Gerichtsvollzieher sei zunächst nur zu einem vorübergehenden Zweck erfolgt. Die als endgültige Entfernung anzusehende Pfandveräußerung habe erst nach der Beschlagnahme des Grundstücks in der Zwangsverwaltung stattgefunden.

Die Revision bittet um Nachprüfung, ob in dieser Begründung § 1121 BGB. zutreffend angewendet sei. Insoweit ist dem Berufungsgericht beizutreten. Unter einer Veräußerung im Sinne des § 1121 BGB. ist die Eigentumsübertragung, nicht der Erwerb eines Pfandrechts zu verstehen. Auch die Veräußerung, nicht bloß die Entfernung vom Grundstück, muß der Beschlagnahme vorausgehen, wenn die Befreiung von der Haftung für die Hypothek nach dieser Vorschrift eintreten soll. Nach ihr führt also eine Pfändung und Entfernung eines Erzeugnisses durch den Gerichtsvollzieher nur dann zur Enthaftung von der Hypothek, wenn auch der Pfandverkauf noch vor der Beschlagnahme des Grundstücks stattfindet (Planck-Strecker BGB. 4. Aufl. Bd. III 2 § 1121 Anm. 1, 2a und b; RGRKomm. 6. Aufl. Bd. 3 § 1121 BGB. Anm. 1). Da der Beklagte das Landgut am 23. September 1931 beschlagnahmt hat und in diesem Zeitpunkt die Veräußerung der am 19. September 1931 gepfändeten und entfernten Hafer- und Gerstemengen noch ausstand, ist seine Hypothek daran nicht nach § 1121 BGB. erloschen.

Dagegen dringt die von der Revision erhobene Rüge der Verletzung des § 1122 BGB. durch. Nach dieser Vorschrift genügt zum Erlöschen der Hypothek des Beklagten an den von der Klägerin rechtmäßig gepfändeten Hafer- und Gerstemengen schon die Entfernung vom Grundstück am 19. September 1931, es sei denn, daß diese Entfernung als nur zu einem vorübergehenden Zweck erfolgt anzusehen wäre. Das Berufungsgericht ist nun der Ansicht, daß eine Entfernung durch den pfändenden Gerichtsvollzieher für sich allein niemals schon eine dauernde, sondern immer zunächst nur eine Entfernung zu einem vorübergehenden Zweck darstelle. Denn bis zur Pfandversteigerung bestehe immer noch die Möglichkeit der Rückschaffung; erst die Pfandversteigerung, nicht schon die Pfändung schaffe den dauernden Zustand, den § 1122 BGB. zur Haftungsbefreiung verlange.

Wenn das Berufungsgericht zur Stütze dieser Begründung auf die Entscheidung des erkennenden Senats vom 29. Oktober 1910 (JW. 1911 S. 46 Nr. 35) verweist, so muß der Revision zugegeben werden, daß jener Fall anders lag als der jetzt zu entscheidende. Damals handelte es sich um Zubehörstücke, die hier nicht vorliegen. Damals war aber *vor allem auch die Entfernung durch den Gerichtsvollzieher nicht im* Wege der Pfändung, sondern auf Grund einer einstweiligen Verfügung erfolgt. Die Fortschaffung des entfernten Gegenstands sollte zu seiner vorläufigen Verwahrung auf einem Nachbargrundstück führen, bis ein streitiger Herausgabeanspruch geklärt war. Nicht Befriedigung eines Pfändungsgläubigers, sondern vorläufige Sicherung eines Forderungsprätendenten war der Zweck der Entfernung. Im übrigen beschäftigte sich die Urteilsbegründung damals auch nur mit § 1121 und § 1122 Abs. 2, nicht mit dem jetzt entscheidenden § 1122 Abs. 1 BGB. Jenes Erkenntnis gibt also keine rechtlichen Anhaltspunkte für die Lösung der jetzt zu entscheidenden Rechtsfrage. Auch sonst hat das Reichsgericht, soweit ersichtlich, für das Recht des Bürgerlichen Gesetzbuchs zu dieser Rechtsfrage noch nicht Stellung genommen (für das frühere Recht vgl. RGZ. Bd. 22 S. 272). Im Schrifttum ist sie außerordentlich streitig. Den grundsätzlichen Standpunkt des Berufungsgerichts teilen der Reichsgerichtsräte-Kommentar (a. a. O. § 1122 Anm. 4); Jäckel-Güthe (a. a. O. Vorbem. 21 vor § 1) und Fuchs (Grundbuchrecht Bd. 1 §§ 1121, 1122 Anm. 5). Diese Schriftsteller nehmen an, daß die Entfernung von Gegenständen durch den pfändenden Gerichtsvollzieher vor der Beschlagnahme des Grundstücks immer nur als eine zu vorübergehendem Zweck erfolgte anzusehen sei und deshalb das dingliche Recht des Hypothekengläubigers nicht beseitige. Eine andere Ansicht macht sich das Ergebnis, aber nicht die Begründung dieser Schriftsteller zu eigen. Sie will das Hypothekenrecht aufrechterhalten, weil die Entfernung von gepfändeten Gegenständen durch den Gerichtsvollzieher nicht in den Grenzen einer ordnungsmäßigen Wirtschaft liege (Staudinger BGB. 9. Aufl. Bd. III 2 § 1121 Anm. II 1b; Fischer-Schäfer Zwangsvollstreckung 2. Aufl. § 865 Anm. 5 S. 96; Seuffert-Walsmann ZPO. 12. Aufl. Bd. 2 § 865 Anm. 2b). Lediglich aus § 1121 BGB. glaubt dasselbe Ergebnis herleiten zu können ein

Urteil des Oberlandesgerichts Kiel vom 12. Dezember 1903 (SeuffArch. Bd. 59 Nr. 169). Die herrschende Meinung steht aber auf einem anderen Rechtsstandpunkt. Zahlreiche Schriftsteller nehmen an, daß ordnungsmäßig gepfändete Gegenstände mit ihrer vor der Beschlagnahme des Grundstücks bewirkten Entfernung durch den Gerichtsvollzieher stets aus der Hypothekenhaftung ausscheiden, weil diese Entfernung die nachfolgende Versteigerung bezwecke und vorbereite und daher rechtsgrundsätzlich nicht als nur vorübergehend angesehen werden könne (Stein-Jonas a. a. O. § 865 Bem. I 1c mit Fußnote 7; Falkmann-Mugdan Zwangsvollstreckung 2. Aufl. S. 604; Biermann Sachenrecht 3. Aufl. § 1122 Anm. 1c; Goldmann-Lilienthal BGB. 2. Aufl. Bd. 2 S. 486 Fußnote 42; Turnau-Förster Liegenschaftsrecht 3. Aufl. Bd. 1 § 1122 Anm. 1; Kretzschmar Sachenrecht § 1122 Anm. 1 und im ZBlFG. Bd. 4 S. 454; Schneider in Iherings Jahrb. Bd. 58 S. 179). Nicht ganz so weit gehen Planck-Strecker (a. a. O. § 1122 Anm. 2c) und Oberneck (Reichsgrundbuchrecht 4. Aufl. Bd. 2 S. 169 unter d). Auch sie sind der Meinung, daß regelmäßig die Entfernung durch den ordnungsmäßig pfändenden Gerichtsvollzieher nicht als eine nur vorübergehende betrachtet werden könne, weil sie der Befriedigung des Gläubigers dienen und zur Versteigerung führen solle. Wenn freilich — so fährt Oberneck fort — nachweisbar die Vermögenslage des Eigentümers so war, daß er nur vorübergehend in Geldverlegenheit und imstande war, die gepfändeten Sachen einzulösen, könne man ausnahmsweise die Fortschaffung nur als eine vorübergehende bezeichnen. Den Beweis für die Voraussetzungen des Ausnahmefalls müsse aber im Streitfall der Hypothekengläubiger führen.

Der erkennende Senat ist der letztgenannten Ansicht beigetreten. Sie entspricht der Fassung des Gesetzes in § 1122 Abs. 1 BGB. und der praktischen Lebenserfahrung bei Pfändungen, nimmt auch in gleicher Weise Rücksicht auf das Vollstreckungsbedürfnis des persönlichen Gläubigers in Ansehung von Gegenständen, die pfändbar sind, und auf das Schutzbedürfnis des Hypothekengläubigers, der die ihm haftenden Gegenstände nicht durch eine ersichtlich nur vorübergehende Pfändung als Befriedigungsunterlagen verlieren soll. Ob nun aber eine Pfändung nur vorübergehend oder dauernd den Gegenstand zu ergreifen bestimmt ist, läßt sich nicht allgemein beantworten, sondern ist Tatfrage des Einzelfalls. In aller Regel wird die dauernde Entfernung des gepfändeten Erzeugnisses oder Bestandteils vom Grundstück bezweckt sein und erzielt werden. Unter ganz besonderen Umständen mögen indessen Ausnahmen von der Regel denkbar sein. Sie muß beweisen, wer sich darauf beruft. Die umgekehrte Regel aufzustellen, daß die Entfernung des Pfandstücks durch den Gerichtsvollzieher nur einen vorübergehenden Zweck verfolge, widerspricht der Lebenserfahrung. Dem Hypothekengläubiger kann auch nicht allgemein dadurch geholfen werden, daß man die Entfernung durch den Gerichtsvollzieher als außerhalb der Grenzen einer ordnungsmäßigen Wirtschaft liegend bezeichnet. Denn diese Grenzen brauchen in den Fällen des § 1122 Abs. 1 BGB. nur bei der Trennung der Erzeugnisse vom Grund und Boden beachtet zu sein, aber nicht bei der Entfernung von dem Grundstück (Planck-Strecker a. a. O. § 1122 Anm. 2a; RGRKomm. a. a. O. § 1122 Anm. 3; Wolff Sachenrecht 9. Aufl. § 135 II 2; Falkmann-Mugdan a. a. O.). Nur bei Zubehörstücken spielen jene Grenzen auch für die Entfernung vom Grundstück eine Rolle (§ 1122 Abs. 2 BGB.). Bei ihnen kommt aber eine zulässige Entfernung durch den Gerichtsvollzieher nicht in Betracht (§ 865 Abs. 2 Satz 1 ZPO.).

Hiernach ergibt sich, daß von den hinterlegten 3780 RM der auf 270 Zentner Hafer und 204,50 Zentner Gerste entfallende Anteil von 3417,50 RM der Klägerin, nicht dem Beklagten gebührt. Denn der Beklagte hat seine Hypothek an diesem Teil der Früchte schon am 19. September 1931 verloren. Ganz besondere Umstände, die ausnahmsweise die Entfernung der genannten Erzeugnisse vom Grundstück durch den Gerichtsvollzieher als nur zu vorübergehendem Zwecke erfolgt ansehen lassen könnten, hat der Beklagte nicht behauptet. Sie liegen auch ersichtlich nicht vor. Denn der weitere Gang des Vollstreckungsverfahrens hat eindeutig gezeigt, daß eine Auslösung der Früchte aus der Pfändungshaft und ihre Zurückschaffung auf das wenige Tage später beschlagnahmte und demnächst selbst versteigerte Grundstück niemals in Betracht gekommen ist. Die Entfernung am 19. September 1931 war also von vornherein als dauernd anzusehen. Ihre Rechtswirkung, das Freiwerden der ordnungsmäßig gepfändeten Hafer- und Gerstemengen von der Hypothekenhaftung konnte der Beklagte durch die nachträgliche Beschlagnahme des Grundstücks nicht rückgängig machen. Dem Pfändungspfandrecht der Klägerin stand also insoweit vom 19. September 1931 ab kein Hypothekenrecht des Beklagten mehr gegenüber. Im Streit um den am 28. September 1931 erzielten Versteigerungserlös für diesen Teil der Früchte mußte daher der Klagantrag zu 2 durchdringen und die Widerklage abgewiesen werden.

RGZ. 143, 278.

1. Zur Auslegung des § 1178 Absatz 1 Satz 1 und 2 BGB.
2. Über das Verhältnis der §§ 1143 und 1164 BGB. zueinander.

V. Zivilsenat. Urt. v. 3. Februar 1934

I. Landgericht Königsberg. — II. Oberlandesgericht daselbst.

Der Beklagte kaufte von der Witwe S. ein Grundstück und wurde am 26. Juni 1914 als Eigentümer eingetragen. Wegen eines von ihm geschuldeten Restkaufgeldes wurde gleichzeitig für Frau S. eine Hypothek von 42 000 ℳ eingetragen.

Durch Vertrag vom 7. Januar 1922 verkaufte der Beklagte das Grundstück an P. Der Käufer übernahm die Hypothek der Frau S. in Anrechnung auf den Kaufpreis und wurde am 21. März 1922 als Eigentümer eingetragen. Frau S. genehmigte die Schuldübernahme nicht. P. zahlte ihr aber demnächst die Hypothek aus, erhielt löschungsfähige Quittung und ließ die Post löschen. Mitte November 1925 meldete Frau S. die gelöschte Hypothek zur rückwirkenden Aufwertung an. Als persönlichen Schuldner nahm sie den Beklagten, als dinglichen Schuldner den P. in Anspruch. Im weiteren Verlauf des Verfahrens wurde die persönliche Forderung gegen den Beklagten auf 28 000 GM, die Hypothek auf 10 371,90 GM aufgewertet. Der dingliche Aufwertungsbetrag wurde am 12. Juni 1928 im Grundbuch vermerkt.

Während das Aufwertungsverfahren schwebte, verkaufte P. durch notariellen Vertrag vom 18. Dezember 1925 das Grundstück an den Kläger. Der Kaufpreis war bar zu zahlen. Der Verkäufer verpflichtete sich, alle Aufwertungsansprüche aus gelöschten Hypotheken seinerseits zu begleichen und etwa erfolgende Wiedereintragungen solcher Hypotheken schleunigst zu beseitigen. Der Kläger wurde am 31. Dezember 1925 als Eigentümer eingetragen.

P. wurde zahlungsunfähig. Frau S. nahm den Kläger als Grundstückseigentümer auf Zahlung der Zinsen ihrer Aufwertungshypothek in Anspruch. Zur Vermeidung der Zwangsvollstreckung in das Grundstück zahlte der Kläger die rückständigen Zinsen für die Zeit vom 1. Januar 1931 bis 30. Juni 1932 mit zusammen 829,75 RM an die Gläubigerin. Er verlangt Erstattung dieser Zahlung vom Beklagten als dem persönlichen Schuldner der hypothekarisch gesicherten Forderung und klagt

1. auf Verurteilung des Beklagten zur Zahlung von 829,75 RM,
2. auf Feststellung der Verpflichtung des Beklagten, ihm auch weitere Zinszahlungen an die Hypothekengläubigerin zu erstatten.

Der Beklagte hat Widerklage erhoben auf Feststellung, daß

1. der Kläger als Grundstückseigentümer bei Vermeidung der Zwangsvollstreckung in das Grundstück dem Beklagten als dem persönlichen Schuldner alle Zahlungen erstatten müsse, die dieser etwa auf Stamm und Zinsen der hypothekarisch gesicherten Forderung an die Gläubigerin zahle,
2. der Beklagte nicht verpflichtet sei, dem Kläger Zahlungen zu erstatten, die dieser als Grundstückseigentümer auf das Hypothekenkapital zahle.

Das Landgericht hat die Klage abgewiesen und der Widerklage entsprochen. Das Oberlandesgericht hat der Klage stattgegeben. Zur Widerklage hat es in Ansehung der etwa vom Beklagten an die Hypothekengläubigerin entrichteten Zinsen die im ersten Antrag erbetene Feststellung getroffen, im übrigen aber auf Abweisung erkannt. Der Beklagte hat Revision eingelegt mit dem Antrag, das Urteil des Landgerichts in vollem Umfang wiederherzustellen. Das Rechtsmittel hatte Erfolg, jedoch blieb der Widerklageantrag zu 1 insoweit abgewiesen, als er sich auf Kapitalzahlungen des Beklagten an die Gläubigerin bezog.

Gründe:

Da nur der Beklagte Revision eingelegt hat, ist die ihm günstige Entscheidung des Berufungsgerichts zu einem Teil der Widerklage bereits rechtskräftig und damit der Nachprüfung des Reichsgerichts entzogen. Für die Revisionsinstanz steht also zwischen den Parteien schon fest: Wenn der Beklagte als persönlicher Schuldner der hypothekarisch gesicherten Forderung an die Gläubigerin Zinsen entrichtet, so hat er gegen den Kläger als den Grundstückseigentümer einen dinglichen Anspruch auf Erstattung der gezahlten Beträge aus dem Grundstück. Das Berufungsgericht hat es aus verfahrensrechtlichen Gründen abgelehnt, eine Feststellung dahin zu treffen, daß der Beklagte auch für etwa von ihm geleistete Zahlungen auf das Kapital einen dinglichen Erstattungsanspruch gegen den Kläger habe. Es vermißt insoweit ein Interesse des Beklagten an der alsbaldigen Feststellung der Erstattungspflicht des Klägers (§ 256 ZPO.). Diese Rechtsansicht stützt es auf die tatsächliche Feststellung, daß über die dingliche Ersatzpflicht des Klägers in Ansehung von Kapitalzahlungen des Beklagten ein Streit zwischen den Parteien nicht besteht und nie bestanden hat. Schon das Landgericht hatte ausgeführt, daß für den Fall von Kapitalzahlungen des Beklagten die Haftung des Klägers auf Ersatz aus dem Grundstück zwischen den Parteien unstreitig und deshalb das Feststellungsinteresse des Beklagten insoweit zweifelhaft sei. Es hatte daran aber die Bemerkung geknüpft, der Beklagte könne trotzdem künftig mit einer ablehnenden Haltung des Klägers rechnen; es wäre daher Sache des Klägers gewesen, den Gegner in dieser Richtung durch ein prozessuales Anerkenntnis klaglos zu stellen. Dieser Würdigung, auf die das Landgericht die Bejahung des Feststellungsinteresses des Beklagten auch in dem hier erörterten Punkt gestützt hatte, ist das Berufungsgericht nicht gefolgt. Es stellt vielmehr fest, daß weder die Erörterungen zwischen den Parteien noch das sonstige Verhalten des Klägers irgendwie darauf schließen ließen, er werde bei Kapitalzahlungen des Beklagten an die Gläubigerin seine Erstattungspflicht aus dem Grundstück bestreiten. Wenn das Berufungsgericht von dieser tatsächlichen Grundlage aus ein Feststellungsinteresse des Beklagten daran verneint, daß jene vom Kläger niemals geleugnete Erstattungspflicht bestehe, so ist darin ein Rechtsirrtum bei der Anwendung des § 256 ZPO. nicht zu erblicken. Der Revision kann nicht zugegeben werden, daß die vom Berufungsgericht getroffene Feststellung, die hier fragliche Erstattungspflicht sei außer allem Streit, nichts weiter besagen wolle als eine Feststellung dahin, der Fall der Erstattungspflicht sei noch nicht praktisch geworden. Ebensowenig kann der Revision eingeräumt werden, daß die nicht streitige Frage der Erstattungspflicht des Klägers bei Kapitalzahlungen des Beklagten in einem ihre prozessuale Ausschaltung aus dem Rechtsstreit hindernden Zusammenhang stehe mit den streitigen Fragen, ob bei Kapitalzahlungen des Klägers an die Gläubiger ein Erstattungsanspruch gegen den Beklagten bestehe und wie es mit der Erstattungspflicht zwischen dem Kläger und dem Beklagten zu halten sei, wenn dieser oder jener von ihnen Zinsen an die Gläubigerin entrichte. Der Widerklagantrag zu 1 ist also in seinem abgewiesenen Teil vom Berufungsgericht ohne Rechtsirrtum erledigt. Dieser Antrag scheidet mithin in vollem Umfange für die materiellrechtliche Nachprüfung des Streitstoffes durch den Revisionsrichter aus.

Sachlich nachzuprüfen ist hiernach die Entscheidung des Berufungsgerichts zu folgenden Rechtsfragen:

1. Hat der Kläger wegen der von ihm als Grundstückseigentümer bereits entrichteten und etwa noch zu entrichtenden Hypothekenzinsen

einen Erstattungsanspruch gegen den Beklagten als den persönlichen Schuldner der hypothekarisch gesicherten Forderung? (Klaganträge.)

2. Muß der Beklagte als persönlicher Schuldner Zahlungen, die der Kläger als Grundstückseigentümer auf das Hypotheken k a p i t a l leistet, diesem erstatten? (Widerklagantrag zu 2.)

Das Berufungsgericht hat entgegen dem Landgericht beide Fragen zu Gunsten des Klägers bejaht. Die Revision wünscht sie verneint zu sehen. Bei ihrer Erörterung ist von folgenden rechtlichen Grundlagen auszugehen: Der Beklagte ist zwar persönlicher Schuldner der hypothekarisch gesicherten Aufwertungsforderung der Frau S., hat aber gegen P. aus dem Vertrag vom 7. Januar 1922 nach § 415 Abs. 3 BGB. einen Anspruch auf Befreiung von dieser Schuld. Der Kläger ist zwar dinglicher Schuldner der Hypothek, hat aber gegen P. aus dem Vertrag vom 18. Dezember 1925 einen Anspruch auf Befreiung von dieser Last. Die Befreiungsansprüche gegen P. sind indessen bei dessen schlechter Vermögenslage für beide Parteien wertlos. Jede Partei hat daher ein begreifliches Interesse daran, sich insoweit, als sie von der Hypothekengläubigerin in Anspruch genommen wird, am Prozeßgegner zu erholen. Der Kläger glaubt einen Weg zu seinem Ziel zu finden im § 1143 BGB.; der Beklagte erstrebt dies über § 1164 BGB. Der Rechtsstreit geht im wesentlichen um die alte Frage, ob bei der gegebenen Sachlage einer dieser beiden Vorschriften der Vortritt vor der anderen gebührt, weiter aber auch um die Frage, welchen Einfluß bei Zinszahlungen der einen oder der anderen Partei die Vorschrift des § 1178 BGB. auf die Erstattungspflicht des Gegners ausübt. Das Landgericht hatte dem § 1164 BGB. stärkere Schutzkraft zu Gunsten des Beklagten beigemessen als dem § 1143 zu Gunsten des Klägers. Das Berufungsgericht ist dagegen der Ansicht, daß beide Vorschriften selbständig nebeneinander stehen, so daß im Endergebnis jede die Gläubigerin befriedigende Partei sich bei der andern erholen könne, nur mit dem Unterschied, daß der Erstattungsanspruch des Klägers gegen den Beklagten schuldrechtlicher, der Erstattungsanspruch des Beklagten gegen den Kläger dagegen dinglicher Natur sei. Die Begründung dieser Ansicht hält indessen der Revision nicht stand.

Was zunächst den Anspruch des Klägers auf Erstattung der von ihm bereits an Frau S. gezahlten 829,75 RM und weiterhin noch zu zahlenden Hypothekenzinsen anlangt, so gehen beide Vorinstanzen mit Recht von der Vorschrift des § 1143 Abs. 1 Satz 1 BGB. aus. Danach geht die vom Kläger als Grundstückseigentümer befriedigte Zinsforderung der Frau S. auf ihn kraft Gesetzes über. Gleichzeitig gelangt auch die Hypothek für diese Forderung nach §§ 412, 401 Abs. 1, § 1153 Abs. 1 BGB. in seine Hand. Die Hypothek erlischt damit aber in Höhe der bezahlten Zinsrückstände gemäß § 1178 Abs. 1 Satz 1 BGB. (RGRKomm. 6. Aufl. Bd. 3 Anm. 2 und 6 zu § 1143 BGB.; Staudinger BGB. 9. Aufl. Bd. III 2 Anm. I 3e zu § 1143). Der Ansicht des Berufungsrichters, daß in entsprechender und erweiternder Anwendung des § 1178 Abs. 1 Satz 2 BGB. dem Beklagten als dem persönlichen Schuldner der auf den Kläger übergegangenen Forderung eine das Erlöschen der Hypothek hindernde Rechtsstellung gleich der eines an dem Anspruch berechtigten Dritten einzuräumen sei, kann nicht beigetreten werden. Das Erlöschen der Zinshypothek in der Person des Klägers als des neuen Forderungsgläubigers ist um so weniger zu bezweifeln, als die Befriedigung der Zinsforderung des ursprünglichen Hypothekengläubigers durch den vom persönlichen Schuldner verschiedenen Eigentümer gerade den Hauptfall des § 1178 Abs. 1 Satz 1 BGB. bildet (Planck-Strecker BGB. 4. Aufl. Bd. III 2 Anm. 3bα zu § 1143 und Anm. 2aα zu § 1178). Der Kläger erlangt also nur einen dinglich nicht mehr gesicherten schuldrechtlichen Anspruch gegen den Beklagten auf Erstattung der gezahlten Zinsrückstände.

Der Beklagte glaubt aber, diesem Anspruch des Klägers eine rechtsvernichtende Einwendung entgegenhalten zu können. Er begründet seine Ansicht dahin: Würde er als persönlicher Schuldner die fällig gewordenen Zinsen an die Gläubigerin zahlen, so würde durch die Zahlung sein Befreiungsanspruch gegen P. (§ 415 Abs. 3 BGB.) sich in einen Ersatzanspruch gegen P. auf Erstattung des gezahlten Betrags verwandeln. In Höhe dieses Ersatzanspruchs würde auch die Hypothek als dingliche Sicherung für den Ersatzanspruch nach § 1164 Abs. 1 Satz 1 BGB. auf ihn übergehen. Er könnte also vom Kläger die Rückvergütung der an die Gläubigerin entrichteten Zinsen aus dem Grundstück verlangen. Diese Erkenntnis müsse genügen, um ihn gegen einen Erstattungsanspruch des Klägers zu schützen, wenn dieser rückständige Zinsen an die Gläubigerin zahle. Denn es könne nicht der Sinn des Gesetzes sein, daß die Entscheidung der Frage, auf wem von ihnen beiden im Endergebnis die Vermögenseinbuße aus einer Zahlung an die Gläubigerin haften bleibe, von dem Zufall abhänge, wer zuerst an die Gläubigerin zahle. Der den persönlichen Schuldner schützende § 1164 Abs. 1 Satz 1 BGB. müsse, da er im Falle einer Befriedigung der Gläubigerin durch den Beklagten Platz greifen würde, folgerichtig auch die Möglichkeit ausschließen, daß der Kläger nach seiner Zahlung den Forderungsübergang aus § 1143 Abs. 1 Satz 1 BGB. gegen den Beklagten geltend mache.

Der erkennende Senat hat diese Rechtsverteidigung des Beklagten gegen die Klagansprüche durchdringen lassen. Er hat erwogen:

Zahlt der Beklagte fällig gewordene Hypothekenzinsen an Frau S., so erlangt er durch seine Zahlung kraft der Erfüllungsübernahme im Vertrag vom 7. Januar 1922 einen Ersatzanspruch gegen P., den Rechtsvorgänger des Klägers im Grundstückseigentum. Die erste Voraussetzung für einen Hypothekenübergang nach § 1164 Abs. 1 Satz 1 BGB. auf den persönlichen Schuldner, das Erlöschen des alten hypothekarisch gesicherten Anspruchs (RGZ. Bd. 65 S. 417; Bd. 81 S. 78) verbunden mit dem Entstehen eines sicherungsfähigen Ersatzanspruchs, ist dann also in der Person des Beklagten erfüllt (RGZ. Bd. 52 S. 382, Bd. 89 S. 78, Bd. 131 S. 158; RGUrt. vom 1. Mai 1929 V 168/28 in AufwRspr. 1929 S. 676; RGRKomm. a. a. O. Anm. 3 zu § 1164). Der § 1178 BGB. steht dem Übergang der Hypothek für die bezahlten Zinsen auf den Beklagten nicht entgegen. Diese Vorschrift, die keine Hypothek für rückständige Zinsen in der Hand des Eigentümers duldet, hindert im Falle der Bezahlung rückständiger Zinsen durch den persönlichen Schuldner nicht den Übergang der Zinshypothek gemäß § 1164 Abs. 1 Satz 1 BGB. Die Frage ist allerdings streitig. Sie erledigt sich im vorliegenden Rechtsstreit nicht schon ganz allgemein durch die nicht angefochtene Entscheidung des Berufungsgerichts zum durchgedrungenen Teil des Widerklageantrags zu 1. Denn diese Entscheidung regelt, wenn sie sich in ihrer Begründung auch mit dem Verhältnis der §§ 1178, 1164 BGB. in Ansehung von Zinshypotheken befaßt, im Ergebnis doch nur den Streit darüber, wie es in dem — bisher noch nicht praktisch gewordenen — Fall einer Zinszahlung durch den Beklagten mit der Ersatzpflicht des Klägers zu halten ist, nicht aber die Frage, wie es in dem — bereits verwirklichten und weiterhin erwarteten — Fall einer Zinszahlung des Klägers mit der Ersatzpflicht des Beklagten steht. Für die Beurteilung dieser Frage schafft jene Entscheidung mithin keine Rechtskraft. Im Rahmen der Klagansprüche liegt vielmehr dem Revisionsrichter eine selbständige Prüfung der Zusammenhänge zwischen den §§ 1178, 1164 BGB. ob. Hier gehen nun die Ansichten in Rechtsprechung und Schrifttum auseinander. Das Oberlandesgericht Königsberg vertritt in einem Urteil vom 16. Januar 1909 (SeuffArch. Bd. 64 Nr. 71) die Ansicht, daß § 1164 Abs. 1 Satz 1 BGB. nicht anwendbar sei, wenn der vom Grundstückseigentümer verschiedene persönliche Schuldner Zinsrückstände an den Gläubiger entrichtet. Dieser Ansicht hat sich das Schrifttum überwiegend angeschlossen (Planck-Strekker a.a.O. Anm. 7 zu § 1164; Staudinger a.a.O. Anm. Ic zu § 1164; Güthe-Triebel Grundbuchordnung 5. Aufl. Bd. 1 S. 589 Anm. 21 zu § 22; Wolff Sachenrecht § 149 Fußnote 9). Gegenteiliger Meinung ist das Kammergericht in einer Entscheidung vom 10. Februar 1915 (ROLG. Bd. 31 S. 127). Ihm ist der Kommentar von Reichsgerichtsräten (a.a.O. Anm. 3 zu § 1178) und neuerdings Kirchner (JRdsch. 1933 S. 276, berichtigt 1934 S. 12) beigetreten. Das Reichsgericht hat zu dieser Streitfrage bisher noch nicht Stellung genommen. Der erkennende Senat hat in Übereinstimmung mit beiden Vorinstanzen der zweiten Ansicht den Vorzug gegeben. Er hat sich dabei von folgenden Gründen leiten lassen:

Daß eine Hypothek für Zinsrückstände nach § 1178 Abs. 1 Satz 1 BGB. durch ihre Vereinigung mit dem Eigentum erlischt, wenn der Eigentümer des Grundstücks oder ein für ihn handelnder Dritter Zinsrückstände an den Gläubiger zahlt, steht in der Rechtsprechung fest (RGZ. Bd. 91 S. 299, Bd. 100 S. 157; RGUrt. vom 21. Januar 1931 V 108/30). Daß aber dasselbe unterschiedslos auch dann gelten müßte, wenn der vom Eigentümer verschiedene persönliche Schuldner die Zinsrückstände an den Gläubiger entrichtet, dafür bietet der Wortlaut des Gesetzes keinen Anhalt. Zwar bringt die Zahlung des persönlichen Schuldners die Zinsforderung zum Erlöschen (§ 362 BGB.). Daraus folgt aber noch nicht ohne weiteres, daß nun auch die Hypothek für diese Forderung durch Vereinigung mit dem Eigentum in einer Person erlöschen müßte. Sofern der zahlende persönliche Schuldner keinen Ersatzanspruch gegen den Eigentümer oder einen Rechtsvorgänger des Eigentümers hat, geht allerdings die Hypothek nach §§ 1163, 1178 BGB. unter. Sofern aber der persönliche Schuldner einen solchen Ersatzanspruch hat, ergibt sich aus § 1164 BGB. — als Ausnahme vom Regelfall der §§ 1163, 1178 —, daß die Hypothek bestehen bleibt und auf den zahlenden persönlichen Schuldner zur Sicherung seines Ersatzanspruchs übergeht. Die herrschende Meinung glaubt dieses Ergebnis, das unmittelbar aus der Fassung des Gesetzes herzuleiten ist, ablehnen zu müssen durch den Hinweis zunächst auf die Sonderbehandlung der Zinsrückstände nicht nur im § 1178, sondern auch in den §§ 1145, 1158, 1159 BGB., sodann auf die Entstehungsgeschichte des Gesetzes und schließlich auf den inneren Zusammenhang zwischen § 1163 als Regel- und § 1164 als Ausnahmevorschrift. Keiner dieser Gründe überzeugt. Die §§ 1145, 1158, 1159 behandeln Sonderfragen, deren Regelung für die hier zu lösende Frage aus den §§ 1164, 1178 nichts

Entscheidendes ergibt. Daß die Entstehungsgeschichte des Gesetzes nicht zwingend für die herrschende Ansicht spricht, hat Kirchner a. a. O. an der Hand der Gesetzesmaterialien näher dargelegt. Es ist aber schlechterdings nicht einzusehen, warum aus denselben Gründen, die den Gesetzgeber veranlaßt haben, durch die Sondervorschrift in § 1178 für Zinsrückstände eine Eigentümerhypothek nach der Regel des § 1163 auszuschließen, auch folgen soll, daß im Ausnahmefall des § 1164, den § 1178 nach seiner klaren Fassung nicht ergreift, ein Übergang der Zinshypothek als Fremdhypothek auf den zahlenden persönlichen Schuldner dem Gesetz widerspräche. Der Gesetzeszweck spricht sogar gegen eine Beschränkung des Schuldnerschutzes in § 1164 auf Kapitalzahlungen. Der § 1178 soll verhindern, daß sich durch Zahlung von Zinsrückständen zwischen die Hypotheken eines Grundstücks Eigentümergrundschulden einschieben, die durch den Grundsatz der Rangwahrung für den Grundstückseigentümer (§ 1163 Abs. 1 BGB.) nicht gefordert werden, die überdies aus dem Grundbuch nicht ersichtlich wären und im Endergebnis den Realkredit des Eigentümers durch Entwertung der zweiten und weiteren Hypotheken gefährden würden (RGZ. Bd. 136 S. 79; ROLG. Bd. 31 S. 127). Diesem Zweck läuft es aber durchaus nicht zuwider, wenn eine Zinshypothek, die bisher Fremdhypothek des Gläubigers war, nunmehr nach § 1164 BGB. als Fremdhypothek auf den zahlenden persönlichen Schuldner zur Sicherung seines Ersatzanspruchs übergeht. Der § 1164 will den zahlenden persönlichen Schuldner nicht auf den schuldrechtlichen Ersatzanspruch beschränkt sehen, sondern ihm auch eine dingliche Sicherung durch die übergehende Hypothek angedeihen lassen. Ein durchgreifender Grund, ihm diese Wohltat des Gesetzes nur bei Kapitalabzahlungen, nicht bei Entrichtung von Zinsen zu gewähren, ist nicht ersichtlich. Eine Ausdehnung des § 1178 Abs. 1 Satz 1 BGB. auf einen Zinszahlungsfall nach § 1164 Abs. 1 Satz 1 ist also weder durch unmittelbare noch durch entsprechende Anwendung der erstgenannten Vorschrift geboten oder auch nur erwünscht.

Ist hiernach klargestellt, daß § 1164 BGB. durch § 1178 nicht ausgeschaltet wird, wenn der Beklagte rückständige Zinsen an Frau S. entrichtet, so fragt es sich weiter, ob aus der Vorschrift des § 1164 auch gefolgert werden kann und muß, daß der Beklagte gegen einen auf § 1143 gestützten Rückgriff des Kapitals oder Zinsen an Frau S. entrichtenden Klägers geschützt ist. Der erkennende Senat hat ihm diesen Schutz aus folgenden Gründen zugebilligt:

Hätte P. das Grundstück in seinem Eigentum behalten und hätte dann der Beklagte als persönlicher Schuldner Leistungen an Frau S. auf Kapital oder Zinsen der hypothekarisch gesicherten Forderung bewirkt, so hätte ihm § 1164 zur Seite gestanden (RGZ. Bd. 129 S. 30; Bd. 131 S. 157). Deshalb hätte umgekehrt der Eigentümer P., wenn er solche Leistungen bewirkt hätte, sich nicht bei dem Beklagten erholen können. Mangels besonderer Umstände wäre anzunehmen gewesen, daß P. die Leistungen an Frau S. in Erfüllung seiner Vertragspflicht gegenüber dem Beklagten (§ 415 Abs. 3 BGB.) für diesen als den persönlichen Schuldner und somit nicht für sich selbst „als Eigentümer" bewirkt, die Forderung der Frau S. also ohne eine Übergangsmöglichkeit nach § 1143 getilgt und somit für sich überhaupt keine Forderung, sondern nur (in Höhe des abgezahlten Kapitals) eine Eigentümergrundschuld (§§ 1163, 1177) erlangt hätte (RGZ. Bd. 80 S. 320; KGJ. Bd. 27 S. A 278; RGRKomm. a. a. O. Anm. 2 zu § 1143; Staudinger a. a. O. Anm. I 1b zu § 1143; Siber in Iherings Jahrb. Bd. 50 S. 158). Hätten aber besondere Umstände dafür gesprochen, daß P. seine Leistungen an Frau S. nicht für den Beklagten als persönlichen Schuldner, sondern lediglich für sich selbst als Eigentümer bewirkte, so hätte P. zwar die befriedigte Forderung der Frau S. gemäß § 1143 BGB. für sich erworben. Der Geltendmachung dieser Forderung hätte aber der Beklagte als persönlicher Schuldner die zur Klagabweisung führende Verteidigung entgegensetzen können, daß P. kraft des Erfüllungsübernahmevertrags ihn von der eingeklagten Schuld befreien müsse (Planck-Strecker a. a. O. Anm. 3 bβ Abs. 2 zu § 1143; RGRKomm. a. a. O. Anm. 7 zu § 1143; Staudinger a. a. O. Anm. Ieα zu § 1143; Wolff a. a. O. § 140 V 1; Oberneck Reichsgrundbuchrecht 4. Aufl. Bd. 2 S. 233; Fuchs Grundbuchrecht Bd. 1 Anm. III 3 d zu § 1143 S. 461). P. wäre also in keinem Fall mit einer Klage gegen den Beklagten durchgedrungen.

Es fragt sich nun, ob sich die Rechtsstellung des Beklagten in Ansehung seiner Verteidigung gegen eine auf § 1143 gestützte Klage dadurch verschlechtert hat, daß Eigentümer des Grundstücks nicht mehr der Ersterwerber P., sondern ein Zweiterwerber, nämlich der Kläger, ist. Der Klage ist ohne weiteres zuzugeben, daß durch die Veräußerung des Grundstücks von P. an den Kläger keine unmittelbare Rechtsbeziehungen schuldrechtlicher Natur zwischen dem Kläger und dem Beklagten begründet wurden. Schuldrechtliche Beziehungen bestanden nach dieser Veräußerung nur einerseits zwischen dem Beklagten und P., anderseits zwischen P. und dem Kläger. Sicher ist ferner, daß der an Frau S. zahlende Kläger nur „als Eigentümer", nicht für den Beklagten als persönlichen Schuldner leistet. Er erwirbt also — abweichend von der Rechtslage, die der Regel nach bei Leistungen des P. an die Gläubigerin geschaffen worden wäre — unter allen Umständen gemäß § 1143 BGB. die von ihm befriedigten Ansprüche der Frau S. Zu lösen bleibt lediglich die Frage, ob der Beklagte der Geltendmachung dieser Ansprüche durch den Kläger eine Verteidigung entgegensetzen darf, wie er sie dem Voreigentümer P. hätte entgegenhalten dürfen, wenn dieser nicht für ihn als persönlichen Schuldner, sondern für sich selbst als Eigentümer an Frau S. geleistet hätte. Daß der Beklagte diese Verteidigung dem Kläger gegenüber nicht lediglich auf die Erfüllungsübernahme des P. im schuldrechtlichen Vertrag vom 7. Januar 1922 oder auf § 242 BGB. (Arglisteinrede) stützen kann, folgt aus dem Mangel unmittelbarer, vom § 1143 unabhängiger schuldrechtlicher Beziehungen zwischen den Prozeßparteien. Eine Rechtsgrundlage kann die Verteidigung lediglich finden im § 1164 BGB. Auf diese Vorschrift allein stützt denn auch der Beklagte seine Anträge zur Klage und Widerklage. Aus § 1164 BGB. ergibt sich, daß der Beklagte, wenn er jetzt nach dem Eigentumserwerb des Klägers Ansprüche der Frau S. befriedigt, für seinen Ersatzanspruch gegen P. die Hypothek am Grundstück des Klägers erwirbt. Der Kläger als Rechtsnachfolger des P. im Grundstückseigentum ist also bei Leistungen des Beklagten als des persönlichen Schuldners dem dinglichen Rückgriff des Beklagten ausgesetzt. Daraus folgt aber auch, daß dem Kläger, wenn er als Eigentümer an Frau S. leistet, bei der Verfolgung seines Anspruchs nach § 1143 BGB. das bei Zahlungen des persönlichen Schuldners begründete Rückgriffsrecht des Beklagten aus § 1164 BGB. im Wege der Einwendung erfolgreich entgegengestellt werden kann. Für diese Rechtsfolgerung spricht schon die Fassung des § 1164 BGB. Wenn hier der Ersatzanspruch des persönlichen Schuldners auch gegenüber jedem Rechtsnachfolger im Grundstückseigentum dinglich geschützt wird, so läßt das auf den Willen des Gesetzes schließen, die Lage des ersatzberechtigten persönlichen Schuldners durch eine Grundstücksveräußerung nicht verschlechtern zu lassen. Muß der Rechtsnachfolger im Eigentum gerade deshalb, weil er Eigentümer ist, den dinglichen Schutz des persönlichen Schuldners nach § 1164 BGB. gegen sich gelten lassen, so ist daraus zu folgern, daß er, sofern er nach § 1143 als Eigentümer den Hypothekengläubiger befriedigt, demnächst dennoch die durch § 1164 für den Fall der Schuldnerzahlung dinglich geschützte Rechtslage des persönlichen Schuldners so hinnehmen muß, wie sie zur Zeit seines Rechtsvorgängers im Eigentum war, also ausgestattet mit der Verteidigung des persönlichen Schuldners gegen den nach § 1143 geltend gemachten Anspruch. Daß das der Wille des Gesetzgebers war, erhellt insbesondere auch aus der Entstehungsgeschichte der §§ 1143, 1164.

Der Entwurf zum BGB. sah ursprünglich im § 1094 folgende Vorschriften vor:

1. Die Hypothek erlischt dadurch nicht, daß der Gläubiger von dem Eigentümer des belasteten Grundstücks befriedigt wird.
2. Ist der den Gläubiger befriedigende Eigentümer nicht zugleich der persönliche Schuldner, so wird die Forderung mit der Hypothek auf ihn übertragen.
3. ...

In der Kommission für die 2. Lesung des Gesetzes war zu § 1094 ein Antrag Nr. 5 gestellte (Prot. Bd. 3 S. 607 flg.), den Übergang der Forderung auf den Eigentümer auszuschließen, wenn „er oder ein Rechtsvorgänger dem persönlichen Schuldner gegenüber verpflichtet ist, die Schuld zu tragen." Der Antrag wurde abgelehnt, weil die Kommission der Ansicht war, daß der persönliche Schuldner „selbstverständlich die persönliche Klage des Eigentümers durch den Nachweis abwehren könne, daß dieser oder ein Rechtsvorgänger desselben ihm gegenüber zur Tragung der Schuld verpflichtet sei." Dazu bemerkt nun das Erläuterungsbuch von Planck-Strecker (a. a. O. Anm. 3bβ Abs. 3; ebenso Staudinger a. a. O. Anm. I 1eγ zu § 1143): „Dies dürfte, soweit es sich um eine Verpflichtung des Rechtsvorgängers handelt, auf einem Versehen beruhen; denn schuldrechtliche Verpflichtungen eines Eigentümers gehen auf den Rechtsnachfolger im Eigentum nicht über." Dieser Erklärungsversuch für das Verhalten der Kommission befriedigt indessen nicht. Es ist nicht anzunehmen, daß sie bei der Ablehnung des Antrags Nr. 5 von einem auffälligen Rechtsirrtum über einfache schuldrechtliche Verhältnisse ausgegangen wäre und angenommen hätte, der Grundstückserwerber trete schon kraft des Eigentumserwerbs in schuldrechtliche Bindungen des Veräußerers gegenüber Dritten ein. Die Behandlung des Antrags Nr. 5 findet vielmehr eine einfache und einleuchtende Erklärung durch die ihm vorangehende Behandlung des Antrags Nr. 4d Abs. 2 zu § 1094, der eine dem heutigen § 1164 Abs. 1 BGB. entsprechende, bisher im Entwurf nicht vorgesehene Vorschrift in den § 1094 eingefügt sehen wollte und unmittelbar vor der Ablehnung des Antrags 5 bereits angenommen worden war (Prot. Bd. 3 S. 596, 605 unter VII). Nach diesem Gang der Beratungen wird man nicht fehlgehen in der Vermutung, daß sich die Kommission bei der Ablehnung des Antrags Nr. 5 von dem Gedanken hat leiten lassen, durch die Annahme des Antrags 4d sei der Gesetzesinhalt auch in der Richtung des Antrags 5 sachlich bereits so klargestellt, daß eine Fassungsänderung im Sinne dieses Antrags nur noch etwas „Selbstverständliches" sagen würde und sich daher erübrige. Hält man sich diesen inneren Zusammenhang im Werdegang der jetzt äußerlich getrennten Vorschriften der §§ 1143, 1164 BGB. vor Augen, so ergibt sich zwingend, daß das Gesetz dem persönlichen Schuldner, der sich auf § 1164 berufen könnte, wenn er selbst zahlte, auch ein Einrederecht gegen die auf § 1143 gestützte Klage des zahlenden Eigentümers gewähren wollte und gewährt hat, gleichviel ob die Klage noch von dem ersten schuldrechtlich ersatzpflichtigen Eigentümer oder erst von einem seiner Rechtsnachfolger im Grundstückseigentum erhoben wird. Diese Auffassung teilt ersichtlich auch die Auslegung des § 1164 bei Planck-Strecker (Anm. 2cβ). Dort ist gesagt, es mache keinen Unterschied, ob der Ersatzanspruch des persönlichen Schuldners gegen den jetzigen oder einen früheren Eigentümer gerichtet sei; der jetzige Eigentümer müsse demnach eine bloß schuldrechtliche Verpflichtung des früheren Eigentümers, in die er nicht eingetreten sei, insofern gegen sich gelten lassen, als ihm durch sie in Höhe und bis zur Tilgung des Ersatzanspruchs der Erwerb der Hypothek abgeschnitten werde. Das heißt, auf den vorliegenden praktischen Fall angewendet, in der Tat nichts anderes als: Der Klage aus § 1143 steht, sie ausschließend oder doch verteidigungsweise zurückschlagend, die Berufung des Beklagten auf § 1164 entgegen.

Das so gewonnene Ergebnis entspricht auch dem praktischen Verkehrsbedürfnis, mit dem es unvereinbar wäre, den Zahlungsanspruch des Eigentümers nach § 1143 und den Ersatzanspruch des persönlichen Schuldners nach § 1164 selbständig nebeneinander und um die Wette laufen zu lassen mit der Folge, daß endgültiger Sieger in diesem Wettlauf jeweils der zufällig zuerst den Gläubiger Befriedigende wäre. Eine solche Lösung, zu der das Berufungsgericht sich bekannt hat, wird auch dadurch kaum erträglicher, daß man die verschiedene Rechtsnatur der beiden wettstreitenden Ansprüche betont. Wenn aber der Kläger zur Stütze seiner dem hier vertretenen Ergebnis widersprechenden Ansicht die Erwägung anstellt, der persönliche Schuldner hafte grundsätzlich dem Gläubiger näher und umfassender als der nur dinglich belastete Eigentümer, müsse es sich daher auch wohl eher gefallen lassen, endgültig auf der Schuld sitzen zu bleiben, so überschätzt er damit die Folgerungen, die aus der Rechtsnatur der Hypothek als eines dinglichen Sicherungsmittels für eine persönliche Schuld gezogen werden dürfen.

Der Rechtsverkehr erblickt im allgemeinen im Sicherungsmittel der Hypothek eine Belastung, der gegenüber die persönliche Schuld an Bedeutung zurücktritt. Im übrigen würde aber jene allgemeine Erwägung des Klägers selbst dann, wenn sie grundsätzlich etwas für sich hätte, doch gerade bei Sondertatbeständen, wie sie in den §§ 1143, 1164 geregelt sind, nicht von ausschlaggebender Bedeutung sein können. Denn hier stehen sich Eigentümer und persönlicher Schuldner nicht mehr in ihren alten Rollen als Verpflichtete eines Dritten, des Hypothekengläubigers, gegenüber, sondern jeder nimmt das kraft Gesetzes übergehende Recht des Dritten zu Angriff oder Verteidigung für sich in Anspruch. Die Schwierigkeiten, die sich aus einem solchen Wettstreit der Rechtsübergangsvorschriften ergeben, lassen sich nicht mehr aus der Betrachtung des ursprünglichen Verhältnisses einer verschiedenartigen Mitschuldnerschaft lösen.

RGZ. 144, 26.

1. Wie weit reicht der öffentliche Glaube des Grundbuchs, wenn sich die Bedingtheit der hypothekarisch gesicherten Forderung aus dem Grundbuch nicht ergibt?

2. Wie wirkt die Eröffnung des Konkurses über das Vermögen einer Lebensversicherungsgesellschaft auf eine Hypothek, die für die Gesellschaft zur Sicherung des Anspruchs auf eine gestundete sog. Einmalprämie eingetragen ist? Muß ein Pfandgläubiger, dem die Gesellschaft die Hypothek verpfändet hat, die Wirkungen des Konkurses der Gesellschaft gegen sich gelten lassen?

BGB. §§ 892, 1113 Abs. 2, §§ 1138, 1163 Abs. 1 Satz 2, § 1177. Gesetz über die privaten Versicherungsunternehmungen vom 12. Mai 1901 (RGBl. S. 139) § 61. Gesetz über den Versicherungsvertrag vom 30. Mai 1908 (RGBl. S. 263) — VVG. — §§ 13, 40 Abs. 3.

V. Zivilsenat. Urt. v. 21. Februar 1934.

I. Landgericht München I. — II. Oberlandesgericht daselbst.

Der Kläger schloß Anfang August 1925 einen Lebensversicherungsvertrag mit der Fides AG. in Hannover ab. Die Versicherungsprämien für die ganze Vertragsdauer waren in einer Summe im voraus zu entrichten. Diese sog. Einmalprämie wurde dem Kläger indessen gegen Verzinsung und gegen Sicherstellung durch eine Hypothek an seinem Grundstück gestundet. Demgemäß wurde für die Fides auf diesem Grundstück am 11. August 1925 eine Briefhypothek von 8000 GM unter Bezugnahme auf die Eintragungsbewilligung vom 4. August 1925 eingetragen. Der Hypothekenbrief wurde bestimmungsgemäß der Fides ausgehändigt. Sie verpfändete die Hypothek am 28. Oktober 1925 durch schriftliche Erklärung und Übergabe des Hypothekenbriefes an den Beklagten. Am 30. Dezember 1925 ging die Fides in Konkurs. Am 21. Juni 1926 wurde der Konkurs mangels Masse eingestellt.

Der Kläger nimmt die Hypothek als Eigentümergrundschuld für sich in Anspruch und bestreitet dem Beklagten ein Pfandrecht daran. Er klagt auf Herausgabe des Hypothekenbriefs. Beide Vorinstanzen haben die Klage abgewiesen. Die Revision des Klägers führte zur Aufhebung und zur Zurückverweisung an das Berufungsgericht.

Gründe:

... Das Berufungsgericht geht zutreffend davon aus, daß der Klaganspruch auf die §§ 1163, 952, 985 BGB. gestützt ist. Die Begründung, womit es dazu gelangt, dem Kläger die Berufung auf die Entstehung einer Eigentümergrundschuld und auf pfandfreies Eigentum an dem Briefe zu versagen, hält aber in doppelter Hinsicht der Nachprüfung nicht stand.

1. Das Berufungsgericht unterstellt, daß der Lebensversicherungsvertrag des Klägers mit der Fides nicht unbedingt abgeschlossen, sondern an die aufschiebende Bedingung einer Darlehnsgewährung geknüpft war. Es stellt fest, daß diese Bedingung nicht eingetreten ist. Daraus folgert es zutreffend (RGRKomm., 6. Aufl., Anm. 7 zu § 1113 BGB.), daß mangels Entstehung der hypothekarisch gesicherten Prämienforderung die Hypothek stets Eigentümergrundschuld des Klägers war, die Fides also die Verpfändung an den Beklagten als Nichtberechtigte vorgenommen hat. Es gewährt indessen dem Beklagten für seinen Pfandrechtserwerb den Schutz der §§ 892, 1138 BGB. Dabei unterstellt es zwar, daß er bei der Verpfändung die Bedingtheit der hypothekarisch gesicherten Forderung kannte, läßt aber für seinen gutgläubigen Pfandrechtserwerb die Feststellung genügen, daß ihm der Nichteintritt der Bedingung unbekannt war. Damit verkennt es die Tragweite der §§ 892, 1138 BGB. Der Eintritt oder Ausfall der Bedingung bei einer im Grundbuch gesicherten bedingten Forderung oder einem im Grundbuch eingetragenen bedingten Recht gehört nicht zum Inhalt des Grundbuchs und stellt daher keine Tatsache dar, die unter dem Schutz des öffentlichen Glaubens des Grundbuchs steht. Nur das Bestehen der im Grundbuch nicht eingetragenen Bedingung kann dem in Ansehung dieser Tatsache gutgläubigen Rechtserwerber nicht entgegengehalten werden

(Planck-Strecker BGB., 5. Aufl., Bd. III 1 S. 265 Anm. I 3 zu § 892). Kannte also der Beklagte die vom Berufungsgericht unterstellte, aus dem Grundbuch nicht ersichtliche Bedingtheit der Hypothekenforderung, die er sich von der Fides verpfänden ließ, so kann er sich nicht auf einen gutgläubigen Erwerb seines Pfandrechts kraft der §§ 892, 1138 BGB. schon deshalb berufen, weil er vom Ausfall der Bedingung keine Kenntnis hatte, sondern die Darlehnshingabe an den Kläger für vollzogen hielt. Die Frage des gutgläubigen Pfandrechtserwerbs kann mithin rechtlich einwandfrei erst dann abschließend beurteilt werden, wenn statt der bisherigen Unterstellungen des Berufungsgerichts tatsächliche Feststellungen darüber vorliegen, ob der Lebensversicherungsvertrag bedingt abgeschlossen war und — bejahendenfalls — ob der Beklagte beim Pfandrechtserwerb die Bedingtheit des Vertrages kannte.

2. Mit Unrecht hat aber das Berufungsgericht weiterhin für den Fall, daß der Lebensversicherungsvertrag unbedingt geschlossen oder seine Bedingtheit dem Beklagten bei der Verpfändung unbekannt gewesen sein sollte, nicht abschließend geprüft, welchen Einfluß die Konkurseröffnung über das Vermögen der Fides auf das Schicksal der hypothekarisch gesicherten Forderung und damit auf die Entscheidung der Frage hat, ob die Hypothek Gläubigerhypothek der Fides oder Eigentümergrundschuld des Klägers ist. Das Berufungsgericht glaubt an dieser Prüfung durch § 527 ZPO. gehindert zu sein. Der Kläger hat indessen seine Klage nicht geändert, wenn er den rechtlichen Einfluß der Konkurseröffnung im zweiten Rechtszug stärker betont hat als im ersten Rechtsgang. Vorgetragen hat er die Tatsache des Konkurses schon in der Klagschrift. Die Rechtsfolge aus dieser vom Beklagten sogleich zugestandenen Tatsache zu ziehen, war Sache des Gerichts, zumal der Kläger niemals einen Zweifel darüber gelassen hat, daß er alle der Klage dienlichen rechtlichen Gesichtspunkte ins Feld zu führen wünschte. Sofern sich also ergibt, daß sein Rechtsstandpunkt in der Eigentümergrundschuldfrage eine Stütze in der Konkurseröffnung findet, darf ihm nicht entgegengehalten werden, er hätte ursprünglich nur die „Nichtentstehung", aber nicht das „Erlöschen" des hypothekarisch gesicherten Anspruchs zum rechtlichen Ausgangspunkt seiner Ansicht über das Eingreifen des § 1163 Abs. 1 BGB. gemacht. Ist hiernach schon im vorliegenden, nicht erst in einem künftigen neuen Prozeß der Einfluß des Konkursverfahrens auf die Rechtslage zu prüfen, so ergibt sich nach den bisherigen Feststellungen des Berufungsgerichts folgendes:

Wenn der Lebensversicherungsvertrag des Klägers mit der Fides unbedingt abgeschlossen war (oder dem Beklagten gegenüber als unbedingt abgeschlossen gilt), so war (gilt) die hypothekarisch gesicherte Forderung der Fides auf die Einmalprämie schon im August 1925 in voller Höhe (als) entstanden. Es handelt sich dann also nicht um einen künftigen Anspruch im Sinne des § 1113 Abs. 2 BGB., sondern um eine gegenwärtige, nur (infolge Stundung) noch nicht fällige Forderung. Bei dieser Sachlage erlangte die Fides schon im August 1925 trotz der Stundung zunächst in voller Höhe eine Gläubigerhypothek am Grundstück des Klägers (JW. 1932 S. 1216 Nr. 15). Es fragt sich jedoch, ob diese Gläubigerhypothek nicht später durch Erlöschen der gesicherten Forderung ganz oder teilweise gemäß § 1163 Abs. 1 Satz 2 BGB. zu einer Eigentümergrundschuld geworden ist.

Hier greift die gesetzliche Regelung des Konkurses über eine Lebensversicherungsgesellschaft ein. Der Ende 1925 geltende § 61 Abs. 3 des Gesetzes über die privaten Versicherungsunternehmungen vom 12. Mai 1901 (aufrechterhalten durch § 13 Satz 2 VVG.) bestimmt, daß die Lebensversicherungsverhältnisse durch die Eröffnung des Konkurses über das Vermögen des Versicherers erlöschen und daß die Versicherten regelmäßig nur noch Anspruch auf diejenigen Beträge haben, die als rechnungsmäßige Prämienreserven zur Zeit der Konkurseröffnung auf sie entfallen. Entsprechend schreibt § 40 Abs. 3 VVG. vor, daß die Versicherten, welche Prämien im voraus gezahlt haben, beim Eintritt des Konkurses des Versicherers den auf die Zukunft entfallenden Teil der Prämie unter Abzug der für diese Zeit aufgewandten Kosten zurückfordern können. Daraus folgt, daß der Kläger durch die Konkurseröffnung vom 30. Dezember 1925, die den Versicherungsvertrag vom August 1925 zum Erlöschen brachte, von der Verpflichtung frei wurde, den noch nicht bezahlten, ihm gestundeten Teil der Einmalprämie an die Fides zu zahlen, der auf die Zeit seit dem 30. Dezember 1925 entfiel. In Höhe dieses Teils erlosch also der hypothekarisch gesicherte Anspruch der Fides. Die Hypothek wurde insoweit zur Eigentümergrundschuld (§ 1163 Abs. 1 Satz 2, § 1177 Abs. 1 Satz 1 BGB.). Der Kläger hatte fortan nicht nur, wie das Berufungsgericht meint, eine Einrede aus § 1169 BGB. gegen die Geltendmachung der Hypothek, sondern war, wie die Revision zutreffend bemerkt, Grundschuldgläubiger geworden. Er konnte mithin das dingliche Recht, soweit es sich kraft Gesetzes in eine Grundschuld verwandelt hatte, für sich in Anspruch nehmen (§§ 1176, 1177 BGB.).

Gegen die Rechtsfolgen dieses gesetzlich eintretenden Übergangs ist auch der Beklagte nicht geschützt. Insbesondere kann er sich nicht auf die §§ 892, 1138 BGB. berufen, um weiterhin ein Pfandrecht an der ganzen Hypothek für sich in Anspruch zu nehmen. Denn die verpfändete hypothekarisch gesicherte Forderung trug die Möglichkeit des Erlöschens durch Konkurs der Fides nach ihrer Rechtsnatur als Lebensversicherungsprämie kraft gesetzlicher Vorschrift in sich. Diese Rechtsnatur war aus dem Grundbuch, der dort in Bezug genommenen Eintragungsbewilligung und dem Hypothekenbrief ersichtlich. Der Beklagte muß sie und die aus ihr sich ergebenden Rechtsfolgen also auch dann gegen sich gelten lassen, wenn er sich beim Pfandrechtserwerb im Oktober 1925 falsche Vorstellungen über die Güte der ihm gegebenen Sicherheit gemacht haben sollte. Mithin ergibt sich für den Kläger, der sich grundsätzlich zur Zahlung des auf die Zeit bis zur Konkurseröffnung entfallenden Prämienteils bereit erklärt hat, folgende Rechtslage: Nach der Entrichtung dieses Prämienteils kann er die ganze Hypothek als pfandfreie Eigentümergrundschuld auch gegen den Beklagten mit dem jetzt vorliegenden Klagantrag geltend machen. Vor der Entrichtung des genannten Prämienteils aber kann er sich ohne Klagänderung, nur mit einem entsprechend einzuschränkenden Klagantrag (RGZ. Bd. 69 S. 40), auf die Verwandlung der Hypothek in eine Eigentümergrundschuld jedenfalls insoweit berufen, als der Konkurs über die Fides deren Prämienanspruch hat erlöschen lassen. Zahlenmäßige Feststellungen in dieser Hinsicht fehlen bisher und lassen sich in der Revisionsinstanz nicht treffen . . .

RGZ. 144, 152.

Kann eine dem § 1121 BGB. genügende Entfernung des veräußerten Gegenstands vom Grundstück im Wege der einstweiligen Verfügung erreicht werden?

V. Zivilsenat. Urt. v. 14. März 1934.

I. Landgericht Liegnitz. — II. Oberlandesgericht Breslau.

Sch. war Eigentümer eines Ritterguts, auf dem für die Klägerin Grundschulden von insgesamt 235 000 GM lasteten. Ende November 1929 verkaufte er an die Beklagte rund 2000 Zentner Weizen, der auf dem Gute geerntet war und dort noch ungedroschen in einer Feldscheune lagerte. Die Beklagte behauptet, der Weizen sei ihr am 3. Dezember 1929 übereignet worden. Die Klägerin bestreitet dies.

Sch. starb am 12. Dezember 1929. Am 14. Dezember 1929 wurde über seinen Nachlaß der Konkurs eröffnet und L. zum Konkursverwalter bestellt. Die Beklagte setzte sich wegen der Herausgabe des Weizens mit L. in Verbindung. Dieser war zunächst zur Herausgabe bereit, lehnte dann aber ab, weil die Klägerin der Entfernung des Weizens vom Gute widersprach.

Beide Parteien gingen nunmehr gerichtlich gegen L. vor. Die Klägerin erwirkte eine einstweilige Verfügung des Landgerichts vom 20. Januar 1930, worin die Zwangsverwaltung des Guts angeordnet und das Amtsgericht um die Durchführung ersucht wurde. Das Amtsgericht ordnete daraufhin am 25. Januar 1930 die Zwangsverwaltung des Ritterguts gemäß den §§ 146 flg. ZVG. an und ernannte den Konkursverwalter, der sich bereits im Besitz des Guts befand, zum Zwangsverwalter. Die Beklagte erwirkte gegen L. am 24. Januar 1930 eine einstweilige Verfügung des Oberlandesgerichts, wonach dem L. aufgegeben wurde, den in der Feldscheune liegenden Weizen unverzüglich der Beklagten zu Händen eines Gerichtsvollziehers zur Einlagerung bei einem Spediteur herauszugeben. Noch am 24. Januar 1930 nachmittags gelang es der Beklagten, auf Grund dieser einstweiligen Verfügung durch den Gerichtsvollzieher 675 Zentner Weizen aus der Feldscheune abholen und bei einem Spediteur einlagern zu lassen. Am 19. Februar 1930 wurde durch einstweilige Verfügung angeordnet, daß der eingelagerte Weizen durch den Zwangsverwalter zu verkaufen und der Erlös zu hinterlegen sei. Der Zwangsverwalter veräußerte demgemäß den Weizen und hinterlegte den Erlös von 7421,15 RM.

Auf den Antrag der Klägerin wurde am 18. März 1930 vom Amtsgericht die im Beschluß vom 25. Januar 1930 „vorläufig angeordnete Zwangsverwaltung endgültig angeordnet". Gleichzeitig erwirkte die Klägerin auch die Einleitung der Zwangsversteigerung des Guts. In diesem Verfahren erhielt sie am 25. Juni 1930 den Zuschlag. Bei der Verteilung des Erlöses erlitt sie an ihren Grundschulden einen Ausfall.

Die Parteien streiten nun um den hinterlegten Betrag von 7421,15 RM. Die Klage verlangt die Einwilligung der Beklagten in die Auszahlung dieses Betrags nebst den aufgelaufenen Zinsen an die Klägerin. Beide Vorinstanzen haben die Klage abgewiesen. Die Revision der Klägerin blieb erfolglos.

Gründe:

Das Berufungsgericht geht ohne Rechtsirrtum davon aus, daß sich die Grundschulden der Klägerin nach § 1120 BGB. auf den Weizen erstreckten, den Sch. Ende November 1929 an die Beklagte verkauft hat. Es stellt weiterhin einwandfrei fest, daß der verkaufte Weizen der Beklagten Anfang Dezember 1929 auch übereignet worden ist. Somit lag schon zu dieser Zeit eine Veräußerung des Weizens im Sinne von § 1121 BGB. vor. Sie allein genügte aber noch nicht, um den veräußerten Weizen von der Haftung für die Grundschulden zu befreien. Um dieses Ziel zu erreichen, mußte vielmehr hinzukommen eine Entfernung des Weizens von dem Grundstück, bevor er zugunsten der Klägerin in Beschlag genommen war. Mit Recht erblickt das Berufungsgericht eine wirksame Beschlagnahme des Guts und seiner Erzeugnisse durch die Klägerin in dem Beschluß vom 25. Januar 1930, durch den das Amtsgericht die Zwangsverwaltung anordnete (§§ 148, 21 ZVG.). Das Berufungsgericht nimmt aber weiter an, daß schon am 24. Januar 1930 eine Entfernung des Weizens, um dessen hinterlegten Erlös die Parteien streiten, stattgefunden habe. Daraus folgert es, daß der fortgeschaffte Weizen vor der Beschlagnahme durch die Klägerin nach § 1121 Abs. 1 BGB. von der Haftung für die Grundschulden frei geworden sei. Ist diese Auffassung zutreffend, so ist die Klage mit Recht abgewiesen worden. Denn wenn die Haftung des fortgeschafften Weizens für die Grundschulden am 24. Januar 1930 erlosch, so konnte eine spätere Beschlagnahme der Klägerin im Wege der Zwangsverwaltung oder der Zwangsversteigerung ihn nicht mehr ergreifen (§§ 20, 21, 148 ZVG.). Die Klägerin hatte dann seit dem genannten Tage weder als Grundschuldgläubigerin noch als betreibende Gläubigerin des Zwangsverwaltungs- und des Zwangsversteigerungsverfahrens noch als Ersteherin des Guts (§§ 55, 90 ZVG.) Rechte an jenem Weizen, also auch keine Ansprüche auf den dafür erzielten Erlös. Wäre dagegen die Ansicht des Berufungsgerichts nicht richtig, daß am 24. Januar 1930 eine Entfernung im Sinne des § 1121 BGB. stattgefunden habe, so könnte die Klage nicht abgewiesen werden. Denn dann hätten sich die Grundschulden der Klägerin trotz der Veräußerung des Weizens an die Beklagte und trotz seiner Wegschaffung und Einlagerung vom 24. Januar 1930 auch weiterhin auf ihn erstreckt. Die Beschlagnahme am 25. Januar 1930 würde dann das Recht der Klägerin, sich als Grundschuldgläubigerin aus dem Weizen zu befriedigen, gewahrt haben ohne Rücksicht darauf, daß das Eigentum an dem Weizen schon früher auf die Beklagte übergegangen war, und ungeachtet einer erst später eingetretenen Entfernung des Weizens vom Grundstück. Das Befriedigungsrecht der Klägerin würde dann auch nicht mit dem Erlöschen der Grundschulden in der Zwangsversteigerung untergegangen sein (§ 91 Abs. 1 ZVG.).

Es wäre vielmehr bestehen geblieben und hätte den an die Stelle des Weizens getretenen hinterlegten Erlös ergriffen (RGZ. Bd. 125 S. 366). Die Klägerin könnte dann also schon in ihrer Eigenschaft als Grundschuldgläubigerin den hinterlegten Betrag für ihren Ausfall an den Grundschulden beanspruchen und brachte sich nicht erst auf ihre Rechtsstellung als betreibende Gläubigerin im Zwangsverwaltungs- und Zwangsversteigerungsverfahren und als Ersteherin des Guts zu berufen.

Hiernach kommt es entscheidend darauf an, ob die Beklagte den Weizen am 24. Januar 1930 vom Gut „entfernt" hat. Dem gewöhnlichen Sprachgebrauch nach wäre diese Frage ohne weiteres zu bejahen. Rechtsprechung und Wissenschaft[1]) sind aber, gestützt auf Fassung und Entstehungsgeschichte des Gesetzes, darüber einig, daß nicht schon jede räumliche Verlegung eines Erzeugnisses vom Grundstück eine Entfernung im Sinne des § 1121 BGB. darstellt. Erforderlich ist vielmehr ein Wegschaffen, das 1. mit der Veräußerung dergestalt im Zusammenhang steht, daß im Endergebnis das Wegschaffen als eine Folge der Veräußerung erscheint, 2. auf dauernde Loslösung des Erzeugnisses von dem Grundstück gerichtet ist.

Die Klägerin vermißt diese Voraussetzungen bei der Wegschaffung des Weizens am 24. Januar 1930. Sie meint, die Wegschaffung sei nicht infolge der Veräußerung von Anfang Dezember 1929, sondern infolge der einstweiligen Verfügung vom 24. Januar 1930 geschehen, habe auch nicht die dauernde Lösung des weggeschafften Weizens vom Grundstück, sondern nur seine vorübergehende Verwahrung außerhalb des Grundstücks bezweckt. Die Beklagte meint dagegen, die beiden genannten Voraussetzungen seien am 24. Januar 1930 erfüllt worden. Das Berufungsgericht ist der Rechtsauffassung der Beklagten beigetreten. Dagegen richtet sich die Revision, die den vorliegenden Fall dem im Urteil des erkennenden Senats vom 29. Oktober 1910 (Gruchot Bd. 55 S. 654 = JW. 1911 S. 46 Nr. 35) entschiedenen in jeder Richtung gleichstellen möchte. Das Rechtsmittel ist jedoch nicht begründet.

Der erforderliche Zusammenhang zwischen der Veräußerung des Weizens zu Anfang Dezember 1929 und seiner Fortschaffung vom Grundstück am 24. Januar 1930 ist gegeben. Er ist nicht dadurch zerstört, daß die Beklagte wegen der Weigerung des Konkursverwalters,

[1]) Vgl. RGUrt. vom 29. Oktober 1910 V 13/10 (Gruch. Bd. 55 S. 654 = JW. 1911 S. 46 Nr. 35) und vom 9. November 1917 VII 199/17. Planck-Strecker, 4. Aufl., Bd. III 2 S. 817 flg. Anm. 3 zu § 1121 BGB., RGRKomm., 6. Aufl., Bd. 3 S. 520 Anm. 2 zu § 1121 BGB.; Staudinger, 9. Aufl., Bd. III 2 S. 1054 Anm. II 2 zu § 1121 BGB.; Wolff Sachenrecht, 9. Bearb., S. 489 § 135 Nr. II 1 mit Fußnote 12.

ihr den Weizen freiwillig herauszugeben, zum Zwangsmittel einer einstweiligen Verfügung gegriffen hat. Im Endergebnis ist die Wegschaffung am 24. Januar 1930 als Folge der Veräußerung vom Dezember 1929 anzusehen. Nur diese Veräußerung gab den Anlaß zu der einstweiligen Verfügung und damit auch zu der Wegschaffung am 24. Januar 1930. Bei natürlicher Betrachtung des Ganges der Dinge darf also nicht gesagt werden, die Wegschaffung sei aus einem anderen Anlaß als der Veräußerung geschehen.

In Übereinstimmung mit beiden Vorinstanzen ist der erkennende Senat aber auch zu der Überzeugung gelangt, daß die Wegschaffung des Weizens am 24. Januar 1930 auf seine dauernde Loslösung vom Grundstück gerichtet war. Die einstweilige Verfügung von diesem Tage beruht ausweislich ihrer Gründe auf folgender Gedankenkette des Oberlandesgerichts: Die Antragstellerin (jetzt Beklagte) hat glaubhaft gemacht, daß ihr der Weizen Anfang Dezember 1929 übereignet ist; sie kann also seine Herausgabe verlangen; dieser Anspruch ist gefährdet, weil Hypothekengläubiger, insbesondere die jetzige Klägerin, mit Beschlagnahme drohen; gelingt ihnen die Beschlagnahme des Weizens vor seiner Entfernung vom Grundstück, so ist der Anspruch auf Wegschaffung zerstört; der Weizen unterliegt dann der von den dinglichen Gläubigern herbeigeführten Zwangsversteigerung; dem Schutz der Eigentümerin gegen diese Gefahr dient die erlassene einstweilige Verfügung. Bei einem solchen Inhalt der einstweiligen Verfügung muß angenommen werden, daß die angeordnete Herausgabe des Weizens zur Einlagerung bei einem Spediteur unter der damals glaubhaft gemachten, jetzt bewiesenen Voraussetzung des Eigentums der Beklagten an dem Weizen auf dessen dauernde Loslösung von dem Gut gerichtet war und nicht eine bloß vorübergehende Sicherstellung und Verwahrung zum Ziele hatte. Denn es ist davon auszugehen, daß das Oberlandesgericht beim Erlaß seiner Verfügung über den Rechtsgehalt des § 1121 BGB. unterrichtet war und nicht etwa glaubte, der Schutzzweck seiner Verfügung könne durch jede, auch durch eine nur als vorübergehend gedachte räumliche Scheidung des Weizens vom Grundstück erreicht werden. War aber nicht nur der Wille der Beklagten, sondern auch die Absicht des Gerichts beim Erlaß der einstweiligen Verfügung und für deren Vollziehung auf die dauernde Loslösung des Weizens vom Grundstück gerichtet, so stellte die Wegschaffung durch den Gerichtsvollzieher am 24. Januar 1930 eine Entfernung im Sinne des § 1121 BGB. dar, auch wenn sie nicht zur freien Verfügung der Beklagten über die vom Grundstück entfernte Frucht führte.

Diese Beurteilung der Rechtslage steht nicht im Widerspruch zu dem erwähnten Urteil vom 29. Oktober 1910. Dort lag der Tatbestand zwar ähnlich, aber im entscheidenden Punkt doch anders. Damals war zwischen dem Grundstückseigentümer und einem seiner Gläubiger Streit darüber entstanden, ob jener diesem sicherungshalber übereignete, aber leihweise auf dem Grundstück verbliebene Zubehörstücke wegen Verstoßes gegen die Entleiherpflichten herausgeben müsse. Der Gläubiger sah seinen Herausgabeanspruch durch den Verkauf des Grundstücks an einen Dritten gefährdet und erwirkte eine einstweilige Verfügung gegen den Verkäufer, wonach die Streitgegenstände bis zur endgültigen gerichtlichen Entscheidung des Streits einstweilen außerhalb des Grundstücks verwahrt und dieserhalb an einen Gerichtsvollzieher ausgehändigt werden sollten. Der Gläubiger sollte also lediglich gegen den drohenden Verlust seines glaubhaft gemachten Eigentums durch freihändige Veräußerung des Grundstücks mit Zubehör an einen gutgläubigen Dritten (§ 926 BGB.) geschützt werden. Dazu genügte eine vorläufige Sicherungsmaßregel, die nicht auf dauernde Entfernung der Sachen von dem Grundstück abzuzielen brauchte und abzielte. Ein Schutz gegen die auch in jenem Fall demnächst erfolgte Beschlagnahme des Grundstücks nebst Zubehör durch einen Hypothekengläubiger sollte dem Antragsteller durch die einstweilige Verfügung damals nicht gewährt werden. Der beabsichtigte und erreichte Schutz erforderte mithin nach seinem begrenzten Zweck keine Entfernung im Sinne des § 1121 BGB., sondern wurde bereits durch eine die Rechte der Hypothekengläubiger schonende, nur als vorübergehend gedachte räumliche Scheidung von Sache und Grundstück erreicht. Das rechtfertigte damals die Nichtanwendung des § 1121 BGB. In dem jetzt vorliegenden Fall dagegen ist der Schutzzweck der einstweiligen Verfügung vom 24. Januar 1930 gerade in einer solchen Wegschaffung des Weizens vom Grundstück zu erblicken, die einer Beschlagnahme durch Hypothekengläubiger zuvorkommen und vorbeugen sollte. Das rechtfertigt hier die Anwendung des § 1121 BGB. auf die von der Beklagten am 24. Januar 1930 durchgeführte Wegschaffung. Dem Wesen der einstweiligen Verfügung als solcher widerspricht es nicht grundsätzlich, daß eine in ihr angeordnete räumliche Scheidung einer Sache von einem Grundstück als eine von vornherein auf dauernde Loslösung abzielende Maßregel gewertet wird. Ob eine dauernde oder eine nur vorübergehende Entfernung erstrebt wird, läßt sich bei einstweiligen Verfügungen, die mannigfachsten Zwecken dienen können, nicht ein für allemal gleichmäßig beurteilen, sondern richtet sich immer nach den

Umständen des Einzelfalls, insbesondere nach dem durch die einzelne Verfügung geschützten Interesse des Antragstellers und dem aus der Verfügung ersichtlichen Schutzzweck des Gerichts. Da im vorliegenden Fall dem Interesse der Beklagten und dem Inhalt der von ihr erwirkten einstweiligen Verfügung nur eine auf dauernde Loslösung des Weizens vom Gute gerichtete Entfernung genügte, so kann den Vorinstanzen nicht der Vorwurf eines Rechtsirrtums gemacht werden, wenn sie übereinstimmend die Wegschaffung vom 24. Januar 1930 nicht als eine nur einem vorübergehenden Zwecke dienende, sondern als eine Entfernung im Sinne des § 1121 BGB. gewürdigt haben.

Das so gewonnene Ergebnis entspricht auch dem gesunden Rechtsgefühl. Das Gesetz (§ 1121 BGB.) löst den Widerstreit zwischen dem Befriedigungsrecht des Hypothekengläubigers und dem Eigentumsrecht des Sacherwerbers zugunsten desjenigen von beiden, der sein Interesse schneller zu wahren weiß. Es wäre unbillig, in diesem Kampf die Sieg verheißende Waffe der einstweiligen Verfügung zwar dem Hypothekengläubiger zur Herbeiführung der Beschlagnahme zur Verfügung zu stellen, aber dem Sacherwerber zur Entfernung seines Eigentums vom Grundstück grundsätzlich nicht zu gewähren.

RGZ. 146, 317.

Ist es für das Ablösungsrecht und den Rechtsübergang nach den §§ 1150, 268 BGB. Voraussetzung, daß die Befriedigung des Gläubigers zum Zwecke der Abwendung einer Vollstreckungsgefahr erfolgt, die den Ablösenden mit dem Verlust eines Rechts am Gegenstand der Vollstreckung bedroht?

V. Zivilsenat. Urt. v. 18. Januar 1935.

Die Entscheidung ist abgedruckt unter „Bürgerliches Recht. Schuldrecht".

RGZ. 146, 363.

Entsteht, wenn Miteigentümer (nach Bruchteilen) gemeinschaftlich eine Hypothek an dem ganzen Grundstück bestellen, an den einzelnen Grundstücksbruchteilen eine Gesamthypothek, auf die insbesondere § 1173 BGB. anzuwenden ist?

BGB. §§ 1114, 1132, 1173.

V. Zivilsenat. Urt. v. 25. Januar 1935.

I. Landgericht Wiesbaden. — II. Oberlandesgericht Frankfurt a. M.

Die vorstehende Frage ist bejaht worden aus folgenden

Gründen:

Bei der Entscheidung sind alle bis dahin mit der Sache befaßt gewesenen Gerichte davon ausgegangen, daß die streitige Hypothek nach den Regeln der Gesamthypothek zu behandeln und daß namentlich § 1173 BGB. — mindestens entsprechend — anzuwenden sei. Nun war zwar die Hypothek von Anfang an insofern eine Gesamthypothek, als sie auf zwei im Grundbuch unter je einer besonderen Nummer verzeichneten Grundstücken ruhte. Aber diese Seite der Sache ist für die Entscheidung des Rechtsstreits ohne Bedeutung; denn das rechtliche Schicksal beider Grundstücke ist sich in allen hier maßgeblichen Beziehungen (Eigentum, dingliche Belastung, persönliche Schuld) auch beim Wechsel späterer Rechtsvorgänge immer völlig gleich geblieben. Die Anwendbarkeit des § 1173 BGB. hängt hier davon ab, ob die Hypothek auch insofern eine Gesamthypothek war, als das Eigentum an den belasteten Grundstücken mehreren nach Bruchteilen zustand. Die Miteigentümer haben im Jahre 1924 nicht die einzelnen Eigentumsanteile, sondern die ganzen Grundstücke mit der Hypothek belastet. Ob in einem solchen Fall eine Gesamthypothek entsteht, ist eine im Schrifttum (Nachweise bei Staudinger BGB. § 1132 Anm. I 4) und in der Rechtsprechung (vgl. KGJ. Bd. 41 S. 243) streitige, vom Reichsgericht bisher noch nicht abschließend beantwortete Frage. In dem Urteil vom 16. März 1910 (JW. 1910 S. 473 Nr. 12) hat der erkennende Senat für einen Fall gemeinschaftlicher hypothekarischer Belastung eines Grundstücks durch die Miteigentümer auf § 1008 BGB. verwiesen, der von einem mehreren nach Bruchteilen zustehenden Eigentum an einer Sache spreche, woraus sich ergebe, daß das Bürgerliche Gesetzbuch das Recht des einzelnen Miteigentümers als Eigentum ansehe und deshalb auf den Miteigentumsanteil alle Vorschriften über das Alleineigentum angewendet wissen wolle. Aus dieser Selbständigkeit des Anteils ist damals gefolgert worden, daß dann, wenn auf Grund gemeinschaftlicher Verfügung der Miteigentümer eine Hypothek auf das ganze gemeinschaftliche Grundstück eingetragen werde, die Hypothek jeden Anteil selbständig belaste. Jeder Anteil hafte für die ganze Forderung und im Fall der Zwangsversteigerung auch nur eines Anteils könne der Gläubiger in voller Höhe der Hypothek Befriedigung aus diesem Anteil verlangen. In wirtschaftlicher Beziehung hat deshalb der Senat die Belastung, welche die Eintragung einer Hypothek auf dem ganzen Grundstück für den einzelnen Miteigentumsanteil mit sich bringt, im wesentlichen der Belastung gleich erachtet, die eintritt, wenn die Hypothek auf den Anteil allein eingetragen wird. Dagegen ist damals für die rechtliche Seite des Falles dieselbe Folgerung nicht gezogen worden. Vielmehr hat das genannte Urteil den Ausspruch über die selbständige Belastung jedes einzelnen Miteigentumsanteils dahin eingeschränkt, daß im Rechtssinn eine Gesamthypothek an den mehreren Anteilen nicht entstehe. Zur Begründung ist lediglich gesagt, daß die Hypothek, wenn auch jeder der Anteile für sich einem Grundstück gleichgesetzt werden müsse, doch nicht gemäß § 1132 BGB. an mehreren Grundstücken bestellt, sondern als Einzelhypothek an dem einen Grundstück geschaffen worden sei.

Der damals zur Entscheidung stehende Fall gab keine Veranlassung, aus dem Wesen der hypothekarischen Belastung — Einzelhypothek oder Gesamthypothek — Folgerungen von der Art zu ziehen, wie sie in dem vorliegenden Streitfall gezogen werden müssen. Schon deshalb war eine Nachprüfung der Rechtslage geboten. Sie mußte zugunsten der Annahme einer Gesamthypothek ausfallen. Daß eine Gesamthypothek entsteht, wenn mehrere Eigentümer je ihren Anteil besonders, sei es gleichzeitig oder nacheinander, mit einer Hypothek für dieselbe Forderung belasten, ist herrschende Meinung. Das gleiche muß für den Fall gelten, daß das Eigentum an einem von dem bisherigen Alleineigentümer mit einer Hypothek belasteten Grundstück auf mehrere zu Bruchteilen berechtigte Miteigentümer übertragen wird. Nach § 1114 BGB. stehen Miteigentumsanteile an Grundstücken für die hypothekarische Belastung selbständigen Grundstücken gleich. Eine unterschiedliche Behandlung der bisherigen Einzelhypothek, je nachdem ob das belastete Grundstück im Wege wirklicher (realer) oder bloß gedachter (ideeller) Teilung in das Eigentum mehrerer übergeht, wäre deshalb innerlich nicht berechtigt. Wie im Fall wirklicher Teilung wird auch bei Umwandlung von Alleineigentum in Miteigentum nach Bruchteilen die Einzelhypothek zur Gesamthypothek, indem sie dort auf den neu gebildeten selbständigen Grundstücken und hier auf den mehreren Miteigentumsanteilen insgesamt lastet. Das ist auch die in dem Kommentar von Reichsgerichtsräten zum BGB. (§ 1132 Anm. 1) vertretene Meinung. Dann aber erscheint es folgerichtiger, abweichend von der in demselben Erläuterungswerk an anderer Stelle (§ 1132 Anm. 4) geäußerten Rechtsansicht, die Entstehung einer Gesamthypothek auch dann zu bejahen, wenn die mehreren Bruchteilseigentümer an dem Grundstück von vornherein durch gemeinschaftliches Handeln eine Hypothek bestellen. Eine solche Hypothek belastet, mag sie auch in der Form der Einzelhypothek geschaffen sein, ihrem Wesen nach die Miteigentumsanteile nicht anders als die erst durch Verwandlung von Alleineigentum in Miteigentum nach Bruchteilen an diesen zur Gesamthypothek gewordene Einzelhypothek. Dem Kammergericht (KGJ. Bd. 41 S. 243) ist darin recht zu geben, daß sich die Unterscheidung zwischen Belastung einzelner Miteigentumsanteile und Belastung des ganzen Grundstücks durch die Miteigentümer rechtstheoretisch nicht einleuchtend begründen läßt und daß diese Unterscheidung praktisch zu Ergebnissen führt, die nicht für sie einnehmen können. Das Reichsgericht lehnt diese Unterscheidung deshalb ab und läßt auch für den Fall gemeinschaftlicher Belastung eines Grundstücks durch die bruchteilsberechtigten Miteigentümer die entstehende Hypothek als Gesamthypothek an den einzelnen Miteigentumsanteilen gelten . . .

RGZ. 147, 298.

1. Welche Anforderungen sind zu stellen an den Grundbuchvermerk, der die Umwandlung einer Höchstbetragshypothek für Forderungen des A. gegen B. in eine Verkehrshypothek für eine Forderung des A. gegen C. zum Ausdruck bringen soll?

2. Erwirbt der Abtretungsempfänger die umgewandelte Verkehrshypothek auch dann unter dem Schutz des öffentlichen Glaubens des Grundbuchs, wenn sein Abtretungserwerb zusammenfällt mit dem Umwandlungserwerb des abtretenden Erstgläubigers und beide Rechtsvorgänge in einem Grundbuchvermerk gleichzeitig vollzogen werden?

BGB. §§ 892, 1138, 1180, 1186.

V. Zivilsenat. Urt v. 12. April 1935.

I. Landgericht Halle. — II. Oberlandesgericht Naumburg a. S.

Der Kläger ist seit dem Jahre 1913 Eigentümer eines Grundstücks. Auf seine Bewilligung wurde am 31. März 1932 eine Höchstbetragshypothek von 10000 RM für den Kaufmann F. zur Sicherung aller seiner Ansprüche gegen den Kaufmann K. eingetragen. In einer notariellen Verhandlung vom 16. April 1932, an der F. und die Parteien sich beteiligten, erklärten zunächst F. und der Kläger, daß sie die Höchstbetragshypothek in eine brieflose feste Hypothek von 10000 RM für eine Darlehnsforderung des F. gegen den Kläger umwandelten und die Eintragung dieser Umwandlung bewilligten und beantragten; alsdann erklärte F., er trete die umgewandelte Hypothek nebst der ihr zugrunde liegenden Forderung an den Beklagten ab und bewillige die

Umschreibung auf den neuen Gläubiger; schließlich erklärte der Beklagte, er nehme die Abtretung an und beantrage die Umschreibung. Die Urkunde wurde dem Grundbuchamt eingereicht. Am 30. Mai 1932 wurde bei der Hypothek eingetragen:

> 10000 RM Sicherungshypothek umgewandelt in eine Darlehnshypothek . . . Unter Bezugnahme auf die Bewilligung vom 16. 4. 1932 eingetragen ohne Brief und abgetreten an den Kaufmann G. (den Beklagten) . . .

Der Kläger hat auf die hypothekarisch gesicherte Darlehnsforderung von K. und F. nur 150 RM ausgezahlt erhalten. Er nimmt die Hypothek als Eigentümergrundschuld für sich in Anspruch und verlangt die Verurteilung des Beklagten zur Löschungsbewilligung.

Das Landgericht hat die Klage abgewiesen. Es stellt den Hypothekenerwerb des Beklagten unter den Schutz der §§ 892, 1138 BGB. Das Oberlandesgericht hat dagegen dem Beklagten diesen Schutz versagt und ihn verurteilt, die Löschung der Hypothek für einen Betrag von 9850 RM zu bewilligen.

Die Revision des Beklagten führte zur Aufhebung und Zurückverweisung.

Gründe:

Das Berufungsgericht geht zutreffend davon aus, daß der Kläger die streitige Post in Höhe des nicht forderungsbekleideten Teils als Eigentümergrundschuld (§ 1163 Abs. 1 Satz 1, § 1177 Abs. 1 Satz 1 BGB.) für sich in Anspruch nehmen und folglich gemäß § 894 BGB. — auch im Wege des Löschungsbegehrens (vgl. RGRKomm. z. BGB. 8. Aufl. Bd. 3 S. 162 unten) — die Grundbuchberichtigung verlangen kann, sofern nicht der Beklagte die hypothekarisch gesicherte Forderung mit der Hypothek unter dem Schutz der §§ 892, 1138 BGB. erworben hat. Einen solchen Erwerb des Beklagten hält aber das Berufungsgericht bei dem gegebenen Sachverhalt für rechtlich unmöglich. Zur Begründung dieser Ansicht führt es aus:

An den Beklagten abgetreten sei die erst künftig mit der Eintragung der Umwandlung entstehende Darlehnshypothek. Zur Zeit des Erwerbs des Beklagten, der sich am 30. Mai 1932 durch die Umschreibung vollendet habe, sei nun aber eine unrichtige Eintragung im Grundbuch nicht vorhanden gewesen. Bei der Eintragung vom 30. Mai 1932 handle es sich nicht um zwei zeitlich kurz aufeinander folgende Buchungen — nämlich 1. die Eintragung der Umwandlung der Sicherungshypothek in die Darlehnshypothek, 2. die Umschreibung der

Darlehnshypothek von F. auf den Beklagten —, sondern um eine einzige Eintragung, die beide Rechtsänderungen gleichzeitig umfaßt habe. Beide Rechtsänderungen wären also auch dann, wenn die Darlehnsforderung des F. gegen den Kläger in Höhe von 10 000 RM wirklich bestanden hätte, in demselben Augenblick eingetreten, d. h. die Umwandlung der Sicherungshypothek in die Verkehrshypothek wäre sofort in der Person des Beklagten vor sich gegangen. F. wäre niemals, auch nicht für einen Augenblick, Gläubiger der Verkehrshypothek gewesen. Auf nichts anderes weise die Grundbuchlage hin. Die Eintragung vom 30. Mai 1932 weise also den F. nicht als Gläubiger der Darlehnshypothek aus. Deshalb könne sich der Beklagte auch nicht auf die in RGZ. Bd. 140 S. 35flg. entwickelten Rechtsgrundsätze stützen.

Die Revision hält die Auffassung des Berufungsgerichts, daß F. überhaupt nicht als Gläubiger der Verkehrshypothek eingetragen worden sei, für rechtsirrig und bemerkt: F. sei zunächst als Gläubiger der Sicherungshypothek eingetragen gewesen. Als dann am 30. Mai 1932 die Umwandlung der Sicherungshypothek in eine Darlehnshypothek eingetragen worden sei, sei damit F. grundbuchmäßig als erster Gläubiger der Darlehnshypothek ausgewiesen worden. Einer weiteren Eintragung habe es zur Begründung seiner Gläubigerstellung nicht bedurft. Hilfsweise sei aber auch noch darauf hinzuweisen, daß nach der Darstellung des Beklagten vor der Umwandlung der Sicherungshypothek in eine Darlehnshypothek F. gegen K. aus dem damals gesicherten Forderungskreise Ansprüche von insgesamt 7000 bis 8000 RM gehabt habe und diese Ansprüche als von der Abtretung am 16. April 1932 mit umfaßt anzusehen seien.

Die Hilfserwägung der Revision geht fehl. Seit der Umwandlung der Hypothek aus einer Höchstbetragshypothek in eine Verkehrshypothek dient die Post nur noch der Sicherung einer Darlehnsforderung gegen den Kläger, nicht mehr zur Deckung irgendwelcher Ansprüche gegen K. Auch die Abtretungsurkunde vom 16. April 1932 läßt eindeutig erkennen, daß nur der angebliche Darlehnsanspruch des F. gegen den Kläger, nicht wirkliche oder vermeintliche Ansprüche des F. gegen K. dem Beklagten abgetreten und unter den Hypothekenschutz gestellt werden sollten. Das ursprüngliche schuldrechtliche Verhältnis zwischen F. und K. ist also für den vorliegenden Rechtsstreit ohne Bedeutung. Die Entscheidung hängt lediglich davon ab, ob der Beklagte die Hypothek, die in Höhe von 9850 RM tatsächlich nicht forderungsbekleidet ist, dennoch kraft eines gutgläubigen Erwerbs am 30. Mai 1932 gemäß den §§ 892, 1138 BGB. behalten darf. Insoweit ist nun aber die Ansicht des Berufungsgerichts, das ohne Prüfung der Kenntnis oder Unkenntnis des Beklagten vom Nichtbestehen der abgetretenen Darlehnsforderung des F. gegen den Kläger die Klage hat durchdringen lassen, nicht zu billigen.

Was die an der Urkunde vom 16. April 1932 beteiligten Personen erreichen wollten, war — rechtlich betrachtet — dreierlei:

1. ein Forderungsersatz gemäß § 1180 Abs. 1 BGB. ohne Gläubiger-, aber mit Schuldnerwechsel,

2. eine Umwandlung der Sicherungshypothek in eine gewöhnliche Hypothek gemäß § 1186 BGB.,

3. eine Abtretung der gewöhnlichen Hypothek für die neu eingetretene Forderung vom alten an einen neuen Gläubiger gemäß § 1154 Abs. 3, § 873 BGB.

Alle drei Rechtsvorgänge sind rechtsgeschäftlich in einer Urkunde, grundbuchmäßig in einem Eintragungsvermerk zusammengefaßt worden. Daraus darf aber nicht gefolgert werden, daß der Beklagte als Abtretungsempfänger den Schutz der §§ 892, 1138 BGB. entbehren müßte. Es ist nicht richtig, wenn das Berufungsgericht meint, F. sei im Grundbuch als Gläubiger der Darlehnsforderung, die ersatzweise in die Hypothekendeckung eintrat, überhaupt nicht in die Erscheinung getreten, der Beklagte sei mithin als Erstgläubiger der umgewandelten Darlehnshypothek zu betrachten. Dem widerspricht nicht nur die Urkunde vom 16. April, sondern auch der Eintragungsvermerk vom 30. Mai 1932. Beide lassen keinen Zweifel darüber aufkommen, daß der Beklagte nicht Erstgläubiger, sondern Abtretungsempfänger der Darlehnshypothek war. Abtretender konnte aber auch nach der Grundbuchlage niemand anders sein als F., der Gläubiger des alten, durch die Höchstbetragshypothek gesicherten Forderungskreises und der als vorhanden unterstellten neuen, ersatzweise eintretenden Darlehnsforderung. Wenn also auch anzuerkennen ist, daß bei der Eintragung des Forderungswechsels nach § 1180 BGB. der Gläubiger der neuen Forderung gemäß § 1115 BGB. im Grundbuch angegeben werden muß (vgl. RGRKomm. z. BGB. 8. Aufl. Bd. 3 § 1180 Anm. 3; Planck-Strecker BGB. 4. Aufl. Bd. III 2 § 1180 Anm. 3bβ zu § 1180), so kann doch bei dem hier gegebenen Sachverhalt die Angabe des F. als des ersten Gläubigers der neu in die Hypothek eintretenden Darlehnsforderung nicht schon deshalb vermißt werden, weil im ersten Satze des Eintragungsvermerks vom 30. Mai 1932 der Name des F. nicht ausdrücklich auftaucht. Seine Erstgläubigerschaft an dieser Darlehnsforderung ergibt sich vielmehr für jedermann ohne weiteres aus dem Zusammenhang der Eintragung vom

31. März 1932 mit dem Eingang der Eintragung vom 30. Mai 1932. Dann hat aber der Beklagte die Darlehnshypothek nicht als Erstberechtigter, sondern als Zweitgläubiger unter dem Schutz der §§ 892, 1138 BGB. erworben. Daß sein Erwerb zeitlich mit dem Ersterwerb des F. am 30. Mai 1932 zusammenfiel und räumlich im Grundbuch durch denselben Eintragungsvermerk zum Ausdruck gebracht wurde, steht der Anwendung jener Schutzvorschriften zu seinen Gunsten nicht entgegen. Denn in der Rechtsprechung des Reichsgerichts ist nunmehr anerkannt, daß der Zweiterwerber einer Hypothek, der sein Recht nicht unmittelbar vom Eigentümer des Grundstücks, sondern vom ersten Hyoptheken-gläubiger ableitet, auch dann den Schutz des öffentlichen Glaubens des Grundbuchs in Ansehung der Rechtsbeständigkeit der hypothekarisch gesicherten Forderung und des dinglichen Hypothekenrechts genießt, wenn der zweite Erwerb dem ersten ohne Zwischenzeit folgt (RGZ. Bd. 140 S. 39; WarnRspr. 1935 Nr. 58; vgl. auch Planck-Strecker BGB. 5. Aufl. Bd. III 1 § 892 Anm. II 1b Abs. 2).

Hiernach kommt es für den Ausgang des Rechtsstreits entscheidend darauf an, ob der Kläger den Beweis erbringen kann, daß dem Beklagten am 30. Mai 1932 das Nichtbestehen der ihm abgetretenen, hypothekarisch gesicherten Darlehnsforderung des F. gegen den Kläger bekannt war. Das Landgericht hatte diesen Beweis als nicht erbracht angesehen. Das Berufungsgericht hat keine Feststellungen hierüber getroffen. Um sie nachzuholen und damit eine abschließende rechtliche Beurteilung des Streitstoffes zu ermöglichen, mußte die Sache gemäß § 565 Abs. 1 ZPO. in die Vorinstanz zurückverwiesen werden.

RGZ. 150, 348.

1. Muß der Notar, der die Abtretung einer Briefhypothek beurkundet, für die Rechtswirksamkeit dieser Abtretung sorgen?

2. Muß der Notar in solchem Fall insbesondere die Personengleichheit des die Abtretung Erklärenden mit dem im Hypothekenbrief genannten Gläubiger gleichen Namens prüfen?

3. Wird bei der Briefhypothek der Schuldner befreit, wenn er gutgläubig an den als Hypothekengläubiger Eingetragenen zahlt, der jedoch in Wirklichkeit nicht mehr Gläubiger ist, weil er die Hypothek in schriftlicher, nicht beglaubigter Form unter Übergabe des Hypothekenbriefs abgetreten hat?

BGB. §§ 407, 839, 893, 1154, 1156.

III. Zivilsenat. Urt. v. 6. März 1936.

I. Landgericht Wuppertal. — II. Oberlandesgericht Düsseldorf.

Im Sommer 1930 wollte der Fuhrunternehmer Karl P. in B. der Klägerin für einen ihm eingeräumten Kredit Sicherheit leisten durch Abtretung einer Briefhypothek, die im Jahre 1904 im Grundbuch von B. in Höhe von 30 000 ℳ eingetragen worden war und damals – nach teilweiser Abtretung sowie teilweiser Rückzahlung und Aufwertung des Restes – noch in Höhe von 1500 GM bestand. Im Grundbuch wie auf dem Brief war als Gläubiger der Fuhrunternehmer Karl P. in B. genannt. Das war der Vater des eingangs genannten Karl P. Er war 1922 gestorben, nachdem er schon Jahre vorher aus B. verzogen war, und war von seiner Witwe Elise P. allein beerbt worden. Der Sohn Karl P. hatte das Geschäft seines Vaters nach dessen Wegzug aus B. weitergeführt und nach dem Tod des Vaters von seiner Mutter überlassen bekommen. Er erschien am 11. Juli 1930 vor dem verklagten Notar in B., überreichte ihm den Brief, erklärte ihm seine Absicht, die Hypothek an die Klägerin zur Sicherheit abzutreten, und bat um die Herstellung einer entsprechenden Urkunde. Der Beklagte, der den Erschienenen seit Jahren persönlich kannte, aber nicht wußte, daß auch sein Vater denselben Vornamen geführt hatte und ebenfalls Fuhrunternehmer in B. gewesen war, glaubte, den eingetragenen Hypothekengläubiger vor sich zu haben. Er beurkundete deshalb die Erklärung des Karl P., daß dieser zur Sicherheit für alle Forderungen und Ansprüche, die der Firma B. & Co., der jetzigen Klägerin, gegen ihn aus der zwischen ihnen bestehenden Geschäftsverbindung bereits zuständen und in der Folge noch erwachsen würden, die zu seinen Gunsten im Grundbuch von B. eingetragene Aufwertungsforderung von 1500 GM mit der dafür bestellten Hypothek an die genannte Firma abtrete und daß er die Eintragung der Abtretung in das Grundbuch bewillige. Der Beklagte händigte den ihm von Karl P. übergebenen Hypothekenbrief gemäß der ihm von diesem erteilten Weisung an die Klägerin aus. Einen Antrag auf Eintragung der Abtretung in das Grundbuch hat weder sie noch Karl P. gestellt. Die Eintragung ist unterblieben.

Karl P. geriet demnächst in Vermögensverfall; die Klägerin erwirkte gegen ihn am 4. August 1932 einen Vollstreckungstitel über 977,55 RM, konnte aber keine Zahlung darauf erlangen. Sie behauptet, sie habe aus der Abtretung vom 11. Juli 1930, da sie nicht von dem richtigen Gläubiger erklärt worden sei, keinerlei Rechte aus der Hypothek erworben. Auch deren nachträgliche Verschaffung sei nicht möglich, denn die Schuldnerin habe die Hypothek inzwischen an die Witwe P. zurückgezahlt. Der Schaden, der ihr durch den Ausfall der geplanten Sicherung entstanden sei, betrage an Kapital, Zinsen und Kosten insgesamt 1042,45 RM. Sie fordert diesen Betrag auf Grund des § 839 BGB. vom Beklagten, dem sie vorwirft, schuldhaft übersehen zu haben, daß der am 11. Juli 1930 vor ihm erschienene Karl P. mit dem eingetragenen Hypothekengläubiger nicht personengleich war.

Das Landgericht hat der Klage stattgegeben, das Oberlandesgericht hat sie abgewiesen. Die Revision der Klägerin führte zur Aufhebung und Zurückverweisung.

Gründe:

Die Klägerin findet darin, daß der Beklagte den Karl P. (Sohn) als den Hypothekengläubiger angesehen und behandelt hat, die schuldhafte Verletzung einer Amtspflicht, die dem Beklagten ihr gegenüber obgelegen habe und die dahin gegangen sei, zu prüfen, ob der vor ihm erschienene Karl P. über die Hypothek zu verfügen befugt sei. Sie meint, schon der Inhalt des dem Beklagten vorgelegten Hypothekenbriefs hätte Anlaß zu Zweifeln nach dieser Richtung und demgemäß zu einer Befragung des Erschienenen gegeben, und begründet das wie folgt:

Der unter dem 1. Oktober 1904 ausgestellte Brief lautete ursprünglich auf 30 000 ℳ. Er trug oben am Kopf den am 9. November 1911 ausgestellten Vermerk des Amtsgerichts: „Noch gültig auf 8000 ℳ als Brief 1b". Dieser Vermerk fand seine Erklärung in einem im Brief enthaltenen Zusatz von 9. November 1911:

> Von der vorstehend verbrieften Hypothek ist ein Betrag von 22 000 ℳ mit dem Vorrang vor dem Überrest... abgetreten dem Fuhrunternehmer Karl P. junior in B. Dies ist heute unter Bildung eines Teilbriefs (Nr. 1a) im Grundbuch vermerkt.

Die Klägerin meint, schon die nach der Gestaltung des Hypothekenbriefs gebotene Feststellung, über welchen Betrag die Hypothek damals noch bestanden habe, würde den Beklagten auf diesen Briefzusatz geführt haben, aus dem er ohne weiteres ersehen hätte, daß es zwei Fuhrunternehmer namens Karl P. in B. gegeben habe. Diese Erkenntnis hätte dem Beklagten zur Pflicht gemacht, zu fragen, welcher von den beiden Karl P. der vor ihm Erschienene sei. Dieser habe damals keine Veranlassung gehabt, dem Beklagten nicht die Wahrheit zu sagen, so daß der Sachverhalt sofort aufgeklärt und der Schaden der Klägerin vermieden worden wäre. Der Beklagte hätte aber auch aus dem dem Hypothekenbrief angehefteten Vertrag vom 28. September 1904 über das der Hypothekenbestellung zugrunde liegende Geschäft seinen Irrtum erkennen können und müssen. Nach diesem Vertrag setzte sich der Hypothekenbetrag von 30 000 ℳ zusammen aus einem Darlehen von 22 000 ℳ und einer Grundstückskaufgeldforderung von 8000 ℳ.

und zwar bezog sich letztere auf ein Grundstück, das als „gütergemeinschaftliches Eigentum des Komparenten Herrn P. und seiner Ehefrau Elisabeth geborene H." bezeichnet war. Der am 11. Juli 1930 vor dem Beklagten erschienene Karl P. war 1882 geboren. Die Klägerin meint, beim aufmerksamen Durchlesen des Vertrags hätte dem Beklagten auffallen müssen, daß Karl P. schon im Jahre 1904, also schon mit 22 Jahren, in einer gütergemeinschaftlichen Ehe gelebt haben solle; das habe für jeden mit rheinischen Verhältnissen Vertrauten auf eine vor dem 1. Januar 1900 liegende Eheschließung hingedeutet, so daß Karl P. schon mit 18 Jahren hätte verheiratet gewesen sein müssen.

Noch ein dritter Umstand hätte den Beklagten stutzig machen und ihm zur Aufklärung des Sachverhalts Anlaß geben müssen. Gelegentlich der Beurkundung der Abtretung vom 11. Juli 1930 erhielt er von Karl P. den Auftrag, die inzwischen eingetretene gesetzliche Aufwertung im Grundbuch und auf dem Brief vermerken zu lassen. Er reichte den Brief mit entsprechendem Antrag beim Grundbuchamt ein und erhielt ihn mit folgendem Vermerk zurück:

> Von vorverbriefter Hypothek ist ein Teilbetrag von 6000 ℳ für die Gläubigerin mit dem Rang vor dem Restbetrag aufgewertet gemäß dem Aufwertungsgesetz auf 1500 Goldmark...

Dem Beklagten hätte auffallen müssen, meint die Klägerin, daß hier von einer „Gläubigerin" die Rede gewesen sei, während nach dem damaligen Inhalt des Briefs und dem an das Grundbuchamt gestellten Antrag nur ein Aufwertungsvermerk zu Gunsten „des Gläubigers" hätte erwartet werden können. Ehe er den Brief mit der Ausfertigung der Abtretungserklärung vom 11. Juli 1930 auftragsgemäß an die Klägerin weitergegeben habe, hätte er diese Unstimmigkeit aufklären müssen, wobei sich sein Irrtum herausgestellt haben würde.

Das Oberlandesgericht hat sich die Verteidigung des Beklagten zu eigen gemacht und ausgeführt: Wenn der Beklagte beurkundet habe, daß „Karl P., Fuhrunternehmer in B." vor ihm erschienen sei und die dann folgende Erklärung abgegeben habe, so sei diese Beurkundung durchaus richtig gewesen. Denn damals habe es nur einen einzigen Fuhrunternehmer dieses Namens in B. gegeben, und dieser habe auch tatsächlich die beurkundete Abtretung erklärt. Seine Erklärung, er sei Gläubiger der Hypothek, sei allerdings sachlich unwahr gewesen, aber an ihrer Richtigkeit zu zweifeln, habe für den Beklagten kein Anlaß vorgelegen, und ohne besonderen Auftrag sei er nicht verpflichtet gewesen, die Berechtigung des Erschienenen zur Verfügung über die Hypothek, deren Brief er in der Hand gehabt habe, zu prüfen. Dem

Bedürfnis des Verkehrs nach Zuverlässigkeit notarischer Urkunden sei genügt, wenn die darin beurkundeten Erklärungen tatsächlich so wie beurkundet abgegeben und an sich rechtlich unbedenklich seien, namentlich nicht etwa gegen die guten Sitten oder andere gesetzliche Bestimmungen verstießen. Ob die beurkundete Erklärung inhaltlich wahr sei, könne regelmäßig vom Vertragsgegner des Erklärenden richtiger beurteilt werden als vom Notar. Im besonderen habe der Abtretungsempfänger einer Hypothekenforderung bequeme Mittel an der Hand, um sich gegen Irrtümer oder Betrugshandlungen wie hier zu sichern, nämlich die Anzeige an den Hypothekenschuldner und den Antrag auf Eintragung der Abtretung im Grundbuch. Wolle man den Notar für allgemein verpflichtet halten, die Verfügungsberechtigung des eine Hypothek Abtretenden zu prüfen, so müsse man von ihm jedesmal z. B. auch ein Zurückgreifen auf das Grundgeschäft verlangen, weil, wie der vorliegende Fall zeige, der Besitz des Briefes und die Namensgleichheit mit dem im Brief bezeichneten Gläubiger noch keine sichere Gewähr für die Verfügungsbefugnis gebe. Zur Abtretung einer Hypothek genüge an sich neben der Übergabe des Briefes die Erteilung einer privatschriftlichen Abtretungserklärung. Einfache Beglaubigung der letzteren reiche aus, um den Schutz des § 1155 BGB. zu erreichen, und zu einer öffentlichen Beurkundung habe im vorliegenden Fall eigentlich keine Veranlassung vorgelegen. Hätte der Beklagte sich aber auf Beglaubigung der Unterschrift des Karl P. beschränkt, so hätte er keine Pflicht, unter Umständen nicht einmal das Recht gehabt, die durch die Unterschrift gedeckte Erklärung nachzuprüfen. Schon deshalb habe er auch bei der von ihm vorgenommenen Beurkundung davon absehen können, der tatsächlichen Richtigkeit der vor ihm abgegebenen Erklärung zu mißtrauen und den Hypothekenbrief daraufhin durchzusehen, ob sich daraus etwa Anhaltspunkte gegen dessen Richtigkeit ergäben. Die Teilabtretung aus 1911 habe zudem leicht übersehen werden können. Der Vermerk des Grundbuchamts vom 29. Juli 1930, daß die Aufwertung für „die Gläubigerin" eingetragen worden sei, sei nicht auffällig gewesen; denn mit „der Gläubigerin" habe das Grundbuchamt die Klägerin als nunmehrige Hypothekengläubigerin gemeint, nicht die Witwe P., von deren Gläubigerschaft das Grundbuchamt nichts habe wissen können.

Diese Ausführungen werden von der Revision mit Grund als rechtsirrtümlich beanstandet. Das Berufungsgericht hat nicht festgestellt, ob Karl P. in betrügerischer Absicht dem Beklagten verschwiegen hat, daß er nicht der eingetragene Hypothekengläubiger war, oder ob er in dem guten Glauben gehandelt hat, auf dem von ihm beschrittenen Weg der Klägerin die ihr versprochene Sicherheit zu verschaffen. Darauf kommt es in diesem Zusammenhang auch nicht an. Denn in beiden Fällen war der Beklagte kraft seines Amtes verpflichtet, dafür zu sorgen, daß die von ihm beurkundete Abtretung rechtswirksam war. Diese Amtspflicht oblag ihm gegenüber jedem, der sich im Verkehr auf die Wirksamkeit der Urkunde zu verlassen berechtigt war, insbesondere also gegenüber der Klägerin. Die Erklärung, daß eine Hypothek abgetreten werde, kann den Übergang der Hypothek regelmäßig nur dann bewirken, wenn sie von dem bisherigen Gläubiger abgegeben wird, und der Notar muß deshalb auch prüfen, ob der, dessen Abtretungserklärung er beurkundet, wirklich zur Verfügung über die Hypothek berechtigt ist. Er braucht zwar ohne besonderen Anlaß keine umfassenden Ermittlungen darüber anzustellen, aber jedenfalls muß er den ihm vorgelegten Hypothekenbrief unter diesem Gesichtspunkt sorgfältig prüfen. Er darf sich, wenn der Brief außer dem ursprünglichen Eintragungsvermerk noch weitere Vermerke enthält, nicht damit begnügen, den Vermerk über die ursprüngliche Eintragung einzusehen; denn er muß damit rechnen, daß später eine Änderung in der Person des Gläubigers vermerkt ist. Er muß deshalb den Brief seinem gesamten Inhalt nach prüfend durchforschen. Im vorliegenden Fall zeigt der Brief eine ganze Reihe späterer Vermerke. Hätte der Beklagte sie pflichtgemäß durchgesehen, so wäre er notwendig auf den an dritter Stelle stehenden Vermerk vom 9. November 1911 gestoßen: „Von der vorstehend verbrieften Hypothek ist ein Betrag von 22 000 ℳ ... abgetreten dem Fuhrunternehmer Karl P. junior in B. Dies ist heute unter Bildung eines Teilbriefs (Nr. 1a) im Grundbuch vermerkt". Dann aber ergab sich für ihn mit Notwendigkeit die Frage, welcher von den beiden Fuhrunternehmern Karl P. in B. der vor ihm Erschienene sei. Die Pflicht zur vollständigen Durchsicht des Hypothekenbriefs erwuchs dem Beklagten im vorliegenden Fall aber auch noch deshalb, weil der Brief ursprünglich auf 30 000 ℳ lautete und eine Aufwertungshypothek von 1500 GM an die Klägerin abgetreten werden sollte. Der Beklagte mußte prüfen, ob die Hypothek tatsächlich jetzt in Höhe von 1500 GM bestand. Auch bei dieser Prüfung hätte er auf den erwähnten Abtretungsvermerk vom 9. November 1911 stoßen müssen.

Da für die Revision unterstellt werden muß, daß der Beklagte auf seine nunmehr gebotene Frage von Karl P. die richtige Antwort erhalten hätte, er sei Karl P. junior und der als Gläubiger der Resthypothek Eingetragene sei sein verstorbener Vater, muß auch weiter davon ausgegangen werden, daß unter Zuziehung der Witwe P. als der nunmehrigen Gläubigerin die Abtretung der Hypothek an die Klägerin einwandfrei zustande gekommen wäre, oder aber, daß die Klägerin den Kredit, der durch die Hypothekenabtretung gesichert werden sollte, nicht gegeben oder zurückgezogen hätte.

Wenn die Klägerin dem Beklagten auch noch den weiteren Vorwurf macht, er habe den dem Hypothekenbrief angehefteten Vertrag vom 28. September 1904 nicht durchgelesen und deshalb die sich hieraus ergebenden Zweifel über die Gläubigerschaft des Karl P. nicht bemerkt, so überspannt sie damit allerdings die Sorgfaltspflicht des Notars. Die Einzelheiten des Kaufvertrags konnten im Hinblick auf den am Eingang des Briefs ersichtlichen Inhalt der Grundbucheintragung für die beabsichtigte Hypothekenabtretung nicht von Belang sein. Auch würde man es dem Beklagten nicht zum Verschulden anrechnen können, wenn ihm bei Durchlesen des Vertrags entgangen wäre, daß der vor ihm Erschienene — vorausgesetzt, daß er dessen genaues Lebensalter überhaupt gekannt hätte — schon mit 18 Jahren hätte verheiratet gewesen sein müssen.

Die Begründung, mit der das Berufungsgericht eine Amtspflichtverletzung des Beklagten verneint, ist also rechtlich nicht haltbar. Deshalb muß das angefochtene Urteil, das allein auf dieser Verneinung seines Amstverschuldens beruht, aufgehoben werden. Der Rechtsstreit ist aber noch nicht zu Gunsten der Klägerin spruchreif.

Beide Parteien sind bisher übereinstimmend davon ausgegangen, daß die Klägerin niemals Gläubigerin der Hypothek geworden sei, daß jedenfalls aber durch die Rückzahlung der Hypothek an die Witwe P. — oder ihren von ihr zum Empfang ermächtigten Sohn — nach §§ 891, 892 BGB. ihr Recht erloschen sei. Dieses hat der Beklagte in einem Schriftsatz ausdrücklich eingeräumt. Darin liegt aber nicht ein das Gericht bindendes tatsächliches Zugeständnis, sondern nur die Äußerung einer Rechtsansicht, die vom Gericht nachzuprüfen ist. Nach den bisherigen Feststellungen ist die Möglichkeit nicht ausgeschlossen, daß die Klägerin aus der Hypothek noch in das belastete Grundstück vollstrecken kann. Dann aber wäre ihr durch das Versehen des Beklagten kein oder doch nicht der jetzt geltend gemachte Schaden entstanden.

Der Beklagte hat behauptet, und das Berufungsgericht hat diese Behauptung nicht für unrichtig erklärt, daß die Hypothekenabtretung vom 11. Juli 1930 mit Wissen und Willen der wahren Gläubigerin, der Witwe P., erklärt worden sei, ja daß diese gerade zu diesem Zweck den Hypothekenbrief ihrem Sohn Karl P. ausgehändigt habe. Ist das richtig, so ist die Klägerin durch Übergabe des Briefs und Erteilung der Abtretungserklärung Gläubigerin der Hypothek geworden. Die Abtretungserklärung des Karl P. und die von ihm veranlaßte Übergabe des Briefs an die Klägerin stellten zwar an sich die Verfügung eines Nichtberechtigten dar. Diese Verfügung wäre aber infolge der — auch formlos möglichen — Zustimmung der Berechtigten wirksam geworden (§§ 185, 182 Abs. 2 BGB.). Es wäre auch bedeutungslos gewesen, daß Karl P. die Abtretungserklärung vom 11. Juli 1930 im eigenen Namen abgegeben hat. Es würde sich dann nur noch fragen, welche Bedeutung die Rückzahlung der Hypothek an die Witwe P. — oder etwa mit deren Einwilligung an ihren Sohn Karl P. — für das Recht der Klägerin gehabt hätte, wobei davon auszugehen wäre, daß die Schuldnerin den Übergang der Hyopthek auf die Klägerin weder kannte noch kennen mußte.

Nach § 407 Abs. 1 BGB. würde die Klägerin zwar gegenüber der auf sie übergegangenen persönlichen Forderung den Einwand der Zahlung gelten lassen müssen, nicht aber auch gegenüber ihrem dinglichen Hypothekenrecht. Denn nach § 1156 Satz 1 BGB. findet § 407 auf das Rechtsverhältnis zwischen dem Eigentümer und dem neuen Gläubiger keine Anwendung. Sollte die Rückzahlung an Karl P. erfolgt sein, ohne daß seine Mutter dieser Zahlung zugestimmt oder sie nachträglich genehmigt hätte, so könnte, wie nicht weiter ausgeführt zu werden braucht, die Schuldnerin daraus keinen Zahlungseinwand gegenüber dem dinglichen Recht der Klägerin herleiten. Sie könnte sich aber auch nicht darauf berufen, daß Karl P., wie er als Zeuge bekundet hat, einen Teil des auf die Hypothek erhaltenen Geldes an die Klägerin abgeführt hätte. Denn Karl P. hätte damit immer nur eigene Schulden an die Klägerin bezahlt, nicht aber eine Leistung der Hypothekenschuldnerin erbracht. Daß er sich die Mittel dazu aus der vermeintlich auf die Hypothek geleisteten Zahlung der Grundstückseigentümerin beschafft hatte, ist ohne Bedeutung und gewährt dieser namentlich auch nicht etwa einen Anspruch auf Herausgabe ungerechtfertigter Bereicherung, mit dem sie gegen die Hypothekenklage aufrechnen könnte, da die Klägerin die Leistung des Karl P. nicht ohne rechtlichen Grund empfangen hat.

Aber auch dann, wenn die Zahlung an die Witwe P. selbst — oder mit ihrer Einwilligung an ihren Sohn — geleistet worden ist, braucht die Klägerin die Zahlung gegenüber ihrem dinglichen Recht nicht gelten zu lassen. § 893 BGB. schützt zwar den guten Glauben dessen, der an den im Grundbuch als berechtigt Eingetragenen auf Grund dieses Rechts eine Leistung bewirkt. Die Vorschrift findet aber auf Zahlungen — wenigstens auf Kapitalzahlungen —, die auf eine Briefhypothek (oder Briefgrundschuld) geleistet werden, dann keine Anwendung, wenn sich der Eingetragene nicht im Besitz des Hypothekenbriefs befindet. Denn einerseits bietet das Grundbuch — da Briefhypotheken (und Briefgrundschulden) durch Abtretung nach § 1154 BGB. außerhalb des Grundbuchs ihren Inhaber wechseln können — keinerlei Gewähr dafür, daß der im Grundbuch Eingetragene noch der Berechtigte ist. Anderseits bedarf der Schuldner einer Briefhypothek (oder Briefgrundschuld) des Schutzes des § 893 BGB. nicht, da er nach § 1160 das. der Geltendmachung der Hypothek widersprechen kann, wenn ihm nicht der Brief und gegebenenfalls die in § 1155 bezeichneten Urkunden vorgelegt werden. Nur dann, wenn etwa zur Zeit der Rückzahlung der Hypothek die Witwe P. zufällig im Besitz des Hypothekenbriefs gewesen sein sollte — wofür aber die Sachlage keinerlei Anhalt bietet — könnte die zahlende Grundstückseigentümerin den Schutz ihres guten Glaubens an das fortbestehende Gläubigerrecht der Witwe P. für sich in Anspruch nehmen; andernfalls hätte ihr dieser Schutz gefehlt, und sie könnte sich gegenüber dem dinglichen Hypothekenanspruch der Klägerin nicht auf ihre Zahlung berufen.

Nach alledem war die Zurückverweisung der Sache an das Berufungsgericht geboten zur Aufklärung, ob nicht die Klägerin trotz des dem Beklagten untergelaufenen Versehens durch die Abtretung Gläubigerin der Hypothek geworden ist. Die Beweislast dafür, daß das nicht geschehen ist, trifft die Klägerin, denn zur Begründung ihres Schadensersatzanspruchs gehört der Nachweis, daß ihr durch das Versehen des Beklagten die mit der Abtretung bezweckte Sicherstellung entgangen ist.

RGZ. 151, 78.

1. ...

2. Inwieweit ist zum Ausweis des Gläubigerrechts nach § 1155, 1192 Abs. 1 BGB. der Nachweis der Vertretungsmacht durch öffentlich beglaubigte Urkunde erforderlich, wenn in der Reihe der öffentlichen Abtretungserklärungen an den Vormann nicht der Grundschuldgläubiger selbst, sondern ein Vertreter die Abtretung vorgenommen hat?

§§ 111, 113, 117, BGB. 119. §§ 1155, 1192.

Die Entscheidung ist abgedruckt unter „Recht der Handelsgesellschaften".

RGZ. 151, 389.

Bleibt die Verpflichtung des Versicherers aus § 101 VVG. auch gegenüber einem Hypothekengläubiger bestehen, dessen Hypothek zur Zeit des Brandes noch nicht eingetragen, aber bereits durch Vormerkung gesichert war?

VVG. § 101. BGB. §§ 883, 1127.

VII. Zivilsenat. Urt. v. 26. Juni 1936.

I. Landgericht Breslau.

Die Ehefrau R. in W. war Eigentümerin eines im Grundbuch von S. eingetragenen Grundstücks. In Abteilung III waren neben anderen Rechten eingetragen unter

Nr. 1 eine Grundschuld von 5000 GM für die Sparkasse des Landkreises G., eingetragen am 12. März 1929,

Nr. 2 eine Hypothek von 10 000 GM für die Klägerin, vorgemerkt auf Grund einstweiliger Verfügung am 1. März 1930, in eine Hypothek umgeschrieben auf Grund des am 10. November 1933 verkündeten Urteils des Oberlandesgerichts zu B. am 10. April 1934.

Die auf dem Grundstück stehenden Gebäude waren bei der Beklagten gegen Brandschaden versichert. Versicherungsnehmer waren die Eigentümerin R. und deren Ehemann. Dieser hat am 6. Dezember 1933 die Gebäude in Brand gesteckt. Die Beklagte setzte die Brandentschädigung auf 17 107 RM fest. Sie zahlte an die Kreissparkasse G. als Grundschuldgläubigerin der Eintragung unter Nr. 1 4781,78 RM. Im Grundbuch wurde eingetragen, daß die Grundschuld Abt. III Nr. 1 zum Teilbetrage von 4781,78 GM mit dem Rang nach der Post Abt. III Nr. 2 auf die Beklagte übergegangen sei. Die Klägerin hat aus der Hypothek Abt. III Nr. 2 die Zwangsversteigerung des Grundstücks betrieben. Am 23. Juli 1935 wurde ihr das Grundstück zum Meistgebot von 2500 RM zugeschlagen; alle dinglichen Rechte sind erloschen.

Die Klägerin verlangt von der Beklagten nach den §§ 101, 102, 106 VVG. und § 1127 BGB. Zahlung der Versicherungssumme für ihre früher eingetragen gewesene Hypothek nebst Zinsen, die sie unter Berücksichtigung des Erwerbs des Grundstücks und gezahlter Gerichtskosten auf 12 425,22 RM berechnet.

Die Beklagte bestreitet den Klaganspruch nach Grund und Höhe und macht insbesondere geltend, daß die Klägerin als Vormerkungsberechtigte keinen Anspruch aus § 101 VVG. habe.

Das Landgericht hat den Klaganspruch dem Grunde nach für gerechtfertigt erklärt. Die gegen dieses Urteil von der Beklagten unmittelbar eingelegte Revision wurde zurückgewiesen.

Gründe:

Das Landgericht führt u. a. aus, die erst nach dem Brand zugunsten der Klägerin bewirkte Eintragung der Hypothek sei so anzusehen, als wenn sie schon zur Zeit der Vormerkungseintragung geschehen wäre. Es komme darauf an, ob zu einer Zeit, zu der die Versicherungssumme *noch nicht voll ausgezahlt sei, das dingliche Recht*, für das zur Zeit des Schadensfalles eine Vormerkung eingetragen gewesen sei, mit dem Range der Vormerkung eingetragen sei. Sinn und Zweck der Vormerkung sei, dem vorgemerkten und später einzutragenden Recht den Rang zu sichern, d. h. den Rang zu verleihen, den es gehabt hätte, wenn es schon zur Zeit der Vormerkungseintragung eingetragen worden wäre. Dieser Erfolg würde vereitelt werden, wenn der Standpunkt der Beklagten richtig wäre. Die Hypothek der Klägerin habe nach § 1127 Abs. 1 BGB. an Stelle der abgebrannten Gebäude den Anspruch auf Auszahlung der Versicherungssumme mit dem Rang der Vormerkungseintragung ergriffen. Die Klägerin könne deshalb auf Grund des § 101 VVG. als Hypothekengläubigerin die Zahlung des auf ihr Recht entfallenden Versicherungsbetrages verlangen.

Die Revision rügt Verletzung des sachlichen Rechts, insbesondere des § 101 VVG. und der §§ 883, 1127 BGB., und führt unter anderem aus, die Tatsache, daß für die Klägerin zur Zeit des Brandes bereits eine Vormerkung auf Eintragung einer Hypothek eingetragen gewesen sei, könne nicht dieselbe Wirkung haben, wie wenn die Hypothek für die Klägerin im Zeitpunkt des Brandes schon bestellt gewesen wäre, da der Zweck der Vormerkung nur der sei, dem gesicherten Recht den Rang der Vormerkung zu erhalten, nicht aber, dem gesicherten Recht einen auch nur vorläufigen Bestand zu geben. Nach den §§ 1120 flg., 1127 BGB. könne die Hypothek nur solche Gegenstände erfassen, die im Zeitpunkt der Belastung des Grundstücks noch vorhanden gewesen seien. Wenn ein Gebäude zur Zeit der Eintragung bereits abgebrannt sei, könne dem Hypothekengläubiger ein Recht an der Versicherungssumme nicht zustehen, da der untergegangene versicherte Gegenstand niemals für die Hypothek gehaftet habe. Es könne also nicht darauf ankommen, ob das dingliche Recht, für das zur Zeit des Schadensfalls eine Vormerkung eingetragen gewesen sei, noch vor der Auszahlung der Versicherungssumme zur Entstehung gelangt sei; denn nirgends enthalte das Gesetz eine Vorschrift, nach der mit der Eintragung eines durch Vormerkung gesicherten Rechts dieses rückwirkend als mit dem Zeitpunkt der Vormerkungseintragung entstanden gelte.

Nach § 1127 Abs. 1 BGB. erstreckt sich, soweit das der Hypothek unterliegende Grundstück für den Eigentümer oder Eigenbesitzer versichert ist, die Hypothek auf die Forderung gegen den Versicherer. Soweit also mit Eintritt des Versicherungsfalls ein Anspruch auf Zahlung gegen den Versicherer entsteht, haftet dieser Anspruch dem Hypothekengläubiger. In dem Falle, wo zur Zeit des Versicherungsfalls eine Vormerkung zur Erhaltung des Anspruchs auf Eintragung einer Hypothek eingetragen ist, erstrecken sich die Wirkungen einer solchen Vormerkung auch auf die Versicherungsforderung (vgl. RGR-Komm. z. BGB. § 883 Bem. 11; Staudinger BGB. 10. Aufl. § 883 Bem. 59). Daraus folgt, daß der Versicherungsnehmer über die Versicherungsforderung nicht zum Nachteil des Vormerkungsberechtigten verfügen kann und anderen Hypothekengläubigern gegenüber auch hinsichtlich der Versicherungsforderung für das Rangverhältnis der Zeitpunkt maßgebend ist, in welchem die Vormerkung eingetragen worden ist. Im vorliegenden Fall würde also, soweit der Tatbestand des § 1127 Abs. 1 BGB. noch gegeben wäre, die Klägerin mit dem Rang der Vormerkung Befriedigung aus der Versicherungsforderung beanspruchen können. Nach den tatsächlichen Feststellungen des Landgerichts liegen aber die Voraussetzungen des § 1127 BGB. nicht vor, da der Ehemann der Grundstückseigentümerin, der mit dieser Versicherungsnehmer ist, das Gebäude in Brand gesteckt hat und deshalb die Beklagte von ihrer Leistung aus dem Versicherungsvertrag frei geworden ist.

Es fragt sich demnach, ob sich die Klägerin mit Recht für ihren Anspruch auf § 101 VVG. beruft, wonach bei der Gebäudeversicherung die Verpflichtung des Versicherers gegenüber einem Hypothekengläubiger bestehen bleibt, wenn dieser wegen des Verhaltens des Versicherungsnehmers von der Verpflichtung zur Leistung frei wird. Dies ist nur dann der Fall, wenn der vorliegende Sachverhalt so zu beurteilen ist, als ob mit dem Zeitpunkt der Eintragung der Vormerkung die später eingetragene Hypothek selbst schon eingetragen gewesen wäre. Das muß aber geschehen. Das Reichsgericht hat allerdings wiederholt ausgsprochen, § 101 VVG. gewähre dem Hypothekengläubiger einen selbständigen unmittelbaren Anspruch hypothekenrechtlicher Natur auf die Versicherungssumme (RGZ. Bd. 102 S. 350 [352], Bd. 124 S. 91 [95], Bd. 133 S. 117 [124]). Damit ist aber nicht gesagt, daß dieser

Anspruch des Hypothekengläubigers mit dem ursprünglichen Anspruch des Versicherungsnehmers gegen den Versicherer nichts zu tun habe; vielmehr hat er seinen Grund nur in diesem, für den Versicherungsnehmer allerdings erloschenen Anspruch; das ergibt sich schon aus dem Wortlaut der Bestimmung, die Verpflichtung des Versicherers bleibe gleichwohl gegenüber dem Hypothekengläubiger bestehen. Auch hat der erkennende Senat schon in der Entscheidung in RGZ. Bd. 102 S. 350 ausgesprochen, daß auch auf diesen Anspruch des Hypothekengläubigers aus § 101 VVG. die Vorschrift des § 1127 Abs. 2 BGB. entsprechende Anwendung finde, nach der die Haftung der Forderung gegen den Versicherer erlischt, wenn der versicherte Gegenstand wiederhergestellt oder Ersatz für ihn beschafft ist. Hieraus ergibt sich, daß es sich bei dem Anspruch aus § 101 VVG. nicht etwa um einen neu zur Entstehung gelangenden Anspruch handelt, sondern um einen Anspruch, der sich aus dem dem Versicherungsnehmer zustehenden und dem Hypothekengläubiger mit verpfändet gewesenen Anspruch herleitet.

Daraus folgt zwar nicht ohne weiteres, daß im Fall des § 101 VVG. die Wirkung der Vormerkung dieselbe sein müsse wie im Fall des § 1127 BGB. Aber dieser rechtliche und wirtschaftliche Zusammenhang beider Ansprüche muß bei der Frage der Wirkung einer Vormerkung im Fall des § 101 VVG. berücksichtigt werden. Nach ständiger Rechtsprechung des Reichsgerichts ist die Vormerkung kein auch nur bedingtes dingliches Recht am Grundstück, sondern ein besonders geartetes Sicherungsmittel, das dem geschützten Recht in gewissem Umfang dingliche Wirkungen verleiht (RGZ. Bd. 113 S. 403, Bd. 116 S. 238, Bd. 129 S. 184; RGRKomm. z. BGB. § 883 Bem. 8). Sie hat nach § 883 Abs. 2 BGB. zunächst die Wirkung, daß Verfügungen, die später über das Grundstück getroffen werden, insoweit unwirksam sind, als sie den Anspruch oder das Recht vereiteln oder beeinträchtigen würden. Da im vorliegenden Fall keine derartige Verfügung vorgenommen worden ist, läßt sich aus dieser Bestimmung hier nichts herleiten. Die Vormerkung hat aber außer dieser einen Aufgabe auch eine weitere, nämlich die Verwirklichung des gesicherten Anspruchs in die Wege zu leiten, ihm den Rang des Rechts zu wahren und die künftige Eintragung vorzubereiten (RGRKomm. z. BGB. § 883 Bem. 8). Diese Aufgabe ergibt sich vornehmlich aus § 883 Abs. 1 und 3 BGB. Wenn insbesondere Abs. 3 der genannten Bestimmung besagt, der Rang des Rechts, auf dessen Einräumung der Anspruch gerichtet sei, bestimme sich nach dem Rang der Vormerkung, so regelt er nach dem Wortlaut zwar in erster Reihe das Rangverhältnis zwischen verschiedenen am Grundstück Berechtigten in der Art, daß insoweit die Eintragung der Vormerkung der später erfolgenden Eintragung des Rechts gleichsteht. Diese Wirkung bleibt aber nicht auf das Verhältnis zwischen den am Grundstück Berechtigten beschränkt, sondern hat unter Umständen auch weitergehende, Dritten gegenüber geltende Wirkung. Es braucht hier nicht entschieden zu werden, ob allgemein anzunehmen ist, die Vormerkung wirke in der Art, daß dem Gläubiger die Eintragung oder Löschung, zu deren Bewilligung der Schuldner verpflichtet ist, in sachlich-rechtlicher Beziehung ganz so gesichert wird, wie wenn sie zur Zeit oder an Stelle der Vormerkung geschehen wäre (vgl. Planck-Strecker BGB. 5. Aufl. § 883 Bem. 3 Seite 221), und das Rechtsverhältnis liege, wenn das Recht endgültig eingetragen wird, gerade so, wie wenn die Eintragung oder Löschung an der Stelle der Vormerkung und in dem Zeitpunkt vorgenommen worden wäre, in dem die Vormerkung eingetragen wurde (Planck-Strecker a. a. O. Vorbem. VIII 2b vor § 873). Denn der Gesetzgeber selbst hat in verschiedenen Fällen durch ausdrückliche Bestimmung die Vormerkung mit einer Wirkung ausgestaltet, die einer dinglichen Wirkung ähnlich ist, so u. a. in § 439 Abs. 2, §§ 884, 1971, 1974 Abs. 3, § 2016 BGB., §§ 24, 47 KO. und in § 48 ZVG. (vgl. RGRKomm. § 883 Anm. 8). Weitergehend hat das Reichsgericht in RGZ. Bd. 124 S. 202, wo es sich um einen Fall aus dem Aufwertungsrechte handelt, der Vormerkung eine über den Wortlaut hinausgehende Wirkung beigelegt und gesagt, aus § 883 Abs. 3 BGB. ergebe sich unmittelbar die Rechtfertigung dafür, die Vormerkung im Bereich der Vorschriften, die eine Rangordnung bestimmen, den Rechten am Grundstück in ihren Wirkungen auch dort gleichzustellen, wo dies im Gesetz nicht ausdrücklich geschehen sei.

Der erkennende Senat legt auch für den Fall des § 101 VVG. der Vormerkung die der dinglichen ähnliche Wirkung bei, daß im Fall späterer Eintragung der Hypothek diese als im Zeitpunkt der Vormerkungseintragung entstanden anzusehen ist. Wenn die Bestimmung des § 101 VVG. auch nicht unmittelbar zu den Vorschriften gehört, die eine Rangordnung bestimmen, so steht sie doch mit dieser in einem sehr engen Zusammenhang. Das ergibt sich sowohl daraus, daß sich die Befriedigung der Hypothekengläubiger auch im Fall des § 101 VVG. nach deren Rangordnung richtet, als auch daraus, daß § 102 VVG. für die im Fall der Befriedigung des Hypothekengläubigers durch den Versicherer auf diesen übergehende Hypothek Rangbestimmungen trifft. Wie bedeutungsvoll gerade die Rangordnung auch im Bereiche des

§ 101 VVG. ist, läßt weiter folgender Umstand erkennen, auf den die Revisionsbeklagte mit Recht hinweist. Hätte die Vormerkung nicht die bezeichnete Wirkung, so würde ein Hypothekengläubiger, der einer zunächst durch Vormerkung gesichert gewesenen Hypothek im Range nachfolgt, im Fall des § 101 VVG. aus der Versicherungssumme Befriedigung erlangen. Dagegen würde er, wenn der Versicherungsnehmer seinen Anspruch nicht verloren hätte, also der Fall des § 1127 BGB. gegeben wäre, nicht befriedigt werden, sofern nicht auch noch seine Hypothek nach der durch Vormerkung gesichert gewesenen durch die Entschädigungsforderung gedeckt würde. Denn, in einem solchen Fall etwa auch dem nachfolgenden Hypothekengläubiger die Befriedigung zu versagen, erscheint nach der ausdrücklichen Bestimmung des § 101 VVG. unmöglich. Ein solches Ergebnis aber kann der Gesetzgeber nach der Auffassung des Senats nicht gewollt haben. Auch kann in dieser über den Wortlaut des § 101 VVG. hinausgehenden Auslegung keine unbillige Belastung des Versicherers gefunden werden; vielmehr entspricht es der Billigkeit, die zur Förderung des Realkredits getroffene, den Versicherer allerdings belastende Vergünstigung des § 101 VVG. auch dem zur Zeit des Versicherungsfalls nur durch Vormerkung gesichert gewesenen Hypothekengläubiger zuzusprechen, da gerade bei Kreditgewährungen der Vormerkungsberechtigte so angesehen zu werden pflegt, als ob er hinsichtlich des vorgemerkten Rechts endgültig gesichert wäre. Demnach ist der zur Zeit des Versicherungsfalls Vormerkungsberechtigte im Rahmen des § 101 VVG. jedenfalls dann dem Hypothekengläubiger gleichzustellen, wenn zur Zeit der letzten Tatsachenverhandlung an Stelle der Vormerkung die Hypothek selbst eingetragen ist.

RGZ. 152, 213.

1. Kann auf Grund des § 810 BGB. die Vorlegung von Aufzeichnungen und Notizen verlangt werden, die sich die andere Partei bei den Verhandlungen über ein Rechtsgeschäft für ihre privaten Zwecke gemacht hat?

2. Kann bei der Bestellung einer wertbeständigen Verkehrshypothek zwischen den Parteien wirksam die Vereinbarung getroffen werden, daß im inneren Verhältnis der Parteien nur eine einfache Währungsschuld (Pfundschuld) geltend gemacht werden kann?

BGB. §§ 810, 1113, 1115, 1190.

IV. Zivilsenat. Urt. v. 5. Oktober 1936.

I. Landgericht Köln. — II. Oberlandesgericht daselbst.

Der in Köln wohnende Kläger hat im Jahre 1925 von den in England wohnenden Beklagten ein Darlehen von 5000 £ erhalten. Hierüber hat der Kläger zwei Urkunden ausgestellt, die gleichzeitig an die Beklagten übersandt worden sind: am 14. September 1925 bekannte der Kläger in einer notariellen Urkunde, von den Beklagten 102 000 Goldmark — eine Goldmark = 1/2790 kg Feingold — erhalten zu haben, und bewilligte für diesen Betrag die Einräumung einer Hypothek; am 15. September 1925 stellte der Kläger folgende Urkunde aus:

> Ich bekenne, von Mr. R. St. J., Solicitor in London, und Mr. Ch. R. B., Solicitor in London, (den beiden Beklagten) ein Darlehen in Höhe von 5000 £ erhalten zu haben. Die für dieses Darlehen gegebene Hypothek ist mit Rücksicht auf die deutsche Grundbuchgesetzgebung als wertbeständige Hypothek über 102 000 Goldmark eingetragen worden. Ungeachtet der Formulierung der notariellen Schuldurkunde und der Hypothekeneintragung verpflichte ich mich, Kapital und Zinsen in englischer Währung effektiv zu zahlen.

Bis zu der im September 1931 erfolgten Ablösung des englischen Pfundes vom Goldstande hatte der Kläger auf diese Schuld 2000 £ zurückgezahlt. Auf die verbleibende Restschuld zahlte der Kläger die Zinsen zunächst weiter in Pfundbeträgen an die Beklagten, später entsprechend der deutschen Devisengesetzgebung in Reichsmark zum Tageskurs des Pfundes auf Sperrkonto und an die Konversionskasse. Im April 1935 verständigten sich die Parteien im Wege eines Teilvergleichs dahin, daß die Beklagten gegen Einzahlung eines Kapitalbetrags von 3000 £, umgerechnet in Reichsmark zum Tageskurs des Pfundes, auf Sperrkonto die Löschung der für sie eingetragenen Hypothek bewilligten, sich aber ihren Anspruch auf Zahlung des Restbetrags des Darlehns in Goldmark vorbehielten, wofür sie durch eine selbstschuldnerische Bürgschaft einer Großbank gesichert wurden. Der Kläger steht auf dem Standpunkt, daß er nach den bei der Darlehnsgewährung im Jahre 1925 getroffenen Vereinbarungen zur Rückzahlung in entwerteten Währungspfunden berechtigt gewesen sei; er beantragt Feststellung, daß er den Beklagten nichts mehr schulde, und Verurteilung der Beklagten zur Freigabe der Bankbürgschaft. Die Beklagten haben Widerklage erhoben, mit der sie die Feststellung beantragen, daß der Kläger aus dem Darlehnsgeschäft noch 24 930 Goldmark — eine Goldmark = 1/2790 kg Feingold — nebst Zinsen schulde. Das Landgericht hat im Sinne des Klägers entschieden. Das Berufungsgericht hat die Klage abgewiesen und auf die Widerklage festgestellt, daß der Kläger aus dem Darlehnsgeschäft noch 24 930 Goldmark verschulde. Die Revision des Klägers führte zur Aufhebung und Zurückverweisung.

Aus den Gründen:

Das Berufungsgericht geht, ohne sich darüber auszusprechen, erkennbar von der Anwendung deutschen Rechts aus. Rechtliche Bedenken sind dagegen nicht zu erheben. Maßgebend für die Frage des anzuwendenden Rechts ist in erster Reihe die ausdrückliche oder aus den Umständen zu entnehmende stillschweigende Vereinbarung der Parteien. Im vorliegenden Fall sind der deutsche Wohnsitz des Schuldners, die Bestellung einer Hypothek auf einem in Deutschland gelegenen Grundstück ebenso wie die Beurkundung vor einem deutschen Notar als Umstände zu bewerten, die ausreichen, um die Annahme einer stillschweigenden Vereinbarung deutschen Rechts zu rechtfertigen.

In der Sache selbst führt das Berufungsgericht folgendes aus: Um entscheiden zu können, ob hier eine Geldschuld oder eine Goldschuld vorliege, sei der Parteiwille bei der Darlehnshingabe zu erforschen; der Parteiwille sei aus dem überreichten Briefwechsel und den beiden Urkunden vom 14. und 15. September 1925 zu entnehmen, andere Erkenntnisquellen seien nicht vorhanden. Aus dem Briefwechsel gehe zweifellos hervor, daß die Beklagten ihr hochwertiges Geld demnächst ungeschmälert zurückerhalten und sich zu diesem Zweck in denkbar bester Weise sichern wollten. Für beide Parteien habe es damals außer jedem Zweifel gestanden, daß das englische Pfund stabil sei und daß, wenn das englische Pfund für die Art der Rückzahlung maßgebend sei, dadurch eine vollwertige Rückerstattung der Darlehnssumme gewährleistet sei. Um nun für das vollwertige Geld auch eine vollwertige Sicherheit zu schaffen, sei die Hypothek mit Rücksicht auf die deutsche Gesetzgebung als Feingoldhypothek begründet worden. Das habe aber den Beklagten noch nicht als Sicherheit genügt; der Kläger habe vielmehr noch den „Revers" vom 15. September 1925 ausstellen müssen, daß er die 5000 £ in englischer Währung effektiv zurückzahlen werde. Diesem Revers, so führt das Berufungsgericht weiter aus, dürfe aber, entgegen der Auffassung des Landgerichts, nicht die allein maßgebende Bedeutung beigemessen werden. Die notarielle Schuld- und Hypothekbestellungsurkunde vom 14. September 1925 sei vielmehr für die Auslegung des Parteiwillens hinsichtlich der Schuldverpflichtung als ausschlaggebend anzusehen. Wenn der Kläger auf Verlangen der Beklagten außerdem den Revers vom 15. September 1925 ausstellte, so sei damals keiner Partei in den Sinn gekommen, in diesem Revers eine Abschwächung der Pflichten des Klägers gegenüber der notariellen Urkunde vom 14. September zu erblicken, sondern es hätten im Gegenteil den Beklagten über die notarielle Urkunde hinaus weitere zusätzliche Rechte eingeräumt werden sollen. Auch aus dem Schreiben des Rechtsanwalts Dr. St. an die Beklagten vom 31. August 1925 ergebe sich, daß neben, nicht an Stelle oder zum Ersatz der notariellen Urkunde der Revers ausgestellt werden sollte. Aus dem untrennbaren Zusammenhang beider Urkunden folge — so faßt das Berufungsgericht seine Ausführungen zusammen —, daß es sich hier um eine Goldschuld handle. Das werde auch nicht dadurch widerlegt, daß der Kläger nach der im September 1931 erfolgten Loslösung des englischen Pfundes vom Gold etwa ein Vierteljahr lang Zinsen in entwerteten Pfunden gezahlt habe, ohne daß die Beklagten sofort dagegen Widerspruch erhoben; darin sei keine Anerkennung des klägerischen Prozeßstandpunktes zu erblicken.

(Die Revision erhebt gegen dieses Urteil zunächst eine Reihe von Verfahrensrügen. Nach Zurückweisung einiger von ihnen wird fortgefahren:)

Von der Revision wird geltend gemacht, in dem Schriftsatz des Klägers vom 17. Juli 1935 sei das Verlangen nach Vorlegung des von den Beklagten mit Verbesserungen in roter Tinte versehenen Entwurfs der Hypothekenurkunde gestellt, dieses Verlangen sei aber vom Berufungsgericht nicht beschieden worden; der Berufungsrichter hätte, so meint die Revision unter Hinweis auf § 272 b ZPO., die Vorlegung sogar von Amts wegen anordnen müssen. Diese Revisionsrüge ist unbegründet. Der als verletzt bezeichnete § 272 b ZPO. kommt als mit der Revision rügbar überhaupt nicht in Betracht, da er nur die Vorbereitung der mündlichen Verhandlung betrifft. Aber auch die Vorschriften über die Verpflichtung des Gegners zur Vorlegung von Urkunden sind nicht verletzt. Das Verlangen des Klägers nach Urkundenvorlegung ging nicht, wie die Revision meint, dahin, daß die Beklagten den von ihnen mit roter Tinte abgeänderten Entwurf zu einer Hypothekenurkunde vorlegen sollten; dieser abgeänderte Entwurf war, wie der Kläger in seinen Schriftsätzen selbst angegeben hat, von den Beklagten an den Kläger zurückgesandt worden und ist beim Kläger abhanden gekommen. Das Verlangen des Klägers richtete sich vielmehr auf Vorlegung der Aufzeichnungen, die sich die Beklagten etwa mit Bezug auf ihre Änderungsvorschläge gemacht haben sollten, oder, wie der Kläger in einem Schriftsatz es ausdrückt, auf Vorlegung des „diesbezüglichen Retents". Ein derartiges Vorlegungsverlangen ist jedoch im Gesetz nicht begründet; in Betracht kommen könnte lediglich die allgemeine Vorschrift des § 810 BGB. über Vorlegung von Urkunden, auf die in § 422 ZPO. verwiesen wird. Der § 810 BGB. bezeichnet als dritten Fall der Vorlegungspflicht — die beiden ersten in § 810 BGB. vorgesehenen Fälle scheiden von vornherein aus — den Fall, daß die Urkunde Verhandlungen über ein Rechtsgeschäft enthält, die zwischen dem die Vorlegung Verlangenden und einem anderen oder zwischen einem von beiden und einem gemeinschaftlichen Vermittler gepflogen worden sind. Hierher gehören Entwürfe und Briefe, die zwischen den genannten Personen gewechselt worden sind, nicht aber Aufzeichnungen, die sich der andere für seinen privaten Gebrauch über solche Entwürfe oder aus solchen Briefen etwa gemacht hat (vgl. Gaupp-Stein-Jonas ZPO. zu § 422 Bem. II Nr. 3c).

(Nach Zurückweisung noch anderer Verfahrensrügen wird fortgefahren:)

Gegen die Auslegung, die das Berufungsgericht den Darlehnsvereinbarungen vom 14. und 15. September 1925 gibt, erhebt die Revision sachlich-rechtliche und verfahrensrechtliche Bedenken, denen eine Berechtigung nicht abgesprochen werden kann. Sachlich-rechtlich geben die Ausführungen, mit denen das Berufungsgericht seine Auslegung begründet, dem Verdacht Raum, daß es dabei von einer rechtsirrigen Voraussetzung ausgegangen ist. Verfahrensrechtliche Bedenken bestehen insofern, als das Berufungsgericht von dieser rechtsirrigen Voraussetzung aus den dem Abschluß des Darlehnsgeschäfts vorausgegangenen Briefwechsel nicht in ausreichender Weise zur Auslegung der Darlehnsvereinbarungen mit herangezogen hat. Zu dem Auslegungsergebnis, daß nach der Darlehnsvereinbarung den Beklagten ein Recht auf volle Goldwertzahlung zustehe, gelangt das Berufungsgericht auf folgendem Wege: Es erwägt, daß in der notariellen Urkunde vom 14. September 1925 der Kläger sich zu einer Goldmarkschuld — eine Goldmark gleich 1/2790 kg Feingold — bekannt und dafür Hypothek bestellt habe und daß für die Auslegung der Darlehnsvereinbarung also nicht darüber hinweggegangen werden könne, daß hier eine Goldschuld vereinbart worden sei; anderseits verkennt das Berufungsgericht nicht, daß durch den schriftlichen Revers vom 15. September 1925, in dem der Kläger sich verpflichtete, Kapital und Zinsen in englischer Währung effektiv zu zahlen, ebenso eindeutig eine reine Währungsschuld vom Kläger übernommen worden ist; das Berufungsgericht sucht einen Weg, diese beiden voneinander abweichenden Verpflichtungserklärungen des Klägers vom 14. und 15. September 1925 miteinander zu vereinbaren, und findet die Lösung darin, daß es diese beiden Verpflichtungen als nebeneinander bestehend ansieht; es führt aus, daß durch den Revers die Verpflichtung des Klägers aus der notariellen Urkunde nicht abgeschwächt werden sollte, daß im Gegenteil den Beklagten durch den schriftlichen Revers über die notarielle Urkunde hinaus ein weiteres zusätzliches Recht eingeräumt worden sei. Diese Ausführungen des Berufungsgerichts können, wenn das Berufungsurteil das auch nicht ausdrücklich ausspricht, nur so verstanden werden, daß eine Wahlschuld begründet worden sei, bei der das Wahlrecht den Beklagten zustehen sollte, diese also berechtigt sein sollten, nach ihrem Belieben zu bestimmen, ob sie Zahlung in effektiven englischen Pfunden oder, wie sie es getan haben, Goldwertzahlung von dem Kläger verlangen wollten.

Die rechtliche Möglichkeit, eine Darlehnsschuld in der Weise zu begründen, daß der Darlehnsgläubiger wählen kann, Zahlung auf Feingoldgrundlage oder in effektiver ausländischer Währung zu verlangen, ist nicht zu bezweifeln. In dieser Hinsicht kann auf die Rechtsprechung des erkennenden Senats über die Zulässigkeit alternativer Währungsklauseln mit Wahlrecht des Gläubigers hingewiesen werden (JW. 1926 S. 2675 Nr. 4; Urt. vom 22. Dezember 1927 IV 267/268/269/27 und vom 17. März 1932 IV 391/31). Auch läßt sich gegen diese Auslegung des Berufungsgerichts nicht einwenden, daß, vom Standpunkt der allgemeinen Denkgesetze aus, es als unverständlich oder sinnlos angesehen werden müßte, neben einer auf Goldwertzahlung gerichteten Verpflichtung noch eine einfache Währungsverpflichtung zu vereinbaren und darin sogar mit dem Berufungsgericht noch eine die Sicherung des Gläubigers verstärkende Vereinbarung zu erblicken; denn von der damaligen Einstellung der Beklagten aus, für die als Engländer, nach der Feststellung des Berufungsgerichts, im Jahre 1925 jeder Zweifel an die Wertbeständigkeit des englischen Pfundes völlig ausgeschlossen war, war es nicht unverständlich, wenn sie in der Zusicherung effektiver Pfundzahlung noch eine höhere Sicherheit gegen Währungsverlust als in der auf Mark lautenden, wenn auch mit Goldklausel versehenen, notariellen Urkunde sahen.

Gegen die Auslegung, mit der das Berufungsgericht den Widerspruch zwischen dem Inhalt der beiden Urkunden vom 14. und 15. September 1925 zu lösen versucht, wäre also ein erfolgreicher Revisionsangriff nicht möglich, wenn nicht der Verdacht bestünde, daß das Berufungsgericht die von ihm gefundene Lösung überhaupt als die rechtlich allein mögliche angesehen hat. Eine solche Ansicht des Berufungsgerichts wäre irrig; denn die beiden Erklärungen vom 14. und 15. September 1925 lassen sich ebenso zwanglos wie rechtlich einwandfrei auch noch auf eine andere Weise, als vom Berufungsgericht angenommen, miteinander vereinbaren. Wenn auch in der notariellen Urkunde vom 14. September 1925 der Kläger den Beklagten gegenüber sich zu einer Goldschuld bekannt und dafür eine Verkehrshypothek bewilligt hat, so bestand doch kein rechtliches Hindernis für die Parteien, daneben durch den Revers vom 15. September 1925 eine Vereinbarung in dem Sinn zu treffen, daß trotzdem im inneren Verhältnis der Parteien immer nur eine Pfundforderung geltend gemacht und die Hypothek nur insoweit in Anspruch genommen werden könne, als der Wert der persönlichen Pfundforderung jeweils betragen werde. Die Hypothek hatte dabei, obwohl sie als umsatzfähige Verkehrshypothek bestellt worden ist, nach dem Willen der Parteien im inneren Verhältnis lediglich die Aufgabe einer Höchstbetragshypothek. Eine solche Vereinbarung konnte wirksam getroffen werden, sie lief dem Wesen der Verkehrshypothek nicht zuwider. Hier kann auf die Rechtsprechung des Reichsgerichts hingewiesen werden, die ständig daran festgehalten hat, daß eine Verkehrshypothek zur Sicherung einer ihrer Höhe nach unbestimmten und wechselnden Forderung aus einem Kontokorrentverhältnis wirksam bestellt werden kann (RGZ. Bd. 60 S. 244; Gruch. Bd. 51 S. 378; WarnRspr. 1917 Nr. 19). Daher hätten keinerlei rechtliche Bedenken dagegen bestanden, den Revers vom 15. September 1925 so auszulegen, daß durch ihn trotz Bestellung einer auf Goldmark lautenden Verkehrshypothek in zulässiger Weise vereinbart worden ist, im Rahmen dieser Grundstücksbelastung solle zwischen den Parteien ausschließlich eine Pfundschuld als bestehend angesehen werden.

Diese rechtliche Möglichkeit hat sich das Berufungsgericht nicht vor Augen gehalten; ja, es hat die Bestellung einer wertbeständigen Verkehrshypothek mit der Nebenabrede, daß die Darlehnsschuld zwischen den Parteien ausschließlich als effektive Währungsschuld bestehen solle, anscheinend rechtlich als ausgeschlossen angesehen. Das scheint wenigstens aus dem Satz seiner Entscheidungsgründe hervorzugehen, wo gesagt wird, daß eine Auseinanderreißung von Sicherheit und Darlehen mit der Folge, daß wohl eine dem ursprünglichen Wert des Darlehns entsprechende Sicherheit, nicht aber auch eine dementsprechende persönliche Rückzahlungspflicht als vereinbart gelten solle, abzulehnen sei. Von diesem Rechtsirrtum scheint die Entscheidung des

Berufungsgerichts wesentlich beeinflußt zu sein. Das Urteil des Berufungsgerichts war daher aufzuheben und die Sache zur neuen Verhandlung und Entscheidung an das Berufungsgericht zurückzuverweisen. Das Berufungsgericht wird zu prüfen haben, ob es, wenn es sich vor Augen hält, daß eine wirksame Grundstücksbelastung auch dann zustande gekommen sein würde, wenn die Vereinbarung der Parteien so zu verstehen ist, daß Rückzahlung ausschließlich in effektiven englischen Pfunden verlangt werden kann, an seiner Auslegung festhalten will, daß den Beklagten das Recht zustehe, nach ihrer Wahl entweder *5000 englische Pfunde effektiv oder 102 000 Goldmark zu verlangen.* In diesem Zusammenhang würden gewisse vom Berufungsgericht bisher unerörtert gebliebene Briefe, die dem Vertragsabschluß vorausgegangen sind, Bedeutung gewinnen können, indem sie darauf hindeuten, daß es den Beklagten zwar auf hypothekarische Sicherstellung, im übrigen aber gar nicht auf die Vereinbarung einer Wertklausel, sondern einfach auf die Zusicherung angekommen ist, daß das von ihnen gegebene Darlehen unter allen Umständen effektiv mit 5000 englischen Pfunden zurückgezahlt werden müsse, worin sie von ihrem weiter oben bereits erwähnten damaligen englischen Standpunkt aus ohne weiteres eine völlige Sicherheit für vollwertigen Rückempfang des Darlehns erblickt zu haben scheinen. Darauf würde z. B. die Stelle in dem Brief des Dr. St. vom 14. August 1925 hindeuten, aus dem sich ergibt, daß die Beklagten zunächst auch die Eintragung der Hypothek in englischer Währung gewünscht haben; sowie die Stelle in dem Antwortschreiben der Beklagten vom 19. August 1925, wo sie sich damit zufrieden erklären wollen, wenn die Hypothekeintragung wenigstens den Zusatz erhalte, daß eine Reichsmark den gleichen Wert habe wie ein englischer Schilling; ebenso würde, worauf die Revision besonders hinweist, die Bemerkung in dem Brief des Dr. St. an die Beklagten vom 31. August 1925, wo dieser schreibt, daß mit der Formulierung der Notariatsurkunde nicht gesagt sein solle, daß die vom Kläger zu bewirkenden Zahlungen nicht w i r k l i c h in englischer Währung geleistet werden würden, vom Berufungsgericht bei seiner neuerlichen Prüfung möglicherweise in dem oben angegebenen Sinn bewertet werden müssen.

RGZ. 153, 167.

Erwirbt der Gläubiger die für sein künftiges Darlehen eingetragene Buchhypothek mit der Hingabe des Darlehns auch dann unmittelbar,

wenn in der Zeit zwischen der Bestellung der Hypothek und der Hingabe des Darlehns ein Wechsel im Eigentum des belasteten Grundstücks stattgefunden hatte?

BGB. §§ 1113, 1163, 1177.

V. Zivilsenat. Urt. v. 18. Dezember 1936.

I. Landgericht Berlin.

Die Klägerin war Eigentümerin eines im Grundbuch von L. eingetragenen zusammenhängenden Geländes von 28 000 bis 29 000 qm. Dieses war in 51 Teilflächen aufgeteilt, die einzeln verkauft und bebaut werden sollten, und zwar in zwei Bauabschnitten. Der erste Bauabschnitt umfaßte 27 Teilstücke. Das zu seiner Durchführung erforderliche Kapital sollte die Beklagte zur Verfügung stellen gegen Eintragung einer ersten Hypothek von insgesamt 167 550 GM und einer zweiten Hypothek von insgesamt 122 700 GM. Über die Hypotheken sollten Briefe nicht erteilt werden. Für die zweite Hypothek übernahm das Deutsche Reich gegenüber der Beklagten gemäß Urkunde vom 11. Januar 1934 die Bürgschaft, die jedoch erst in Kraft treten sollte mit der Auflassung des fertig bebauten Grundstücks an die einzelnen Käufer und nach Bezahlung des Kaufpreises. Die Hypotheken wurden, verteilt auf die einzelnen Teilgrundstücke, bereits zu einer Zeit eingetragen, als die Klägerin noch Eigentümerin war; ebenso wurde zu dieser Zeit auch das durch die erste Hypothek gesicherte Darlehen ausgezahlt. Da jedoch die Beklagte das durch die zweite Hypothek gesicherte Darlehen erst geben wollte, nachdem die Bürgschaft des Reichs wirksam geworden war, so übereignete die Klägerin zunächst die einzelnen bebauten Teilgrundstücke an die Siedler. U. a. wurden gemäß den Kaufverträgen vom 8. November 1933 und 2. Dezember 1933 nebst Anlagen und den Auflassungsverhandlungen vom 30. August 1934 und 22. August 1934 die Käuferinnen, Fräulein B. und Frau Z., als Eigentümerinnen der von ihnen gekauften Grundstücke im Grundbuch eingetragen. Auf jedem Grundstück war von der ersten Hypothek der Beklagten ein Betrag von 5800 GM und von der zweiten Hypothek ein Betrag von 4200 GM eingetragen. Diese Hypotheken waren von den Käuferinnen in den Kaufverträgen als Selbstschuldnerinnen übernommen worden. Erst nach der Umschreibung des Eigentums auf die Käuferinnen zahlte die Beklagte das durch die zweite Hypothek gesicherte Darlehen aus. Sie forderte alsdann die Klägerin auf, ihr an den Grundstücken der Käuferinnen B. und Z. die zweiten Hypotheken von je 4200 GM zu verschaffen. Gegenüber dem Hinweis der Klägerin, daß die Beklagte nach der Zahlung der Darlehnssumme ohne weiteres Gläubigerin der für sie bereits eingetragenen Hypotheken geworden sei, beharrte die Beklagte auf dem Standpunkt, daß es noch einer besonderen Einigung und Eintragung im Grundbuch gemäß den §§ 1198, 877, 873 BGB. bedürfe, weil die Klägerin zur Zeit der Auszahlung des Darlehns nicht mehr Grundstückseigentümerin gewesen sei.

Die Klägerin hat darauf geklagt mit dem Antrag auf Feststellung, daß die Beklagte Hypothekengläubigerin der im Grundbuch von L. Blatt Nr. 1902 und 1913 in Abt. III für sie bereits eingetragenen Hypotheken in Höhe von je 4200 GM sei. Dieser Klage hat das Landgericht entsprochen. Die dagegen unmittelbar eingelegte Revision der Beklagten blieb ohne Erfolg.

Gründe:

Die Voraussetzungen der Feststellungsklage gemäß § 256 ZPO. sind gegeben.

Die sachliche Entscheidung des Landgerichts wird durch die Angriffe der Revision nicht erschüttert. Zutreffend nimmt das angefochtene Urteil an, daß die von der Beklagten für ihren Rechtsstandpunkt in Anspruch genommene Vorschrift des § 1198 BGB. auf den gegebenen Fall nicht zutrifft, weil eine rechtsgeschäftliche Umwandlung einer Grundschuld in eine Hypothek nicht in Frage steht. Wenn für ein erst in Aussicht genommenes Darlehen auf Grund der Einigung zwischen dem Eigentümer und dem künftigen Darlehnsgeber eine Hypothek eingetragen wird, so entsteht, wie in der Rechtsprechung feststeht, zunächst gemäß § 1163 Abs. 1 Satz 1 in Verbindung mit § 1177 Abs. 1 BGB. eine Eigentümergrundschuld unter der auflösenden Bedingung, daß die Hingabe des Darlehns erfolge. Mit dem Eintritt der auflösenden Bedingung, also mit der Entstehung der Darlehnsforderung, verwandelt sich die Eigentümergrundschuld kraft Gesetzes in eine Hypothek für den eingetragenen Gläubiger (vgl. RGRKomm. z. BGB. 8. Aufl. § 1113 BGB. Anm. 7, § 1163 Anm. 4, § 1198 Anm. 1 mit den dort angeführten Entscheidungen). An dieser gesetzlichen Folge wird auch dadurch nichts geändert, daß in der Zeit zwischen der Eintragung der Hypothek und der Entstehung der Forderung ein Wechsel im Eigentum des Grundstücks stattgefunden hat. Die Grundschuld war von dem Eigentumswechsel nur insoweit berührt worden, als sie Fremdgrundschuld des früheren Eigentümers geworden war. Im übrigen war aber ihr Inhalt derselbe geblieben. Insbesondere ist ein rechtlicher Grund dafür, daß mit dem Eigentumswechsel die auflösende Bedingung weggefallen sei, nicht einzusehen. Der neue Grundstückserwerber wird in seinen Rechten nicht geschmälert, selbst wenn ihm unbekannt ist, daß die Forderung, für welche die Hypothek eingetragen ist, noch nicht entstanden ist. Denn ihm selbst steht keinesfalls ein Anspruch auf das bereits wirksam entstandene Grundstückspfandrecht zu. Ihn berührt es auch nicht, ob als Gläubiger dieses Rechts der frühere Eigentümer oder der eingetragene Gläubiger in Betracht kommt. Anderseits kann es nicht dem Willen des Gesetzes entsprechen, daß die Rechtsstellung, die der eingetragene Gläubiger durch die Einigung mit dem Eigentümer und die Eintragung im Grundbuch erlangt hatte, gegen seinen Willen dadurch beeinträchtigt werden könnte, daß der Eigentümer das Grundstück veräußert. Wenn die Revision meint, das Gesetz kenne nur eine vorläufige Eigentümergrundschuld, die sich in eine Fremdhypothek umwandeln könne, nicht aber eine vorläufige Fremdgrundschuld, die ohne weiteres Fremdhypothek eines anderen werden könne, so ist darauf zu erwidern, daß dem Gesetze der Ausdruck „vorläufige Eigentümergrundschuld" überhaupt fremd ist. Er wird nur in der Rechtslehre für die Zwischenform der auflösend bedingten Grundschuld gebraucht, die für den Eigentümer bis zur Begründung der Forderung des eingetragenen Gläubigers nach § 1163 Abs. 1 Satz 1 BGB. und bis zur Übergabe des Hypothekenbriefes nach Abs. 2 das. entsteht. Wenn hierbei durchweg nur von der vorläufigen Eigentümergrundschuld gesprochen wird, so rührt dies daher, weil dieses vorläufige Recht nur in der Form der Eigentümergrundschuld zur Entstehung gelangen kann. Damit ist aber nicht gesagt, daß es seine vorläufige Art dadurch verlieren müsse, daß es Fremdgrundschuld wird. Vielmehr verwandelt sich die vorläufige Grundschuld erst dann in eine endgültige, wenn die auflösende Bedingung ausgefallen ist, wenn also im Falle des § 1163 Abs. 1 Satz 1 BGB. feststeht, daß die Forderung nicht zur Entstehung gelangt, oder wenn im Wege der Grundbuchberichtigung die Grundschuld als solche auf ihren Inhaber umgeschrieben ist. Solange die auflösende Bedingung noch besteht, kann jedoch eine solche Berichtigung gegen den Willen des eingetragenen Hypothekengläubigers nicht stattfinden.

Die gegenteilige Ansicht in RGRKomm. z. BGB. § 1163 Anm. 2 findet in dem dort angeführten RG.-Urteil JW. 1911 S. 277 Nr. 4 keine Stütze. Denn in dem dieser Entscheidung zugrunde liegenden Falle handelte es sich nicht um eine durch Rechtsgeschäft begründete Hypothek, sondern um eine im Wege der Zwangsvollstreckung gemäß § 866 ZPO. eingetragene Sicherungshypothek, die nach der Veräußerung des Grundstücks infolge der Sondervorschrift des § 868 das. dem neuen Eigentümer als Eigentümergrundschuld zugefallen war.

Da somit der Beklagte mit der Entstehung der Darlehnsforderung kraft Gesetzes Gläubigerin der für sie eingetragenen Hypotheken geworden war, so hat das Landgericht der Klage mit Recht stattgegeben.

RGZ. 157, 297.

1. Kommt es in den Fällen des § 1173 BGB. für das Erlöschen der Hypothek an den übrigen Grundstücken auf den Beweggrund oder den Zweck der Zahlung an, die der Eigentümer des einen Grundstücks an den Hypothekengläubiger leistet?

2. Hat es in diesen Fällen auf das Erlöschen Einfluß, ob der Zahlende in seiner Eigenschaft als Eigentümer des einen Grundstücks zu handeln gewillt war oder nicht?

V. Zivilsenat. Urt. v. 5. Mai 1938.

I. Landgericht Köslin. — II. Oberlandesgericht Stettin.

Der Landwirt B. war Eigentümer der Grundstücke R. Bl. 56, 812, 813 und 814. Auf diesen Grundstücken lasteten als Gesamthypotheken eine Reihe von Briefhypotheken, darunter unter Nr. 1,[10] eine auf 1200 GM, unter Nr. 1,[18] eine auf 7300 GM aufgewertete Kaufgeldhypothek, die beide dem Landwirt P. zustanden und von diesem später an die Pommersche Bank für Landwirtschaft und Gewerbe AG. in St. abgetreten wurden; endlich unter Nr. 1,[21] eine auf 8000 GM aufgewertete Kaufgeldhypothek, die der Ehefrau Kr. zustand. Der Eigentümer B. war zugleich persönlicher Schuldner der durch diese Hypotheken gesicherten Forderungen. Auf Betreiben der Beklagten, die im Range hinter den vorbezeichneten Belastungen Inhaberin mehrerer Hypotheken war, kamen die Grundstücke im Jahre 1929 zur Zwangsversteigerung mit Ausnahme des Grundstücks Bl. 813. In diesem Verfahren wurden die Gesamthypotheken gemäß § 64 ZVG. auf die drei zu versteigernden Grundstücke in der Weise verteilt, daß auf die Grundstücke Bl. 56 und Bl. 812 zur Nr. 1,[10] 1046,16 RM, zur Nr. 1,[18] 6326,67 RM und zur Nr. 1,[21] 6797 RM, auf das Grundstück Bl. 814 zur Nr. 1,[10] 153,84 RM, zur Nr. 1,[18] 973,33 RM und zur Nr. 1,[21] 1203 RM entfielen. Unter Bestehenbleiben der Hypotheken in dieser Verteilung fand ein Gesamtausgebot der beiden Grundstücke Bl. 56 und Bl. 812 und ein Einzelausgebot des Grundstücks Bl. 814 statt.

Auf das Gesamtausgebot von Bl. 56 und Bl. 812 erhielt am 15. November 1929 die Beklagte den Zuschlag. Die auf diese Grundstücke verteilten Hypotheken blieben bestehen. Die Beklagte selbst fiel mit ihren Ansprüchen in Höhe von mehr als 8000 RM aus. Sie wurde am 2. Februar 1931 im Grundbuch als Eigentümerin eingetragen. Wie sie behauptet, hatte sie die ersteigerten Grundstücke alsbald an den Landwirt Sch. mit der Abrede verkauft, daß der Käufer die Aufwertungshypotheken P. und Kr. in Anrechnung auf den Kaufpreis übernähme, während sie dagegen verpflichtet sein sollte, dem Käufer im Falle der Kündigung der Hypotheken das zur Ablösung erforderliche Kapital zur Verfügung zu stellen, dergestalt, daß sie alsdann die Hypotheken von den Gläubigern erwürbe. Wie sie in Übereinstimmung mit der Klägerin weiterhin vorträgt, hat sie in den Jahren 1932 bis 1935 *die obenbezeichneten, im Zwangsversteigerungsverfahren auf die* Grundstücke Bl. 56 und Bl. 812 verteilten Beträge der Hypotheken an die Gläubiger ganz oder teilweise bezahlt und dafür jedenfalls die Hypotheken Nr. 1,^{10} und 1,^{18} mit den Briefen abgetreten erhalten. An die Gläubigerin Kr. — Hypothek Nr. 1,^{21} — hat sie nach der Feststellung des Berufungsgerichts 2000 (richtiger 3000 RM) zurückgezahlt, wofür sie, wie sie behauptet, eine Teillöschungsbewilligung in gleicher Höhe, nach der Behauptung der Klägerin eine Löschungsbewilligung für den ganzen Betrag der Hypothek erhielt. Dem Berufungsurteil ist nicht mit Sicherheit zu entnehmen, ob die Beklagte auch den Besitz des Hypothekenbriefes über diese Post erlangt hat. Im Grundbuch ist keine der Rechtsänderungen eingetragen worden.

Die Beklagte hat sodann, angeblich weil der Käufer Sch. sich als unfähig zur Erfüllung des Kaufvertrages erwies, durch notarielle Verträge vom 2. Mai und 14. Juli 1934, ergänzt durch eine notarielle Verhandlung vom 5. März 1936, die beiden ersteigerten Grundstücke an die Landwirtin Bön. verkauft. Diese übernahm im Kaufvertrag eine Anzahl von Hypotheken, darunter die obengenannten Hypotheken Nr. 1^{10}; 1,^{18} und 1,^{21} in Höhe der im Zwangsversteigerungsverfahren den beiden Grundstücken zugeteilten Beträge von 1046,16 RM, 6326,67 RM und 6797 RM als Selbst- und Alleinschuldnerin mit den Zinsen vom 14. Juli 1934 ab. Der Restkaufpreis von 15 597,21 RM wurde für die Beklagte auf den beiden Grundstücken hypothekarisch sichergestellt. Die Erwerberin, Witwe Bön., wurde am 12. März 1936 als Eigentümerin im Grundbuch eingetragen.

Das im *Einzelausgebot* versteigerte Grundstück Bl. 814 war im obengenannten Verfahren am 15. November 1929 dem Kaufmann W. zugeschlagen worden. Auch hier blieben die der Beklagten vorgehenden Hypotheken in den zugeteilten Beträgen von 153,84 RM, 943,33 RM und 1203 RM bestehen. W. wurde am 2. November 1931 als Eigentümer im Grundbuch eingetragen. Dies Grundstück kam aber im Jahre 1934 erneut zur Zwangsversteigerung. Die Beklagte erhielt nunmehr auch hier den Zuschlag. Die vorbezeichneten Teilhypotheken kamen einschließlich der Zinsen aus dem Versteigerungserlöse voll zur Hebung und wurden im Grundbuch gelöscht.

Für die Klägerin war schon seit dem Jahre 1925 auf dem dem Landwirt B. zu Eigentum verbliebenen Grundstück Bl. 813 in Abt. III unter Nr. 2 eine Darlehnshypothek von 6500 RM eingetragen, der die eingangs bezeichneten Hypotheken im Range vorgingen. Sie ist der Ansicht, daß infolge Rückzahlung der auf die Grundstücke Bl. 56 und Bl. 812 zugeteilten Teilbeträge der Hypotheken durch die Beklagte sowie infolge der weiteren Befriedigung der Hypothekengläubiger aus dem Versteigerungserlöse des Grundstücks Bl. 814 auch die auf dem nicht mitversteigerten Grundstück Bl. 813 in voller Höhe bestehen gebliebenen, als Gesamthypotheken eingetragenen Belastungen erloschen seien. Unter Einschränkung ihres anfänglich weitergehenden Begehrens hat sie schließlich beantragt, die Beklagte zu verurteilen, in die Löschung der auf dem Grundstück Bl. 813 eingetragenen Hypotheken Nr. 1,^{10} in Höhe von 1046,16 RM, Nr. 1,^{18} in Höhe von 6326,67 RM und Nr. 1,^{21} in Höhe eines rangletzten Teilbetrags von 3000 RM zu willigen und die Hypothekenbriefe dem Grundbuchamt vorzulegen.

Die Beklagte ist der Klage aus tatsächlichen und rechtlichen Gründen entgegengetreten.

Das Landgericht hat die Klage abgewiesen, das Oberlandesgericht die Beklagte nach dem beschränkten Klagantrage verurteilt. Die Revision der Beklagten blieb erfolglos.

Aus den Gründen:

Zutreffend geht der Berufungsrichter davon aus, daß die Hypotheken Abt. III Nr. 1,^{10}; 1,^{18} und 1,^{21} auf dem nichtversteigerten Grundstück Bl. 813 auch nach der Versteigerung der drei übrigen Grundstücke in ihrem Verhältnis zu den an diesen Grundstücken bestehen gebliebenen Teilposten weiterhin Gesamthypotheken insoweit blieben, als die Beträge sich deckten. Er knüpft sodann an die Tatsache, daß die Beklagte, nachdem sie kraft Zuschlags im Zwangsversteigerungsverfahren Eigentümerin zweier der für die Hypotheken mithaftenden Grundstücke geworden war, die Gläubigerinnen der Hypotheken Nr. 1,^{10} und 1,^{18} in voller Höhe, die Gläubigerin der Hypothek Nr. 1,^{21} in Höhe von 3000 RM abfand, die dem § 1173 BGB. entnommene Rechtsfolge, daß diese Hypotheken in Höhe der geleisteten Zahlungen an dem nicht versteigerten Grundstück erloschen und von der Beklagten nur an den von ihr ersteigerten Grundstücken erworben worden seien; gleichzeitig verneint er einen Ersatzanspruch der Beklagten wegen der bewirkten Leistungen gegen den Eigentümer des nicht versteigerten Grundstücks, B. Das Berufungsgericht nimmt an, daß die Beklagte mit ihren Zahlungen eine „Befriedigung" der Forderungsberechtigten, also eine Tilgung der persönlichen Ansprüche im Umfang ihrer Aufwendungen vorgenommen habe. Es ist der Ansicht, daß es für die Anwendbarkeit des § 1173 BGB. unerheblich sei, aus welchen Gründen der Eigentümer den Hypothekengläubiger befriedige. Der Gesetzgeber habe die Rechtswirkung des Erlöschens der Hypothek auf den mithaftenden Grundstücken ohne Rücksicht auf den Beweggrund der Zahlung nur davon abhängig gemacht, ob derjenige, der die Gläubiger befriedige, Eigentümer des anderen Grundstücks sei. Aus diesem Grunde läßt das Berufungsgericht es dahingestellt, aus welchem wirtschaftlichen Anlaß die Beklagte die Gläubiger befriedigt habe, und deshalb hält es auch für bedeutungslos, ob der Beklagten die Hypotheken abgetreten worden sind oder ob sie, wie etwa im Falle der Rückzahlung an die Gläubigerin Kr., eine Löschungsbewilligung erhalten hat.

Die Revision rügt Verletzung des materiellen und prozessualen Rechts, insbesondere des § 1173 BGB. und des § 286 ZPO. Unter Berufung auf eine Entscheidung des Reichsgerichts in RGZ. Bd. 81 S. 82 flg. beanstandet sie die Auffassung des Vorderrichters, daß es unerheblich sei, zu welchem Zwecke die Zahlung an die Gläubiger erfolgt sei. Eine „Befriedigung" im Sinne des § 1173 Abs. 1 BGB. liege, so führt sie aus, nur dann vor, wenn der Zweck der Zahlung der sei, die Hypothekenforderung zu tilgen, nicht etwa sie zu erwerben. Gerade dies aber sei von der Beklagten behauptet worden. Fernerhin liege die Bedeutung und Wirkung des § 1173 BGB. darin, daß der „Eigentümer" eines mit einer Gesamthypothek belasteten Grundstücks den Gläubiger befriedige. Es komme also darauf an, ob die Beklagte in ihrer Eigenschaft als Eigentümerin der Grundstücke Bl. 56 und Bl. 812 die Zahlungen vorgenommen habe. In dieser Hinsicht aber sei es von Belang, daß die Beklagte vorgetragen habe, nicht in ihrer Eigenschaft als Grundstückseigentümerin, sondern auf Grund einer mit dem Käufer Sch. getroffenen Vereinbarung die Zahlungen an die Hypothekengläubiger geleistet zu haben. Wenn das Berufungsgericht der Ansicht Ausdruck gebe, daß dieser Umstand unerheblich sei, weil die Beklagte im Augenblick der Geldzahlungen an die Hypothekengläubiger noch Eigentümerin der Grundstücke gewesen sei, und daß diese Tatsache ohne Rücksicht auf den Beweggrund und den wirtschaftlichen Anlaß der Zahlungen den Ausschlag gebe, so trete auch hierin wieder eine Verkennung der rechtlichen Bedeutung des § 1173 BGB. zutage. Die Auffassung des Berufungsgerichts widerspreche dem Wortlaut der Vorschrift und der Tatsache, daß der § 1173 als Ausnahme von der Regel des § 1172 das. eng auszulegen sei. Sie führe zu wirtschaftlich unerwünschten Folgen und in Fällen der hier in Frage kommenden Art zu einer nicht zu billigenden Beschränkung der wirtschaftlichen Entschließungsfreiheit des Grundstückseigentümers.

Diesen Ausführungen kann nicht beigetreten werden.

Das Berufungsgericht beachtet allerdings nicht, daß die Beklagte geltend gemacht hatte, sie habe die Zahlungen an die Hypothekengläubiger nicht geleistet, um deren Forderungen an den Schuldner B. zu tilgen, sondern um die Hypotheken mit den Forderungen zu erwerben. Und weiterhin, sie habe die Hypotheken auch abgetreten erhalten, im Falle Kr. eine Teillöschungsbewilligung bekommen. Das Berufungsgericht wäre aber zu dem von ihm gefundenen Ergebnis — dem Erlöschen der Gesamthypotheken an dem nicht versteigerten Grundstück — auch dann gelangt, wenn es diesen Sachvortrag beachtet hätte. Denn bei Unterstellung seiner Richtigkeit hätte es feststellen müssen, daß das Erlöschen nach Maßgabe der ersten Möglichkeit des § 1173 Abs. 1 Satz 2 eingetreten sei. Und wenn vollends anzunehmen w ä r e, daß die Beklagte auf Grund des § 53 ZVG. in Verbindung mit § 416 BGB. persönliche Schuldnerin der Hypothekenforderungen an Stelle des persönlich haftenden Vollstreckungsschuldners B. geworden sei, dann hätte es dahin erkennen müssen, daß die Zahlungen an die Hypothekengläubiger das Erlöschen der Gesamthypotheken an dem nicht versteigerten Grundstück nach Maßgabe der z w e i t e n Möglichkeit des Abs. 1 Satz 2 zur Folge gehabt hätten. Die Rüge der Revision ist mithin gegenstandslos.

Der Gesetzgeber hat in § 1173 Abs. 1 drei verschiedene Tatbestände geregelt, deren Eintritt das Erlöschen der Gesamthypotheken an den anderen Grundstücken zur Rechtsfolge haben soll. Keiner dieser Tatbestände ist ein Anwendungsfall des anderen. Aber jeder von ihnen soll nach dem Willen des Gesetzgebers hinsichtlich des Fortbestandes der Gesamthypothek dieselbe Rechtsfolge haben. Gerade aus dieser Gleichstellung erhellt, daß der wirtschaftliche Anlaß und Beweggrund der Zahlung des Eigentümers der Rechtsfolge des Erlöschens der Hypothek an den übrigen Grundstücken in k e i n e m Fall im Wege stehen soll. Insofern ist also dem Berufungsgericht jedenfalls im Ergebnis beizutreten. Der Beweggrund und Zweck der Zahlung könnte im einzelnen Fall nur insofern von Bedeutung sein, als es sich um die Frage handelte, ob der Eigentümer durch seine Zahlung gemäß § 1163 Abs. 1 Satz 2, § 1177 Abs. 1 BGB. eine Grundschuld oder gemäß § 1143 Abs. 1 und 2, §§ 1173, 1176, 1177 Abs. 2 das. eine forderungsbekleidete Eigentümerhypothek an seinem Grundstück erworben habe. Diese Frage steht jedoch hier nicht zur Entscheidung.

Hat im vorliegenden Fall eine Übertragung der Hypotheken mit den Forderungen auf die zahlende Eigentümerin stattgefunden, dann hat dies nach der zwingenden Vorschrift des Gesetzes dieselbe Wirkung gehabt wie eine „Befriedigung" der Gläubiger. Ist es dagegen, was für den nicht ganz geklärten Fall der Gläubigerin Kr. zutreffen könnte, zu einer Übertragung des Gläubigerrechts nicht gekommen, ist es vielmehr ohne Entlassung der Grundstücke der Beklagten aus der Mithaft für die Gesamthypothek bei der Abfindung des Hypothekengläubigers verblieben, dann hat der Tatbestand der Tilgung der Schuld, also der Befriedigung des Hypothekengläubigers im Sinne des § 1173 Abs. 1 Satz 1 als erfüllt zu gelten, aus dem allein der Berufungsrichter das Erlöschen der Gesamthypotheken an dem nicht versteigerten, nach wie vor im Eigentume des Schuldners B. verbliebenen Grundstück herleitet.

Schon diese Erwägungen zeigen, daß der Eintritt der Rechtsfolgen des § 1173 Abs. 1 BGB. im gegebenen Falle auch nicht dadurch bedingt sein kann, daß der Eigentümer mit dem Willen handelte, als Eigentümer zu zahlen. Spielen im Rahmen der durch diese Vorschrift geregelten Tatbestände Anlaß und Beweggrund der rechtsgeschäftlichen Maßnahmen des Eigentümers für das Schicksal der Hypothek an den übrigen Grundstücken keine Rolle, dann ist es auch unerheblich, ob der Eigentümer bei seiner rechtsgeschäftlichen Maßnahme sich seiner Eigenschaft als Eigentümer bewußt ist oder ob er gar den Willen hat, dem Gläubiger gegenüber für die betreffende Maßnahme als Nichteigentümer zu gelten. Das würde bedeuten, daß über das Erlöschen der Hypotheken an den übrigen Grundstücken in den Fällen des § 1173 Abs. 1 der Wille des Eigentümers entschiede. Dies kann nicht der Sinn der Vorschrift sein.

Die Regelung, daß in den im § 1173 Abs. 1 BGB. bezeichneten Fällen der die Hypothekengläubiger abfindende Eigentümer eines der mit einer Gesamthypothek belasteten Grundstücke beim Fehlen eines Ersatzanspruchs gegen den oder die Eigentümer der übrigen Grundstücke nur die Hypothek an seinem Grundstück erwirbt, während sie an den übrigen erlischt, hat ihren guten Grund. Es sollte verhindert werden, daß der die Gesamthypothekengläubiger abfindende Eigentümer die Hypothek auf seinem Grundstück löschen ließe und an einem der anderen Grundstücke mit der Folge geltend machte, daß, wenn er von dem Eigentümer dieses Grundstücks befriedigt würde, der Vorgang sich entsprechend wiederholen und so schließlich der Erfolg eintreten könnte, daß der zuletzt belangte Eigentümer den ganzen Betrag der Gesamthypothek zahlen müßte (vgl. Planck zu § 1173 Anm. 1). Die Regelung des § 1173 BGB. bezweckt also den Schutz der übrigen Eigentümer. Sie würde aber diesen ihren Zweck verfehlen, wenn die Auffassung der Revision von der rechtlichen Bedeutung dieser Vorschrift zuträfe.

Die Revision kann sich zur Stütze ihrer Auffassung auch nicht auf die Entscheidung des erkennenden Senats RGZ. Bd. 81 S. 82flg. berufen. Diese Entscheidung betraf einen Fall, der ganz anders lag. Denn dort war der Ersteigerer eines der mit einer Gesamthypothek belasteten Grundstücke oder eines Teilstücks davon in dem Zeitpunkt, in dem er die Hypothek an den übrigen Grundstücken auf Grund Abtretungsvertrages mit später nachfolgender Übergabe des Hypothekenbriefes erwarb, nicht mehr Eigentümer des ersteigerten Grundstücks gewesen, da er es zwischen der Abgabe der Abtretungserklärung und der Übergabe des Hypothekenbriefs weiter veräußert und an den dritten Erwerber aufgelassen hatte (vgl. S. 85 das.). Weiter kommt hinzu, daß in jenem Falle der Gesamthypothekengläubiger gleichzeitig mit der Abgabe der Abtretungserklärung Zug um Zug gegen Zahlung des Abtretungsentgelts das von dem Zahlenden ersteigerte Grundstück aus der Pfandhaft entlassen hatte. Dort hat der damals erkennende Senat gegenüber der Auffassung des Vorderrichters, daß auf den festgestellten Sachverhalt der § 1173 Abs. 1 Satz 1 zur Anwendung gelangen müsse, allerdings ausgeführt, es komme auf den Zweck der Zahlung an; der Ansicht des Berufungsgerichts stehe entgegen, daß gezahlt worden sei; nicht, um die Hypothekenforderung zu tilgen, sondern um sie, und zwar nach Enthaftung der von dem zahlenden Ersteigerer erstandenen Grundstückshälfte, zu erwerben. Für den damals zur Entscheidung stehenden Fall traf der Satz, daß es auf den Zweck der Zahlung ankomme, in dem dort gegebenen Zusammenhang ohne Zweifel zu. Der Satz läßt sich aber nicht — losgelöst von dem damaligen Sachverhalt — verallgemeinern und auf einen Fall wie den hier vorliegenden anwenden. Sollte das Erläuterungsbuch von Staudinger-Kober in der Anm. 3 zu § 1173 (10. Aufl. S. 1317/18) mit der Bezugnahme auf jene Entscheidung im

81. Bande eine andere Ansicht vertreten, so könnte ihm darin nicht gefolgt werden.

Die Entscheidung des Berufungsgerichts läßt auch insoweit keinen Rechtsirrtum erkennen, als sie einen Ersatzanspruch der Beklagten gegen den Eigentümer des nichtversteigerten Grundstücks Bl. 813, B., verneint und infolgedessen zu dem Ergebnis gelangt, daß die auf diesem Grundstück eingetragenen Hypotheken Nr. 1,[10]; 1,[18] und 1,[21] in Höhe der von der Beklagten an die Gläubigerinnen geleisteten Zahlungen erloschen seien, das Grundbuch also insoweit unrichtig geworden sei *und demgemäß die Klägerin als nachstehende, zu der Beklagten* in keinem Haftungsverhältnis stehende Hypothekengläubigerin von dieser nach § 894 BGB. die Zustimmung zur Löschung der Hypotheken in dem beantragten Umfange sowie die Einreichung der Hypothekenbriefe an das Grundbuchamt zum Zwecke der Grundbuchberichtigung verlangen könne.

Wenn das Berufungsgericht in diesem Sinn entschieden hat, so ist das auch vom wirtschaftlichen Standpunkt aus zu billigen. Die Beklagte erhielt als Ersteherin der Grundstücke Bl. 56 und Bl. 812 im Umfange der an diesen Grundstücken als Teil des geringsten Gebotes bestehenbleibenden Hypotheken, um deren Betrag sich ihre Barzahlungspflicht verringerte, den Gegenwert in der Substanz der Grundstücke. Als Ersteherin der beiden Grundstücke war ihr nach der Feststellung des Berufungsgerichts gemäß § 53 ZVG., § 415 Abs. 3 BGB. dem persönlich haftenden Vollstreckungsschuldner B. gegenüber die Verpflichtung zur Befriedigung der Hypothekengläubiger erwachsen. Dieser Verpflichtung entledigte sie sich, wenn sie die Hypothekengläubiger abfand. Damit verblieb ihr der Substanzwert der ersteigerten Grundstücke endgültig. Die Möglichkeit, darüber hinaus die Hypotheken als Gesamthypotheken zu erwerben und sie gegen den Eigentümer des ursprünglich mitverhafteten, nicht mitversteigerten Grundstücks Bl. 813 geltendzumachen, hätte ihr einen Vorteil verschafft, der wirtschaflich nicht zu rechtfertigen gewesen wäre.

Grundschuld und Rentenschuld

RGZ. 59, 381.

1. Dürfen auf den Inhaber ausgestellte Grundschuldbriefe ohne staatliche Genehmigung in den Verkehr gebracht werden?

BGB. §§ 1195, 795.

2. Darf der Grundbuchrichter bei ordnungsmäßigem Verfahren Grundschulden auf den Inhaber eintragen und die auf den Inhaber ausgestellten Grundschuldbriefe aushändigen, bevor ihm die staatliche Genehmigung nachgewiesen ist?

3. Verletzt der Grundbuchrichter seine Amtspflicht fahrlässig, wenn er bei Auslegung unklarer oder lückenhafter Gesetzesvorschriften nicht die vom höchsten Gericht erst hinterher ausgesprochene Meinung trifft?

BGB. § 839 Abs. 1.
GBO. § 12.

V. Zivilsenat. Urt. v. 18. Januar 1905.

I. Landgericht Dortmund. — II. Oberlandesgericht Hamm.

Auf Antrag des Kaufmanns L. wurden am 30. Januar 1900 auf zwei ihm gehörige Grundstücke drei Grundschulden von je 10 000 ℳ, auf den Inhaber lautend, eingetragen. Die auf den Inhaber ausgestellten Grundschuldbriefe wurden vom Grundbuchrichter dem L. ausgehändigt, der sie an die Handlung M. & Co. begab, von der sie die Klägerin erwarb. L. geriet in Konkurs; seine Grundstücke wurden zwangsversteigert, und dabei kamen auf die drei Grundschulden nur 7083,70 ℳ zur Hebung. Eine staatliche Genehmigung zum Inverkehrbringen der Grundschuldbriefe war nicht erteilt worden. Dies machte der Konkursverwalter im Kaufgeldbelegungstermine geltend und nahm die 7083,70 ℳ für die Konkursmasse in Anspruch. Auf seine Klage wurde die jetzige Klägerin verurteilt, in die Auszahlung jenes Betrags an die Konkursmasse zu willigen.

Die Klägerin war nunmehr der Ansicht, daß der Grundbuchrichter die drei Grundschulden nicht habe eintragen und jedenfalls die Grundschuldbriefe an den L. nicht habe herausgeben dürfen, bevor die staatliche Genehmigung zum Inverkehrbringen erteilt gewesen sei. Sie erblickte in dem Verfahren des Grundbuchrichters eine fahrlässige Verletzung der Amtspflicht im Sinne des § 839 BGB., für die der preußische Staat nach § 12 GBO. aufzukommen habe, und forderte klagend Zahlung der vollen 30 000 ℳ nebst Zinsen, weil die Grundstücke zur Zeit der Schadenszufügung einen die Grundschuld deckenden Wert gehabt hätten.

Der erste Richter wies die Klage ab. Die Berufung der Klägerin wurde zurückgewiesen. Auch ihre Revision wurden zurückgewiesen aus folgenden

Gründen:

. . . „Der Berufungsrichter läßt dahingestellt, ob die Vorschrift des § 795 BGB., wonach Schuldverschreibungen auf den Inhaber über bestimmte Geldsummen nur mit staatlicher Genehmigung in den Verkehr gebracht werden dürfen, auf den auf den Inhaber ausgestellten Grundschuldbrief Anwendung finden. Er nimmt an, daß der Grundbuchrichter auch dann seine Amtspflicht nicht fahrlässig verletzt haben würde, wenn die Frage zu bejahen sein sollte; denn 1. sei die Frage in der Literatur streitig, und 2. habe der Grundbuchrichter die Grundschuldbriefe durch Aushändigung an den L. nicht in Verkehr gesetzt, sondern dies sei erst durch die Weiterbegebung von seiten des L. geschehen.

Die Revision hebt hervor, daß dem Grundbuchrichter nicht der Vorwurf gemacht werde, er habe die Grundschuldbriefe in Verkehr gesetzt, sondern er habe durch Eintragung der Inhabergrundschulden und Aushändigung der erteilten Briefe an L. die Möglichkeit zur Inverkehrsetzung geschaffen. Damit habe er gegen die klaren Bestimmungen der §§ 1195, 795 BGB. verstoßen, also fahrlässig gehandelt.

Die Klage ist auf § 12 GBO. gegründet, der zur Voraussetzung hat, daß ein Grundbuchbeamter die ihm obliegende Amtspflicht vorsätzlich oder fahrlässig verletzt hat. Der Fall der Vorsätzlichkeit liegt unstreitig nicht vor. Jede Fahrlässigkeit reicht aus, um den Staat dem Beteiligten gegenüber haftbar zu machen. Im vorliegenden Falle soll die Fahrlässigkeit in der unrichtigen Anwendung oder in der Nichtanwendung klarer Gesetzesbestimmungen liegen. Darüber, auf Grund welcher Bestimmungen der Grundbuchrichter sich zur Eintragung der Grundschuld und zur Aushändigung der Grundschuldbriefe an den Grundstückseigentümer für befugt und verpflichtet gehalten hat, sind Feststellungen nicht getroffen worden. Nach Ansicht der Revision ist der § 795 BGB. durch Nichtanwendung verletzt, nach dem im Inland ausgestellte Schuldverschreibungen auf den Inhaber, in denen die Zahlung einer bestimmten Geldsumme versprochen wird, nur mit staatlicher Genehmigung in den Verkehr gebracht werden dürfen, und eine ohne solche Genehmigung in den Verkehr gelangte Schuldverschreibung nichtig ist. Aus diesen Bestimmungen in Verbindung mit dem § 1195

BGB. folgert die Revision die Pflicht des Grundbuchrichters, die Eintragung der Grundschuld und die Erteilung von Grundschuldbriefen auf den Inhaber vom Nachweise der erteilten Genehmigung abhängig zu machen.

Für die Entscheidung kommt in erster Reihe die Frage in Betracht, ob der § 795 auf Grundschuldbriefe auf den Inhaber überhaupt Anwendung findet. Wäre sie zu verneinen, so würde damit die Annahme einer Fahrlässigkeit des Grundbuchrichters ausgeschlossen sein. Der § 1195 BGB. schreibt im zweiten Satze entsprechende Anwendung der Vorschriften über Schuldverschreibungen auf den Inhaber auf den Grundschuldbrief vor, der auf den Inhaber ausgestellt wird. Damit scheint die Anwendung auch des § 795 geboten zu sein. Trotzdem ist in der Rechtslehre, wenn auch vereinzelt, die verneinende Ansicht vertreten, im wesentlichen mit der Begründung, daß sonst die Verstattung von Grundschuldbriefen auf den Inhaber, von seltenen Fällen abgesehen, illusorisch sein, es sich also um ein totgeborenes Gesetz handeln würde. Diese Erwägung kann jedoch dem gegebenen Gesetze gegenüber nicht in Betracht kommen. Überdies ist die Bestimmung des § 1195 im wesentlichen nur für die großen Anleihen von Gemeinden, Korporationen und sonstigen Großgrundbesitzern, also für Ausnahmefälle, getroffen (Denkschr. z. BGB. S. 227, 228 Nr. 2), und für diese trifft jene Erwägung nicht zu. In der Tat führen überwiegende Gründe zur Bejahung der aufgeworfenen Frage. Zutreffend wird in einem Urteile des Kammergerichts (mitgeteilt in Johow-Ring, Jahrb. Bd. 20 S. A 105 flg.) dargelegt, daß derselbe gesetzgeberische Grund, der nach den Motiven zum Bürgerlichen Gesetzbuch Bd. 2 S. 718 zur Vorschrift des § 795 Abs. 1 geführt hat, nämlich der Schutz des Publikums gegen Ausbeutung durch schwindelhafte Unternehmungen, auch auf den auf den Inhaber gestellten Grundschuldbrief paßt, da es ohne das Erfordernis staatlicher Genehmigung möglich sein würde, minderwertige Grundstücke als Unterlage für das Ausgeben solcher Briefe zu benutzen und das unerfahrene Publikum durch das Ausgeben von Papieren, die mit dem Scheine dinglicher Sicherheit umkleidet sind, zu täuschen. Beachtenswerter als jenes in der Rechtslehre erhobene Bedenken ist das vom Vertreter des Revisionsbeklagten Vorgebrachte, das dahin geht, daß der § 795 die staatliche Genehmigung nur für solche Schuldverschreibungen fordere, in denen der Aussteller dem Inhaber die Zahlung einer bestimmten Geldsumme verspricht, daß aber der Anspruch aus einer Grundschuld nur auf Zahlung einer bestimmten Geldsumme aus dem Grundstück, also auf Dulden der Zwangsvollstreckung in das Grundstück gerichtet sei (§ 1191 Abs. 1 BGB.). Aber auch dieser Einwurf versagt. Es ist in der Rechtslehre streitig, ob die Verpflichtung des Eigentümers eines mit einer Grundschuld belasteten Grundstücks sich im Dulden der Zwangsvollstreckung erschöpft, oder ob er für die Zahlung aus den Einkünften des Grundstücks zu sorgen hat*). Der Entscheidung dieser Streitfrage bedarf es jedoch im vorliegenden Falle nicht, weil auch bei Entscheidung für die erste Alternative die Anwendbarkeit des § 795 angenommen werden müßte. Denn der § 1195 schreibt die entsprechende Anwendung der Bestimmungen über Schuldverschreibungen auf den Inhaber ganz allgemein vor, und weder das Gesetz noch die Vorarbeiten zu ihm geben den geringsten Anhalt dafür, daß die wichtige Bestimmung des § 795 Abs. 1 von der Anwendung ausgeschlossen sein solle. Ist sonach anzunehmen, daß § 1195 auch auf den § 795 verweist, so liegt in dieser Verweisung zugleich, daß der Anspruch aus dem auf den Inhaber ausgestellten Grundschuldbrief, ebenso wie in den Fällen der §§ 592 Satzes 2, 688 Abs. 1 Satzes 2 ZPO., als ein Anspruch gilt, der die Zahlung einer bestimmten Geldsumme zum Gegenstande hat. Es ist auch darauf hinzuweisen, daß der § 795 BGB., wenn er das Versprechen der Zahlung einer bestimmten Geldsumme verlangt, damit nur Schuldverschreibungen, in denen andere bestimmte Leistungen (z. B. die Lieferungen bestimmter Warenmengen) oder zwar die Zahlung einer Geldsumme, aber von unbestimmtem Betrage versprochen werden, von seinem Anwendungsgebiet ausschließt, und daß nichts dafür spricht, daß er auch die Zahlung einer bestimmten Geldsumme, wenn diese Zahlung aus einem Grundstücke zu leisten ist, nicht habe mitbegreifen wollen. Besonders wichtig ist endlich, daß auch die Gesetzgebung eines Bundesstaats auf dem hier vertretenen Standpunkte steht. Es bestimmt nämlich § 43 der für Mecklenburg-Schwerin erlassenen Verordnung zur Ausführung des Bürgerlichen Gesetzbuchs vom 9. April 1899:

„Die nach § 795 BGB. für die Ausgabe von Schuldverschreibungen auf den Inhaber erforderliche staatliche Genehmigung steht, wenn es sich um Grundschuld- oder Rentenschuldbriefe handelt, dem Großherzoglichen Justizministerium zu."

Aus allen diesen Gründen entscheidet sich der erkennende Senat für die in der Rechtslehre überwiegend vertretene Meinung, daß auf

*) Für die erste Alternative Planck, Komment. Bd. 3 S. 520 Bem. 2a; Biermann, Sachenr. 2. Aufl. S. 347 Bem. 2; für die zweite Turnau u. Förster, Liegenschaftsr. 2. Aufl. Bd. 1 S. 571; Fuchs, Grundbuchr. S. 391 Anm. 6; Hellwig, Anspruch S. 361; Eccius, in Gruchot's Beitr. Bd. 44 S. 529; Jaeger, Komm. zur K.O. 2. Aufl. S. 404 Fußnote. D. E.

den Inhaber gestellte Grundschuldbriefe nur mit staatlicher Genehmigung in den Verkehr gebracht werden dürfen.

Damit ist die Sache aber noch nicht entschieden, sondern es ist die Frage aufzuwerfen, ob der Grundbuchrichter bei Anwendung des § 795 BGB. die Eintragung der Grundschuld und die Aushändigung der auf den Inhaber ausgestellten Grundschuldbriefe vom Nachweise der staatlichen Genehmigung hätte abhängig machen müssen. Auch diese in der Rechtslehre ebenfalls streitige Frage muß mit der Revision bejaht werden.

Nach § 795 Abs. 1 ist das Inverkehrbringen ohne staatliche Genehmigung unstatthaft, und nach § 145 a StGB. (vgl. Einf.-Ges. z. BGB. Art. 34 Nr. IV) wird bestraft, wer Schuldverschreibungen auf den Inhaber ohne die erforderliche staatliche Genehmigung ausstellt und in den Verkehr bringt. Aus dem Wortlaute dieser Bestimmungen glaubt ein Kommentator des Grundbuchrechts herleiten zu müssen, daß auch der Grundbuchrichter nur dann gegen das Gesetz verstoße, wenn er den Brief an den ersten Nehmer aushändige, daß er dagegen gesetzliche verfahre, wenn er die Grundschuld eintrage und den Brief dem Eigentümer des Grundstücks aushändige. Die hier gemachte Unterscheidung danach, ob der Brief an diesen, oder an jenen ausgehändigt wird, ist nicht begründet. Der Grundbuchrichter, der den Brief auf Antrag des Eigentümers des Grundstücks an den ersten Nehmer aushändigt, bringt den Brief nicht in den Verkehr, macht sich insbesondere nicht strafbar. In den Verkehr wird der Brief auch in diesem Falle durch den Grundstückseigentümer gebracht. Abgesehen hiervon kommt es bei der Gesetzesauslegung nicht lediglich auf den Wortlaut der einzelnen Vorschrift, die angewendet werden soll, sondern sehr wesentlich auf ihre innere Bedeutung an, die im Einzelfalle aus dem Zusammenhalte mit anderen Gesetzesbestimmungen und mit allgemeinen Rechtsgrundsätzen sich klar ergeben kann. Nach einem ganz allgemein anerkannten Grundsatze des Liegenschaftsrechts hat der Grundbuchrichter, bevor er eine Eintragung vornimmt, die Verfügungsbefugnis dessen zu prüfen, der die Eintragung bewilligt hat. Trägt er eine Inhabergrundschuld ein, so folgt daraus mit rechtlicher Notwendigkeit, daß er einen auf den Inhaber ausgestellten Brief erteilen und diesen dem Grundstückseigentümer oder auf dessen Bestimmung einem Dritten aushändigen muß (BGB. § 1195; GBO. §§ 60 u. 70). Der ganze Zweck des Eintragungsbegehrens ist, den auf den Inhaber ausgestellten Brief zu erlangen, um ihn in den Verkehr zu setzen; denn rechtliche Bedeutung erlangt der Brief erst durch die Begebung, und diese wiederum kann ihm die Bedeutung nur verleihen, wenn sie mit staatlicher Genehmigung erfolgt ist (§ 795 BGB. Abs. 3). Ohne staatliche Genehmigung ist der unbegebene Brief ohne jede rechtliche Bedeutung, und der begebene nichtig; ebenso aber auch die Eintragung. Unwirksame oder nichtige Eintragungen darf der Grundbuchrichter nicht vornehmen, und unwirksam bleibende oder nichtige Grundschuldbriefe darf er nach dem Geiste der Grundbuchordnung und nach der Bedeutung des Grundbuchs nicht erteilen, wenn er ordnungsmäßig verfahren will. Daher muß er, wenn er mit dem Antrag auf Eintragung einer Inhabergrundschuld und auf Erteilung eines auf den Inhaber ausgestellten Grundschuldbriefes befaßt wird, prüfen, ob der Grundstückseigentümer zur Schaffung eines solchen gefährlichen Verkehrswertes befugt ist, d. h. ob er die staatliche Genehmigung erhalten hat. Es ist freilich möglich, daß nach der Eintragung und nach der Erteilung des Briefes beide durch nachfolgende staatliche Genehmigung volle Wirksamkeit erlangen; aber dann wird eben nur eine Ordnungswidrigkeit geheilt. Der Grundbuchrichter muß in erster Reihe mit der Möglichkeit rechnen, daß der Brief ohne staatliche Genehmigung in den Verkehr gelangt, und der Nehmer des Briefes zu Schaden kommt. Dazu darf er durch die (ordnungswidrige) Eintragung und Brieferteilung nicht die Gelegenheit bieten. Er muß um so mehr auf vorheriger Beibringung der staatlichen Genehmigung bestehen, als es keine Vorschrift gibt, nach der der Staat die Genehmigung auf den Briefen zu beurkunden hat, und der Nehmer mit Grund davon ausgehen kann, daß der Grundbuchrichter, der die Briefe herstellt, eine Prüfung in der angegebenen Richtung angestellt habe. Die im § 795 Abs. 2 Satz 2 enthaltene Ordnungsvorschrift, daß die Erteilung der staatlichen Genehmigung durch den Deutschen Reichsanzeiger bekanntgemacht werden solle, reicht zum Schutze des Publikums nicht aus und entbindet den Grundbuchrichter von der ihm obliegenden Prüfungspflicht nicht. Auch in dieser Frage befindet sich der erkennende Senat im Einklange mit der in der Rechtslehre herrschenden Meinung.

Aber die endlich aufzuwerfende Frage, ob eine Fahrlässigkeit des Grundbuchrichters vorliege, und damit der ganze Rechtsstreit müssen zuungunsten der Revisionsklägerin entschieden werden. Die Gesetze, die der Grundbuchrichter anzuwenden hatte, sind nicht völlig klar und nicht lückenlos. Wenn selbst jetzt, wo die Meinungen sich zu klären beginnen, namhafte Rechtslehrer noch auf dem Standpunkte stehen, auf dem der Grundbuchrichter bei der Eintragung und der Briefaushändigung nach der Behauptung der Revisionsklägerin gestanden haben soll, so kann dem Grundbuchrichter, der sich fast unmittelbar nach dem

Inkrafttreten des neuen Rechtes vor die erwähnten Fragen gestellt sah, der Vorwurf der Verletzung einer Amtspflicht überhaupt nicht gemacht werden. Damit entfällt dann aber die Voraussetzung, unter der der Staat nach § 12 GBO. haftbar ist. Die Behauptung der Klägerin, daß der Grundbuchrichter selbst später erklärt habe, er habe bei Auslegung der Gesetze gefehlt, hat dei Berufungsrichter mit Recht für unerheblich erklärt; denn die Frage, ob ein Beamter seine Amtspflicht verletzt habe, hat nicht dieser Beamte, sondern der Prozeßrichter zu entscheiden."

RGZ. 78, 60.

1. Steht eine Grundschuld, die zur Sicherung einer Forderung bestellt ist, dem Grundstückseigentümer zu, wenn die Forderung nicht zur Entstehung gelangt?

2. Hat auf den bei der Verteilung des Zwangsversteigerungserlöses auf eine Grundschuld entfallenden Betrag, den der Grundschuldgläubiger nicht liquidiert, indem er erklärt, daß er auf die Grundschuld Valuta nicht gezahlt habe, der Vollstreckungsschuldner, oder der nächste ausfallende Realberechtigte Anspruch?

BGB. §§ 1163 Abs. 1, 1168, 1183, 1191, 1192 Abs. 1. ZwVG. §§ 52, 91.

V. Zivilsenat. Urt. v. 6. Dezember 1911.

I. Landgericht I Berlin. — II. Kammergericht daselbst.

Im Grundbuche des dem Gastwirte B. gehörigen Grundstücks in Str. standen in Abt. III eingetragen:

a) unter Nr. 6: eine Briefgrundschuld von 158 100 ℳ für die M.sche Hypotheken- und Wechselbank zu Schw. Hiervon waren 25 000 ℳ an die Fr.-Bank in L. abgetreten.

b) unter Nr. 7: eine Hypothek von 24 850 ℳ für die Fr.-Bank.

c) unter Nr. 8, eine zu 5 % verzinsliche Hypothek von 7500 ℳ für den Kläger.

Im Jahre 1909 kam das Grundstück zur Zwangsversteigerung. Bei der Verteilung des bar zu zahlenden Versteigerungserlöses liquidierte die M.sche Bank für die noch in Höhe von 133 100 ℳ für sie eingetragene, nicht in das geringste Gebot fallende Grundschuld nur 119 928,30 ℳ aus dem Versteigerungserlöse, indem sie erklärte, daß sie hinsichtlich des Restbetrages von 13 171,70 ℳ Valuta nicht gewährt habe. Diesen Betrag nahmen die Fr.-Bank und die Parteien in Anspruch. Der Beklagte stützte sich auf den notariellen Vertrag vom 27. Februar 1908, wodurch der Eigentümer B. den Betrag der Grundschuld der M.schen Bank, der sich infolge Nichtzahlung der Valuta oder aus einem sonstigen Grunde mit dem Eigentume verbinde und eine B. zustehende Eigentümergrundschuld werden würde, an den Beklagten abgetreten hatte. Die Fr.-Bank beanspruchte den Betrag von 5407,49 ℳ, in welcher Höhe sie mit ihrer Hypothek zu b ausgefallen war. Den überschießenden Betrag von 7764,21 ℳ nahm der Kläger, weil er mit seiner Hypothek zu c nebst Zinsen und Kosten von 8102,42 ℳ ausfiel, für sich in Anspruch. In dieser Höhe erhob er gegen das Liquidat des Beklagten Widerspruch. Die 13 171,70 ℳ wurden als Streitmasse hinterlegt.

Im Rechtsstreite beantragte der Kläger, den Beklagten zu verurteilen, darin zu willigen, daß von den als Streitmasse zwischen den Parteien und der Fr.-Bank hinterlegten 13 171,70 ℳ der Teilbetrag von 7764,21 ℳ nebst Hinterlegungszinsen an ihn, den Kläger, ausgezahlt werde. Der Beklagte vertrat den Standpunkt, daß der Eigentümer B. infolge des Umstandes, daß die M.sche Bank auf den nicht valutierten Teil der Grundschuld Ansprüche nicht erhoben habe, in dieser Höhe die Grundschuld erworben habe, und berief sich ferner darauf, daß die Bank vor dem Zuschlage auf den Teil der Grundschuld B. gegenüber ausdrücklich verzichtet habe.

Der erste Richter verurteilte den Beklagten nach dem Klagantrage. In der zweiten Instanz stützte der Beklagte seinen Anspruch auf den Versteigerungserlös weiter darauf, daß ihm der Eigentümer B. nach dem Zuschlage und vor dem Verteilungstermine in der notariell beglaubigten Urkunde vom 13. November 1909 die 13 171,70 ℳ abgetreten habe, die von dem Versteigerungserlöse auf ihn aus der für ihn entstandenen Eigentümergrundschuld entfielen. Der Berufungsrichter wies die Klage ab und verurteilte den Kläger, in die Auszahlung der hinterlegten 13 171,70 ℳ in Höhe von 7764,21 ℳ nebst Hinterlegungszinsen an den Beklagten zu willigen. Die Revision des Klägers wurde zurückgewiesen aus folgenden

Gründen:

„Der Berufungsrichter geht davon aus, daß die Entscheidung des Rechtsstreites im wesentlichen von der Beantwortung der Frage abhänge, ob in gleicher Weise wie Hypotheken auch Grundschulden bei Nichtzahlung der Valuta dem Grundstückseigentümer zufallen. Er meint, der Beklagte erhebe, wenn diese Frage bejaht werde, mit Recht Anspruch auf den Versteigerungserlös, der auf den unstreitig nicht valutierten Teil der Grundschuld der M.schen Bank von 13 171,75 ℳ entfallen sei. Denn dieser Teil hätte dann dem Eigentümer als Eigentümergrundschuld zugestanden, und die daraus sich ergebenden Rechte B.s auf den fraglichen Erlösteil seien auf den Beklagten übergegangen. Zwar sei dies nicht durch die Abtretung B.s in der Urkunde vom 27. Februar 1908 bewirkt worden, weil zur Wirksamkeit der Abtretung gemäß §§ 1154, 1192 BGB. die Übergabe des Grundschuldbriefes erforderlich gewesen wäre, eine solche Übergabe aber nicht stattgefunden habe. Dagegen könnte der Beklagte den Erlösteil deswegen für sich in Anspruch nehmen, weil sich die Eigentümergrundschuld B.s infolge des Zuschlages in einen Anspruch auf den entsprechenden Anteil am Erlöse umgewandelt und B. am 13. November 1909, also nach dem Zuschlage, die auf seine Eigentümergrundschuld aus dem Erlöse entfallenden 13 171,70 ℳ an den Beklagten abgetreten habe.

Diese Ausführungen verkennen die Rechtsstellung des Klägers hinsichtlich der Erfordernisse für die Rechtfertigung des von ihm geltend gemachten Anspruchs. Der Kläger hat im Verteilungsverfahren gegen das Liquidat, das der Beklagte als Rechtsnachfolger des Grundstückseigentümers B. auf Grund der fraglichen Grundschuld aufgestellt hat, Widerspruch erhoben. Diesen jetzt im Wege der Klage verfolgten Widerspruch stützt er darauf, daß er mit seiner der Grundschuld im Range nachstehenden Hypothek ausgefallen sei. Daher wäre sein Widerspruch nur dann berechtigt, wenn er wegen seiner Hypothek an der Stelle des streitigen Grundschuldteiles Befriedigung aus dem Versteigerungserlöse verlangen könnte. Dies wäre aber nur der Fall, wenn der Grundschuldteil entweder von vornherein rechtlichen Bestand nicht gehabt oder späterhin rechtlich zu bestehen aufgehört hätte. War der Grundschuldteil rechtswirksam begründet worden und bestand er sowie das infolge des Zuschlags an seine Stelle getretene Recht auf Befriedigung aus dem Versteigerungserlöse.

vgl. §§ 52, 91, 92 ZwVG. und Entsch. des RG.s in Zivils. Bd. 55 S. 264, Bd. 60 S. 253, Bd. 63 S. 216, Bd. 70 S. 279

zur Zeit der Verteilung des Erlöses rechtlich noch fort, so war der Anspruch des Klägers auf den fraglichen Erlösteil ungerechtfertigt, gleichviel, ob der Grundschuldteil der als Gläubigerin eingetragenen M.schen Bank oder dem Grundstückseigentümer B. oder dem Beklagten als Zessionar B.s zustand. Der nachstehende Hypothekengläubiger wird durch ein vorgehendes hypothekarisches Recht (Hypothek, Grundschuld) von der Inanspruchnahme des Versteigerungserlöses verdrängt, gleichviel, wer Gläubiger des Rechtes ist. Er kann auch dann, wenn nachgewiesen wird, daß wer das von dem Versteigerungserlöse auf die vorgehende Hypothek oder Grundschuld Entfallene als Gläubiger liquidiert hat, nicht der wirkliche Gläubiger ist, für seine Hypothek ein besseres Befriedigungsrecht nicht gewinnen. Deshalb fehlt ihm überhaupt die Berechtigung, gegen das vom Vollstreckungsgericht zugelassene Liquidat aus der vorgehenden rechtsbeständigen Hypothek oder Grundschuld deswegen Widerspruch zu erheben, weil der als Gläubiger Liquidierende nicht der wirkliche Gläubiger sein soll.

Vgl. Entsch. des RG.s in Zivils. Bd. 15 S. 211, Bd. 62 S. 168, Bd. 71 S. 426; Gruchots Beitr. Bd. 30 S. 1015; Jur. Wochenschr. 1903 S. 113 Nr. 49, 1910 S. 1010 Nr. 29; Urt. v. 18. September 1911 Rep. V. 47/1911.

In Wirklichkeit hängt daher die Entscheidung des Rechtsstreites davon ab, ob der streitige Grundschuldteil rechtswirksam begründet worden ist und das an seine Stelle getretene Recht auf Befriedigung aus dem Versteigerungserlöse noch zur Zeit der Verteilung des Erlöses Bestand gehabt hat. In jener Hinsicht führt der erste Richter aus, die für die M.sche Bank eingetragene Grundschuld von 158 100 *M* sei gemäß §§ 873, 1191 BGB. in voller Höhe durch die Einigung des Grundstückseigentümers und der Gläubigerin und die Eintragung zur Entstehung gelangt; ein Mangel in dieser Richtung sei von keiner Seite behauptet, und unerheblich für die Frage der Entstehung sei es, ob für die Grundschuld Valuta gezahlt sei oder nicht. Der Berufungsrichter spricht sich hierüber nicht ausdrücklich aus; daß er aber ebenfalls die ganze Grundschuld als rechtsgültig bestellt erachtet, folgt von selbst aus seiner Annahme, daß die Grundschuld, soweit sie nicht valutiert sei, von vornherein dem Grundstückseigentümer B. als Eigentümergrundschuld zugestanden habe. Eine Grundschuld kann auch für den Grundstückseigentümer nur dann bestehen, wenn sie rechtswirksam begründet worden ist.

Vgl. Entsch. des RG.s in Zivils. Bd. 70 S. 357.

Gegen die Rechtsbeständigkeit des streitigen Grundschuldteiles kann auch kein Bedenken bestehen, da mangels einer gegenteiligen Behauptung des Klägers angenommen werden muß, daß sich der Grundstückseigentümer B. und die M.sche Bank über Begründung der ganzen für die Bank eingetragenen Grundschuld von 158 100 *M* geeinigt haben. Das Ausbleiben der sogenannten Valutazahlung für einen Teil der Grundschuld konnte den rechtlichen Bestand dieses Teiles nicht berühren. Wenn man unter Valuta das Entgelt für die Bestellung einer Grundschuld versteht, ist es selbstverständlich, daß die Nichtgewährung dieses Entgelts auf die Rechtsgültigkeit der Grundschuld keinen Einfluß haben kann. Es verhält sich in dieser Hinsicht nicht anders, als wenn beispielsweise für einen Nießbrauch, eine Grunddienstbarkeit, eine Reallast, die gemäß § 873 BGB. durch Einigung und Eintragung rechtswirksam bestellt sind, das festgesetzte Entgelt nicht gewährt wird. Das Entgelt ist Gegenstand des obligatorischen Grundgeschäftes, das den Anlaß zur Bestellung der Grundschuld gibt. Der rechtliche Bestand der Bestellung ist sachenrechtlich unabhängig von dem Grundgeschäfte und dessen Erfüllung oder Nichterfüllung. Dabei ist zu bemerken, daß eine Grundschuld auch unentgeltlich, schenkungsweise, bestellt werden kann. Ferner braucht das Entgelt nicht auf eine Leistung gerichtet zu sein. Beispielsweise kann eine Grundschuld an Erfüllungsstatt für eine geschuldete Leistung bestellt werden.

Vorliegend war die in Rede stehende Grundschuld unstreitig zur Sicherung einer Baugeldforderung bestimmt. Ist eine Grundschuld zu einer Forderung zum Zwecke der Sicherung dieser in Beziehung gesetzt, so liegt ein Fall vor, bei dem gewöhnlich von „Valutierung oder Nichtvalutierung der Grundschuld" gesprochen wird, je nachdem die Forderung vom Gläubiger durch Zahlung an den Schuldner zur Entstehung gebracht worden ist oder nicht. Richtiger ist dabei die Frage dahin zu stellen, ob die Forderung, zu deren Sicherung die Grundschuld bestimmt ist, valutiert, d. h. durch Zahlung zur Entstehung gelangt ist oder nicht. Wenn die Forderung nicht durch Zahlung entstanden (valutiert) ist, besteht allerdings auch der rechtliche Grund der Sicherung für die Grundschuldbestellung nicht. Dennoch aber ist die Grundschuld rechtsgültig, da sie durch Einigung und Eintragung nach Sachenrecht wirksam begründet worden ist und der Wegfall des rechtlichen Grundes für ihre Bestellung ihr den Bestand als dingliches Recht nicht zu entziehen vermag.

Vgl. Urteil des RG.s in der Jur. Wochenschr. 1901 S. 465 Nr. 17.

Es fragt sich daher weiter, ob etwa das an die Stelle des streitigen Grundschuldteiles getretene Recht auf Befriedigung aus dem Versteigerungserlöse in Wegfall gekommen ist. In dieser Hinsicht kommt in Betracht, daß die als Gläubigerin eingetragene M.sche Bank im Verteilungstermine nur 119 928,30 ℳ liquidiert hat mit der Erklärung, sie habe auf die Grundschuld in Höhe des weiteren Betrages von 13 171,70 ℳ keine Valuta gewährt. Jedoch könnte dieses Verhalten der Bank eine das Befriedigungsrecht beseitigende Wirkung zunächst nur dann haben, wenn die Bank wirkliche Gläubigerin des Grundschuldteiles gewesen wäre und ihr daher die Verfügung darüber zugestanden hätte. Insofern ist es deshalb wesentlich, ob die Rechtsauffassung des Berufungsrichters zutreffend ist, daß der Grundschuldteil, weil er oder richtiger die Forderung, zu deren Sicherung er dienen sollte, nicht durch Zahlung zur Entstehung gelangt (valutiert) war, von vornherein nicht von der M.schen Bank, sondern vom Grundstückseigentümer B. erworben worden ist. Dies ist zu verneinen.

Bei der Hypothek hat die Nichtentstehung der Forderung, wofür die Hypothek bestellt ist, gemäß § 1163 Abs. 1 Satz 1 BGB. allerdings die Wirkung, daß die Hypothek dem Grundstückseigentümer zusteht, und zwar nach § 1177 Abs. 1 BGB. nicht als Hypothek, sondern als Grundschuld. *Daß aber diese Vorschrift auf Grundschulden keine Anwendung findet,* ist in dem in den Entsch. des RG.s Bd. 60 S. 251 abgedruckten Urteile des erkennenden Senates dargelegt worden. Diese Entscheidung ist zwar in der Rechtslehre angefochten, und auch der Berufungsrichter sucht sie zu bekämpfen. Der erkennende Senat findet jedoch keinen Anlaß, von seiner Rechtsansicht, die auch in der Rechtslehre die herrschende ist, abzugehen. Die Anwendung der genannten Vorschrift auf die Grundschuld kann nur dann in Frage kommen, wenn der rechtliche Grund für die Bestellung der Grundschuld die Sicherung einer Forderung ist. Der Wegfall dieses rechtlichen Grundes aber deswegen, weil die nach dem Grundgeschäfte durch die Grundschuld zu sichernde Forderung nicht zur Entstehung gelangt ist, vermag, ebensowenig wie dadurch der rechtliche Bestand der Grundschuld überhaupt berührt wird, den Übergang des Gläubigerrechtes von dem eingetragenen Grundschuldgläubiger auf den Eigentümer zu bewirken. Daß bei der Hypothek die Nichtentstehung der gesicherten Forderung den Übergang des Gläubigerrechtes auf den Eigentümer zur Folge hat, beruht darauf, daß die Forderung mit der Hypothek unmittelbar verknüpft ist, daß die Hypothek eine Forderung voraussetzt, zu deren Befriedigung nach § 1113 eine Geldsumme aus dem Grundstücke zu zahlen und die gemäß § 1115 ins Grundbuch einzutragen ist. Nach § 1192 Abs. 1 aber finden die Vorschriften über die Hypothek auf die Grundschuld nur so weit entsprechende Anwendung, als sich nicht daraus ein anderes ergibt, daß die Grundschuld nicht eine Forderung voraussetzt. Wenn im Falle einer zum Zwecke der Sicherung bestellten Grundschuld die Forderung nicht zur Entstehung gelangt, hat der Grundschuldgläubiger die ihm bestellte Grundschuld ohne rechtlichen Grund erlangt. Der die Grundschuld bestellende Eigentümer kann daher auf Grund des der Grundschuldbestellung zugrunde liegenden Vertrages oder gemäß § 812 BGB. die Übertragung der an sich rechtsbeständigen Grundschuld an ihn verlangen.

Vgl. Urteil des RG.'s in der Jur. Wochenschr. 1901 S. 465 Nr. 17. Macht der Grundschuldgläubiger die Grundschuld gegen ihn im Klagewege geltend, so steht ihm wegen seines Übertragungsanspruchs eine Einrede zu. Ob diese Einrede, wie in der Rechtslehre angenommen wird, unter § 1157 und § 1169 BGB. fällt und danach in Verbindung mit § 1192 Abs. 1 der bestellende Eigentümer die Einrede auch gegenüber einem nicht gutgläubigen Erwerber der Grundschuld zu erheben, sowie von dem Grundschuldgläubiger Verzicht auf die Grundschuld zu verlangen berechtigt ist, kann dahingestellt bleiben. Jedenfalls ist, solange nicht die Übertragung bewirkt oder der Verzicht gemäß § 1168 Abs. 2 erfolgt ist, der als Gläubiger Eingetragene auch der wirkliche Gläubiger der Grundschuld. Daher hat der erste Richter die Behauptung des Beklagten, die M.sche Bank habe vor dem Zuschlage dem Eigentümer B. gegenüber auf die Grundschuld (soll wohl heißen auf den streitigen Grundschuldteil) verzichtet, mit Recht für unerheblich erklärt, weil nach § 1168 Abs. 2 und § 1192 Abs. 1 der Verzicht, um den Übergang des Grundschuldteiles auf den Grundstückseigentümer zu bewirken, der Eintragung bedurft hätte, diese aber nicht erfolgt ist.

Der Berufungsrichter meint, der erkennende Senat habe den Satz 2 des § 1163 Abs. 1 auch auf die Grundschuld angewendet, denn er habe in den Entsch. in Zivils. Bd. 60 S. 247 ausgesprochen, daß, wenn der Grundstückseigentümer den Grundschuldgläubiger wegen der Grundschuld befriedigt habe, die Grundschuld dem Eigentümer als Eigentümer-Grundschuld zustehe: hinsichtlich der Anwendung des Satzes 2 müsse aber das gleiche gelten wie von der Anwendung des Satzes 1 des § 1163 Abs. 1. Dies ist unzutreffend. Daß die Grundschuld, wenn der Grundstückseigentümer den Grundschuldgläubiger befriedigt, d. h. an ihn die Geldsumme leistet, auf deren Zahlung aus dem Grundstücke die Grundschuld gerichtet ist (§ 1191), auf den Eigentümer übergeht, folgt nicht aus § 1163 Abs. 1 Satz 2, sondern aus §§ 1142, 1143 in Verbindung mit § 1192 Abs. 1. Die Redaktionskommission der 2. Kommission hatte zwei Entwürfe über die Hypothek und die Grundschuld aufgestellt. In dem einen wurden die Vorschriften über die Grundschuld im einzelnen gegeben und dann die entsprechende Anwendung auf die Hypothek bestimmt; in dem andern Entwurfe waren umgekehrt die Bestimmungen über die Hypothek vorangestellt und die entsprechende Anwendung auf die Grundschuld vorgeschrieben.

Vgl. Prot. Bd. 4 S. 501 flg.

Der zweite Entwurf ist Gesetz geworden. Aber der erste hat für die Frage, inwieweit die (im zweiten Entwurfe und) im Gesetze über die

Hypothek gegebenen Vorschriften auf die Grundschuld anzuwenden sind, gewichtige Bedeutung. In diesem Entwurfe ist nun keine Bestimmung enthalten, wonach eine Grundschuld, wenn sie zur Sicherung einer Forderung bestellt ist und die Forderung nicht zur Entstehung gelangt, dem Eigentümer zustehen soll. Wohl aber enthält § 1139 b die (den §§ 1142, 1143 BGB. entsprechende) Bestimmung, daß, soweit der Eigentümer den Gläubiger befriedigt, die Grundschuld auf ihn übergeht. Hierin findet die vorstehend dargelegte Rechtsansicht ihre Bestätigung.

Demnach stand der fragliche Grundschuldteil, wiewohl die Grundschuld zur Sicherung einer Forderung bestellt worden und diese Forderung in Höhe des Grundschuldteiles nicht durch Zahlung zur Entstehung gelangt (valutiert) war, zur Zeit der Versteigerung des belasteten Grundstücks der als Gläubigerin eingetragenen M.schen Bank zu, nicht dem Grundstückseigentümer B. Daher fragt es sich weiter, ob die Tatsache, daß die Bank bei der Verteilung des Versteigerungserlöses für ihre Grundschuld von 133 100 ℳ nur 119 928,30 ℳ auf den Versteigerungserlös liquidierte, indem sie erklärte, sie habe hinsichtlich des Restbetrages von 13 171,70 ℳ Valuta nicht gewährt, die Wirkung gehabt, daß das aus dem letzteren Grundschuldteile sich ergebende Recht auf Befriedigung aus dem Versteigerungserlöse aufgehoben wurde und demgemäß der auf den Grundschuldteil entfallende Erlösteil den nachstehenden Berechtigten zufiel. Der Fall des erwähnten Urteils des erkennenden Senats in den Entsch. des RG.s Bd. 60 S. 251 liegt in dieser Hinsicht völlig gleich. Dort ist ausgesprochen, der Grundstückseigentümer könne den vom Grundschuldgläubiger nicht liquidierten Betrag der Grundschuld nicht für sich liquidieren; in Höhe des nicht liquidierten Betrages werde vielmehr der Versteigerungserlös für die übrigen daran berechtigten Gläubiger frei, weil die Grundschuld insoweit ins Leere falle. Diese Rechtsauffassung kann nach nochmaliger Prüfung nicht aufrechterhalten werden.

In der Rechtslehre wird darüber gestritten, ob in jener Tatsache ein Verzicht des Grundschuldgläubigers zu finden sei oder ob sie überhaupt nicht eine rechtsgeschäftliche Erklärung enthalte, die auf den rechtlichen Bestand und Inhalt des Rechtes am Versteigerungserlöse von Einfluß sein könnte, und ferner ob, wenn eine Verzichterklärung anzunehmen sei, das Recht an dem Versteigerungserlöse infolge des Verzichts nach Maßgabe des entsprechend anzuwendenden § 1168 auf den Grundstückseigentümer übergehe, oder ob der Verzicht, wie beim Pfandrechte nach § 1255 die Aufgabeerklärung des Pfandgläubigers, die Wirkung habe, daß das Recht erlösche und somit der Erlösteil für die nachstehenden Berechtigten frei werde. In dieser Hinsicht wäre in Betracht zu ziehen, daß das Bürgerliche Gesetzbuch bei der Hypothek zwischen Verzicht des Gläubigers auf die Hypothek (§ 1168) und Aufhebung der Hypothek (§ 1183) unterscheidet, während es bei anderen Rechten an einem Grundstücke nur die Aufhebung kennt (§ 875). Hinsichtlich der Aufhebung ist es gleichbedeutend, ob der Berechtigte erklärt, er gebe das Recht auf, oder er verzichte auf das Recht.

Vgl. Prot. Bd. 3 S. 70, 616.

Der erste Entwurf (§ 1091) kannte auch bei der Hypothek nur die Aufhebung. Die Unterscheidung des Gesetzes zwischen Verzicht und Aufhebung beruht auf Beschlüssen der zweiten Kommission. Es sollten die Fälle, wo der Gläubiger sein Recht in der Absicht aufgebe, daß seine Hypothek gelöscht werde, geschieden werden von den Fällen, wo der Gläubiger auf sein Recht mit der Absicht verzichte, daß seine Hypothek nicht gelöscht, sondern vom Eigentümer erworben werde, und hinsichtlich jener Fälle sollte zur Aufhebung die Zustimmung des Eigentümers erforderlich sein, weil dem Eigentümer die Möglichkeit offen bleiben müsse, die Hypothek zu erwerben.

Vgl. Prot. Bd. 3 S. 616, 602, Bd. 4 S. 507.

Ob nun diese Unterscheidung auch für das Recht am Versteigerungserlöse, das an die Stelle des durch den Zuschlag erloschenen hypothekarischen Rechtes (Hypothek, Grundschuld) getreten ist, zu gelten hat, ob überhaupt die §§ 1168, 1183 BGB. auf dieses Recht am Versteigerungserlöse entsprechend zur Anwendung zu bringen sind, kann ebenso dahingestellt bleiben, wie, ob in einer etwaigen Erklärung des Gläubigers, er verzichte auf das Recht am Versteigerungserlöse, ein Verzicht im Sinne des § 1168 mit der Wirkung des Überganges auf den Vollstreckungsschuldner als früheren Grundstückseigentümer zu finden ist, oder eine Aufhebungserklärung im Sinne der §§ 875, 1183 BGB. mit der Wirkung des Erlöschens des Rechtes. Denn es ist darin, daß der Grundschuldgläubiger für seine Grundschuld nur einen Teilbetrag auf den Versteigerungserlös mit dem Bemerken liquidiert, er habe hinsichtlich des weiteren Teiles Valuta nicht gewährt, überhaupt nicht eine rechtsgeschäftliche Erklärung zu erblicken, die auf eine Änderung des aus der Grundschuld sich ergebenden Rechtes am Versteigerungserlös bezüglich des nicht liquidierten Teiles gerichtet wäre. Es liegt nichts weiter vor, als daß der Gläubiger nur einen Teilbetrag liquidiert und als Grund dafür, daß er nicht auch den andern Teil liquidiert, angegeben hat, er habe auf diesen Teil keine Valuta gewährt. Eine rechtsgeschäftliche Erklärung, sei es nach der Richtung, daß der nicht liquidierte Teil des Rechtes am Versteigerungserlöse auf einen andern, insbesondere den Vollstreckungsschuldner — als früheren Eigentümer — übergehen solle, sei es mit dem Ziele, daß der Teil des Rechtes völlig aufgehoben werde, hat der Gläubiger nicht abgegeben. Demnach ist dieser Teil des Rechtes am Erlöse bestehen geblieben, und auch hinsichtlich des Gläubigerrechts ist eine Änderung nicht eingetreten; der bisherige Grundschuldgläubiger ist nach wie vor Gläubiger des rechtsbeständigen Teils des Rechtes. Da er den Erlösteil nicht für sich in Anspruch nimmt, wiewohl er eingetragener Grundschuldgläubiger ist, und da er trotz seiner Angabe, daß er auf den fraglichen Teil der Grundschuld Valuta nicht gewährt habe, als Gläubiger dieses Teiles zu gelten hat, so ist vom Vollstreckungsgerichte der auf den Grundschuldteil entfallende Teil des Versteigerungserlöses zu hinterlegen. Der Vollstreckungsschuldner, oder wenn dieser die Grundschuld nicht selbst bestellt hat, der Grundschuldbesteller mag dann, wenn die Grundschuld zur Sicherung einer Forderung bestellt worden ist und der Gläubiger gemäß seiner Angabe die Forderung in Höhe des nicht liquidierten Betrages nicht durch Zahlung zur Entstehung gebracht (valutiert) hat, auf Grund des der Grundschuldbestellung zugrunde liegenden obligatorischen Vertrages oder auch auf Grund des § 812 BGB. vom Gläubiger Übertragung verlangen können. Aber die Inhaber der der Grundschuld im Range nachstehenden Rechte am Grundstücke können in keinem Falle den fraglichen Erlösteil für sich in Anspruch nehmen.

Von diesen anderen rechtlichen Gesichtspunkten aus stellt sich daher die Entscheidung des Berufungsrichters im Endergebnis als gerechtfertigt dar. Der Kläger hatte als nachstehender Hypothekengläubiger, wiewohl die M.'sche Bank den auf den in Rede stehenden Grundschuldteil entfallenen Erlösteil nicht liquidierte, indem sie erklärte, sie habe auf jenen Teil Valuta nicht gewährt, kein Recht auf den Erlösteil, und sein Widerspruch gegen das vom Vollstreckungsgerichte aus dem Grundschuldteile für den Beklagten in Ansatz gebrachte Liquidat war unbegründet, weil er nicht berechtigt war, geltend zu machen, daß der Vollstreckungsschuldner B. nicht Gläubiger des Grundschuldteiles gewesen sei und daher den Grundschuldteil oder das an dessen Stelle getretene Recht am Versteigerungserlöse auf den Beklagten nicht habe übertragen können. Demnach war der Erlösteil, weil der Widerspruch des Klägers zurückzuweisen war, dem Beklagten zuzusprechen."

RGZ. 86, 255.

Ist während des Zwangsversteigerungsverfahrens

1. die Umwandlung einer Rentenschuld in eine Hypothek dem Ersteher gegenüber wirksam, wenn nach den Versteigerungsbedingungen das Recht als Rentenschuld bestehen bleiben soll?

2. die vom Vollstreckungsschuldner erklärte Kündigung einer Rentenschuld dem Ersteher gegenüber wirksam, wenn die Rentenschuld dem Rechte des betreibenden Gläubigers im Range vorging und der Gläubiger gegen die Kündigung Widerspruch erhoben hatte?

ZwVG. §§ 20, 23, 44, 52, 54, 82, 90, 91, 92, 100.

BGB. §§ 135, 136, 1201, 1202.

V. Zivilsenat. Urt. v. 24. Februar 1915.

Die Entscheidung ist abgedruckt unter „Zwangsversteigerungsgesetz".

RGZ. 136, 232.

1. Zur Auslegung von Grundbucheintragungen.

2. Kann bei der Eintragung einer verzinslichen Grundschuld im Grundbuch mangels eines sonstigen Vermerks der Eintragungstag als Angabe des Verzinsungsbeginns gelten?

BGB. § 1115 Abs. 1, § 1192.

V. Zivilsenat. Urt. v. 23. April 1932.

I. Landgericht III Berlin. — II. Kammergericht daselbst.

Im Grundbuch der Stadt Ch. war bei dem Grundstück des Beklagten in Abteilung III unter Nr. 35 eingetragen:

150 000 RM Grundschuld mit 12 vom Hundert jährlich verzinslich, für Dr. W. in B. Unter Bezugnahme auf die Bewilligung vom 6./8. Mai 1930 eingetragen am 13. Mai 1930.

Durch Abtretungserklärungen vom 27. Mai und vom 4. Juni 1930 ist die Grundschuld „nebst den Zinsen vom 13. Mai 1930 an" vom Gläubiger W. an einen Kaufmann B. und von diesem an den Kläger abgetreten worden. Nach der Eintragungsbewilligung des Beklagten vom 6. Mai 1930 sollte die Grundschuld am 15. Mai 1935 rückzahlbar und mit 12 % jährlich in halbjährlichen Teilen nachträglich zu verzinsen sein; der Beginn des Zinsenlaufs war in der Urkunde nicht ausdrücklich angegeben. In der zweiten im Grundbuch in Bezug genommenen Urkunde vom 8. Mai 1930 hatte der Beklagte die ursprüngliche Eintragungsbewilligung, wie folgt, ergänzt:

> Falls die Zinsen nicht rechtzeitig, d. h. innerhalb 14 Tagen nach Fälligkeit, gezahlt werden, soll die Grundschuld fällig sein ...

Der Beklagte hat Zinsen nicht gezahlt. Nach Ansicht des Klägers soll deshalb das Kapital der Grundschuld vorzeitig fällig geworden sein. Seine Klage auf Zahlung eines Teilbetrags des Grundschuldkapitals wurde in beiden Vorinstanzen abgewiesen. Die Revision führte zur Aufhebung und Zurückverweisung aus folgenden

Gründen:

Das Berufungsgericht ist davon ausgegangen, es sei Voraussetzung für den vom Kläger darzulegenden Eintritt vorzeitiger Fälligkeit des sonst erst am 15. Mai 1935 zahlbaren Grundschuldkapitals, daß der Beklagte überhaupt Zinsen der Grundschuld schulde. Es hat dann weiter ausgeführt: Der Beginn der Verzinsung einer durch Hypothek gesicherten Forderung sei wesentlich für den Umfang der Belastung des Grundstücks durch die Zinsen. Er bedürfe daher der Eintragung im Grundbuch, wobei freilich eine Bezugnahme auf die Eintragungsbewilligung zulässig und eine kalendermäßige Bezeichnung nicht notwendig, vielmehr jede Angabe genügend sei, woraus der Zeitbeginn zweifelsfrei hervorgehe. Das gleiche müsse auch für die Grundschuld gelten. Im vorliegenden Fall fehle die Angabe des Anfangspunkts der Verzinsung der eingetragenen Grundschuld. Daher sei die Zinseintragung nichtig, der verklagte Grundstückseigentümer schulde keine Grundschuldzinsen.

Hierbei hat das Berufungsgericht nicht näher untersucht, ob es wirklich zutrifft, daß die Angabe des Anfangs der Verzinsung in der Eintragung fehlt, sondern es nimmt ohne besondere Prüfung stillschweigend an, daß der Verzinsungsbeginn durch besondere Bezeichnung eines Zeitpunkts ausdrücklich angegeben werden müsse. Diese Annahme, auf der seine weitere Schlußfolgerung aufgebaut ist, enthält einen Rechtsirrtum. Denn den Inhalt einer Grundbucheintragung bildet nicht lediglich der Worlaut oder der Wortsinn des Eintragungsvermerks und gegebenenfalls der dabei in Bezug genommenen Eintragungsbewilligung, sondern es sind auch Eintragungen im Grundbuch der Feststellung ihrer Bedeutung durch Auslegung zugänglich. Es mußte also geprüft werden, ob sich nicht die vermißte Angabe des

Verzinsungsbeginns im Wege der Auslegung aus der Eintragung entnehmen lasse. Das Revisionsgericht ist in der Lage, diese vom Berufungsrichter unterlassene Prüfung selbst nachzuholen. Denn ebenso wie Entscheidungen der Gerichte und Verwaltungsbehörden (RGZ. Bd. 58 S. 243, Bd. 74 S. 205, Bd. 102 S. 3) unterliegen der Auslegung durch das Revisionsgericht auch die Eintragungen, die vom Grundbuchamt im Grundbuch zur Kenntnisnahme für jedermann vorgenommen sind, der ein berechtigtes Interesse an der Kenntnis darzulegen vermag.

Bei dieser Auslegung mußten freilich — im Gegensatz zur Ansicht der Revision — der Brief des Rechtsanwalts N. an Dr. W. vom 6. Juni 1930 und die dienstliche Äußerung des Notars S. vom 8. Dezember 1930 unberücksichtigt bleiben. Denn bei der Bestimmung des Grundbuchs zur Unterrichtung der durch den Umfang des rechtlichen Interesses begrenzten Öffentlichkeit kann zur Auslegung des Inhalts einer Grundbucheintragung nichts herangezogen werden, was außerhalb der Eintragung liegt und nicht allgemein bekannt sein kann (vgl. RG. in LZ. 1927 Sp. 1540 Nr. 7). Zulässig und geboten ist es aber, zur Erkenntnis des Sinns einer Grundbucheintragung — nicht anders als bei Auslegung anderer amtlicher Äußerungen oder privater Willenserklärungen — zu berücksichtigen, was sich der unbefangenen Auffassung eines jeden als nächstliegende Bedeutung der Eintragung darstellt. Von dieser nächstliegenden Bedeutung ist auszugehen, und sie ist als maßgebend anzusehen, solange sich nicht ein Bedenken gegen sie ergibt. Das einem jeden Nächstliegende bedarf keiner Hervorhebung durch einen besonderen Ausdruck; einer besonderen audrücklichen Klarstellung bedarf es nur, wenn im Einzelfall nicht das Nächstliegende, sondern etwas anderes gelten soll.

Bei der Eintragung der Grundschuld des Klägers ist es nun keineswegs das Nächstliegende, daß über den Beginn der Verzinsung nichts vermerkt sein sollte. Die ständige Rechtsprechung des Kammergerichts, welche die Eintragung des Verzinsungsbeginns schlechthin erfordert, spricht dagegen, daß das Grundbuchamt diese Eintragung unterlassen habe. Und auch wenn dieser Rechtsprechung, der sich der Berufungsrichter anschließt, nicht beizutreten sein sollte, wäre es nicht naheliegend, sondern auffallend, daß die Eintragung der Grundschuld mit Bezug auf den Anfang der Verzinsung eine Unvollständigkeit bei Bezeichnung des Umfangs der Grundstücksbelastung enthalten sollte. Am nächsten liegt vielmehr bei der hier auszulegenden Eintragung für den Beginn des Zinsenlaufs die Bedeutung, daß dieser Beginn mangels einer ausdrücklichen anderen Angabe mit dem Eintragungstag zusammenfalle.

Allerdings ist es keineswegs notwendig, daß sich die Zeitpunkte von Verzinsungsbeginn und Eintragung decken. Es ist zulässig, den Anfang der Grundschuldverzinsung auf einen vor der Eintragung liegenden Zeitpunkt festzusetzen. In einer solchen Zurückdatierung des Beginns der Verzinsungspflicht vor den Zeitpunkt der Entstehung der Hauptschuld liegt jedoch etwas Ungewöhnliches. Daher bedarf es eines besonderen Ausdrucks in der Eintragung der Grundschuld, wenn eine solche Zurückdatierung erfolgen soll. Anderseits ist es möglich, den Anfang der Grundschuldverzinsung auf einen nach der Eintragung liegenden Zeitpunkt hinauszurücken. Aber auch eine solche Gestaltung der Grundschuld, die sich in diesem Fall als zunächst unverzinslich, erst später verzinslich darstellt, ist nicht die nächstliegende natürliche Form einer verzinslichen Grundschuld und bedarf daher, wenn sie geschaffen werden soll, ebenfalls eines besonderen Ausdrucks in der Eintragung. Dagegen weist der Mangel jeder besonderen Angabe eines Anfangspunkts der Verzinsung mit ausreichender Deutlichkeit darauf hin, daß die Zinsen von demselben Tag an laufen sollen, an welchem auch die Hauptschuld in Erscheinung tritt, also vom Tage der Eintragung in das Grundbuch an. Weder aus dem Inhalt der Eintragung oder der darin in Bezug genommenen Eintragungsbewilligung noch aus allgemein bekannten Erfahrungstatsachen ergibt sich ein Gegengrund gegen diese Auslegung. In diesem Sinn ist daher die vorliegende Eintragung zu verstehen.

Nicht zutreffend ist es, wenn das Berufungsgericht ein Hindernis für diese Auslegung darin findet, daß häufig Grundschulden zur Sicherung persönlicher Forderungen der Grundschuldgläubiger verwendet werden, wobei der Beginn der im Einzelfall gesicherten persönlichen Forderung nicht ohne weiteres mit dem Zeitpunkt der Eintragung der Grundschuld zusammenfallen mag. Denn ein solcher Verwendungszweck läßt den Bestand und den Inhalt der Grundschuld unberührt (vgl. RGZ. Bd. 78 S. 60).

Mit dem so gewonnenen Ergebnis, daß eine ausreichende Angabe des Anfangs der Zinspflicht in der Grundbucheintragung enthalten ist, entfällt die Grundlage für alle Folgerungen, die das Berufungsgericht aus dem vermeintlichen Mangel der Eintragung gezogen hat. Es kann daher unentschieden bleiben, ob nicht etwa im Gegensatz zu der auch im Schrifttum überwiegend vertretenen Ansicht des Berufungsgerichts die Angabe des Verzinsungsbeginns im Grundbuch überhaupt entbehrlich ist, wie in einer älteren Entscheidung des erkennenden Senats (RGZ. Bd. 62 S. 375 [379]) beiläufig für eine verzinsliche Hypothek angenommen worden ist. Es bedarf auch keiner Entscheidung darüber, ob die hier in Betracht kommenden Verhältnisse bei Hypotheken und Grundschulden gleich liegen... Aus der bestehenden Grundbucheintragung ergibt sich bei richtiger Auslegung in Verbindung mit den vorgelegten Urkunden über die Abtretung der Grundschuld, daß der Beklagte dem Kläger Grundschuldzinsen seit dem Eintragungstage halbjährlich nachträglich zu zahlen hatte, erstmals also am 13. November 1930, dann am 13. Mai und am 13. November 1931. Die Klage erweist sich daher im Gegensatz zur Auffassung des Berufungsrichters als begründet, sofern ihr nicht der Beklagte einen Einwand auf Grund seines vom Berufungsrichter bisher nicht geprüften weiteren Vorbringens entgegenhalten kann.

RGZ. 143, 113.

1. Zur Abtretung und Pfändung des Anspruchs, der dem Grundstückseigentümer zusteht auf Übertragung einer sicherungsweise von ihm bestellten Grundschuld nach Tilgung der gesicherten Forderung.

2. Wie bestimmen sich Inhalt und Umfang der Befugnis des Grundschuldgläubigers zur Verwertung einer solchen Grundschuld zwecks Befriedigung? Ist der Gläubiger an die Vorschriften über die Befriedigung der Pfandgläubiger aus verpfändeten Rechten gebunden?

BGB. §§ 1191 flg., 1234 flg., 1245 Abs. 2, § 1277 Satz 2, § 1284.
ZPO. § 857.

VII. Zivilsenat. Urt. v. 5. Januar 1934.

I. Landgericht Altona. — II. Oberlandesgericht Kiel.

Die Klägerin erwirkte gegen den Landwirt Robert R. in M. einen vollstreckbaren Titel auf Zahlung von 13 500 RM aus nicht eingelösten Wechseln, denen Futterlieferungen zugrunde lagen. R. schuldete weiter der Firma St. GmbH., einer Viehhandlung in E., aus Wechseln, die er angenommen hatte und die in der Zeit vom 12. August bis 29. September 1931 fällig waren, 12 790,90 RM. Diese Wechsel hatte die Firma St. als Ausstellerin gezeichnet, die Beklagte hatte sie diskontiert. Als Sicherheit für diese Wechselschulden hatte R. der Beklagten an seinem Grundstück in Klein-K. eine Grundschuld in Höhe von 15 000 GM bestellt.

Für die eingangs genannte vollstreckbare Forderung nebst einem Vollstreckungskostenbetrag von 300 RM stellte die Klägerin der Beklagten am 4. August 1931 eine Benachrichtigung zu, wonach die

Pfändung derjenigen Ansprüche bevorstehe, die dem R. zuständen gegen die Beklagte „1. auf Abtretung der genannten Grundschuld oder eines Teiles derselben, soweit die Grundschuld nämlich nicht valutiert sei, 2. auf eine nach Rückübertragung dem Schuldner R. zustehende Grundschuld und 3. der insoweitige Anspruch des R. auf Herausgabe des Grundschuldbriefes." Die Klägerin forderte die Beklagte zugleich auf, die genannte Grundschuld nicht an R. abzutreten und den Grundschuldbrief nicht an ihn auszuhändigen. Am 21. August stellte sie der Beklagten einen Beschluß auf Pfändung und auf Überweisung zur Einziehung hinsichtlich derselben Ansprüche zu.

Bereits am 29. Juli 1931 hatte R. die Beklagte „beauftragt", von der Grundschuld zu 15 000 GM die rangletzten 6000 GM mit Zinsen an seinen Schwager, den Landwirt Johannes M. in M. abzutreten, sobald M. zwei der von der Beklagten diskontierten und von R. akzeptierten Wechsel über 1366,35 und 4772,90 RM eingelöst haben würde. Am 8. August 1931 überwies M. der Beklagten 6139,25 RM, die zur Einlösung der genannten beiden Wechsel verwendet wurden. Die Abtretung des Grundschuldteils wurde im Grundbuch am 3. Oktober 1931 vermerkt.

Am 26. September 1931 verpflichtete sich die Firma St., die beiden weiter noch laufenden Wechsel über RM 2856,75 und 3794,90, die sie als Ausstellerin gezeichnet hatte und die am 25. und 29. September 1931 fällig waren, zuzüglich Zinsen und Kosten an die Beklagte zu zahlen. Sie beanspruchte gegen diese Zahlung Abtretung der Grundschuld zu noch 9000 GM. Die Beklagte verpflichtete sich unter dem Vorbehalt der Zustimmung des Grundstückseigentümers R. zu dieser Abtretung gegen die vorbezeichnete Zahlung. Die Firma St. verpflichtete sich weiter, der Beklagten allen Schaden zu ersetzen, der ihr durch die vorerwähnte Pfändung der Klägerin etwa entstehen würde. R. erklärte die Zustimmung zur Abtretung am 29. September 1931 in der Form, daß er die Beklagte „beauftragte", die auf seinem Grundstück für die Beklagte eingetragene Grundschuld von noch 9000 GM an die Firma St. abzutreten, sobald diese die vorbezeichneten beiden Wechsel bei ihr eingelöst haben würde. Am 5. Oktober 1931 zahlte die Firma St. 6651,65 RM durch Scheck. Die Beklagte übersandte die beiden Wechsel an die Firma und trat die Restgrundschuld an sie ab.

Die Klägerin ist der Meinung, die Abtretungen der Grundschuldteile an M. und St. hätten ihre durch Vorpfändung und Pfändung erworbenen Rechte beeinträchtigt. Dafür sei die Beklagte schadensersatzpflichtig. Die Klägerin beantragte im ersten Rechtszug Verurteilung der Beklagten zur Zahlung von 4000 RM nebst Zinsen, in der Beıufungsinstanz erweiterte sie diesen Antrag auf 8500 RM nebst Zinsen. Die Beklagte machte geltend, zur Zeit der Pfändung hätten Ansprüche des R., die überhaupt nur einen Verzicht der Beklagten auf die Grundschuld zum Gegenstande hätten haben können, überhaupt noch nicht bestanden. Sie habe deshalb die Grundschuld abtreten dürfen. M. und St. hätten durch ihre Zahlungen Ansprüche auf Abtretung der Grundschuld erworben, da die Zahlungen nicht mit Mitteln des R. bewirkt worden seien.

Das Landgericht wies die Klage ab. Das Oberlandesgericht verurteilte die Beklagte zur Zahlung von 2332,15 RM nebst Zinsen aus Gründen, die hier nicht von Belang sind; im übrigen wies es die Berufung der Klägerin zurück. Ihre Revision blieb ohne Erfolg.

Gründe:

I. Soweit das Berufungsgericht die Abtretung der rangletzten 6000 GM der Grundschuld an M. für wirksam gegenüber der Pfändung der Klägerin erklärt, hat die Revision das Urteil nicht ausdrücklich beanstandet. Bei der gleichwohl gebotenen sachlich-rechtlichen Nachprüfung erweist sich hier die Entscheidung des Berufungsrichters zwar nicht in der Begründung, wohl aber im Ergebnis als richtig. Wenn er meint, R. habe mit der Erklärung vom 29. Juli 1931 über den rangletzten Teil der Grundschuld in Höhe von 6000 GM „verfügt" und einen bedingten Verzicht „auf seine Ansprüche an diesem Teile der Grundschuld" ausgesprochen, so ist das unrichtig. Die Grundschuld war, wie sich aus dem Tatbestande ergibt, von vornherein für die Beklagte bestellt worden. Wenn auch der Zweck dieser Bestellung die Sicherung eines Wechselkredits war, so stand die Grundschuld doch der Beklagten und nicht dem R. zu, und zwar auch im Innenverhältnis zwischen diesen beiden (RGZ. Bd. 99 S. 143). R. konnte daher über die Grundschuld weder „verfügen" noch auf sie „verzichten", auch nicht bedingt; denn ihm stand weder die Grundschuld selbst noch ein Teil davon auch nur bedingt zu, so daß er darüber hätte verfügen oder darauf verzichten können. Vielmehr stand ihm (wie das Berufungsgericht insoweit zutreffend weiter unten hinsichtlich des Grundschuldrestes von 9000 GM ausführt) lediglich wahlweise ein doppelter, und zwar schuldrechtlicher Anspruch zu, in jedem Falle aufschiebend bedingt durch die vollständige Tilgung der zu sichernden Forderung (RGZ. Bd. 95 S. 245; WarnRspr. 1908 Nr. 197; RG. bei Gruch. Bd. 51 S. 374, Bd. 54 S. 1175; RG. in JW. 1912 S. 135 Nr. 7): nämlich entweder auf

Verzicht des Gläubigers auf die Grundschuld oder auf Übertragung der Grundschuld. Nur der zweite Anspruch des R. ist gepfändet worden; aber bevor er gepfändet wurde, hatte R. am 29. Juli 1931 diesen Übertragungsanspruch an M. in Höhe von 6000 GM abgetreten. Diese Beurteilung stellt nicht das Ergebnis einer tatsächlichen Auslegung des Sinnes jener Erklärung vom 29. Juli 1931 dar, die dem Revisionsgerichte nicht zustände, sondern lediglich eine rechtliche Beurteilung dessen, was nach den Feststellungen des Berufungsgerichts erklärt worden ist. Das Ergebnis, zu dem diese allein mögliche rechtliche Beurteilung führt, ist aber dasselbe, zu dem das Berufungsgericht gelangt ist; die Pfändung muß sich hinsichtlich desjenigen Teiles des Übertragungsanspruches als unwirksam erweisen, der bereits vor der Pfändung an M. abgetreten worden war.

II. Was die Übertragungsansprüche des Schuldners auf den restlichen Teil der Grundschuld von 9000 GM betrifft, so beruht die Entscheidung des Oberlandesgerichts wesentlich auf der Beurteilung des Vertrages vom 26. September 1931. Es sieht in der Abtretung jenes Grundschuldteiles an die Firma St. Zug um Zug gegen Zahlung der beiden Wechsel zu insgesamt 6651,65 RM die Befriedigungshandlung der Sicherungsgläubigerin aus dem Sicherungsgegenstand im Wege freihändiger Verwertung. Daß die Beklagte zu einer solchen Verwertung berechtigt gewesen sei, entnimmt das Berufungsgericht dem Grundgeschäft, das der Grundschuldbestellung zugrunde lag, dem „fiduziarischen Sicherungsvertrage". In der Tat kommt es hinsichtlich der Art und des Umfanges des Verwertungsrechts des Sicherungsnehmers im Innenverhältnis entscheidend auf die der Sicherheitsbestellung zugrunde liegenden Vereinbarungen an. Wenn das Berufungsgericht jenen Vereinbarungen entnimmt, daß nach Eintritt der Fälligkeit der gesicherten Forderung die Grundschuld im Wege der Abtretung habe verwertet werden dürfen, so kann ihm aus Rechtsgründen darin nicht entgegengetreten werden (vgl. RGZ. Bd. 95 S. 245, Bd. 142 S. 139; RG. in JW. 1928 S. 2782 Nr. 2 [S. 2784]; WarnRspr. 1932 Nr. 86; Stulz Eigentumsvorbehalt, 3. Aufll. S. 30; Siebert Das rechtsgeschäftliche Treuhandverhältnis [1933] S. 266 und 304). Die Beklagte war befugt, jeden Wechselschuldner in Anspruch zu nehmen. Sie nahm den R. in Anspruch, denn sie befriedigte sich gemäß dem Sicherungsvertrag aus seinem Vermögen, indem sie die Grundschuld veräußerte. Dabei konnte das Berufungsgericht dahingestellt lassen, ob die von der Firma St. geleistete Zahlung wirtschaftlich mit Mitteln und für Rechnung des R.

vorgenommen worden war. Es kommt nicht einmal in Betracht, daß die Beklagte, wie das Berufungsgericht feststellt, über die Herkunft der Zahlungsmittel nicht unterrichtet war. Denn die Grundschuld war ihr gegenüber Vermögen des R. Es ist auch kein Rechtsgrund ersichtlich, aus dem sie den Grundschuldteil nicht auch einem anderen Wechselschuldner hätte überlassen dürfen. Der Berufungsrichter verkennt keineswegs, daß die Abtretungsempfängerin, die Firma St., aus den Wechseln der Beklagten gegenüber verpflichtet war. Aber er meint, es sei für die Beklagte gleichgültig gewesen, ob die Zahlung durch die verpflichtete Firma St. oder durch *einen Dritten* erfolgte. Wenn nun die Firma nur gegen Abtretung der Restgrundschuld bezahlt habe, so sei damit die Grundschuld von der Beklagten verwertet worden. Ob die Firma St. ein Recht auf die Abtretung des Grundschuldteiles durch die Beklagte hatte oder ob sie der Beklagten gegenüber auch ohne jede Gegenleistung als Wechselschuldnerin zu zahlen verpflichtet war, ist in diesem Zusammenhang belanglos. Es kann der Revision nicht zugegeben werden, daß die Beklagte durch die Annahme einer Bedingung, von der die Zahlung in einer rechtlich nicht begründeten Weise abhängig gemacht worden sei, gegen das Pfandrecht der Klägerin verstoßen habe. Für die Beklagte handelte es sich nach den Feststellungen des Berufungsgerichts nur darum, ihr schon vor der Pfändung begründetes Verwertungsrecht auszuüben, das durch die Pfändung nicht hatte berührt werden können. Ein Rechtsirrtum kann in dem Gedankengang des Berufungsgerichts nicht gefunden werden, zumal es gerade davon ausgeht, daß die Firma St. weder aus wechselrechtlichen noch aus sonstigen sachlich-rechtlichen Gründen die Abtretung des Grundschuldrestes gegen Einlösung der Wechsel habe verlangen können.

Die Revision irrt auch, wenn sie meint, die Beklagte hätte, wenn sie die Grundschuld habe „verkaufen" (richtig: durch Abtretung freihändig verwerten) wollen, zunächst gemäß § 1245 BGB. die Ermächtigung des R. zur Abweichung von den Vorschriften der §§ 1234 flg. BGB. einholen müssen. Sie meint wohl, daß an Stelle der Ermächtigung des R. diejenige der Klägerin auf Grund des Pfändungs- und Überweisungsbeschlusses hätte treten müssen; denn die Ermächtigung des R. lag ja, wie festgestellt ist, vor. Aber weder die Vorschriften der §§ 1234 flg. noch diejenigen des § 1284 mit § 1277 Satz 2 und § 1245 Abs. 2 BGB. können dann zur Anwendung kommen, wenn es sich nicht um ein Pfandrecht an der Grundschuld, sondern um die wesentlich anders geartete Bestellung einer Grundschuld zu Sicherungszwecken handelt, wobei der Sicherungsnehmer hinsichtlich der Verwertung erheblich freier gestellt ist und alles auf die Vereinbarungen der Vertragsteile, insbesondere auch auf die Natur des Grundgeschäfts ankommt. Dazu hat, wie bereits erwähnt, das Berufungsgericht festgestellt, die Befugnis zur Verwertung durch freihändige Veräußerung sei für die Beklagte aus dem Grundgeschäft herzuleiten. Dagegen ist aus Rechtsgründen nichts zu erinnern.

Pfandrecht

RGZ. 52, 202.

Geht im Falle der Ausstellung eines dem ganzen Inhalt des § 2 des Bankdepotgesetzes vom 5. Juli 1896*) entsprechenden Ermächtigungsscheins bei Hinterlegung oder Verpfändung von Wertpapieren das Eigentum an diesen Papieren ohne weiteres auf den Verwahrer oder Pfandgläubiger über, oder bedarf es noch eines Aneignungsaktes seitens des letzteren?

II. Zivilsenat. Urt. v. 26. September 1902.

I. Landgericht Braunschweig. — II. Oberlandesgericht daselbst.

Über den Nachlaß des Bankiers F. in Bl., bei Lebzeiten alleinigen Inhabers der Firma Konrad T. daselbst, wurde am 3. Dezember 1900 das Konkursverfahren eröffnet. Der Beklagte, Rentner K. zu Bl., welcher mit der genannten Firma in laufender Geschäftsverbindung stand, nahm am 19. Juni 1900 bei dieser ein Darlehn von 8000 ℳ gegen Verpfändung von Wertpapieren zum Nennbetrage von 10 000 ℳ auf und stellte gleichzeitig einen Ermächtigungsschein gemäß § 2 des Depotgesetzes vom 5. Juli 1896 aus. Die Firma Konrad T. nahm demnächst ihrerseits bei der Leihhausanstalt in Bl. zwei Darlehen von 7000 und 7700 ℳ auf und verpfändete zu deren Sicherheit mehrere der ihr vom Beklagten zum Pfand bestellten Wertpapiere weiter.

Nach Ausbruch des Konkurses entstand zwischen dem Konkursverwalter und dem Beklagten K. Streit über das Eigentum an diesen bei der Leihhausverwaltung liegenden, von dem Beklagten herrührenden Papieren. Der Konkursverwalter behauptete insbesondere, durch die Ausstellung des Ermächtigungsscheins bei der Verpfändung sei das Eigentum an den Papieren sofort auf die Bankfirma Konrad T. übergegangen. In dem dieserhalb entstandenen Rechtsstreit trat das Oberlandesgericht dieser rechtlichen Annahme des Konkursverwalters bei.

*) Entspricht dem § 13 des Depotgesetzes vom 4. Februar 1937.

Auf Revison des Beklagten wurde indessen das Urteil des Oberlandesgerichts aufgehoben.

Aus den Gründen:

„Die Entscheidung des Oberlandesgerichts, durch welche festgestellt wird, daß dem Beklagten an den, den Gegenstand des Rechtsstreits bildenden, von ihm am 19. Juni 1900 der nunmehr in Konkurs befindlichen Firma Konrad T. für ein Darlehn von 8000 ℳ als Pfand übergebenen und von dem Inhaber dieser Firma, dem Bankier F., im November 1900 der Herzoglichen Leihanstalt zu Bl. weiter verpfändeten Wertpapieren ein Aussonderungsrecht in dem erwähnten klägerischen Konkurse nicht zustehe, beruht auf der rechtlichen Annahme, daß, wenn der Hinterleger oder Verpfänder von Wertpapieren bei der Hinterlegung bzw. Verpfändung dem Empfänger eine dem ganzen Inhalt des § 2 des Gesetzes, betr. die Pflichten der Kaufleute bei Aufbewahrung fremder Wertpapiere, vom 5. Juli 1896 entsprechende schriftliche Ermächtigung erteilt, die Papiere gegeben und genommen seien mit dem übereinstimmenden Willen sofortigen Eigentumsüberganges, und daß daher, ohne daß es einer Entscheidung der Frage bedürfe, ob nicht jedenfalls in der Weiterverpfändung auf Grund der Ermächtigung seitens des F. ein den Eigentumsübergang bewirkender Aneignungsakt zu finden sei, schon aus diesem Grunde zur Zeit der Konkurseröffnung nicht der Beklagte, sondern die Konkursmasse Eigentümerin der streitigen Papiere gewesen sei. Die Aufstellung des Klägers und Revisionsbeklagten, jene Annahme beruhe nicht sowohl auf der rechtlichen Beurteilung der Tragweite einer nach § 2 a. a. O. erteilten Ermächtigung, als vielmehr auf der tatsächlichen Feststellung des auf Übertragung und Erwerbung des Eigentums der Papiere bei deren Übergabe gerichteten Willens der Kontrahenten im vorliegenden konkreten Falle und mit Rücksicht auf vorliegende konkrete Umstände, ist, wie der Inhalt der Entscheidungsgründe ergibt, nicht zutreffend.

Als allgemeiner Rechtssatz kann aber jene Annahme als richtig nicht anerkannt werden, und es beruht daher die vorliegende Begründung der Entscheidung des Oberlandesgerichts auf einem Rechtsirrtum, der zur Aufhebung des angefochtenen Urteils führen muß.

Das Bankdepotgesetz und namentlich der § 2 hat nicht den Zweck, Bestimmungen bezüglich der Frage des Eigentumsübergangs hinterlegter oder verpfändeter Wertpapiere zu treffen, und hat solche nicht getroffen. Die rechtlichen Folgen einer gemäß § 2 erteilten Ermächtigung sind nach deren Inhalt gemäß den Grundsätzen des bürgerlichen Rechts zu bestimmen.

Der Zweck der fraglichen, im Interesse des Hinterlegers bzw. Verpfänders gegebenen Vorschrift geht vor allem dahin, das Verfügungsrecht des Bankiers an die Voraussetzung einer ausdrücklichen und schriftlichen Ermächtigung seitens des Hinterlegers oder Verpfänders zu knüpfen und damit der im Geschäftsleben vielfach verbreiteten Auffassung zu begegnen, daß der Bankier zur Verfügung schon dann berechtigt sei, falls und solange er in der Lage sei, andere gleichartige Papiere zurückzugewähren.

Anderseits geht eine solche, an sich nur die Berechtigung zur Rückerstattung anderer Papiere bzw. die Verfügungsberechtigung ergebende Ermächtigung nicht weiter, als ihr bezeichneter Inhalt besagt. Insbesondere ist es nicht richtig, wenn für die gegenteilige, vom Oberlandesgericht gebilligte Ansicht, daß dieselbe den sofortigen Eigentumsübergang bewirke, angeführt wird, infolge der Ermächtigung habe der Hinterleger oder Verpfänder nur noch einen persönlichen Anspruch auf Rückgewähr einer gleichen Quantität von Wertpapieren gleicher Qualität. Richtig ist nur, daß der Verwahrer berechtigt ist, seiner Verpflichtung zur Rückgewähr der ihm übergebenen bestimmten Papiere sich dadurch zu entledigen, daß er dem Deponenten andere gleichartige Papiere übergibt, sonach auf seiner Seite eine alternative Verpflichtung besteht. Daraus folgt, daß er zwar ohne weiteres über die Papiere verfügen darf, daß aber, wenn und solange er das nicht tut, an sich das Eigentum der Papiere bei dem Hinterleger bzw. Verpfänder verbleibt. In einem solchen Falle ist also für den Übergang des Eigentums weiter ein auf Grund der Ermächtigung erfolgender Aneignungsakt erforderlich, der regelmäßig jedenfalls in der endgültigen Verfügung über die Papiere oder auch in der unterschiedlosen, mit der Absicht des Eigenerwerbs verknüpften Vermengung mit anderen Wertpapieren (Sammeldepots) zu finden sein wird.

Dieser rechtlichen Auffassung des § 2 Abs. 1 a. a. O. steht auch nicht, wie insbesondere der Revisionsbeklagte geltend macht, der Umstand entgegen, daß in jener Gesetzesstelle die Nichtanwendbarkeit der Bestimmungen des § 1 nur für den Fall der Ermächtigung, andere Papiere zurückzugewähren, nicht auch, wie dieses in dem Regierungsentwurfe der Fall war, ganz allgemein, also auch für den Fall der Ermächtigung, über die Papiere zu seinem Nutzen zu verfügen, ausgesprochen worden ist. Insbesondere ist es nicht zulässig, danach, wenn auch nicht für den letzteren, so doch jedenfalls für den ersteren Fall, und damit auch für den Fall der auf den ganzen Inhalt des Absatz 1 sich beziehenden Ermächtigung den sofortigen Eigentumsübergang als aus dem Gesetze sich ergebend anzunehmen. Die Ermächtigung, über die Papiere zu seinem Nutzen zu verfügen, ist offenbar weitergehend als die, gleichartige zurückzuerstatten, und es kann daher aus dem Umstande, daß im Absatz 2 die erstere Ermächtigung nicht erwähnt ist, nicht gefolgert werden, daß für diesen Fall die Beobachtung der im § 1 gegebenen Vorschriften aufrechterhalten werden sollte; im Gegenteil ist anzunehmen, daß für diesen Fall die Nichtanwendbarkeit des § 1 nicht ausgesprochen ist, weil angenommen wurde, daß dieselbe sich aus der Sachlage selbst ergebe. Hierfür spricht insbesondere auch der Kommissionsbericht zu § 2 Seite 3 und 4. Danach ist das erwähnte Moment für die vorliegende Frage nicht von Bedeutung. Aus der Nichtanwendbarkeit der Vorschriften des § 1 kann für die Frage des Eigentumsübergangs im Falle der Ermächtigung nach § 2 Entscheidendes nicht hergeleitet werden.

Daß übrigens ein solches Rechtsverhältnis, wie es nach den vorstehenden Erörterungen anzunehmen ist, grundsätzlich auch der Auffassung der neuen bürgerlichen Gesetzgebung entspricht, ergibt der § 700 Abs. 1, Satz 2 BGB., wonach, wenn der Hinterleger dem Verwahrer gestattet, hinterlegte vertretbare Sachen zu verbrauchen, die Vorschriften über das Darlehn erst von dem Zeitpunkte an Anwendung finden, in welchem sich der Verwahrer die Sachen aneignet. Auch in diesem Falle wird danach der Verwahrer nicht mit der Übergabe bzw. der Ermächtigung des Verbrauchs, sondern mit dem demnächsten Aneignungsakt Eigentümer.

Die Entscheidung in der Sache selbst hängt danach davon ab, ob ein solcher den Eigentumsübergang bewirkender Aneignungsakt in der Weiterverpfändung der in Frage stehenden Wertpapiere durch den Inhaber der Firma Konrad T. zu finden ist. Da für diese, vom Landgericht verneinte, Frage jedenfalls teilweise auch tatsächliche Umstände in Betracht zu ziehen sind, so mußte dieserhalb die Zurückverweisung an das Berufungsgericht zur anderweitigen Verhandlung und Entscheidung erfolgen."

RGZ. 53, 218.

Ist eine Sachgesamtheit (ein Holzlager) verpfändbar, und in welcher Art?

BGB. §§ 1204, 1205, 1206.

VII. Zivilsenat. Urt. v. 23. Dezember 1902.

I. Landgericht II Berlin — II. Kammergericht daselbst.

Aus den G r ü n d e n :

„Es handelt sich um eine einstweilige Verfügung in Beziehung auf zwei Holzlager (Nordufer 3 und Gleimstraße 6), die nach der Behauptung des Klägers zum Vermögen des Gemeinschuldners K. und mithin zu dessen Konkursmasse gehören. Der Verklagte R. will an ihnen ein Pfandrecht, und der Verklagte P. das Eigentum dadurch erworben haben, daß R. als Pfandgläubiger auf Grund des ihm vom Gemeinschuldner eingeräumten Rechtes des freihändigen Verkaufes sie an ihn — den P. — veräußert habe. Wenn zunächst von dem Erwerbe des Verklagten P. abgesehen wird, so ist der Anspruch des Klägers gerechtfertigt, sofern dem Verklagten R. an ihnen ein Pfandrecht nicht zusteht. Die für die Begründung eines solchen erheblichen Tatsachen hat aber d i e s e r zu behaupten und erforderlichenfalls glaubhaft zu machen, und es kann dem Berufungsrichter in der Annahme nicht beigetreten werden, daß es dem klagenden Konkursverwalter von vornherein obliege, seinerseits die Nichterfüllung der für das Dasein des Pfandrechts erforderlichen Voraussetzungen darzulegen. Davon geht der Berufungsrichter offenbar aus, indem er die für und gegen die gültige Entstehung des Pfandrechts sprechenden Umstände gegeneinander abwägt und zu dem Schlusse gelangt, daß jedenfalls n i c h t anerkannt werden könne, daß der Kläger das Nichtvorhandensein jener Voraussetzungen überzeugend glaubhaft gemacht habe. Zu prüfen wäre gewesen, ob es d e n B e k l a g t e n gelungen ist, die Bestellung des Pfandrechts zugunsten des Mitverklagten R. wahrscheinlich zu machen. In dieser Hinsicht erachtet der Berufungsrichter durch die Aussage des Zeugen M. im Hauptprozesse für hinlänglich klargelegt, daß eine förmliche Übergabe der Nordufer 3 lagernden Hölzer durch den Gemeinschuldner K. an den Verklagten R. auf dem Platz an der Hand einer Liste stattgefunden habe, daß auch stets eine Ergänzung der vom Gemeinschuldner verkauften Hölzer durch andere erfolgt sei, wobei der Verklagte die Fortschaffung und den Ersatz schriftlich genehmigt habe. Ferner sei glaubhaft, daß der Verklagte R. schon vom 1. Juli 1900 ab den Platz Nordufer 3 gemietet und die Miete an die Allgemeine Rentenversicherungsanstalt zu Stuttgart als Vermieterin gezahlt habe. Andererseits sei dieser Platz nicht mit einem den Besitzwechsel erkennbar machenden Schilde versehen worden, die Schlüssel seien nach wie vor dem Gemeinschuldner zugänglich geblieben, und dieser habe auch nach den Pfandbestellungen Verkäufe vom Pfandlager vorgenommen. Es ist nicht ersichtlich, daß der Berufungsrichter bei der Würdigung dieser für glaubhaft erachteten Tatsachen überall von zutreffenden rechtlichen Gesichtspunkten ausgegangen ist. Nicht zu beanstanden ist, daß auch ein Warenlager der Verpfändung zugänglich ist, zwar nicht als Sachgesamtheit, aber als die unter diesem Namen zusammengefaßte Menge bestimmter einzelner beweglicher Sachen. Das Bürgerliche Gesetzbuch enthält nicht, wie das preußische Allgemeine Landrecht (§§ 329 flg. I. 20), besondere Vorschriften über die Verpfändung eines Inbegriffs von Sachen. Es bezeichnet als Gegenstand des Pfandrechts im 1. Titel des 9. Abschnitts des 3. Buches schlechthin bewegliche Sachen. Solche sind nach dem Sprachgebrauche des Bürgerlichen Gesetzbuchs nur körperliche Gegenstände (§ 90), nicht aber Sachgesamtheiten als solche.

Vgl. Planck, Vorbemerkung Nr. 4 zu §§ 90 flg. BGB.; Eck, Vorträge § 23 S. 93.

Mithin können an sich nur die zu der Sachgesamtheit gehörigen Einzelsachen verpfändet werden. Es steht jedoch grundsätzlich nichts im Wege, daß dies unter der zusammenfassenden Benennung, welche der Verkehr für den Inbegriff anwendet, geschieht, und daß es in dem Sinne geschieht, daß die bestimmungsgemäß veräußerten Sachen aus der Pfandhaftung aus-, und die neu angeschafften Stücke in die Pfandhaftung eintreten. Das Bürgerliche Gesetzbuch fordert indes regelmäßig zur Bestellung des Pfandrechts, daß der Eigentümer die Sache dem Gläubiger übergebe, und Übergabe ist der auf Grund der Zustimmung des Eigentümers sich vollziehende Erwerb des Besitzes, d. i. der tatsächlichen Gewalt über die Sache (§§ 1205, 853 BGB.; vgl. § 803 Abs. 1 des ersten Entwurfs, der als selbstverständlich von der zweiten Kommission gestrichen ist: Protokolle Bd. 3 S. 33). Verlangt wird also zur gültigen Verpfändung einer beweglichen Sache die Einräumung des Besitzes an den Gläubiger. Damit tritt das Bürgerliche Gesetzbuch auf den Boden derjenigen Gesetzgebungen, welche die Entstehung des Faustpfandrechts an einen äußeren, es auch für Dritte erkennbar machenden Vorgang knüpfen und namentlich das sog. Besitzkonstitut als zulässige Bestellungsweise verwerfen.

Vgl. Protokolle Bd. 3 S. 443; Motive zum ersten Entwurfe Bd. 3 S. 801.

Ausreichend ist auch die Einräumung des Mitbesitzes, wenn zu ihm der Mitverschluß des Gläubigers hinzutritt, wenn also die Möglichkeit ausgeschlossen ist, daß der Verpfänder ohne Mitwirkung des Pfandgläubigers über die Sache verfüge (§ 1206 BGB.). Diese Art der Begründung des Pfandrechts wird sich besonders für den Fall der Verpfändung eines Warenlagers eignen. Auch die ferner vom Gesetz zugelassene Vermittelung des Besitzes durch einen Dritten, der als Pfandhalter den Gewahrsam der verpfändeten Sachen hat und sie abredegemäß nur an den Eigentümer und den Gläubiger gemeinschaftlich herausgeben darf (§ 1206 Halbsatz 2 BGB.), kann hierbei in Betracht kommen. Immer aber muß ein Verhältnis des Gläubigers zu den Pfandgegenständen hergestellt sein, das als Allein- oder Mitbesitz zu kennzeichnen ist und jedenfalls die ausschließliche Verfügungsmacht des Verpfänders beseitigt.

Vgl. für das frühere Recht die über die Verpfändung von Waren sich verbreitenden Urteile des Reichsgerichts in Entsch. in Zivils. Bd. 19 S. 28 und Bd. 37 S. 31, für das neue Recht z. B. Planck, Bem. 1 zu § 1206; Biermann, 2. Aufl. Bem. 1a zu § 1206, Bem. 2 zu § 1204.

Wenn nun vorliegend der Berufungsrichter die Erlangung des Pfandbesitzes durch den Verklagten R. für glaubhaft ansieht, trotzdem anscheinend der Gemeinschuldner der sogenannten Übergabe ungeachtet auch weiter allein in der Lage geblieben ist, über das Holzlager nach seinem Ermessen zu verfügen, trotzdem also nach außen hin die Verpfändung nicht erkennbar geworden ist, so erregt diese Annahme das Bedenken, daß sie auf unzureichender rechtlicher Grundlage beruht. Dabei ist zu bemerken, daß für das Holzlager Gleimstraße 6 überhaupt keine Feststellung getroffen ist."

RGZ. 57, 414.

Sind die Gesellschaftsanteile als Forderungen ihres Inhabers gegen die Gesellschaft aufzufassen, und findet auf ihre Verpfändung demgemäß § 1280 BGB. Anwendung?

VII. Zivilsenat. Urt. v. 26. April 1904.

I. Landgericht Hannover. — II. Oberlandesgericht Celle.

Die Frage ist vom Reichsgericht verneint aus folgenden

Gründen:

„Die Klägerin, welche im Wege der Zwangsvollstreckung gegen den Bergingenieur Sch. einen Anspruch desselben gegen den Beklagten auf Herausgabe von 116 dem Sch. gehörigen, bei dem Beklagten hinterlegten Anteilscheinen der Steinkohlenbohrgesellschaft „A." hat pfänden und sich überweisen lassen, verlangt mit der Klage von dem Beklagten, daß er ihr einen der fraglichen Anteilscheine herausgebe. Vom Beklagten ist diesem Antrage entgegengetreten und im Wege der Widerklage gebeten, festzustellen, daß Beklagter berechtigt sei, die 116

Anteilsscheine behufs Befriedigung einer ihm gegen Sch. in Höhe von 13 500 *M* zustehenden Darlehnsforderung zu veräußern. Der Beklagte hat vorgetragen, er sei durch Beteiligung an verschiedenen Bohrungen Sch.s mit Darlehnen dessen Gläubiger geworden und habe die Anteilscheine übergeben erhalten. Eine Regelung der Verhältnisse sei durch einen schriftlichen, beiderseits vollzogenen Vertrag vom 6. Januar 1902 eingetreten, wodurch dem Beklagten zur Sicherung seiner in der erwähnten Höhe bestehenden Darlehnsforderung die Anteilscheine verpfändet, und Beklagter für berechtigt erklärt worden, solche behufs seiner Befriedigung zu veräußern. Die Klägerin hat geltend gemacht, daß die Verpfändung rechtlich unwirksam sei. Vom Landgericht ist die Klage abgewiesen, und der Widerklage stattgegeben. Das Berufungsgericht hat die Klagabweisung bestätigt, jedoch die Widerklage gleichfalls zurückgewiesen, und zwar unter Begründung der letzteren Entscheidung durch folgendes: Zur Entstehung des der Widerklage zugrunde liegenden Pfandrechts an den sich nur als Beweisurkunden darstellenden Anteilscheinen sei, da es sich um den Übergang der Gläubigerschaft handle, welche sich nach allgemeinen Rechtsregeln wie nach dem § 6 der Statuten der Gesellschaft „A." durch Zession vollziehe, des weiteren zufolge § 1280 BGB. die unbestritten nicht stattgehabte Anzeige der Verpfändung an die Schuldnerin, die Gesellschaft „A.", erforderlich. Bei diesem Mangel müsse die Verpfändung für unwirksam erachtet werden.

Der Revision, mit welcher die Zurückweisung der Widerklage bekämpft wird, ist stattzugeben. Mit Recht wird von dem Revisionskläger ausgeführt, es sei zu Unrecht angenommen, daß es sich bei dem fraglichen Rechtsgeschäft um die Verpfändung einer Forderung handle, und daß daher der angezogene § 1280 zur Anwendung kommen müsse. Es sind vielmehr hier die Anteilrechte an der Gesellschaft „A.", bezüglich deren die Anteilscheine, worin der Vorinstanz beizutreten, nur als Beweisurkunden erscheinen, verpfändet, und diese Rechte stellen sich ihrer Natur nach, wie auch zufolge des § 3 des Gesellschaftsstatuts, wonach die Anteilbesitzer pro rata an dem Vermögen der Gesellschaft partizipieren, als identisch dar mit der Zugehörigkeit zu der Gesellschaft und der dadurch vermittelten Berechtigung am Gesellschaftsvermögen. Unzulässig ist es daher, die Anteilbesitzer als Inhaber einer Forderung gegen die Gesellschaft aufzufassen. Ein Drittschuldner ist bei der Pfändung eines solchen Geschäftsanteils nicht vorhanden. Dies gilt hier bei einer Gesellschaft, deren Rechtsbeziehungen sich nach den §§ 705 flg. BGB. regeln, ebenso wie bei den Gesellschaften mit beschränkter Haftung, bezüglich deren es von Neukamp in dem Aufsatz über die Zwangsvollstreckung in Geschäftsanteile bei Gesellschaften mit beschränkter Haftung, abgedruckt in der Nummer der Deutschen Juristenzeitung vom 1. März 1904, dargelegt wird. Zu vergleichen ist auch Dernburg, Bürgerliches Recht Bd. 3 § 278, wo unter den verpfändbaren Rechten Anteile an einer Gesellschaft im Gegensatze zu Forderungen aufgeführt werden. Es steht auch vorliegend nicht der § 6 des Statuts entgegen, der davon spricht, in welcher Weise die Übertragung der Anteilscheine erfolgen kann. Denn wenn es hier heißt, es sei abgesehen von der Übergabe der Anteilscheine eine schriftliche Übertragungserklärung (Zession) erforderlich, so heißt das nicht, daß die Abtretung einer Forderung vorliege. Für die Übertragung des Eigentums an den Anteilen oder eine Verpfändung derselben hat es auch gar keine Bedeutung, wenn sich am Ende des § 6 eine Bestimmung dahin findet, daß der Gesellschaft gegenüber nur die in dem von der Gesellschaft geführten Mitgliederverzeichnis eingetragenen Mitglieder legitimiert und verpflichtet sind. Nach alledem genügte für die Verpfändung der durch die Anteilscheine verbrieften Rechte zufolge § 1274 BGB., wonach die Bestellung des Pfandrechts an einem Rechte nach den für die Übertragung des Rechts geltenden Vorschriften erfolgt, die zur Übertragung der Rechte erforderliche, in der Urkunde vom 6. Januar 1902 gewahrte Form, welche zugleich den auf Bestellung des Pfandrechts gerichteten Willen ergibt, in Verbindung mit der gleichfalls geschehenen Übergabe der Anteilscheine."

RGZ. 58, 162.

Redlicher Pfandnehmer im Sinne der §§ 1207, 932 BGB.

VII. Zivilsenat. Urt. v. 20. Mai 1904.

I. Landgericht Hamburg. — II. Oberlandesgericht daselbst.

Die Kläger überließen im Jahre 1897 Wertpapiere (Ungarische Rentenanleihe und Jütländische Pfandbriefe), die sie durch Vermittlung der Bankfirma G. eigentümlich erworben hatten, dieser Firma, jedoch ohne die Zins- und Erneuerungsscheine, zur Aufbewahrung. Die Mäntel gelangten demnächst in den Besitz des Beklagten; der Inhaber der Firma G. verpfändete sie ihm, wie er behauptet, wegen eines Darlehens von 35 000 ℳ. Über die Zeit der Verpfändung liegen keine näheren Angaben vor. Die Kläger forderten die Herausgabe der Wertpapiere, indem sie geltend machten, daß der Beklagte bei der Verpfändung der Papiere nicht in gutem Glauben gewesen sei, was dieser bestritt. Das Landgericht gab der Klage statt; das Oberlandesgericht wies sie auf die Berufung des Beklagten ab. Auf die Revision der Kläger ist das landgerichtliche Urteil wiederhergestellt.

Gründe:

„Da das Eigentum der Kläger an den im Tatbestande bezeichneten Wertpapieren nicht bestritten ist, so ist die Klage auf deren Herausgabe begründet, sofern dem Beklagten das von ihm behauptete Pfandrecht nicht zusteht. Der Berufungsrichter legt seiner Annahme, daß der Beklagte als redlicher Pfandnehmer der Papiere anzusehen sei, folgenden, dem Vorbringen des Beklagten entsprechenden Sachverhalt zugrunde.

Der Beklagte hatte dem ihm befreundeten Bankier G. größere Summen darlehnsweise gegeben und dafür Wertpapiere zum Pfande (in Depot) erhalten. Die Pfänder sind wiederholt zurückgegeben und durch andere ersetzt. Sie sind bald vom Beklagten, bald von seinem Sozius H. entgegengenommen. Dabei ist es mehrfach vorgekommen, daß die Papiere, die in einem Paket unter mündlicher Angabe des Inhalts überliefert wurden, von dem Beklagten oder von H. nicht nachgesehen worden sind. So hat es sich auch mit den den Gegenstand des Rechtsstreits bildenden Papieren verhalten. Erst nach dem Tode G.s hat sich der Beklagte veranlaßt gefunden, die Papiere nachzusehen, und erst zu dieser Zeit hat er von dem Fehlen der Zins- und Erneuerungsscheine Kenntnis erlangt.

Über die Zeit der Verpfändung ist nichts Näheres festgestellt. Es ist daher nicht ausgeschlossen, daß sie bereits vor dem Inkrafttreten des Bürgerlichen Gesetzbuchs erfolgt ist. In der rechtlichen Beurteilung der Sache wird dadurch nichts geändert. Als redlicher Pfandnehmer galt auch nach Art. 306 HGB. a. F. derjenige nicht, welcher infolge von grober Fahrlässigkeit das seinem Erwerb entgegenstehende Hindernis nicht kannte (Entsch. des RG.s in Zivils. Bd. 6 S. 22, 87, Bd. 36 S. 120; vgl. auch Motive zum I. Entwurfe des Bürgerlichen Gesetzbuches Bd. 3 S. 346). Ebenso ist nach altem wie nach neuem Rechte dem Beklagten, sofern er nicht selbst die Papiere in Empfang genommen hat, das Kennenmüssen seines Sozius zuzurechnen, mag dieser Vertretungsmacht besessen haben, oder nicht; wobei zu bemerken ist, daß es sich um ein nicht die Gesellschaft, sondern nur den Beklagten persönlich angehendes Geschäft handelte (§ 166 Abs. 1 BGB.; Planck, 3. Aufl. Bem. 1 Abs. 3; Windscheid-Kipp, Pandektenrecht Bd. 1 § 73 Anm. 18, 21 und Text). Daß der Beklagte als gutgläubiger Erwerber des Pfandrechts anzusehen sei, begründet der Berufungsrichter in folgender Weise. Es bedürfe einer Entscheidung darüber nicht, ob der Beklagte bei der Entgegennahme der Papiere eine große Sorglosigkeit an den Tag gelegt habe. Wenn er auch in Wahrung seiner eigenen Interessen in erheblichem Maße sorglos verfahren sei, so sei damit noch nicht der Tatbestand einer Verletzung der im geschäftlichen Verkehr im Interesse Dritter gebotenen Diligenzpflicht gegeben. Zu der Feststellung dieses Tatbestandes sei nur unter der Annahme zu gelangen gewesen, daß der Beklagte bei der Entgegennahme der Papiere sich seiner Pflicht habe bewußt sein müssen, im Interesse eines Dritten, welchem möglicherweise Rechte an dem Pfandgegenstande zustehen könnten, sich davon zu überzeugen, ob bei den Papieren die Koupons und Talons vorhanden seien. Eine solche Diligenzpflicht sei nach den Verkehrsverhältnissen nicht geboten und nach den gesetzlichen Bestimmungen nicht gewollt.

Diese Ausführungen sind rechtsirrtümlich. Das alte Handelsgesetzbuch und ihm folgend das Bürgerliche Gesetzbuch dehnen den für das Liegenschaftsrecht vermöge des öffentlichen Glaubens des Grundbuchs geschaffenen Verkehrsschutz auf das Gebiet des Mobiliarsachenrechts aus. Sie erklären den Mangel im Rechte des Veräußerers (den Ausdruck in dem auch den Besteller eines Pfandrechts umfassenden Sinne genommen) dann für gleichgültig, wenn er durch den guten Glauben des Erwerbers gedeckt wird. Der gute Glaube ist im Fahrnisverkehr der entschuldbare Irrtum des Erwerbers über das Eigentum (im Falle des § 366 HGB. über die Verfügungsbefugnis) des Veräußerers, die nicht auf grober Fahrlässigkeit beruhende Unkenntnis von dem Rechtsmangel (§§ 932, 1207 BGB., Motive a. a. O.). Indem hiernach nur der redliche Erwerb geschützt wird, geht das Gesetz davon aus, daß von dem Erwerber ein gewisses Maß von Vorsicht geübt werde, daß er diejenige Prüfung in Ansehung des Rechtes seines Vormannes nicht unterlasse, die nach den gegebenen Umständen zu erwarten ist, und deren Nichtvornahme schlechthin mit dem Verhalten eines ordentlichen Mannes unverträglich ist. Die Prüfungspflicht liegt dem Erwerber lediglich im Interesse des wahren Eigentümers ob. Die Unterscheidung des Berufungsrichters ist unhaltbar. Wenn der Beklagte grob fahrlässig gehandelt hat, so kann hierbei nur die besonders schwere Verletzung der im Verkehr erforderlichen Sorgfalt gegenüber dem Eigentümer in Frage kommen. Wie der Beklagte seine eigenen Interessen wahrt, ist rechtlich ohne Bedeutung. Entscheidend ist allein, ob er die Interessen des Eigentümers in einer dem Gesetz entsprechenden Weise gewahrt hat. Das Gesetz unterstellt eine Diligenzpflicht in dem angegebenen Sinne; mithin bedarf es nicht der Feststellung des Bewußtseins dieser Pflicht. Die Frage kann nur sein, ob sie grob fahrlässig verletzt ist, ob also in dem Beklagten bei Anwendung auch nur geringer Aufmerksamkeit Zweifel an dem Rechte seines Schuldners, die Papiere zu verpfänden, auftauchen mußten. Diese Frage hat der Berufungsrichter nicht oder doch nur von dem nicht zutreffenden Gesichtspunkte aus beantwortet, daß ein Unterschied zwischen den — rechtlich, wie gezeigt, nicht anzuerkennenden — Pflichten gegen sich selbst und gegen den dritten Eigentümer bestehe, und daß eine grobe Verletzung jener Pflichten nicht auch eine solche Verletzung dieser in sich schließe, ohne daß für die letztere Annahme Gründe angegeben sind. Das Berufungsurteil war demgemäß aufzuheben. Einer Zurückverweisung in die Instanz bedurfte es nicht, da die tatsächlichen Grundlagen für die Endentscheidung schon jetzt gegeben sind (§ 565 Abs. 3 ZPO.). Nach dem oben mitgeteilten Sachverhalt hat der Beklagte oder sein Sozius das Paket mit den Wertpapieren unbesehen entgegengenommen. Die über den Inhalt von G. gemachten Mitteilungen können nur allgemein gelautet haben. Hätten sie sich auf das Fehlen der Zins- und Erneuerungsscheine bezogen, so würde der Beklagte schon damals über den Sachverhalt unterrichtet worden sein, was mit seinem Vorbringen, dem der Berufungsrichter folgt, in Widerspruch steht. Auch davon ist keine Rede, daß G. etwa das Vorhandensein der Nebenpapiere ausdrücklich behauptet hätte. Nun ist es das geringste Maß der nach dem Gesetz auf mögliche Rechte Dritter zu nehmenden Rücksicht, daß der Empfänger von Wertpapieren sich durch den Augenschein von ihrer verkehrsmäßigen Beschaffenheit überzeuge. Ein flüchtiger Blick genügt um so mehr, wenn, wie vorliegend, der Empfänger selbst zwar kein Bankier, aber doch ein Kaufmann ist, der gar nicht bestreitet, daß der den Papieren anhaftende Mangel sofort aufgefallen sein würde. Der Berufungsrichter führt freilich im Eingange der Gründe aus, daß die Verpfändung der sogenannten Mäntel ohne die Zins- und Erneuerungsscheine im Verkehr nicht selten vorkomme; aber er gibt doch zu, daß im geschäftlichen Verkehr die Mäntel zusammen mit den Scheinen regelmäßig den Gegenstand der Verpfändung bildeten. Es ist auch ohne weiteres klar, daß es dem Pfandnehmer, von besonderen, hier gar nicht behaupteten Vereinbarungen abgesehen, um ein umlauffähiges, realisierbares Papier zu tun ist.

Vgl. Entsch. des RG.s in Zivils. Bd. 36 S. 120.

Hätte sonach der Beklagte — oder sein Sozius — den allergewöhnlichsten Anforderungen an die verkehrsübliche, zum Schutze der Rechte Dritter unerläßliche Sorgfalt entsprochen, so würde er den mangelhaften Zustand der Papiere erkannt haben, und es wäre dann seine Pflicht gewesen (wie dies in dem angezogenen Urteil des I. Zivilsenats des Reichsgerichts näher ausgeführt ist), mit der Möglichkeit zu rechnen, daß es sich um Papiere handle, die dem Verpfänder, einem Bankier, nur zur Verwahrung anvertraut gewesen seien. Grob fahrlässig handelt nicht bloß der Erwerber, der verdächtige Umstände kennt und dennoch weitere Nachforschungen unterläßt, obwohl sie ohne weiteres geboten waren, sondern auch der Erwerber, der unter besonders schwerer Verletzung der im Verkehr gebotenen Sorgfalt es unterläßt, sich die Kenntnis solcher Umstände zu verschaffen. Der Beklagte kann redlicherweise nicht sagen, daß er von dem Mangel der Papiere nichts gewußt habe, wenn diese Unkenntnis selbst auf grober Fahrlässigkeit beruht. Nahm er von der Besichtigung des Inhalts des Pakets Abstand, so handelte er auf eigene Gefahr; er kann sich gegen den Vorwurf des Verstoßes gegen die ihm obliegende Diligenzpflicht auch nicht durch die Berufung auf das freundschaftliche, von weitgehendem Vertrauen getragene Verhältnis zu G. schützen; denn dieses entband ihn nicht von der auf den Eigentümer zu nehmenden Rücksicht, über die er sich deshalb nicht minder leichtfertig hinwegsetzte, weil er dem Freunde traute. Es ist durchaus billig, daß der aus diesem Vertrauen erwachsene Nachteil den Beklagten trifft, der es geschenkt hat, und nicht die Kläger, welche vorsichtig verfuhren, indem sie die Mäntel von den Zins- und Erneuerungsscheinen trennten.

Ist demgemäß schon aus diesen Gründen der Beklagte nicht als redlicher Pfandnehmer zu erachten, so bedarf auch die von der Revision weiter angeregte Frage, ob der Vermutung aus §§ 1227, 1006 BGB. die vom Berufungsrichter beigelegte Bedeutung zukommt und den Beklagten von jeder Beweispflicht hinsichtlich des von ihm behaupteten Pfandrechts entbindet, keiner Untersuchung. Vielmehr war die Berufung des Beklagten gegen das landgerichtliche Urteil zurückzuweisen."

RGZ. 66, 258.

1. Muß zur Wirksamkeit des Fahrnispfandrechts (§ 1205 BGB.) das Besitzverhältnis des Pfandgläubigers so geartet sein, daß es für jeden Dritten erkennbar ist?

2. Hindert im Falle des § 1205 BGB. der Umstand, daß der Verpfänder zu den Räumen, in denen sich die verpfändeten Gegenstände befinden, beliebig freien Zutritt nehmen und sich in den Besitz der Pfandsachen setzen kann, die Entstehung eines wirksamen Pfandrechts?

3. Welche Bedeutung hat es für den Besitz des Auftraggebers, wenn der beauftragte Besitzdiener den ihm bezüglich der Ausübung des Besitzes erteilten Weisungen nicht folgt?

VII. Zivilsenat. Urt. v. 2. Januar 1907.

I. Landgericht Leipzig. — II. Oberlandesgericht Dresden.

Die Klägerin schloß zur Sicherstellung eines von ihr der Aktiengesellschaft Vereinigte Schuhfabriken in W. gewährten Kredits mit dieser einen schriftlichen Pfandvertrag ab, in welchem erklärt wurde, daß die Schuhfabriken der Klägerin zur Sicherstellung die in einer Anlage aufgeführten Waren verpfändeten, daß die Übergabe der Waren in den Pfandbesitz der Klägerin dadurch erfolgt sei, daß sie in die aus einer anderen Anlage des Vertrages ersichtlichen, im Fabrikgebäude der Schuhfabriken gelegenen und der Klägerin von diesen zur ausschließlichen Verfügung überlassenen Räume eingelagert worden seien, sowie daß die Schlüssel zu diesen Lagerräumen der Klägerin übergeben worden seien, endlich daß die Schuhfabriken der Klägerin alle weiteren Waren, die künftig in die bezeichneten Pfandlager eingeliefert würden, ebenfalls verpfändeten, und daß die Übergabe dieser Waren in den Pfandbesitz der Klägerin an einen zu diesem Zwecke bestellten Pfandhalter erfolgen solle. Unmittelbar vor Vollziehung der Vertragsurkunde hatten sich der Rechtsanwalt P. im Auftrage und in Vollmacht der Klägerin, sowie der Direktor der Schuhfabriken in die zur Verpackung und Verwahrung der Erzeugnisse der Schuhfabriken benutzten, in deren Fabrikgebäude befindlichen Räumlichkeiten begeben. Die zu verpfändenden Waren waren in zwei Räumen gelagert. Der eine war klein und nur durch eine Tür zugänglich, deren Schlüssel der Rechtsanwalt P. erhielt. Der andere große Raum hatte drei Zugänge, und zwar erstens durch die regelmäßig nicht benutzte Tür B, deren beide Schlüssel dem Rechtsanwalt P. übergeben wurden, zweitens durch die gewöhnlich benutzte Tür A, zu der zwei Schlüssel vorhanden waren, von denen der eine dem Rechtsanwalt P. überliefert wurde, während der andere, der Hauptschlüssel, in den Händen des Direktors der Schuhfabriken verblieb, endlich drittens durch eine nicht abschließbare, nach dem über diesem Raume belegenen Dachgeschoß führende Treppe. Den Schlüssel zu der das Dachgeschoß abschließenden Tür empfing der Rechtsanwalt

P. nicht. Der Direktor der Schuhfabriken erklärte bei dieser Verhandlung, er übergebe die vorbezeichneten Lagerräume der Klägerin zur ausschließlichen, unentgeltlichen Verfügung, übergebe auch die sämtlichen in diesen Räumen befindlichen Waren unter Überlieferung der Schlüssel der Klägerin in Pfandbesitz. Der Rechtsanwalt P. nahm diese Erklärung an und erklärte seinerseits, daß er den Pfandbesitz übernehme. Hierauf wurden die Lagerräume verschlossen. Zugleich mit den vorstehenden Erklärungen wurde den Schuhfabriken von dem Rechtsanwalt P. im Namen der Klägerin zugestanden, daß sie die Pfandräume weiter als Pack- und Expeditionsräume für ihre Zwecke benutzen dürften. Es wurde sodann von der Klägerin mit Einverständnis der Schuhfabriken der Buchhalter der letzteren, K., zum Pfandhalter bestellt, und es wurden ihm die dem Rechtsanwalt P. übergebenen Schlüssel ausgehändigt. Er verfuhr mit ihnen so, daß er sie wieder in den Schlüsselkasten der Schuhfabriken legte, in dem sie sich bisher befunden hatten. Dieser Schlüsselkasten erhielt, wie bisher, seinen Platz in dem im zweiten Obergeschoß befindlichen Lagerkontor, während K. sich während der Geschäftsstunden in dem im ersten Obergeschoß belegenen Hauptkontor aufhielt. Aus dem Schlüsselkasten entnahmen die Angestellten der Schuhfabriken die Schlüssel wie bisher und arbeiteten in den Pfandräumen weiter. Während der Mittagszeit wurde der Schlüsselkasten mit jenen Schlüsseln, wie bisher, in der Wohnung des Direktors der Schuhfabriken verwahrt, und, wie auch bisher, abends nach Schluß der Fabrik dorthin gebracht und von dort des Morgens durch die Angestellten der Schuhfabriken zurückgeholt, und zwar bevor K. seinen Dienst in den Fabrikräumen begann. Als über das Vermögen der Schuhfabriken der Konkurs eröffnet worden war, nahm die Klägerin auf Grund der obigen Verpfändungshandlungen ein Absonderungsrecht an dem in den oben bezeichneten Räumen befindlichen Warenlager in Anspruch. Der Konkursverwalter bestritt, daß eine wirksame Verpfändung zustande gekommen sei. Die erste Instanz erkannte das Absonderungsrecht der Klägerin an; das Berufungsgericht sowie das Revisionsgericht wiesen dagegen die Klage ab, weil ein wirksames Pfandrecht nicht zur Existenz gelangt sei.

Aus den Gründen:

„Der Gedanke, den die Klägerin und die Aktiengesellschaft Vereinigte Schuhfabriken bei den Verpfändungsverhandlungen verfolgten, war ersichtlich der, daß die Klägerin in den alleinigen Besitz der im Dachgeschoß des älteren Teiles und im zweiten Obergeschoß des Fabrikgebäudes der Schuhfabriken belegenen Räume treten sollte. Mit diesem Besitz würden dann — so war der Gedanke weiter gedacht — die den Gegenstand der Verpfändung bildenden, dort bereits eingelagerten und später noch einzulagernden Waren in den Besitz der Klägerin, das heißt also in deren Pfandbesitz, gelangen. In der Verhandlung vom 13. November 1903 und in dem Pfandvertrage vom selbigen Tage ist dies dahin ausgedrückt, daß die Verpfänderin die bezeichneten Räume der Klägerin zur ausschließlichen „Verfügung" überlasse. Der Rechtsanwalt P. hat bei seiner Vernehmung dies dahin erläutert, daß die „Benutzung" der Räume gemeint gewesen sei. Es war also nicht die Anwendung des § 1206 BGB. — Mitbesitz und Mitverschluß des Verpfänders und des Pfandgläubigers —, sondern lediglich diejenige des § 1205 BGB. — Alleinbesitz des Pfandgläubigers — gewollt und beabsichtigt. Daß in der bezeichneten Weise die zu verpfändenden Waren rechtswirksam in den Pfandbesitz der Klägerin übergehen konnten, unterliegt keinem Zweifel. Die Entscheidung des Rechtsstreits hängt daher allein von der Beantwortung der Frage ab, ob die Klägerin wirklich den Besitz der betreffenden Räume und damit den Pfandbesitz der zu verpfändenden Waren erlangt hat, und, falls sie ihn erlangt hat, ob sie ihn auch fortgesetzt hat. Der Berufungsrichter ist an erster Stelle der Ansicht, daß eine rechtswirksame Besitzüberlassung jener Räume, und damit eine rechtswirksame Pfandbesitzeinräumung an die Klägerin nicht stattgefunden habe. Nur für den Fall, daß diese Auffassung nicht zutreffend sein sollte, nimmt der Berufungsrichter weiter an, daß der Besitz von dem „Pfandhalter" der Klägerin, K., wieder aufgegeben worden sei. Es bedarf keines Eingehens auf diesen zweiten Entscheidungsgrund, wenn der erste für richtig und durchgreifend zu erachten sein sollte, und dies ist der Fall. Den nachfolgenden Erörterungen ist vorauszuschicken, daß K. kein Pfandhalter oder Treuhänder (Drittbesitzer) im Sinne des § 1206 BGB. war, das heißt, daß er nicht als Dritter die zu verpfändenden Waren mit der Verpflichtung in Besitz erhielt, sie nur gemeinschaftlich an den Verpfänder und den Pfandgläubiger herauszugeben.

Planck, Sachenrecht 3. Aufl. S. 753 Bem. 16 zu § 1206; Kober, Sachenrecht 2. Aufl. S. 552 1b.

Besitzerin sollte hier vielmehr nach dem Willen der Parteien die Klägerin sein, und K. sollte nicht eigenen Besitz haben, sondern nur den Besitz der Klägerin für diese ausüben; er war also, mit anderen Worten, nur deren beauftragter Besitzdiener (§ 855 BGB.).

Was die entscheidende Frage anlangt, so ist von dem Zweckgedanken des § 1205 BGB. auszugehen. Dieser bestimmt, daß zur rechtsgeschäftlichen Bestellung des Fahrnispfandrechts bei unmittelbarem Besitz des Verpfänders — wie er hier vorlag — neben der Einigung der Parteien über die Entstehung des Pfandrechts die Übergabe der Sache an den Pfandgläubiger erforderlich ist. Es soll also, in Festhaltung der geschichtlichen, deutschrechtlichen Auffassung (Gierke, Sachenrecht S. 965), das rechtsgeschäftliche Fahrnispfandrecht durch den Besitz und in dem Besitz des Gläubigers äußerlich kundbar in die Erscheinung treten. Die Inbesitznahme und das Inbesitzbehalten der Pfandsache durch den Gläubiger sind das Zeichen des Pfandrechts, seiner Erkennbarkeit nach außen. Freilich ist dies nicht in dem Sinne zu verstehen, daß die Wirksamkeit des Pfandrechts davon abhinge, ob Dritte bei dem Akte der Besitzüberlassung zugegen gewesen sind. Auch wenn ohne Beisein solcher die Sache dem Pfandnehmer übergeben wird, entsteht das Pfandrecht, und ebenso ist die Fortdauer des entstandenen Pfandrechts nicht dadurch bedingt, daß Dritte von dem Vorhandensein der Pfandsache in dem Besitz des Pfandgläubigers Kenntnis haben. Wohl aber muß, wenn Dritte von dem Vorhandensein der Pfandsache Kenntnis nehmen, seien es rechtlich Beteiligte oder Unbeteiligte, das Verhältnis des Pfandnehmers zur Pfandsache tatsächlich so gestaltet sein, daß es für jeden Dritten als ein Besitzverhältnis des Pfandgläubigers erkennbar ist. Es darf das Verhältnis nicht so geartet sein, daß es jedem unbeteiligten Dritten noch als ein Besitzverhältnis des Verpfänders erscheint. Mit Recht sagt Endemann, Sachenrecht 8. u. 9. Aufl. S. 909: „Die verpfändete Fahrnis muß erkennbar aus dem Machtbereiche des Schuldners abgeschichtet sein. Denn nur so tritt, wie es zur Sicherung des Vertrauens im Verkehr erforderlich ist, Dritten gegenüber und darum mit dinglicher Wirkung kundbar hervor, daß eine Belastung der Fahrnis und eine Absonderung ihres Wertes aus dem Vermögen des Schuldners vorliegt. Wer seine fahrende Habe verpfändet hat, soll sich nicht mit dieser noch umgeben und damit den trügerischen Schein eines kreditwürdigen Mannes erregen dürfen."

Wendet man diese Grundsätze auf den vorliegenden Fall an — wobei darauf hingewiesen wird, daß es sich hier, wie bereits oben bemerkt, zunächst um den Besitz der Pfandräume, und erst durch diesen vermittelt um den Besitz der Pfandsachen selbst handelt —, so ergibt sich bei Betrachtung der gesamten Umstände, daß ein Verhältnis, wonach die Klägerin erkennbar für Dritte in den Besitz der Pfandräume getreten ist, nicht geschaffen worden ist. In dieser Beziehung soll allerdings kein Gewicht auf den Umstand gelegt werden, daß die Verpfänderin durch Behalten des Schlüssels zum Dachgeschoß des neuen Teiles ihres Fabrikgebäudes auch die Möglichkeit behielt, durch die von dem Dachgeschoß zu den Pfandräumen führende Treppe jederzeit freien Zutritt zu diesen zu nehmen. Alleinbesitz ist ausschließlicher Besitz in dem Sinne, daß er begrifflich den Mitbesitz anderer ausschließt; dagegen ist die Ausschließlichkeit des Alleinbesitzes keineswegs in dem Sinne zu verstehen, daß die Möglichkeit des beliebigen freien Zutritts anderer zu dem im Alleinbesitz befindlichen Raume oder Gegenstand ausgeschlossen sein muß. Wäre dies wirklich als ein Erfordernis des Alleinbesitzes anzunehmen, so würde ein solcher z. B. bei uneingefriedigten Grundstücken, zu denen jedermann freien Zutritt nehmen kann, oder bei vermieteten einzelnen Zimmern, zu denen sehr häufig, wenigstens in Abwesenheit des Mieters, der Vermieter freien Zutritt hat, nicht möglich sein. Nur wenn die Möglichkeit des freien Zutritts tatsächlich benutzt und derart ausgeübt wird, daß ein Besitzverhältnis desjenigen, der den Zutritt hat, an dem betreffenden Raume oder dem betreffenden Gegenstande entsteht, kann in Frage kommen, ob entweder der Besitz des anderen dadurch ganz aufgehoben ist, oder ob er wenigstens aufgehört hat, Alleinbesitz zu sein, ob also Mitbesitz eingetreten ist. Im gegenwärtigen Falle hat die Verpfänderin die gedachte Möglichkeit nicht in dieser Weise ausgenutzt. Der Besitz der Klägerin an den Pfandräumen würde also, wenn er bestanden hätte, von dem erwähnten Umstande nicht berührt sein. Aus dem gleichen Grunde kann im gegenwärtigen Falle auch der Tatsache, daß die Verpfänderin in der Person ihres Direktors einen zweiten, bestimmungsmäßigen Schlüssel (den Hauptschlüssel) zur Eingangstür A der Pfandräume in Händen behielt, eine ausschlaggebende Bedeutung nicht beigemessen werden. Die besonders bei dem § 1206 BGB. (Mitbesitz und Mitverschluß des Pfandnehmers und Verpfänders) viel erörterte Frage, welchen Einfluß das mit oder ohne Wissen des Pfandnehmers erfolgte Behalten eines zweiten Schlüssels durch den Verpfänder hat, ist hier, wo es sich um den § 1205 BGB. handelt, im obigen Sinne zu entscheiden. Die Verpfänderin behielt freilich mit dem Behalten des zweiten Schlüssels die Möglichkeit des freien Zutritts zu den Pfandräumen. Sie hat aber von dieser Möglichkeit keinen Gebrauch gemacht; sie hat auf Grund des Besitzes des zweiten Schlüssels und in seiner Anwendung keine Besitzhandlungen an und in den Pfandräumen vorgenommen. Wäre die Klägerin im Besitz dieser Räume gewesen, so würde dieser Besitz, und zwar ihr Alleinbesitz, daher lediglich durch die nackte Tatsache des Vorhandenseins eines in den Händen der Verpfänderin verbliebenen zweiten Schlüssels nicht aufgehoben oder gar in seiner Entstehung gehindert sein.

Ausschlaggebend für die Entscheidung sind allein die folgenden Erwägungen. Die Verpfänderin erklärte allerdings in der Verhandlung und dem Pfandvertrage vom 13. November 1903, daß sie der Klägerin die Pfandräume zur „ausschließlichen Verfügung" überlasse, womit nach der Bekundung des Rechtsanwalts P., der diese Verhandlung aufgenommen oder wenigstens vollzogen hat, die ausschließliche „Benutzung" gemeint gewesen ist. Allein gleichzeitig hat die Klägerin durch den Rechtsanwalt P. eben dieselben Räume der Verpfänderin *wieder* zur *weiteren* Benutzung als Pack- und Expeditionsräume *für ihre Zwecke* überlassen. Der Gedanke der Klägerin, bzw. ihres Vertreters ist, wie von Anfang an aus allen ihren Erklärungen hervorleuchtet, zweifellos der folgende gewesen. Da ihr das Recht zur ausschließlichen Verfügung über die Räume übertragen, und die Schlüssel übergeben worden seien, so sei sie in den Besitz der Räume und damit der Pfandwaren getreten; diesen ihren Besitz werde sie durch K. ausüben; die weitere Benutzung der Räume durch die Verpfänderin sei keine Besitzausübung durch diese, zumal da sie jeden Augenblick diese Benutzung untersagen könne.... Diese Auffassung der Klägerin war und ist indessen unhaltbar. Sie konnte und durfte sich nicht verhehlen, daß, wenn sie der Verpfänderin deren eigene, in ihrer eigenen Fabrik belegene Räume zur genau in der bisherigen Weise erfolgenden Weiterbenutzung sofort wieder überlasse, sie damit einen Zustand schaffe, der für Dritte dem vor der Verpfändung vorhandenen völlig gleiche, und der äußerlich nicht erkennen lasse, daß in dem Besitzverhältnis eine Änderung eingetreten sei. Auf ihr *Recht* zur Verfügung und zum Besitz kam es nicht an: entscheidend war allein der tatsächliche Zustand, der sich als fortdauernder Besitz der Verpfänderin darstellte. Wollte die Klägerin mit ihrem angenommenen Besitz wirklich Ernst machen, so mußte sie ihn auch äußerlich hervortreten lassen. Sie mußte dann Fürsorge treffen, daß ihr Pfandbesitz den Angestellten bekannt wurde, und nähere Anordnungen dahin erlassen, daß ihr Besitzdiener K. auch äußerlich als solcher hervortrat, daß er wirklich die Schlüssel verwahrte, daß sie ihm gebracht und von ihm geholt wurden usw. Von dem allem ist nicht nur nichts geschehen, sondern es ist alles getan worden, um die Verpfändung, das heißt also das angenommene Besitzverhältnis der Klägerin, nach außen zu verheimlichen. K. hat sich um die Schlüssel nicht gekümmert; sie sind wieder in den Schlüsselkasten gelegt, der, wie bisher, in dem Lagerkontor stand, in welchem K. sich nicht aufhielt, und in welchem er keine Anordnungen zu treffen hatte; sie sind mittags und abends wieder, wie bisher, in die Wohnung des Direktors L. gebracht und bei Beginn der Geschäftszeit morgens und nach der Mittagszeit von dort wieder geholt worden. Den sämtlichen Angestellten, insbesondere den in den betreffenden Räumen Arbeitenden, ja selbst dem Lagerchef, ist von der Verpfändung keine Kenntnis gegeben worden, so daß sie nach wie vor die Verpfänderin für die Besitzerin der Pfandräume und Pfandwaren ansehen mußten und angesehen haben. K. scheute sich sogar nicht, durch eine Unwahrheit die Verpfändung zu verdecken, indem er auf Befragen nach dem Zweck des Lagerbuchs und dem Verbleib der Abzüge erklärte, dies habe der Aufsichtsrat angeordnet. K. hat daher auch selbst bekunden müssen, „äußerlich erkennbar sei die Verpfändung nicht geworden". Daß dies alles nicht etwa auf eine selbständige, von ihm ausgegangene Entschließung des K. zurückzuführen ist, ist zweifellos. Die Verpfänderin, das heißt die Vertretung der Vereinigten Schuhfabriken, wollte die Verpfändung als ein Geheimnis bewahrt wissen, und der Klägerin ist dies wohl kaum unbekannt geblieben; denn Rechtsanwalt P. erklärt selbst, bei den Verpfändungsverhandlungen sei niemand als er, K., der Direktor L. und der Lagerchef in den Pfandräumen anwesend gewesen, *wahrscheinlich habe L. dafür Sorge getragen*, daß die Arbeiterschaft sich entfernt habe, *um die Verpfändung nicht bekannt werden zu lassen*. Übrigens müssen auch die Verhandlungen so geführt sein, daß der damals in jenen Räumen anwesende Lagerchef ihre Bedeutung nicht erkannt hat, da K. ausgesagt hat, daß auch der Lagerchef von der Verpfändung nichts erfahren habe. Die Tatsache, daß die Klägerin die Pfandräume und damit tatsächlich auch die Pfandwaren der Verpfänderin sofort wieder zur früheren Benutzung überlassen hat, rechtfertigt hiernach zusammen mit dem Verhalten des K. die Annahme des Berufungsrichters, daß die Klägerin an den Pfandräumen und damit an den verpfändeten Waren einen Besitz überhaupt nicht erlangt hat. Sie sucht ihre Stellung nun damit zu retten, daß sie geltend macht, sie habe von dem Verhalten des K. keine Kenntnis gehabt. Allein die Berufung hierauf ist erfolglos. Es kam nicht auf ihre Erklärungen und Aufträge an ihren Beauftragten, als welcher K. sich darstellt, sondern darauf an, ob diese Aufträge auch ausgeführt wurden. Darüber hatte sie zu wachen. Sie hat sich aber in Wahrheit um nichts gekümmert und blindlings angenommen, daß K. seine Obliegenheiten erfüllen werde, ohne sich zu vergewissern, ob und wie dies geschah. Sie muß sich daher das Tun und Lassen ihres Beauftragten zurechnen lassen."

RGZ. 67, 214.

Erwirbt der Pfandgläubiger, der die auf der verpfändeten Ware ruhende Zollschuld bezahlt, den Zollanspruch des Fiskus mit dessen konkursrechtlichem Vorrechte? Begriff und Umfang der Zollschuld und der Haftung der zollpflichtigen Ware.

BGB. §§ 1249, 1257, 401, 412. KO. § 61 Nr. 2.
Vereinszollgesetz vom 1. Juli 1869 §§ 13, 14.

VII. Zivilsenat. Urt. v. 13. Dezember 1907.

I. Landgericht Hannover. — II. Oberlandesgericht Celle.

Die Kommanditgesellschaft in Firma E. R. zu E. bei Hameln führte im Oktober des Jahres 1903 vom Zollauslande zu Schiff 3090 Sack Hartweizen ein. Die Ware sollte in Hameln zollamtlich auf einen von jener Firma unterzeichneten Begleitschein I gemäß §§ 41 flg. VZG. vom 1. Juli 1869 abgefertigt werden. Sie wurde auf der Weser in dem Kahne Minden 27 verschifft. Die Klägerin hatte einen Teil des Weizens, nämlich 2000 Sack, mit 25 000 ℳ beliehen, weshalb ihr zwei Flußschiffahrtskonnossemente der Mindener Schleppschiffahrtsgesellschaft, lautend über 1200 und 800 Sack, zum Zwecke der Verpfändung übergeben wurden. Das eine dieser Konnossemente (Ladescheine) über 800 Sack übertrug die Klägerin gegen ein Akzept über 10 000 ℳ der jetzigen Gemeinschuldnerin, die auch als legitimierte Besitzerin des dritten Ladescheins über den Rest von 1090 Sack zu verfügen berechtigt war (ob als Eigentümerin oder Pfandgläubigerin, ist streitig). Nach der Ankunft des Weizens in Hameln ließ die Gemeinschuldnerin ohne Einwilligung der Steuerbehörde durch den von ihr beauftragten Spediteur G. diejenigen 1890 Sack, über welche ihre Ladescheine lauteten, löschen und zur Vermahlung mit der Eisenbahn nach E. schaffen. Nunmehr beschlagnahmte die Steuerbehörde die noch vorhandenen 1200 Sack, über die der Klägerin das Verfügungsrecht zustand, und forderte von dieser die Zahlung des Zolles für die gesamte Ladung mit 10 814,70 ℳ, einschließlich des auf die gelöschten 1890 Sack entfallenden Anteils von 6614,70 ℳ. Die Klägerin zahlte den ganzen Zoll und meldete in dem inzwischen ausgebrochenen Konkurse über das Vermögen der Firma S. den Betrag von 6614,70 ℳ mit dem Vorrechte des § 61 Nr. 2 KO. an. Da die Forderung vom Verwalter bestritten wurde, erhob sie Klage mit dem Antrage auf entsprechende Feststellung ihres Anspruchs. Der Beklagte begehrte Abweisung der Klage, in welchem Sinne auch das Landgericht erkannte. Auf die Berufung der Klägerin erging indessen ein Urteil des Oberlandesgerichts dahin: „Es wird festgestellt, daß der Klägerin gegen die Konkursmasse der Firma W. S. in Liqu. zu Hameln eine Forderung von 6614,70 ℳ zusteht, und zwar mit dem Vorzugsrechte derjenigen Rangstufe, die nach § 61 Nr. 2 KO. den Forderungen der Staatskasse wegen öffentlicher Abgaben eingeräumt ist." ... Der Beklagte legte Revision ein, die indessen zurückgewiesen wurde aus folgenden

Gründen:

...„Der Berufungsrichter gelangt zu der von ihm getroffenen Entscheidung auf Grund der Annahme, daß die Klägerin vermöge des Eintrittsrechtes (jus offerendi) nach § 1249 in Verbindung mit den §§ 1257, 401, 412 BGB. die Forderung des Zollfiskus mit dem Vorrechte des § 61 Nr. 2 KO. erworben habe. Die von der Revision gegen diese Annahme erhobenen Angriffe sind nicht begründet.

a) Die Revision bestreitet zunächst, daß eine persönliche Zollschuld der Firma W. S. gegenüber dem Fiskus bestanden habe, daß mithin eine auf die Klägerin mit dem konkursrechtlichen Vorrecht übertragbare Forderung vorhanden gewesen sei. Unter Berufung auf Laband (Das Staatsrecht des Deutschen Reichs 4. Aufl. Bd. 4 § 123 S. 434 flg.) wird ausgeführt, daß der § 13 des Vereinszollgesetzes vom 1. Juli 1869 keine persönliche Zollverpflichtung, sondern nur eine dingliche Belastung der zollpflichtigen Ware festsetze. Wäre dies richtig, und wäre die Zollpflicht schlechthin nur eine auf der Ware ruhende dingliche Schuld, etwa der Grundschuld auf dem Gebiete des Privatrechtes vergleichbar, so würde das Konkursprivileg des Fiskus aus § 61 Nr. 2 KO. für Zollansprüche gegenstandslos sein, und insoweit lediglich das Absonderungsrecht aus § 49 Nr. 1 KO. in Betracht kommen. So weit geht aber auch Laband nicht. Er räumt ein (S. 434 Anm. 3), daß neben die primäre (dingliche) Zollschuld eine persönliche Zollpflicht trete, wenn die Ware zollamtlich abgefertigt worden sei oder wenn die zollgesetzlichen Vorschriften verletzt seien. Man würde also im vorliegenden Falle, wo der letztere Gesichtspunkt zutrifft, eine persönliche Zollschuld auch im Sinne Labands nicht leugnen können. Das Gesetz unterscheidet nach seinem klaren Wortlaute zwischen der Verpflichtung zur Entrichtung des Zolles (§ 13) und der Haftung der Ware (§ 14), läßt mithin darüber keinen Zweifel, daß der Anspruch des Zollfiskus nicht ausschließlich an der zollpflichtigen Ware haftet, sondern auch eine persönliche Richtung hat. Nur so viel wird man einräumen können, daß die dingliche Haftung nicht nach Art eines streng akzessorischen Pfandrechts unter allen Umständen von dem Bestehen einer persönlichen

Zollschuld abhängig ist, vielmehr ihre Wirksamkeit selbständig äußert, auch wenn ein persönlich haftender Zollschuldner fehlt (vgl. Behr im Archiv für öffentl. Recht Bd. 14 S. 177 flg.). Aus der Ware, auf welcher nach den Worten des Gesetzes der Zoll ruht, kann der Fiskus sich wegen des Zolles jedenfalls befriedigen, ohne die Frage, ob auch eine zollpflichtige Person vorhanden sei, entscheiden zu müssen. Daraus folgt aber nicht, daß ein Zollschuldner dem Gesetze überhaupt fremd ist. Der § 13 bestimmt ausdrücklich, daß zur Entrichtung des Zolles dem Staate gegenüber verpflichtet ist, wer zu der Zeit, wo der Zoll zu entrichten, Inhaber (natürlicher Besitzer) des zollpflichtigen Gegenstandes ist. Daß dieser Inhaber nur mit der Ware hafte, und nur deshalb, weil er sie als durch die Zollpflicht gebunden besitze, ist aus dem Gesetze nicht zu entnehmen.

Mit Recht hat daher der Berufungsrichter eine Zollforderung des Fiskus für gegeben erachtet, und es läßt sich nach den von ihm getroffenen, nicht angefochtenen und auch nicht anfechtbaren Feststellungen ebensowenig beanstanden, daß er die Firma W. S. als die Zollschuldnerin angesehen hat. Die Weizensendung von 3090 Sack ist auf Begleitschein I nach den Vorschriften der §§ 41 flg. des Vereinszollgesetzes abgefertigt worden, d. h. die schließliche Abfertigung (Revision und Zollzahlung) sollte nicht an der Grenze, sondern am inländischen Bestimmungsorte (Hameln) geschehen. Die Ware hatte hiernach die Grenze (unter persönlicher Haftung des Begleitscheinextrahenten, d. i. der Firma E. R., nach Maßgabe des § 44 Vereinszollgesetzes) unverzollt zu passieren; der Zoll war erst bei der inländischen Hebestelle, dem Zollamt in Hameln zu entrichten. Nicht richtig, aber für die Sache unerheblich ist hiernach die Bemerkung des Berufungsrichters, daß der Zoll beim Passieren der Grenze fällig geworden sei. Er wurde erst nach der Ankunft der Ladung in Hameln fällig; in diesem Zeitpunkte war der Weizen dem Zollamte zur Schlußabfertigung von dem Warenführer zu gestellen, und der Zoll nach Maßgabe dieser Abfertigung zu entrichten (§ 44 Abs. 2 des Vereinszollgesetzes). Der Warenführer, d. i. der den Transport bewirkende Schiffer, hat seiner Pflicht nicht genügt, sondern die Sendung, wie nach der Feststellung des Berufungsrichters anzunehmen ist, zu dem Teil, über den die Firma W. S. vermöge der in ihren Händen befindlichen Konnossemente verfügen konnte, dieser ausgehändigt. Sie war es, die durch die Vermittelung des Spediteurs G. die Weiterversendung des Weizens nach E. ins Werk setzte. Es unterliegt daher keinem Bedenken, sie als unmittelbare Besitzerin (Inhaberin, natürliche Besitzerin im Sinne des Zollgesetzes) der zollpflichtigen Ware zu dem entscheidenden Zeitpunkte zu betrachten. Sie durfte die Ware, über die sie die tatsächliche Gewalt hatte, nicht in den Verkehr bringen, ohne den Zoll entrichtet zu haben. Mit der Innehabung entstand nach § 13 des Vereinszollgesetzes die persönliche Zollschuld.

Daß diese Auslegung des Gesetzes dahin führe, jeden als persönlich verpflichtet zu erklären, der in irgendeinem Zeitpunkte zwischen dem Eintritte der Zollpflicht und der Zahlung des Zolles einmal Inhaber des zollpflichtigen Gegenstandes gewesen sei, kann der Revision nicht zugegeben werden. Die Innehabung zur Zeit der Fälligkeit des Zolles entscheidet. Wenn also bei den auf Begleitschein I abgefertigten Waren der Zoll erst zur Zeit der Ankunft am Bestimmungsorte zu entrichten ist, so kommen frühere Inhaber, insbesondere die Warenführer ausschließlich des letzten Warenführers, als haftbar nicht in Betracht. Im übrigen bedarf die Frage keiner weiteren Erörterung, ob etwa außer der Gemeinschuldnerin noch andere spätere Inhaber des Weizens zollpflichtig sind. Soviel ist sicher, daß diese den Weizen hatte und über ihn verfügte, obwohl der Zoll, der auf ihm ruhte, zu bezahlen und noch nicht berichtigt war.

b) . . . .

c) Die Revision wendet sich schließlich gegen die Erwägungen des Berufungsrichters, wodurch die Gleichstellung des Rechtes des Fiskus an dem beschlagnahmten Weizen mit einem gesetzlichen Pfandrechte begründet wird. Es ist richtig, daß die Motive zu dem Entwurfe eines Einführungsgesetzes zum Bürgerlichen Gesetzbuche (S. 112) es ablehnen, das Verhältnis des Staates oder der sonstigen öffentlichen Kassen rücksichtlich der wegen des Zoll- und Steuerinteresses nach den bestehenden öffentlich-rechtlichen Vorschriften in amtlicher Verwahrung befindlichen Gegenständen durch Bezeichnung des dem Fiskus in § 41 Nr. 1 (jetzt § 49 Nr. 1) KO. eingeräumten Vorrechtes als gesetzlichen Pfandrechtes den Vorschriften über das Pfandrecht zu unterstellen, wobei insbesondere auf die §§ 1156—1159 des (ersten) Entwurfes verwiesen wurde. Damit sollte indessen nur der unmittelbaren Anwendung der privatrechtlichen Vorschriften über die Rechte und Pflichten des Pfandgläubigers entgegengetreten werden. Daß es sich aber bei jenem Verhältnis um eine auf dem öffentlichen Rechte beruhende Haftung der zurückbehaltenen oder beschlagnahmten zoll- oder steuerpflichtigen Sachen für den Zoll-, oder Steueranspruch des Staates oder der sonstigen Anstalt handelt, und daß diese Haftung, insofern sie die Befugnis in sich schließt, aus dem Erlöse der Sachen Befriedigung wegen des Anspruches zu verlangen, die wesentlichen Merkmale eines Pfandrechtes an sich trägt, ist durch die erwähnte Bemerkung in den Motiven nicht in Zweifel gezogen. Der § 14 des Vereinszollgesetzes spricht ausdrücklich von der Haftung der Waren für den darauf ruhenden Zoll, und das Konkursgesetz stellt den Fiskus in Ansehung des Rechtes auf abgesonderte Befriedigung den Faustpfandgläubigern gleich, was übrigens auch außerhalb des Konkurses gilt (§ 14 des Vereinszollgesetzes, Art. III des Einf.-Ges. zu dem Gesetze, betr. Änderungen der Konkursordnung, RGBl. S. 248). Die Kommentare von Planck, v. Staudinger, Kretzschmar zählen denn auch das fiskalische Steuervorrecht schlechtweg zu den gesetzlichen Pfandrechten. Das dagegen von den Motiven erhobene Bedenken ist durch die Fassung des erst durch die Redaktionskommission in der zweiten Lesung eingefügten § 1257 BGB. beseitigt, der bestimmt, daß die Vorschriften über das durch Rechtsgeschäft bestellte Pfandrecht auf ein kraft Gesetzes entstandenes Pfandrecht entsprechende Anwendung finden sollen. Für die Frage des Eintrittsrechtes ist das Wesentliche, daß der Fiskus, gleich einem Pfandgläubiger, sich aus dem Verkaufe der beschlagnahmten Gegenstände befriedigen und dadurch das nachstehende Recht eines Dritten an diesen Gegenständen entwerten kann. Wollte man daher selbst Anstand nehmen, das fiskalische Recht unter den Begriff des gesetzlichen Pfandrechtes zu bringen, so würde eine ausdehnende Auslegung des Wortes „Pfandgläubiger" in § 1249 BGB. aus denselben Gründen angezeigt sein, aus denen der V. Zivilsenat in dem Urteile vom 8. Oktober 1884 (Entsch. des RG.s in Zivils. Bd. 12 S. 258) dem dinglich Berechtigten das im § 37 preuß. ALR. I. 20 gewährte Eintrittsrecht auch gegenüber dem den Zwangsverkauf des Grundstückes betreibenden nicht eingetragenen Gläubiger zugestanden hat. Gegen diese Auslegung sprechen auch nicht etwa aus dem fiskalischen Rechte zu entnehmende Bedenken: dem Interesse des Staates läuft das Eintrittsrecht gewiß nicht zuwider, und es wäre daher unbillig, dem nachstehenden Pfandgläubiger dieses Recht nur deshalb zu versagen, weil der Fiskus nicht als wirklicher Pfandgläubiger im Sinne des Privatrechtes anzusehen sei.

Ein anderes, von der Revision nicht berührtes Bedenken könnte aus der bereits oben unter a erörterten selbständigen Natur der Haftung der Ware für den Zoll hergeleitet werden. Es ließe sich geltend machen, daß der befriedigende Pfandgläubiger zwar in das Recht des Fiskus in Ansehung der beschlagnahmten Ware, nicht aber auch in den persönlichen Anspruch auf Bezahlung der Zollschuld eintrete, daß es mithin an einer Forderung fehle, die auf den Gläubiger übergehen könne. Von Wert ist im gegenwärtigen Falle (wegen des mit ihr nach § 61 Nr. 2 KO. verbundenen persönlichen Vorrechtes des Fiskus) nur die Forderung gegen den Zollschuldner W. S.; es ist klar, daß die Klägerin den auf dem beschlagnahmten Weizen ruhenden Zoll, soweit er von S. zu entrichten war, nur gezahlt hat, um die privilegierte Zollforderung zu erwerben. Diesem Ergebnis steht aber jenes Bedenken auch nicht entgegen. Sofern eine persönliche Zollschuld vorliegt, wird man unbeschadet der grundsätzlichen Unabhängigkeit der dinglichen Haftung der Ware von ihr doch sagen müssen, daß die Ware jedenfalls auch der Sicherung der Forderung dient. Es wäre unnatürlich, den Charakter der pfandrechtlichen Gebundenheit der Ware für die vorhandene Zollschuld deshalb zu leugnen, weil diese Gebundenheit nicht notwendig eine solche Schuld voraussetzt (vgl. Behr, a.a.O. S. 191, 198, der hervorhebt, daß beim Übergang der Ware in den freien Verkehr die Zollpflicht den Charakter einer Pfandhaft für die persönlichen Ansprüche des Staates annehme). Wie bei der Befriedigung des Fiskus aus dem Versteigerungserlöse des zollpflichtigen Gutes die Zollschuld erlischt, so entspricht es auch der Sachlage, daß, sofern ein dritter dinglich Berechtigter den Fiskus abfindet, die Zollforderung kraft des Eintrittsrechtes auf den Dritten übergeht. Daß dies mit dem Konkursprivileg des Fiskus geschieht, kann angesichts der §§ 1249, 268 Abs. 3, 401, 412 BGB. nicht zweifelhaft sein (für das frühere preußische Recht vgl. Entsch. des RG.s in Zivils. Bd. 3 S. 34 flg.). Demnach ist die vom Berufungsrichter getroffene Entscheidung zu billigen, daß die Klägerin, indem sie den einem Pfandgläubiger gleich zu achtenden Zollfiskus befriedigte, dessen Zollanspruch mit der — unter den obwaltenden Umständen wertlosen — dinglichen Haftung, aber auch mit dem — wertvollen — Konkursvorrechte, das neben dem Absonderungsrechte gewährt ist, erworben habe und daher im Konkurse der Firma W. S. entsprechend zu befriedigen sei."

RGZ. 67, 331.

Gewährt das Pfandrecht an einem Gesellschaftsanteile dem Pfandgläubiger bei der Auseinandersetzung der Gesellschaft ein Vorrecht vor dem erst später begründeten Pfandrecht eines anderen Gläubigers an dem Anspruche des Schuldners auf Herausgabe (oder Abtretung) der ihm nach dem Auseinandersetzungsbeschlusse zuzuteilenden Sachen oder Rechte?

BGB. §§ 717, 718, 1273, 1274 Abs. 2.

VII. Zivilsenat. Urt. v. 14. Januar 1908.

I. Landgericht Hannover. — II. Oberlandesgericht Celle.

Der Bergingenieur Sch. hatte seine Anteile (116 von 1000) an der Bohrgesellschaft A. I, einer Gesellschaft des bürgerlichen Rechtes, dem Kläger verpfändet. Später übertrug die Gesellschaft ihr Vermögen auf die neugegründete Gewerkschaft A. II und erhielt hierfür die 100 Kuxe dieser Gewerkschaft, die den Gesellschaftern der Bohrgesellschaft A. I nach Verhältnis ihrer Beteiligung zugeteilt wurden. Inzwischen hatte der Beklagte die Forderung des Ingenieurs Sch. gegen die A. I auf Abtretung und Herausgabe von Kuxen der Gewerkschaft A. II pfänden und sich zur Einziehung überweisen lassen, weshalb die auf Sch. treffenden Kuxscheine mit Blankozession hinterlegt wurden. Jede Partei verlangte nun, daß die Kuxscheine ihr herausgegeben würden zwecks vorzugsweiser Befriedigung. Beide Vorinstanzen erkannten das bessere Recht des Klägers an, und auch die Revision des Beklagten wurde zurückgewiesen aus folgenden

Gründen:

... „Zur Beleuchtung der zu beurteilenden Rechtslage mögen folgende Erwägungen dienen. Wenn eine Gesellschaft des bürgerlichen Rechts (§§ 705 flg. BGB.) einen Teil ihres Vermögens, z. B. ein Grundstück, veräußert, so erlangt der einzelne Gesellschafter nicht einen bestimmten Anteil am Kaufpreise, sondern dieser wird Gesamteigentum aller Gesellschafter (Gesellschaftsvermögen, § 718 BGB.). Teilung kann nicht verlangt werden. Ebenso verhält es sich, wenn die Gesellschaft ihr ganzes Vermögen veräußert; als Folge davon braucht keineswegs die Auflösung der Gesellschaft einzutreten; diese kann vielleicht ihre Zwecke mit dem erlösten Bargelde besser erreichen als mit den veräußerten Gegenständen. Nicht anders liegt die Sache, wenn die Gesellschaft als Gegenwert anstatt des Kaufpreises Aktien einer Aktiengesellschaft oder Kuxe einer Gewerkschaft erhält; die Aktien oder Kuxe werden Gesellschaftsvermögen.

Eine Änderung der Rechtslage tritt ein, wenn die Gesellschaft die Verteilung des Gesellschaftsvermögens unter die Gesellschafter beschließt, wobei die gleichzeitige Auflösung der Gesellschaft mindestens die Regel bilden wird. Besteht das Vermögen nur in Aktien oder Kuxen, und sind Schulden nicht vorhanden, so steht nichts im Wege, die Auseinandersetzung in der Art vorzunehmen, daß die Aktien oder Kuxe in

Natur unter die Gesellschafter nach Maßgabe ihrer Beteiligung verteilt werden. Erst durch einen auf solche Teilung gerichteten Beschluß, und nur durch ihn, erlangt der einzelne Gesellschafter gegen seine Mitgesellschafter den Anspruch auf Herausgabe oder Übertragung der ihn treffenden Zahl von Aktien oder Kuxen. Dieser Anspruch ist aber nicht etwa ein von dem bisherigen Gesellschaftsanteile verschiedenes Vermögensrecht; er ist vielmehr der Gesellschaftsanteil selbst mit dem ihm durch den Auseinandersetzungsbeschluß gegebenen Inhalt. Der Gesellschafter erhält durch die Übereignung der Aktien oder Kuxe seinen Anteil am Gesellschaftsvermögen.

Hat ein Gesellschafter seinen Geschäftsanteil verpfändet, so ergibt sich aus dem Vorstehenden zunächst, daß das Pfandrecht durch Veränderungen in dem Bestande der das Gesellschaftsvermögen bildenden einzelnen Gegenstände gar nicht berührt wird. Das Pfandrecht ergreift gemäß §§ 1274 Abs. 2, 717 BGB. nur die Gewinnanteile und das künftige Auseinandersetzungsguthaben des Gesellschafters; Änderungen der Substanz des Gesellschaftsvermögens mögen Einfluß auf die Höhe dieser Ansprüche haben, gerade wie bei der Aktiengesellschaft und anderen selbständig rechtsfähigen Gebilden; das Pfandrecht berühren sie nicht. Denn dieses ruht nicht auf den einzelnen zum Gesellschaftsvermögen gehörigen Gegenständen, auch nicht auf einem Miteigentumsanteile des Verpfänders an diesen Gegenständen, sondern auf seinem Gesellschaftsanteile, hauptsächlich auf dem Auseinandersetzungsguthaben. Weiter aber ergibt sich, daß bei der Auseinandersetzung ein Pfandrecht an dem Gesellschaftsanteile den Vorrang haben muß vor dem erst später begründeten Pfandrechte an dem Anspruche des Gesellschafters auf Herausgabe der Sachen oder Rechte, die ihm nach dem Auseinandersetzungsbeschlusse behufs Befriedigung wegen seines Gesellschaftsanteiles zugeteilt werden sollen. Denn beide Pfandrechte treffen sachlich das nämliche Recht, den Gesellschaftsanteil.

Aus diesen Erörterungen im Zusammenhalt mit dem feststehenden Sachverhalte ergibt sich ohne weiteres, daß die für Sch. hinterlegten Kuxe der A. II nichts anderes sind, als sein durch die Auseinandersetzung flüssig gewordener Anteil am Vermögen der A. I." (Die weiteren Ausführungen interessieren nicht.)

RGZ. 79, 306.

1. Ersetzt der Pfandgläubiger durch Vorlegung der Verpfändungsurkunde an den Schuldner der verpfändeten Forderung die Anzeige des Gläubigers an den Schuldner?

2. Kann ein wegen fehlender Anzeige unwirksames Pfandrecht im Wege der Konversion wirksam werden?

BGB. §§ 1279, 1280, 409, 140.

VII. Zivilsenat. Urt. v. 30. April 1912.

I. Landgericht I München. — II. Oberlandesgericht daselbst.

Die Beklagte A. hatte eine Forderung gegen die G.schen Eheleute in Augsburg. Zur Sicherheit hierfür verpfändeten ihr die Schuldner vier Lebensversicherungspolicen der Gesellschaft Concordia in C. über je 4000 ℳ. Die Beklagte A. setzte die Concordia durch Vorlegung der Verpfändungsurkunde im Februar 1909 hiervon in Kenntnis; dagegen unterließ der Ehemann G., auf dessen Leben die Policen ausgestellt waren, der Versicherungsgesellschaft von der Verpfändung Anzeige zu machen. Am 24. April 1910 verfiel G. in Konkurs. Das von den Beklagten beanspruchte Absonderungsrecht wurde vom Konkursverwalter nicht anerkannt. Unter Zustimmung aller Beteiligten kam mit der Concordia eine Vereinbarung dahin zustande, daß diese die vier Policen gegen Zahlung von 7075,80 ℳ zurückkaufte. Den Beklagten wurden ihre Ansprüche auf diesen Kaufpreis vorbehalten. Der Auszahlung an die Beklagten widersprach jedoch der Kläger, dem G. am 28. September 1910 unter Zustimmung des Konkursverwalters seine Ansprüche auf den Kaufpreis abgetreten hatte. Nachdem der gezahlte Betrag hinterlegt worden war, beantragte der Kläger in erster Instanz, die Beklagten zu verurteilen, in die Auszahlung des Geldes an ihn zu willigen. Die Beklagten beantragten Abweisung und erhoben Widerklage mit dem Antrage, den hinterlegten Betrag ihnen zuzusprechen. Die Streitmasse wurde vom Landgerichte dem Kläger, vom Oberlandesgerichte den Beklagten zugesprochen. Auf Revision des Klägers wurde das erste Urteil wieder hergestellt.

Gründe:

„Soweit es sich um das von den Beklagten geltend gemachte Pfandrecht handelt, lassen die Erwägungen des Berufungsrichters einen Rechtsirrtum nicht erkennen. Mit Recht ist angenommen, daß die Beklagten ein Pfandrecht an der Forderung des G. gegen die Concordia nicht erworben haben. Die allgemeine Voraussetzung für den Erwerb eines dinglichen Rechtes, die Einigung, war allerdings gegeben, denn zwischen den Eheleuten G. und den Beklagten hatte unstreitig Einverständnis darüber geherrscht, daß den Beklagten mit Abschluß des Vertrags ein Pfandrecht zustehen sollte. Allein zur Verpfändung von

Forderungen, die, wie die in Rede stehende, durch formlosen Vertrag übertragen werden können, ist die Einigung allein nicht genügend; vielmehr muß nach § 1280 BGB. noch die Anzeige des Gläubigers an den Schuldner hinzukommen. Eine solche Anzeige hat bis zur Abtretung der Forderung an den Kläger nicht stattgefunden, demnach ist die von den Beteiligten gewollte Verpfändung nicht wirksam geworden.

Die Beklagten können sich auch nicht darauf berufen, daß die Beklagte A. der Concordia die Verpfändungsurkunde zur Kenntnisnahme vorgelegt hat. Zwar ist für den Fall der Abtretung in § 409 Abs. 1 BGB. die Vorlegung der Abtretungsurkunde durch den neuen Gläubiger der Anzeige des bisherigen Gläubigers gleichgestellt, und nach § 1274 sollen die für die Übertragung eines Rechtes geltenden Vorschriften im allgemeinen auch auf die Bestellung eines Pfandrechts an einem Rechte Anwendung finden. Aber gerade für die Verpfändung einer Forderung enthält § 1280 eine Sondervorschrift, die nach § 1279 die Anwendbarkeit des § 409 Abs. 1 ausschließt. Übrigens ist auch der Zweck der in den §§ 409 und 1280 vorgeschriebenen Anzeigen nicht der gleiche. Im Falle des § 409 ist die Anzeige für den Übergang der Forderung auf den neuen Gläubiger ohne Bedeutung, sie bezweckt vielmehr nur den Schutz des Schuldners. Dagegen ist die Anzeige nach § 1280 für den Eintritt der beabsichtigten Rechtsänderung wesentlich, ohne die Anzeige kann das Pfandrecht nicht zur Entstehung kommen (vgl. Jur. Wochenschr. 1904 S. 485 Nr. 8).

Auch die Behauptung der Beklagten, daß G. die Beklagte A. beauftragt habe, die Verpfändungsurkunde der Concordia vorzulegen, ist vom Berufungsrichter mit Recht für unerheblich erachtet worden. Allerdings ist nicht zu bezweifeln, daß die Anzeige nach § 1280 auch durch einen Stellvertreter erfolgen kann; ihre Wirksamkeit ist dann aber davon abhängig, daß sich der Stellvertreter als solcher zu erkennen gibt. Die Beklagten haben jedoch nicht behauptet, daß der Concordia bei Vorlegung der Urkunde erklärt worden wäre, die Vorlegung erfolge namens des G.; die Concordia mußte demnach annehmen, daß die Beklagte A. im eigenen Namen handelte.

Der Berufungsrichter hat nun aber, trotz Verneinung des Pfandrechts, die Streitmasse den Beklagten zugesprochen. Er ist der Meinung, daß der offensichtliche Wille der Eheleute G., den Beklagten eine Sicherheit zu gewähren, gemäß § 140 BGB. unter allen Umständen aufrecht zu erhalten sei. Der Parteiwille sei deshalb dahin auszulegen, daß die Beklagten die Forderung gegen die Concordia als Zessionare G.s hätten erwerben oder daß sie wenigstens zur Einziehung hätten berechtigt sein sollen. Bei Kenntnis der „Nichtigkeit" der Verpfändung würden sie eines dieser beiden Rechtsgeschäfte ausdrücklich vereinbart haben; ob sie schon bei Abschluß des Vertrags daran gedacht hätten, sei gleichgültig. Die Beklagten hätten sonach einen Rechtsanspruch auf die Forderung aus dem Versicherungsvertrag und damit auch auf den hinterlegten Erlös."

(Nach einer Ausführung über die Auslegung der Verpfändungsurkunde heißt es weiter:)

„Was nun den § 140 BGB. anbelangt, so wird von der Revision mit Recht unrichtige Anwendung gerügt. Die dort vorgeschriebene Umdeutung (Konversion) bezieht sich nur auf nichtige Geschäfte. Nach dem Sprachgebrauche des Bürgerlichen Gesetzbuchs gehören aber zu den nichtigen nicht auch die unwirksamen Geschäfte. Unter nichtigen Geschäften versteht das Bürgerliche Gesetzbuch solche, die, weil sie den gesetzlichen Erfordernissen nicht entsprechen, jeder Rechtswirksamkeit entbehren und von neuem, unter Beachtung des Gesetzes, geschlossen werden müssen, wenn die Beteiligten dabei stehen bleiben wollen. Verschieden von den nichtigen sind Geschäfte, die zwar zunächst die beabsichtigte Rechtswirksamkeit nicht haben, aber unter gewissen Voraussetzungen, insbesondere beim Hinzutreten eines gewissen Tatbestandes, nachträglich wirksam werden können, ohne daß sie von neuem vorgenommen zu werden brauchten, so insbesondere solche Fälle, in welchen zu den rechtsgeschäftlichen Voraussetzungen für die Entstehung eines dinglichen Rechtes nach Vorschrift des Gesetzes noch eine dem Geschäftsschlusse folgende Handlung der das Recht einräumenden Partei hinzutreten muß. Daß der Gesetzgeber in § 140 unter den nichtigen auch jene Geschäfte hätte mitverstehen wollen, dafür liegt nicht der mindeste Anhalt vor. Die Anwendung der Konversion müßte auch gerade in einem Falle der vorliegenden Art, in dem die endgültige Unwirksamkeit des Geschäfts erst durch freie Entschließung der einen Vertragspartei herbeigeführt ist, zu erheblichen Bedenken Anlaß geben. Die Anzeige des Verpfänders G. an die Concordia hätte an sich jederzeit nachgeholt werden können, zunächst jedenfalls bis zur Eröffnung des Konkurses (vgl. § 15 KO.). Aber auch nach der durch Zwangsvergleich erfolgten Beendigung des Konkurses würde sie noch zulässig und wirksam gewesen sein, wenn G. nicht schon während des Konkurses, unter Zustimmung des Konkursverwalters, die Abtretung an den Kläger vorgenommen hätte. Wenn es sich nun um Beantwortung der Frage handelt, ob G. bei Kenntnis der endgültigen Unwirksamkeit der Verpfändung zugunsten der Beklagten die Geltung eines anderen

Geschäfts gewollt haben würde, so würde zunächst die Vorfrage entstehen, welches der für diesen Willen in Betracht kommende Zeitpunkt ist, die Zeit des Vertragsschlusses oder die Zeit des Eintritts der endgültigen Unwirksamkeit. Für letzteren Zeitpunkt spricht, daß vorher von einer der Nichtigkeit gleichstehenden Unwirksamkeit und von der Kenntnis einer solchen keine Rede sein konnte. Es ist aber selbstverständlich, daß G. bei der Abtretung die Geltung eines anderen Geschäfts zugunsten der Beklagten nicht mehr wollte, da er durch Vornahme der Abtretung zugunsten des Klägers deutlich zu erkennen gab, daß die Beklagten von jedem Zugriff auf die Forderung gegen die Concordia ausgeschlossen werden sollten. Käme es jedoch auf den Zeitpunkt des Vertragsschlusses an, so würde zwar an sich denkbar sein, daß G. damals zugunsten der Beklagten auch die Geltung eines anderen Geschäfts gewollt hätte; aber wenn man im Hinblick auf diese Möglichkeit die Umdeutung bei unwirksamen Geschäften zulassen wollte, so müßte man sie grundsätzlich auch bei den nach §§ 119 flg. anfechtbaren Geschäften zulassen (vgl. § 142) und das würde mit dem Anfechtungsrechte nicht vereinbar sein.

Ist hiernach anzunehmen, daß der Berufungsrichter den § 140 BGB. zu Unrecht auf ein nur unwirksames Geschäft angewendet hat, so unterliegt das angefochtene Urteil der Aufhebung."

RGZ. 83, 390.

Zur Anwendung des § 1249 BGB. in dem Falle, wenn der Schuldner mehrere Sachen verschiedener Dritteigentümer dem Gläubiger zu Pfand gegeben hat.

VII. Zivilsenat. Urt. v. 19. Dezember 1913.

I Landgericht I Berlin. — II. Kammergericht daselbst.

Der Bankier W., der sich im Februar 1912 das Leben genommen hat, war der Beklagten aus Darlehen 200 000 ℳ schuldig. Er hatte ihr dafür Wertpapiere im Nennbetrage von zusammen 237 000 ℳ als Pfand übergeben, die nicht ihm gehörten, sondern Eigentum seiner Bankkunden waren. Darunter befanden sich die im Tatbestande des Berufungsurteils aufgeführten Papiere im Nennbetrage von zusammen 24 000 ℳ, von denen der Kläger behauptet, sie seien sein Eigentum gewesen. Daß er sie dem W. in Verwahrung gegeben hatte, ist außer Streit. Den größten Teil der verpfändeten Papiere, darunter die vom Kläger als sein Eigentum bezeichneten, hat die Beklagte am 8. März 1912 an der Berliner Börse durch einen Kursmakler verkaufen lassen.

Mit der Klage ist, neben anderen, hier nicht in Betracht kommenden Begehren, der Antrag gestellt worden: festzustellen, daß die Beklagte dem Kläger den Schaden zu ersetzen hat, der ihm daraus erwachsen ist, daß sie es ihm gegenüber bei Fälligkeit der Darlehnsschuld W.s abgelehnt hat, die zur Durchführung der Ablösung angebotene Befriedigung anzunehmen. Das Landgericht hat die Klage abgewiesen. Die Berufung des Klägers hatte bezüglich des vorstehend wiedergegebenen Antrags keinen Erfolg. Auf die Revision des Klägers ist das Berufungsurteil aufgehoben und die Sache in die Berufungsinstanz zurückverwiesen worden.

Aus den Gründen:

. . . „Auch den zweiten Anspruch, mit dem die Feststellung der Ersatzpflicht der Beklagten für den dem Kläger durch Verletzung seines aus § 1249 BGB. abgeleiteten Rechtes verursachten Schaden begehrt wurde, hat das Kammergericht in Übereinstimmung mit dem Landgerichte verworfen. Diese Entscheidung beruht so, wie sie bisher begründet ist, auf Verletzung des § 1249.

Nach dieser Vorschrift steht demjenigen, welcher durch Veräußerung des Pfandes ein Recht an dem Pfande verlieren würde, das Recht zu, sobald der Schuldner zur Leistung berechtigt ist, den Pfandgläubiger zu befriedigen und dadurch die Forderung und mit dieser die Pfandrechte zu erwerben (§ 1249 Satz 2, § 268 Abs. 3, §§ 412, 401 BGB.). Daß der Kläger durch den Pfandverkauf sein behauptetes Eigentum an den Wertpapieren, die er dem W. in Verwahrung gegeben hatte, verlieren mußte, ergibt sich aus § 1242 BGB. Daß ferner die Schuld W.s fällig war, ist außer Streit. Die in § 1249 angegebenen Voraussetzungen des Einlösungsrechts waren sonach erfüllt. Das Kammergericht versagt aber dem Kläger dieses Recht, weil jene Papiere nur ein Teil der Pfänder gewesen seien, die die Beklagte von W. erhalten hatte, an den anderen in Pfand gegebenen Papieren aber dem Kläger nach seiner eigenen Darstellung keinerlei Recht zugestanden habe. Diese Erwägung findet im § 1249 keine Stütze. Richtig ist die Annahme des Kammergerichts, daß der Kläger die ihm gehörigen Papiere nicht durch Zahlung nur eines entsprechenden Teiles der Schuld hätte einlösen können; denn jedes der Pfänder haftete nach § 1222 für die ganze Forderung. Diese Ausführung des Kammergerichts entbehrt aber einer praktischen Bedeutung für den vorliegenden Fall, da das von der Beklagten zurückgewiesene Angebot des Klägers unstreitig auf Zahlung der ganzen Forderung gerichtet war. Was ferner das Kammergericht mit dem Satze sagen will: das Befriedigungsrecht könne nicht weiter gehen, als das mit Verlust bedrohte Recht des die Befriedigung Anbietenden an der Pfandsache, ist nicht recht erkennbar, da ein Befriedigungsrecht des Klägers überhaupt verneint wird. Nach jenem Satze muß es scheinen, daß in einem gewissen Umfange, nämlich soweit das mit Untergang bedrohte Recht an den Pfandsachen reichte, das Befriedigungsrecht anerkannt werden sollte. Das Kammergericht hat aber dem Kläger nicht nur (mit Recht) die Befugnis zur Teilzahlung, sondern ausdrücklich auch die Befugnis zur Vollzahlung abgesprochen, so daß er die Einlösung eben allein überhaupt nicht erlangen könnte. Freilich ist davon auszugehen, daß er nicht gegen Aushändigung nur seiner Pfänder, sondern nur gegen Aushändigung aller Pfänder zur Befriedigung der Beklagten bereit war. Das entsprach aber auch den angeführten Gesetzesvorschriften, wonach durch die Befriedigung die Forderung nebst den für sie bestehenden Pfandrechten auf den Befriedigenden kraft Gesetzes übergeht. Das Kammergericht macht geltend, § 1249 habe den Fall, daß mehrere Sachen verschiedener Dritteigentümer zum Pfande gegeben sind, „nicht vorgesehen". Richtig ist, daß dieser Fall in § 1249 nicht besonders erwähnt ist. Daraus folgt aber nur, daß ihn das Gesetz von der allgemeinen Regel des § 1249 nicht ausgenommen hat. Es fehlt darum auch an jeder Grundlage für die Annahme, daß in jenem Falle das Einlösungsrecht nur von allen beteiligten Pfandeigentümern gemeinschaftlich ausgeübt werden könne. Um den ihm drohenden Verlust abzuwenden, mußte und durfte der Kläger die ganze Forderung bezahlen. Dadurch ging diese mitsamt den Pfandrechten, wie erwähnt, kraft Gesetzes auf ihn über. In der Befriedigung des Gläubigers und dem Rechtsübergang auf den Einlösenden erschöpft sich die Wirkung zwischen diesen beiden. Welche Wirkungen der Vorgang für die anderen Pfandeigentümer hat, ist eine Frage, die den Gläubiger nichts angeht. Es mag sein, daß demjenigen unter den Pfandeigentümern, welcher den anderen mit der Einlösung zuvorkommt, die vom Landgerichte dargelegten Vorteile zum Schaden der anderen erwachsen. Ob dieses Ergebnis, wie das Landgericht meint, unbillig oder sogar, wie das Kammergericht erklärt, völlig unhaltbar wäre, kann auf sich beruhen. Immerhin mag darauf hingewiesen werden, daß dasselbe Ergebnis eintrat, wenn die Beklagte, woran sie durch nichts gehindert war, die Forderung einem der Pfandeigentümer abtrat. Jedenfalls handelt es sich bei jenen Wirkungen nicht um das Verhältnis zwischen den Prozeßparteien. Es bedarf deshalb auch nicht der Untersuchung, ob etwa zwischen dem Einlösenden und den anderen Pfandeigentümern eine

Gemeinschaft besteht, und ob und in welcher Gestalt sich hieraus eine Auseinandersetzungspflicht des Einlösenden ergibt. An dieser lediglich das Verhältnis zwischen den Pfandeigentümern berührenden Frage ist die Beklagte nicht beteiligt, sie konnte aus diesem Verhältnis eine Einrede gegen das ihr gegenüber begründete Einlösungsrecht des Klägers nicht herleiten.

Auch aus dem Widerspruche, den der W.sche Nachlaßpfleger gegen die Einlösung durch den Kläger erhoben haben soll, konnte die Beklagte das Recht zur Ablehnung der angebotenen Einlösung nicht entnehmen, weil der Widerspruch unberechtigt war. Nach § 267 Abs. 2 BGB. hat allerdings der Schuldner das Recht, der Leistung durch einen Dritten zu widersprechen, und im Falle solchen Widerspruchs kann der Gläubiger die Leistung des Dritten ablehnen. Diese allgemeine Regel muß aber der Sonderbestimmung des § 1249 gegenüber weichen. So wenig der Schuldner W. selbst der gemäß § 1249 vom Kläger angebotenen Zahlung hätte widersprechen dürfen, so wenig durfte es der Nachlaßpfleger. Durch die Zurückweisung des Angebots kam die Beklagte in Annahmeverzug. Das wörtliche Angebot genügte, weil sie die Nichtannahme erklärt hatte; was in § 295 BGB. vom Angebote des Schuldners bestimmt ist, muß auch für das Angebot des zur Schuldnerleistung berechtigten Dritten gelten.

Daß die in der Zurückweisung der angebotenen Zahlung in Verbindung mit dem Pfandverkaufe liegende Vereitelung und somit Verletzung des gesetzlichen Einlösungsrechts zur Begründung des erhobenen Schadensersatzanspruchs geeignet ist, unterliegt keinem Bedenken. Das Einlösungsrecht ist dinglicher Art, und zwar im vorliegenden Falle ein Ausfluß des behaupteten Eigentums, so daß die Vorschrift des § 823 Abs. 1 unbedenklich insoweit zutrifft. Zu erörtern bleibt nur, ob der Beklagten das für die Schadensersatzpflicht noch erforderliche Verschulden zur Last fällt. Deshalb mußte mit der aus der dargelegten Verletzung des § 1249 sich ergebenden Aufhebung des angefochtenen Urteils die Zurückverweisung der Sache in die Berufungsinstanz verbunden werden. Zu dieser Zurückverweisung würde der Umstand nicht nötigen, daß das behauptete Eigentum des Klägers an den unstreitig von ihm bei W. in Verwahrung gegebenen Wertpapieren bestritten ist. Denn da der Kläger durch den Verwahrungsvertrag den mittelbaren Besitz an den Papieren erlangt hatte (§ 868), stand ihm die Eigentumsvermutung zur Seite (§ 1006 Abs. 1 und 3), deren Widerlegung, wie das Berufungsgericht zutreffend ausführt, Sache der Beklagten war."

RGZ. 84, 395.

Verpfändung des Anteils eines Miterben am ungeteilten Nachlasse. Erwirbt der Pfandgläubiger, wenn die Erben sich auseinandersetzen, kraft Gesetzes ein Pfandrecht an den dem Miterben zugeteilten Nachlaßgegenständen?

BGB. §§ 2033, 1258, 1273, 1276.

V. Zivilsenat. Urt. v. 25. April 1914.

Die Entscheidung ist abgedruckt unter Bürgerliches Recht, Erbrecht.

RGZ. 85, 431.

Was ist erforderlich a) zur Abtretung, b) zur Verpfändung einer Grundschuld, wenn der Grundschuldbrief sich im mittelbaren Besitze des Grundschuldgläubigers befindet? Kann die in § 1205 Abs. 2 erforderliche Anzeige von der Verpfändung an den Besitzer auch durch den Pfandgläubiger erstattet werden? Genügt zur Herstellung des in § 1206 erforderten mittelbaren Mitbesitzes, daß der Besitzer sich dem Pfandgläubiger gegenüber verpflichtet, den Grundschuldbrief nur an ihn und den Eigentümer (Grundschuldgläubiger) gemeinschaftlich herauszugeben?

BGB. §§ 1192, 1154, 1117 Abs. 1, 931; 1274, 1205, 1206.

V. Zivilsenat. Urt. v. 7. November 1914.

I. Landgericht Dortmund. — II. Oberlandesgericht Hamm.

Im Grundbuche von M. war auf dem Blatte eines Grundstücks eine Grundschuld von 25 000 *M* für den Beklagten Hermann W. eingetragen. Dieser hat durch notariell beglaubigte Urkunde vom 31. Dezember 1900 die Grundschuld dem D.er Bankverein verpfändet, der auch den Grundschuldbrief übergeben erhalten hat und besitzt. Der Beklagte W. hat sodann der D.er Handelsbank eine notariell beglaubigte Urkunde vom 3. Oktober 1901 ausgehändigt, in welcher er die Grundschuld an die D.er Handelsbank abtritt und die Eintragung der neuen Gläubigerin zum Grundbuche sowie die „Aushändigung der Schuldurkunde" an die neue Erwerberin, die D.er Handelsbank, bewilligt und beantragt.

Die D.er Handelsbank ihrerseits hat der Ein- und Verkaufsgenossenschaft, für welche der Konkursverwalter klagt, eine notariell beglaubigte, vom 29. Oktober 1901 herrührende Urkunde ausgehändigt, in der sie erklärt:

„An die Haupt-Ein- und Verkaufsgenossenschaft
D.

Hiermit übernehmen wir Ihnen gegenüber für die Ihnen im Geschäftsverkehr mit uns gelieferten und von uns weiter zu liefernden Akzepte des Herrn Hermann W. Ausfallbürgschaft. Als Sicherheit für die letztere überweisen wir Ihnen den zweiten Anspruch an nachstehend aufgeführten, dem D.er Bankverein an erster Stelle verpfändeten Grundschulden und Hypotheken." . . .

(Folgt eine Bezeichnung mehrerer Grundschulden, darunter an erster Stelle der hier in Frage stehenden Grundschuld von 25 000 ℳ).

Die Ein- und Verkaufsgenossenschaft hat diese Urkunde dem D.er Bankverein „zur Kenntnisnahme" zugesandt. Der D.er Bankverein hat sie ihr zurückgesandt mit einem Schreiben vom 1. November 1901 folgenden Inhalts:

„Die uns heute gesandte Verpfändungsurkunde der D.er Handelsbank geben wir Ihnen hierneben, nachdem wir davon Abschrift genommen haben, zurück. Wir werden demnach die uns von Herrn Herm. W. verpfändeten Grundschuld- resp. Hypothekenbriefe nicht ohne Ihre Genehmigung herausgeben."

Das mit der Grundschuld belastete Grundstück ist zwangsweise versteigert worden. Von dem auf die Grundschuld entfallenden Teile des Erlöses ist in dem Verteilungsverfahren nach Befriedigung des D.er Bankvereins ein Restbetrag hinterlegt geblieben. Der Konkursverwalter hat Klage erhoben auf Auszahlung dieses Betrages an ihn für die E.- und V.genossenschaft. Die Klage wurde in beiden Instanzen abgewiesen. Die Revision des Konkursverwalters ist zurückgewiesen worden.

Aus den Gründen:

„1. Der klagende Konkursverwalter stützt den Anspruch auf Einwilligung in die Auszahlung des noch hinterlegten Restbetrages von dem auf die Grundschuld von 25 000 ℳ entfallenen Teile des Steigerlöses auf ein Pfandrecht an der Grundschuld, das der E.- und V.genossenschaft von der D.er Handelsbank als der Grundschuldgläubigerin bestellt worden ist. Die Beklagten haben bestritten, daß die D.er Handelsbank zur Zeit der Verpfändung der Grundschuld an die E.- und V.genossenschaft, nämlich am 29. Oktober 1901, Gläubigerin der Grundschuld, die für den Beklagten W. im Grundbuch eingetragen war, gewesen sei. Das Berufungsgericht hat aber zugunsten der Klage angenommen, daß die Handelsbank durch die ihr am 3. Oktober 1901 von W. ausgehändigte schriftliche Erklärung des Inhalts, daß er die Grundschuld an sie abtrete und die Eintragung der neuen Gläubigerin zum Grundbuche sowie die Aushändigung der „Schuldurkunde" an die neue Erwerberin bewillige und beantrage, in rechtswirksamer Weise Gläubigerin der Grundschuld geworden sei. Es erblickt in dieser Abtretungserklärung zugleich eine die Übergabe des Grundschuldbriefs, die sich zur Zeit der Abtretung auf Grund erfolgter Verpfändung im Besitze des D.er Bankvereins befand, gemäß §§ 1192, 1154, 1117 Abs. 1 Satz 2, 931 BGB. ersetzende Abtretung des Anspruchs auf Herausgabe des Grundschuldbriefs an die Erwerberin, und begründet diese Auffassung damit, daß mit der Schuldurkunde naturgemäß nur der Grundschuldbrief gemeint sein könne und daß in der Erklärung der Wille des bisherigen Gläubigers, die D.er Handelsbank solle berechtigt sein, den Grundschuldbrief für sich vom D.er Bankverein herauszuverlangen, ausreichend zum Ausdruck gelangt sei. Mit dieser bedenkenfreien Auslegung der Erklärung setzen sich die Ausführungen des Vertreters des Revisionsbeklagten zu 2 in Widerspruch, die dahin gehen, daß die Erklärung nur eine Ermächtigung zur Empfangnahme des Grundschuldbriefs gegenüber dem Grundbuchamte enthalten habe. Enthielt also die Erklärung die Abtretung des dem W. gegen den unmittelbaren Besitzer, den D.er Bankverein, zustehenden Herausgabeanspruchs, so konnte das Berufungsgericht auf Grund der von ihm angeführten Gesetzesvorschriften ohne Rechtsirrtum zu der Annahme gelangen, daß die D.er Handelsbank durch die Abtretung in rechtswirksamer Weise Gläubigerin der Grundschuld geworden ist.

2. Der Berufungsrichter gelangt aber zur Abweisung der Klage, weil er nicht für dargetan hält, daß ein wirksames Pfandrecht der E. und V.-genossenschaft an der Grundschuld entstanden sei. Er führt aus, die Urkunde von 29. Oktober 1901, in der die D.er Handelsbank erklärt, als Sicherheit für die von ihr gegenüber der E.- und V.genossenschaft übernommene Bürgschaft für deren Forderungen an W. dieser „den zweiten Anspruch" an den dem D.er Bankverein verpfändeten Grundschulden und Hypotheken zu „überweisen", enthalte zwar eine ordnungsmäßige Verpfändungserklärung, es fehle aber zur Entstehung des Zweitpfandrechts an dem Nachweise der nach Maßgabe der §§ 1274, 1205, 1206 erforderlichen „Ersatzübergabe" des Grundschuldbriefs. Sollte auch vielleicht (was indessen das Berufungsgericht nicht

für angängig erachtet) der Inhalt der Urkunde vom 29. Oktober 1901 eine Auslegung dahin zulassen, daß die D.er Handelsbank zugleich ihren Anspruch auf Herausgabe des Briefes gegen den D.er Bankverein für den Fall der Erledigung von dessen Erstpfandrecht an die E.- und V.genossenschaft abtreten wollte, so daß eine Übertragung des mittelbaren Besitzes auf sie erfolgt wäre, so fehle doch der Nachweis einer ordnungsmäßigen Verpfändungsanzeige nach §§ 1274, 1205 Abs. 2 BGB. Diese Anzeige gehöre zu dem das Pfandrecht erzeugenden Tatbestande. Sie hätte von der D.er Handelsbank als der Grundschuldgläubigerin ausgehen, an den D.er Bankverein gerichtet sein und ihren Willen, die Verpfändung gegen sich gelten zu lassen, diesem gegenüber unmittelbar zur Erscheinung bringen müssen. Die Beweisaufnahme ergebe aber nicht, daß die D.er Handelsbank dem D.er Bankverein eine derartige Anzeige gemacht habe. Allerdings könne die Anzeige auch durch den Pfandgläubiger als Vertreter des Verpfänders erfolgen, sofern sich aus den Umständen für den Drittbesitzer zweifelsfrei erkennen lasse, daß sie mit Wissen und Willen des Verpfänders und „für diesen" geschehe. Solche Umstände lägen aber hier nicht vor. Die E.- und V.genossenschaft habe vielmehr mit Schreiben vom 1. November 1901 lediglich die Verpfändungsurkunde zur Kenntnisnahme und mit der Bitte übersandt, den Grundschuldbrief nicht ohne ihre Genehmigung an die D.er Handelsbank oder W. herauszugeben, wobei sie offenbar nur in eigenem Namen gehandelt habe. Die Urkunde selbst richte sich auch inhaltlich nur an die Adresse der E.- und V.genossenschaft, nicht auch an die des D.er Bankvereins. Das Schreiben vom 1. November 1901 könne deshalb die vorgeschriebene Verpfändungsanzeige nicht ersetzen. In Ermangelung einer unmittelbaren Verfügung des Verpfänders gegenüber dem Drittbesitzer sei es auch unerheblich, ob der D.er Bankverein den Willen der Handelsbank, die Verpfändung gegen sich gelten zu lassen, aus der Verpfändungserklärung entnommen habe.

Mit der Revision ist davon auszugehen, daß die von dem Berufungsgericht ohne Angabe von Gründen lediglich in einem Zwischensatze zum Ausdruck gebrachte Meinung, es sei nicht angängig, den Inhalt der Urkunde vom 29. Oktober 1901 dahin auszulegen, daß die D.er Handelsbank damit zugleich ihren Anspruch auf Herausgabe des Grundschuldbriefs gegen den D.er Bankverein für den Fall der Erledigung von dessen Erstpfandrecht an die E.- und V.genossenschaft abtreten wollte, und es sei deshalb eine Übertragung des mittelbaren Besitzes des Grundschuldbriefs auf die zweite Pfandgläubigerin nicht anzunehmen, keinen Entscheidungsgrund bildet, der das Urteil tragen könnte. Das Berufungsgericht leitet vielmehr, indem es unterstellt, daß eine Übertragung des mittelbaren Besitzes als erfolgt angesehen werden könne, die Nichterfüllung der in § 1205 Abs. 2 für die Entstehung des Pfandrechts an dem Grundschuldbriefe vorgeschriebenen Form daraus her, daß es an einer Anzeige des Verpfänders an den Besitzer von der Verpfändung fehle. Die Ausführungen des Berufungsgerichts stehen in dieser Beziehung, soweit sie rechtlicher Natur sind, im Einklange mit der Rechtsprechung des Reichsgerichts, insbesondere mit den in dem Berufungsurteil angeführten reichsgerichtlichen Urteilen vom 5. Juli 1904 VII. 64/04 (Jur. Wochenschr. S. 485) und RGZ. Bd. 68 S. 278 (281) sowie Bd. 79 S. 306. Richtig ist, was die Revision hervorhebt, daß diese Urteile sich unmittelbar nur auf den Fall der Verpfändung einer Forderung, zu deren Übertragung der Abtretungsvertrag genügt (§ 1280 BGB.), beziehen. Die ihnen zugrunde liegenden rechtlichen Erwägungen treffen aber in nicht minderem Grade auf die in der Form des § 1205 Abs. 2 erfolgende Bestellung eines Pfandrechts an einer im mittelbaren Besitze des Eigentümers befindlichen Sache und somit gemäß §§ 1274, 1154, 1192 BGB. auch auf den hier vorliegenden Fall der Bestellung eines Pfandrechts an einer Grundschuld zu, wenn der Grundschuldbrief sich im mittelbaren Besitze des Grundschuldgläubigers befindet. Auch in diesem Falle wird vom Gesetz außer der Einigung über die Entstehung des Pfandrechts und außer der Übertragung des mittelbaren Besitzes auf den Pfandgläubiger noch erfordert, daß der Eigentümer des Grundschuldbriefs — also der verpfändende Grundschuldgläubiger — die Verpfändung dem (unmittelbaren) Besitzer anzeigt. Die Anzeige hat hier gleichfalls, anders wie in § 409 BGB. die Anzeige von der Abtretung einer Forderung, die Bedeutung eines für die Entstehung des dinglichen Rechtes wesentlichen Tatbestandserfordernisses. Ein Ersatz für die Anzeige dadurch, daß der Pfandgläubiger die Verpfändungsurkunde dem unmittelbaren Besitzer vorlegt, wie dies gemäß § 409 hinsichtlich der Abtretungsurkunde gilt, ist auch hier nicht vorgesehen. Die vom Gesetz aufgestellten Erfordernisse der Entstehung eines Pfandrechts ohne Übertragung des unmittelbaren Besitzes auf den Pfandgläubiger haben, wie die Entstehungsgeschichte ergibt,

vgl. Protokolle der II. Kommission Bd. 3 zu § 1147 S. 441—443,

den Zweck, einen gewissen Ersatz für die Herstellung eines äußeren, das Bestehen des Pfandrechts erkennbar machenden Zustandes zu schaffen. Als ein solcher Ersatz wurde namentlich die Anzeige an den dritten Besitzer angesehen; jedoch nur dann sollte sie genügen, wenn sich an sie die Rechtsfolge knüpft, daß der Besitzer dadurch verpflichtet wird, die Sache dem Pfandgläubiger herauszugeben. Diese Rechtsfolge kann aber nur durch eine von dem Eigentümer ausgehende, an den unmittelbaren Besitzer gerichtete Willenskundgebung herbeigeführt werden. Der Abschluß des Verpfändungsvertrages erzeugt schuldrechtliche Wirkungen, sofern überhaupt solche daraus entstehen, nur zwischen dem Verpfänder und dem Pfandgläubiger. Erst die von dem Verpfänder an den unmittelbaren Besitzer gerichtete Anzeige enthält die Verfügungshandlung, durch welche dieser berechtigt und verpflichtet wird, die Sache statt an den Verpfänder an den Pfandgläubiger herauszugeben. *Dieser Verfügungsakt kann dadurch nicht ersetzt werden, daß* der unmittelbare Besitzer auf andere Weise von der Verpfändung Kenntnis erhält.

Das Berufungsgericht verkennt nicht, daß die erforderliche Kundgebung auch von dem Pfandgläubiger als Vertreter des Eigentümers auf Grund einer ihm von diesem verliehenen Vertretungsmacht erfolgen kann.

Vgl. RGZ. Bd. 79 S. 308.

Es nimmt aber ohne Rechtsirrtum an, daß die E.- und V.genossenschaft, als sie mit dem Schreiben vom 1. November 1901 die Verpfändungsurkunde an den D.er Bankverein sandte, dabei nur im eigenen Namen handeln konnte und gehandelt hat. Wollte man mit der Revision schon in der Ausstellung der Verpfändungsurkunde durch den Eigentümer eine Vollmacht für den Pfandgläubiger zur Erstattung der Anzeige im Namen des Eigentümers erblicken, so würde das Erfordernis einer besonderen, auf das Geltenlassen der Verpfändung gegenüber dem unmittelbaren Besitzer gerichteten Kundgebung des Eigentümers, auf die das Gesetz besonderen Wert legt, wieder ausgeschaltet werden. Daß das Gesetz in der Ausstellung einer solchen Urkunde nicht ohne weiteres eine Vollmacht zu der Anzeige erblickt, ist auch aus § 409 BGB. zu entnehmen, wo die Vorlegung der Abtretungsurkunde als Ersatz für die Anzeige zugelassen ist. Allerdings ist der Eigentümer auf Grund des Verpfändungsvertrages, sofern dieser schuldrechtliche Verpflichtungen zwischen ihm und dem Pfandgläubiger überhaupt erzeugt (was nicht immer der Fall zu sein braucht), verpflichtet, das Nötige zur Entstehung des Pfandrechts zu tun und also die Anzeige entweder selbst oder durch einen Bevollmächtigten zu erstatten. Aber daraus ergibt sich (auch wenn man mit der Revision davon ausgeht, daß er gegenüber dem Pfandgläubiger redlich handeln wollte) nicht, daß er bereits durch die Ausstellung der Verpfändungsurkunde auch der Verpflichtung zur Anzeige durch Bestellung des Pfandgläubigers zu seinem Bevollmächtigten hat Genüge leisten wollen. Ein solcher Wille müßte, um für die Entstehung des dinglichen Rechtes in Betracht kommen zu können, in der Verpfändungsurkunde zum allgemein erkennbaren Ausdruck gekommen sein. Ob der Bankverein auf Grund der Mitteilung der E.- und V.genossenschaft angenommen hat, daß die D.er Handelsbank den Willen gehabt hat, die Verpfändung gegen sich gelten zu lassen, konnte der Berufungsrichter ohne Rechtsirrtum für unerheblich erklären. Er brauchte deshalb auch nicht besonders zu erörtern, ob (wie die Revision aufstellt) diese Tatsache sich aus dem Schreiben des Bankvereins an die E.- und V.genossenschaft vom 1. November 1901 ergibt, in welchem der Bankverein erklärt, daß er den Grundschuldbrief nicht ohne Genehmigung der E.- und V.genossenschaft herausgeben werde.

3. Der Berufungsrichter erörtert auch die Frage, ob das Pfandrecht an der Grundschuld für die E.- und V.genossenschaft etwa durch eine den Voraussetzungen des § 1206 BGB. entsprechende Einräumung des Mitbesitzes an dem Grundschuldbriefe zur Entstehung gekommen sei. Auch diese Frage wird von dem Berufungsrichter verneint. Er hält (unter Bezugnahme auf Planck, 3. Aufl. Bem. 1b zu § 1206) zur Einräumung des mittelbaren Mitbesitzes im Sinne des § 1206 den Abschluß einer Vereinbarung für erforderlich, durch welche der unmittelbare Besitzer verpflichtet wird, die Sache (den Grundschuldbrief) nur an den Eigentümer und den Pfandgläubiger herauszugeben, eine Vereinbarung, die entweder von dem Eigentümer und dem Pfandgläubiger zusammen oder auch nur von dem Eigentümer allein, zugleich zugunsten des Pfandgläubigers im Sinne des § 328 BGB. mit dem unmittelbaren Besitzer getroffen werden könne. Dagegen sei eine Vereinbarung zwischen dem Pfandgläubiger allein und dem unmittelbaren Besitzer nicht hinreichend zur Entstehung des Pfandrechts, weil, ebenso wie im Falle des § 1205 Abs. 2, erforderlich sei, daß der Eigentümer (Verpfänder) seinerseits seinen Willen, die Verpfändung gegen sich gelten zu lassen, dem Besitzer gegenüber zur Erscheinung bringe. Demzufolge hält der Berufungsrichter nicht für ausreichend, daß im vorliegenden Falle der D.er Bankverein, nachdem die E.- und V.genossenschaft ihm mit Schreiben vom 1. November 1901 die Verpfändungserklärung zur Kenntnisnahme übersandt hatte, ihr mit Schreiben vom gleichen Tage mitgeteilt hat, er werde den Grundschuldbrief nicht ohne ihre Genehmigung herausgeben.

Es kann dahingestellt bleiben, ob diese Ausführungen in allen Teilen zu billigen sind. Jedenfalls ist es nicht rechtsirrtümlich und trägt die Entscheidung, daß das Berufungsgericht die Mitteilung des D.er Bankvereins an die E.- und V.genossenschaft, sie werde den Grundschuldbrief nicht ohne Genehmigung der letzteren herausgeben, nicht für hinreichend hält, um die Voraussetzungen des § 1206 BGB. als erfüllt anzusehen. Allerdings wird in § 1206 nicht, wie in § 1205 Abs. 2, zur Entstehung des Pfandrechts eine Anzeige des Eigentümers von der Verpfändung an den unmittelbaren Besitzer verlangt. Diese Nichtübereinstimmung der beiden Vorschriften läßt sich daraus erklären, daß die den jetzigen § 1205 Abs. 2 bildende Vorschrift erst durch die Kommission für die zweite Lesung in das Gesetz hineingebracht worden ist, während der § 1206 des Gesetzes schon in § 1147 Abs. 3 des ersten Entwurfs zum Bürgerlichen Gesetzbuch enthalten war und nur in der Fassung geändert worden ist.

Vgl. § 1147 des ersten Entwurfs — Prot. Bd. 3 S. 441, Bd. 6 S. 260; §§ 1114, 1115 II. Entwurf.

§ 1206 erfordert demnach zwar nicht, daß der Eigentümer die Verpfändung dem unmittelbaren Besitzer anzeigt, wohl aber daß er dem Pfandgläubiger den mittelbaren Mitbesitz einräumt, und zwar durch Herstellung eines Verhältnisses, auf Grund dessen der unmittelbare Besitzer die Sache nur an ihn und den Pfandgläubiger gemeinschaftlich herausgeben „kann". Der Ausdruck „kann" ist hier ersichtlich im Sinne einer rechtlichen Befugnis, also eines Dürfens, gebraucht.

Vgl. Dernburg, Sachenrecht § 264 Note 9.

In den Motiven zum ersten Entwurf eines Bürgerlichen Gesetzbuchs (Bd. 3 S. 802) wird dazu ausgeführt, es könne zur Entstehung eines Pfandrechts an beweglichen Sachen nur eine derart qualifizierte Gestaltung der Mitinhabung zugelassen werden, welche eine unmittelbare und selbständige tatsächliche Verfügung des Eigentümers über das Pfand ausschließt und eine solche Verfügung als ein „Wegnehmen" im Sinne des § 289 StGB. erscheinen lassen würde; eine solche Gestaltung erblicke der Entwurf in dem gemeinsamen Mitverschlusse oder in der Verwahrung des Pfandes durch einen gemeinsamen „Treuhänder". Ein demgemäß gestalteter Mitbesitz kann, sofern die Sache bisher sich im unmittelbaren Besitze des Eigentümers befand, durch eine gemeinsame Vereinbarung des Eigentümers und des Pfandgläubigers mit dem zu bestellenden Treuhänder unter Übergabe der Sache an ihn geschaffen werden. Befindet sich aber die Sache bereits im Besitze eines Dritten, der sie als unmittelbarer Besitzer auf Grund eines der in § 868 bezeichneten Verhältnisse für den Eigentümer besitzt und nach näherer Maßgabe dieses Verhältnisses zur Herausgabe an den Eigentümer verpflichtet ist, so kann das in § 1206 erforderte Verhältnis des Mitbesitzes nur durch eine von dem Eigentümer ausgehende Willenskundgebung, nicht aber dadurch hergestellt werden, daß der unmittelbare Besitzer sich dem Pfandgläubiger gegenüber verpflichtet, die Sache nur an den Eigentümer und ihn gemeinschaftlich herauszugeben. Eine solche Verpflichtungserklärung ist dem Eigentümer gegenüber wirkungslos und ändert nichts an der Befugnis des Eigentümers, die Herausgabe der Sache an ihn allein von dem unmittelbaren Besitzer zu verlangen. Die vom Gesetze für die Entstehung des Pfandrechts als unerläßlich erklärte Ausschließung der alleinigen Verfügungsmacht des Eigentümers über die Sache wird daher auf diese Weise nicht erreicht.

Da somit das Berufungsgericht die Entstehung des Pfandrechts an der Grundschuld für die E.- und V.genossenschaft, welches die Grundlage des von dem Konkursverwalter erhobenen Anspruchs auf Einwilligung der Beklagten in die Auszahlung der aus dem Zwangsversteigerungsverfahren verbliebenen Restmasse an ihn bilden könnte, ohne Rechtsirrtum verneint hat, so mußte die Revision zurückgewiesen werden."

RGZ. 87, 36.

1. ....

2. Wesen eines Pfandhaltervertrages.

BGB. § 1206.

V. Zivilsenat. Urt. v. 29. Mai 1915.

Die Entscheidung ist abgedruckt unter „Bürgerliches Recht, Schuldrecht".

RGZ. 89, 289.

Bildet die in § 1280 BGB. vorgeschriebene Anzeige eine lediglich tatsächliche Mitteilung, oder ist sie eine Willenserklärung? Kann sie unter Umständen in einem Stillschweigen des Gläubigers gefunden werden?

VII. Zivilsenat. Urt. v. 5. Januar 1917.

I. Landgericht Chemnitz. — II. Oberlandesgericht Dresden.

Aus den Gründen:

... „Das Klagbegehren, womit der Konkursverwalter die dem Gemeinschuldner gegen die Fima F. W. & Sohn Nachf. zustehende Forderung ... ohne Rücksicht auf das von der Beklagten behauptete

Pfandrecht (§ 48 KO.) für die Konkursmasse beansprucht, beruht auf der Auffassung, daß die vom Gemeinschuldner laut Urkunde vom 30. August 1913 zugunsten der Beklagten erklärte Verpfändung unwirksam sei. Nach § 1280 BGB. ist die Verpfändung einer Forderung, zu deren Übertragung der Abtretungsvertrag genügt, nur wirksam, wenn der Gläubiger sie dem Schuldner anzeigt. Der Kläger ist der Meinung, daß diese Voraussetzung der Wirksamkeit hier nicht erfüllt sei. ... (Es folgen Bemerkungen, die ohne Interesse sind.)

Ein schriftlicher Verpfändungsvertrag liegt, soviel ersichtlich, nicht vor, da die genannte Urkunde nur vom Gemeinschuldner, nicht aber auch von der Beklagten unterschrieben, somit nur die Verpfändungserklärung schriftlich erfolgt ist. Der Vertrag, die „Einigung" (§§ 1205, 1273 BGB.), bedurfte aber auch so wenig wie die Verpfändungserklärung der Schriftform, und daß die Verpfändung von der Beklagten angenommen worden ist, steht außer Streit.

Das Erfordernis der Anzeige (§ 1280) entspricht dem bei der Verpfändung beweglicher Sachen geltenden Erfordernis der Übergabe der Sache an den Pfandgläubiger (§ 1205); diese Übergabe wird bei der Verpfändung von Forderungen durch die Anzeige ersetzt. Die Anzeige ist also, wie auch der Wortlaut des § 1280 bestätigt, wesentliche Voraussetzung für die Wirksamkeit der Verpfändung, für die Entstehung des Pfandrechts. Käme es ferner im Sinne des Gesetzes nur darauf an, daß der Schuldner der verpfändeten Forderung von der Verpfändung tatsächliche Kenntnis erhalten hat, so würde nicht bestimmt worden sein, daß die Anzeige durch den verpfändenden Gläubiger erfolgt sein muß. Aus dieser Bestimmung ist zu entnehmen, daß die Anzeige nicht lediglich die Bedeutung einer tatsächlichen Mitteilung hat, die in zuverlässiger Art auch von anderer Seite geschehen könnte, sondern daß es sich dabei um eine Willenskundgebung des Verpfänders handelt, durch die der Schuldner die Gewißheit erhalten soll, daß der Verpfänder die Verpfändungserklärung gegen sich gelten läßt (vgl. Gruchot 49, S. 97, RGZ. 51 S. 86 und 68, S. 281, 282). Selbstverständlich steht rechtlich nichts im Wege, daß der Verpfänder die Anzeige durch einen Bevollmächtigten bewirken läßt, und insbesondere kann er des Pfandgläubigers sich hierzu bedienen. Dies ist nach der Feststellung des Berufungsgerichts hier geschehen. Das Berufungsgericht hat aber in der von der Beklagten an die Schuldnerin gerichteten Mitteilung eine dem § 1280 genügende Anzeige darum nicht gefunden, weil dabei nicht kundgetan wurde und auch aus den Umständen (§ 164 BGB.) nicht erkennbar war, daß die Beklagte als Bevollmächtigte des Gemeinschuldners für diesen handle, vgl. RGZ. 79 S. 308. Zwar hat Schr., der Inhaber der Firma F. W. & Sohn Nachf., bei seiner Vernehmung als Zeuge, wie das Berufungsgericht nicht übersieht, bekundet: die Zusendung des „Vertrags", von der er zuvor ausdrücklich bemerkt, daß sie „seitens der Beklagten" erfolgt sei, habe in ihm den Eindruck erweckt, daß es eine Benachrichtigung seitens des Gemeinschuldners sei, daß dieser ihm die Urkunde zusende. Das Berufungsgericht legt aber hierauf keinen Wert, weil es auf die tatsächlich fehlende objektive Erkennbarkeit des Vollmachtverhältnisses ankomme. Man kann Zweifel hegen, ob nicht doch der Umstand, daß die Schuldnerin tatsächlich, sei es auch ohne hinreichenden Anhalt, die Herkunft der Mitteilung von dem Gemeinschuldner erkannt hat, genügen muß. Indes kann das auf sich beruhen, weil die Zurückweisung der Revision sich auch auf dem Boden der Entscheidungsgründe des Berufungsgerichts ergibt.

Ohne Rücksicht auf die Verpfändungserklärung und auf den festgestelltermaßen der Beklagten erteilten Auftrag zu ihrer Mitteilung an die Schuldnerin hatte der Gemeinschuldner durch das an diese gerichtete Schreiben vom 7. Oktober 1914 die damals fällig gewordenen Zinsen der verpfändeten Forderung für sich beansprucht und die Schuldnerin zur Zahlung aufgefordert. Darauf verwies ihn die Schuldnerin mit Brief vom 10. auf die an die Beklagte erfolgte „Abtretung", womit natürlich und erkennbar die Verpfändung gemeint war... (Hier folgt wieder eine Bemerkung ohne Interesse.) Auf den Brief vom 10. hat nach der auf der Aussage des Zeugen Schr. beruhenden Feststellung des Berufungsgerichts der Gemeinschuldner nichts erwidert, die Schuldnerin zahlte weiter, wie schon bis dahin geschehen, an die Beklagte als Pfandgläubigerin, und dabei beschied sich der Gemeinschuldner stillschweigend. In diesem Verhalten des Gemeinschuldners findet das Berufungsgericht die der Schuldnerin kundgegebene Anerkennung der ihr bereits bekannt gewordenen Verpfändung. Das Berufungsgericht ist der Ansicht, daß diese Kundgebung der in § 1280 vorgeschriebenen Anzeige gleichzustellen sei. Diese Auffassung gibt zu rechtlicher Beanstandung keinen Anlaß. Zuzugeben ist der Revision freilich, daß die nach § 1280 erforderliche Anzeige zu den empfangsbedürftigen Willenserklärungen im Sinne des § 130 BGB. gehört. Daß sie eine Willenserklärung bildet, ist schon dargelegt, und die Empfangsbedürftigkeit ergibt sich daraus, daß die Willenserklärung an eine bestimmte andere Person, den Schuldner, zu richten, also diesem gegenüber abzugeben ist (§ 130). Abzuweisen ist aber die Ansicht der Revision, in dem Stillschweigen könne eine Anzeige solchen Sinnes nicht gefunden werden. Nachdem der Gemeinschuldner auf seine Zahlungsaufforderung vom 7. Oktober das Schreiben der Schuldnerin vom 10. erhalten hatte, mußte er sich sagen und mußte nach der Verkehrssitte damit rechnen, daß, wenn er der Äußerung der Schuldnerin nicht widerspreche, diese annehmen werde, daß er die Verpfändung, an die sie ihn erinnert hatte, als bestehend anerkenne. Schwieg er im Bewußtsein dieser Wirkung des Schweigens, so nahm er die Wirkung in den Bereich seines Wollens auf und gab dies der Schuldnerin, bei der die Wirkung einzutreten hatte, eben durch das Schweigen kund. Demnach lag hier in dem Schweigen die in § 1280 vorausgesetzte Willenserklärung. Daß diese der Schuldnerin zugegangen ist (§ 130), ergibt sich aus der, wie erwähnt, festgestellten Tatsache, daß die Schuldnerin infolge des Schweigens des Gemeinschuldners fortfuhr, an die Beklagte zu zahlen; dies zeigt, daß sie den kundgegebenen Willen, die Verpfändung anzuerkennen, auch ihrerseits in dem Schweigen fand, ihm entnahm. Schwierigkeiten könnten in einem solchen Falle vielleicht entstehen, wenn es darauf ankäme, einen bestimmten Zeitpunkt des Zugehens der in dem Schweigen enthaltenen Willenserklärung festzustellen. Man würde wohl einen angemessenen Zeitraum offen zu lassen haben, während dessen der andere noch auf eine Antwort warten konnte und mußte, und in den Ablauf dieser Frist würde dann der Zeitpunkt des Zugehens der stillschweigenden Willenserklärung zu setzen sein. Der vorliegende Fall gibt zu näherer Erörterung dieser Frage keinen Anlaß. Es genügt, daß nach dem Ausgeführten eine jedenfalls vor der erst am 7. Mai 1915 erfolgten Konkurseröffnung der Schuldnerin zugegangene Verpfändungsanzeige einwandfrei festgestellt ist.

In dem durch das Urteil des Reichsgerichts vom 13. Juni 1911 VII 574/10 entschiedenen Falle wurde darin, daß der Verpfänder der den Schuldner zur Zahlung aufgefordert hatte, auf die Zahlungsweigerung des durch den Pfandgläubiger von der Verpfändung benachrichtigten Schuldners schwieg und sich bei der Zahlungsweigerung beruhigte, ebenfalls eine dem § 1280 genügende Verpfändungsanzeige des Verpfänders gefunden. So ist auch der gegenwärtige Fall zu beurteilen."

RGZ. 90, 232.

Kann das Pfandrecht an dem Anteil eines Miterben am ungeteilten Nachlaß auf ein zum Nachlasse gehörendes Grundstück eingetragen werden?*)

---

*) In gleicher Weise hat das RG in RGZ. Bd. 93 S. 434 die Eintragungsfähigkeit des Pfandrechts am eingetr. Rechte des Nacherben bejaht.

BGB. §§ 894, 1276, 2033.
GBO. §§ 22, 48.

V. Zivilsenat. Beschl. v. 16. Mai 1917.

I. Amtsgericht Crefeld. — II. Landgericht daselbst.

Gründe:

„Im Grundbuche von F. Bd. II Art. 80 sind acht Personen, darunter Jospeh E., als Eigentümer mit dem Zusatz „Erbengemeinschaft" eingetragen. Durch notariellen Vertrag vom 23. April 1915 verpfändete Joseph E. seinen Anteil am Nachlasse seines verstorbenen Vaters dem Kaufmann Cl. wegen einer näher bezeichneten Forderung und bewilligte die Eintragung der Verpfändung an allen Grundbuchstellen. In einem notariell beglaubigten Nachtrage vom 2. Januar 1917 beantragte er, die Verpfändung auf die im Grundbuche von F. Bd. II Art. 80 verzeichneten Grundstücke einzutragen. Das Amtsgericht lehnte die Eintragung ab, weil gemäß § 2033 BGB. der Anteil eines Miterben an einem zum ungeteilten Nachlasse gehörigen Grundstücke nicht belastet werden könne. Das Landgericht wies die Beschwerde des E. und des Cl. aus gleichem Grunde zurück mit dem Hinzufügen, es könne auf Grund der Verpfändung auch nicht eine Verfügungsbeschränkung zugunsten des Gläubigers in Abteilung II eingetragen werden, da hierdurch auch alle übrigen Miterben des Joseph E. in ihrer Verfügungsfähigkeit beschränkt werden würden und ferner nach § 137 BGB. eine durch Rechtsgeschäft begründete Verfügungsbeschränkung nur obligatorische Wirkung haben und darum nicht in das Grundbuch eingetragen werden könne.

Der weiteren Beschwerde hierüber würde das Kammergericht stattgeben, indem es unter Bezugnahme auf seinen, einen im wesentlichen gleichen Fall betreffenden Beschluß vom 29. November 1906 (KGJahrb. Bd. 33 S. A. 226) die Eintragung der Verpfändung eines Miterbenanteils am gesamten Nachlaß in Abteilung II des Grundbuchs über ein zum Nachlasse gehöriges Grundstück für zulässig erklärt. Das Kammergericht hält sich jedoch durch die Beschlüssen des Oberlandesgerichts Karlsruhe vom 25. Juli 1905, abgedruckt in OLG. Rechtspr. Bd. 12 S. 368, und des Bayerischen Obersten Landesgerichtes vom 8. Januar 1909, abgedruckt in der Entsch.-Samml. Bd. 10 S. 4 (auch Bayr. RpflZ. Bd. 5 S. 150), an der Aufhebung der Vorentscheidungen behindert. Deshalb hat es die weitere Beschwerde gemäß § 79 Abs. 2 GBO. dem Reichsgerichte vorgelegt.

In dem Beschlusse des Bayerischen Obersten Landesgerichts wird die Eintragung der Verpfändung eines Teilungsanspruchs, der sich nach

Pfälzischem Rechte aus dem Anteilsrecht am gütergemeinschaftlichen Vermögen ergibt, abgelehnt, weil der Teilungsanspruch nicht ein Recht an dem zum Gemeinschaftsvermögen gehörenden Grundstücke, sondern ein Forderungsrecht sei, und weil ferner er nicht Gegenstand eines Pfandrechts sein könne, da die Leistung, auf die er gerichtet sei, nicht durch Umsetzung in Geld verwertet werden könne. Da es sich im vorliegenden Falle nicht um Verpfändung eines Teilungsanspruchs nach Pfälzischem Rechte handelt, werden durch diesen Beschluß die Voraussetzungen des § 79 Abs. 2 GBO. nicht erfüllt. Auch in dem Beschlusse des Oberlandesgerichts Karlsruhe ist nur ein Antrag auf Eintragung der *Verpfändung des Anspruchs eines Gemeinschaftsteilhabers* an einer unabgeteilten Erbengemeinschaft nach badischem Landrecht auf Aufhebung der Gemeinschaft und auf Auseinandersetzung abgelehnt worden. Jedoch ergibt sich aus dem weiterem Inhalte des Beschlusses, daß ein Miterbenanteil am ungeteilten Nachlasse verpfändet war, diese Verpfändung der Verpfändung des genannten Anspruchs gleichgestellt und die Eintragung deswegen für unzulässig erklärt worden ist, weil dem einzelnen unabgeteilten Erben kein Recht an dem einzelnen Nachlaßgegenstand, an dem zum Nachlasse gehörenden Grundstücke zustehe. Da nun das Kammergericht ebenfalls annimmt, daß dem Miterben kein Recht an den einzelnen Nachlaßgegenständen zustehe, es aber trotzdem die Eintragung der Verpfändung eines Miterbenanteils am ungeteilten Nachlaß auf ein zum Nachlasse gehörendes Grundstück für unzulässig erachtet, können durch den letzteren Beschluß die Voraussetzungen des § 79 Abs. 2 GBO. für gegeben angenommen werden.

Es ist auch der Ansicht des Kammergerichts beizutreten. Nach § 2033 Abs. 1 BGB. kann jeder Miterbe über seinen Anteil an dem ungeteilten, gemäß § 2032 Abs. 1 im gemeinschaftlichen Vermögen der Erben stehenden Nachlasse verfügen. Daher kann er an diesem Anteilsrecht auch ein Pfandrecht gemäß §§ 1273, 1274 BGB. wirksam bestellen (RGZ. Bd. 84 S. 396, Bd. 87 S. 324). Im vorliegenden Falle ist ferner die im § 2033 Abs. 1 Satz 2 vorgeschriebene Form gewahrt. Durch eine solche Verpfändung erlangt der Pfandgläubiger nicht ein Pfandrecht an den einzelnen zum Nachlasse gehörigen Gegenständen, auch nicht an dem Anteile des Miterben an diesen, über den er nach § 2033 Abs. 2 nicht verfügen kann; vielmehr unterliegt dem Pfandrechte nur das Recht des Miterben an dem Nachlaß als einem Inbegriffe von Rechten und Pflichten (RGZ. Bd. 84 S. 396). Daher kommt, wenn es sich darum handelt, ob ein solches Pfandrecht auf ein zum Nachlasse gehörendes Grundstück eingetragen werden kann, eine Eintragung, die eine Belastung eines Anteils des Miterben an dem Grundstück enthielte, gar nicht in Frage. Vielmehr fragt es sich, ob das Pfandrecht, wiewohl es nur das Anteilsrecht des Miterben an dem Nachlaßinbegriff ergreift, dennoch auf das Nachlaßgrundstück als einen einzelnen Nachlaßgegenstand eingetragen werden kann. Dies ist aber zu bejahen.

Das Reichsgericht hat in dem Beschlusse vom 14. Januar 1914 V. B. 9/13 (RGZ. Bd. 83 S. 434) das Pfandrecht an dem eingetragenen Rechte des Nacherben für eintragungsfähig erklärt. Im wesentlichen gleiche Gründe wie für diese Eintragungsfähigkeit sprechen auch für die Zuläsisgkeit der Eintragung eines Pfandrechts an dem Anteil eines Miterben am ungeteilten Nachlaß auf ein Nachlaßgrundstück. Sind Miterben im Grundbuch eines zum ungeteilten Nachlasse gehörenden Grundstücks als Eigentümer unter Angabe ihrer Miterbeneigenschaft oder wie hier ihrer Erbengemeinschaft eingetragen, so hat dies die Bedeutung einer Eintragung dahin, daß den Miterben in ihrer Gesamtheit das Grundstück als ein Teil des in ihrem gemeinschaftlichen Vermögen stehenden Nachlasses gehöre. Gemäß § 2040 Abs. 1 BGB. ist daher aus einer solchen Eintragung zu ersehen, daß die als Eigentümer Eingetragenen nur gemeinschaftlich über das Grundstück verfügen können. Würde nun ein Miterbe seinen Anteil am Nachlaß an einen andern veräußern, so würde die Eintragung nicht mehr der wirklichen Rechtslage entsprechen; denn sie würde nicht ergeben, daß die Befugnis, gemeinsam mit anderen Miterben über das Grundstück zu verfügen, nicht mehr dem veräußernden Miterben, sondern dem Erwerber des Erbanteils zusteht (RGZ. Bd. 60 S. 131). Da das Gesetz mit Rücksicht auf den öffentlichen Glauben des Grundbuchs (§ 892 BGB.) durch den gewährten Rechtsbehelf der Grundbuchberichtigung (§ 894 BGB., § 22 GBO.) darauf Bedacht nimmt, den Grundbuchinhalt mit der wirklichen Rechtslage tunlichst in Übereinstimmung zu halten (RGZ. Bd. 83 S. 438), sind die Beteiligten für berechtigt zu erachten, die Eintragung zu verlangen, daß der Erwerber an Stelle des ausgeschiedenen bisherigen Mitberechtigten in die Mitberechtigung an dem Gesamtnachlaß eingetreten sei.

Im Falle der Verpfändung des Erbanteils entäußert sich der verpfändende Miterbe allerdings nicht gänzlich seiner Mitberechtigung am Gesamtnachlaß und damit seiner Befugnis, in Gemeinschaft mit den anderen Miterben über das Nachlaßgrundstück zu verfügen. Aber die Verpfändung hat doch die Rechtswirkung, daß er zugunsten des Pfandgläubigers nicht nur in seiner Mitberechtigung am Gesamtnachlasse, sondern auch in der genannten Verfügungsbefugnis hinsichtlich des Nachlaßgrundstücks beschränkt wird. Nach den Bestimmungen des § 1276

BGB., die auch auf das Pfandrecht an dem Erbanteil eines Miterben anzuwenden sind (RGZ. Bd. 84 S. 399), kann ein verpfändetes Recht nur mit Zustimmung des Pfandgläubigers durch Rechtsgeschäft aufgehoben oder in einer das Pfandrecht beeinträchtigenden Weise geändert werden. Es würde aber mindestens eine Beeinträchtigung des Pfandrechts an einem Erbanteile zur Folge haben können, wenn der verpfändende Miterbe das zum Nachlasse gehörende Grundstück in Gemeinschaft mit den anderen Miterben ohne Berücksichtigung der Verpfändung veräußern oder belasten würde; denn es würde dadurch ein Gegenstand, der von dem verpfändeten Anteilsrecht ergiffen wird und ihm mit den anderen Nachlaßgegenständen Inhalt und Wert gibt, dem Anteilsrecht entzogen werden oder in seiner Verwertbarkeit Einbuße erleiden. Deshalb kann der verpfändende Miterbe zufolge der Pfandbestellung nicht mehr in Gemeinschaft mit den anderen Miterben frei über das zum Nachlasse gehörende Grundstück verfügen. Vielmehr bedarf er zur Verfügung der Zustimmung des Pfandgläubigers. Daraus aber ergibt sich, daß zufolge der Verpfändung des Erbanteils die Eigentumseintragung in dem Grundbuch über das Nachlaßgrundstück nicht mehr der wirklichen Rechtslage entspricht; denn, während aus dem Inhalte der Eigentumseintragung zu entnehmen wäre, daß der verpfändende Miterbe in Gemeinschaft mit den anderen Miterben unbeschränkt über das Grundstück verfügen könne, ist die Rechtslage in Wirklichkeit derart gestaltet, daß jener Miterbe zur Verfügung der Zustimmung seines Pfandgläubigers bedarf. Deshalb müssen auch hier, insbesondere mit Rücksicht auf die Nachteile, die dem Pfandgläubiger zufolge Rechtserwerbes in gutem Glauben an die Richtigkeit des Grundbuchs erwachsen können, die Beteiligten für berechtigt erachtet werden, die Eintragung des Pfandrechts in das Grundbuch zu verlangen, damit das eingetragene Gesamteigentum der Miterben hinsichtlich des Anteils des Verpfänders in seiner wirklichen rechtlichen Gestaltung aus dem Grundbuch ersichtlich wird.

Dabei handelt es sich keineswegs um Eintragung einer rechtsgeschäftlichen Verfügungsbeschränkung, die nach § 137 BGB. allerdings unzulässig wäre. Verfügungsbeschränkungen, die gemäß dieser Vorschrift nicht durch Rechtsgeschäft mit dinglicher Wirkung begründet werden können, unterscheiden sich von dinglichen Rechten an fremder Sache, wie dem Pfandrechte, dadurch, daß der davon Betroffene behindert ist, sein Recht, das ihm an sich unbegrenzt zusteht, im Wege der Verfügung auszuüben, während durch das Bestehen eines dinglichen Rechtes an fremder Sache das Recht des Betroffenen daran entsprechend vermindert ist, ihm aber über sein so vermindertes Recht die freie Verfügung, unbeschadet jenes vermindernden Rechtes, zusteht. Deshalb ist eine Verpfändung nicht eine rechtsgeschäftliche Ausschließung oder Beschränkung der Verfügungsbefugnis im Sinne des § 137. Danach ist die Eintragung des Pfandrechts an einem Erbanteilsrecht auf ein Nachlaßgrundstück für zulässig zu erachten.

Da der verpfändende Miterbe zufolge der Verpfändung seines Erbanteils, wenn er in Gemeinschaft mit den anderen Miterben über das Nachlaßgrundstück verfügen will, der Zustimmung des Pfandgläubigers bedarf, damit diesem gegenüber die Verfügung wirksam ist, er also *insofern tatsächlich durch die Verpfändung in der Verfügung* über das Grundstück beschränkt ist, hat in Preußen nach § 11 Abs. 1 Nr. 2 der Allg. Verf. z. Ausf. d. GBO. vom 20. November 1899 die Eintragung des Pfandrechts in Abteilung II des Grundbuchblattes „Lasten und Beschränkungen" — die letztere Bezeichnung begreift namentlich Beschränkungen des Verfügungsrechts des Eigentümers — zu erfolgen. Die Eintragungsformel hat dahin zu lauten, daß der Anteil des verpfändenden Miterben an dem untgeteilten Nachlasse verpfändet sei. Einer Zustimmung der anderen Miterben zu der Eintragung bedarf es nicht, da diese durch die Eintragung in ihrem Rechte nicht betroffen werden."

RGZ. 92, 265.

Erlischt das Pfandrecht an einer Sache oder an einem Rechte, zu dessen Verpfändung die Übergabe einer Sache erforderlich ist, auch dann, wenn die Rückgabe nicht unmittelbar an den Eigentümer oder Verpfänder, sondern an jemand erfolgt, zu dem sie im Verhältnis eines mittelbaren Besitzers stehen?

BGB. §§ 1253, 868.

V. Zivilsenat. Urt. v. 28. Februar 1918.

I. Landgericht II Berlin. — II. Kammergericht daselbst.

Eine für die Immobilien-Verkehrsbank St. eingetragene Grundschuld von 42 000 ℳ nebst Zinsen wurde von mehreren Gläubigern der Bank, darunter auch von den Parteien, angeblich unter Übergabe des Grundschuldbriefs gepfändet. Es wurde dann über einen von der Grundstückseigentümerin hinterlegten Betrag von 10 615,25 ℳ ein Verteilungsverfahren eröffnet, in dem die Kläger unberücksichtigt blieben, während die Beklagte zu 3. 6671,08 ℳ zugeteilt erhielt. Die

Kläger wollen durch ihre Pfändungen in Verbindung damit, daß ihr Bevollmächtigter, Rechtsanwalt S., den Besitz des Grundschuldbriefs für sie erlangt habe, ein gültiges, dem der Beklagten zu 3 zeitlich vorgehendes Pfändungspfandrecht an der Grundschuld erworben haben, während die Beklagte bestritt, daß die Kläger Besitz an dem Grundschuldbrief erlangt hätten. Das Landgericht, das sich auf den Standpunkt der Kläger stellte, erklärte ihren Widerspruch gegen den Teilungsplan für gerechtfertigt und ordnete ein neues Verteilungsverfahren an. Auf die Berufung der Beklagten zu 3 wurde die Klage abgewiesen mit der Begründung, daß die Kläger zwar ein Pfändungspfandrecht erlangt hätten, dieses aber durch Rückgabe des Grundschuldbriefs gemäß § 1253 BGB. wieder verloren hätten. Die Revision der Kläger ist zurückgewiesen worden aus folgenden

Gründen:

„Das Berufungsgericht nimmt an, daß die Kläger zwar ein der Beklagten vorgehendes Pfandrecht an dem Grundschuldbriefe gemäß §§ 830, 857 Abs. 6 ZPO. durch Pfändungsbeschluß und Übergabe des Briefes erlangt, es aber nachträglich durch Rückgabe des Briefes an dessen Eigentümer wieder verloren haben. Der § 1253 BGB. läßt das Pfandrecht erlöschen, wenn der Pfandgläubiger das Pfand dem Verpfänder oder dem Eigentümer zurückgibt, und nach § 1278 findet § 1253 BGB. entsprechende Anwendung, wenn wie hier ein Recht, zu dessen Verpfändung die Übergabe einer Sache erforderlich ist, Gegenstand des Pfandrechts ist. Das Berufungsgericht übersieht nicht, daß im gegebenen Falle — ein Verpfänder, der vom Eigentümer verschieden wäre, kommt nicht in Frage — eine Herausgabe an die Immobilien-Verkehrsbank, die Eigentümerin, selbst nicht erfolgt ist. Nach der Feststellung des Urteils hat der Rechtsanwalt S. den Grundschuldbrief, nachdem der Pfändungsvermerk in das Grundbuch eingetragen war, dem Pfandgläubiger O. — von dem er ihn zwecks Vornahme wirksamer Pfändung für die Kläger erhalten hatte — zurückgegeben, ohne irgendwie die Fortdauer des Besitzes der Kläger zu sichern. Wenn auch die Herausgabe damit nicht unmittelbar an die Immobilien-Verkehrsbank erfolgt sei, so sei doch — führt das Berufungsurteil aus — der Pfandgläubiger O. als unmittelbarer, die Verkehrsbank als mittelbarer Besitzer anzusehen. Habe dieser mittelbare Besitz auch schon bestanden, als die Kläger noch den Mitbesitz hatten, so sei doch diese durch den unmittelbaren Besitz der Kläger verursachte Einschränkung des mittelbaren Besitzes der Bank durch das Erlöschen des unmittelbaren Besitzes der Kläger fortgefallen, die Macht der Kläger, der Eigentümerin gegenüber unmittelbar auf den Brief einzuwirken, beseitigt worden. Dies genüge.

Diese Ausführungen geben, soweit sie den Entscheidungsgrund betreffen, trotz der entgegenstehenden Auffassung der Revision, keinen Grund zu Beanstandungen.

Es könnte allerdings zweifelhaft sein, ob die Kläger überhaupt den Besitz des Grundschuldbriefs erlangt hatten, denn aus den Bekundungen des Rechtsanwalts S. geht nicht mit voller Sicherheit hervor, daß ihm O. den Brief freiwillig zu einem für die Zeit des Pfandrechts der Kläger andauernden Besitze herausgegeben hat (Stein, § 830 ZPO. IV. 1). Es liegt vielmehr die Annahme nahe, daß O. ihn den Klägern nur vorübergehend zum Zwecke der Eintragung des Pfandrechts im Grundbuch überlassen hat. In diesem Falle könnte die Frage aufgeworfen werden, ob die Kläger überhaupt nicht unmittelbare Besitzer, sondern nur Besitzdiener für O. geworden wären (§§ 855, 868 BGB.), was für die Übergabe im Sinne der §§ 1274, 1205, 1206 BGB. nicht ausreichen würde (Komm. v. RGR. § 1253 Nr. 1 Abs. 2). Da aber dem Berufungsgerichte darin beizutreten ist, daß die Kläger ein (etwa) erlangtes Pfandrecht wieder verloren haben, so bedarf es ebensowenig eines Eingehens auf jene Frage wie auf die weitere, ob etwa ein Pfandrecht der Kläger deshalb nicht zur Entstehung gelangt ist, weil der Grundschuldbrief ihnen nicht von dessen Eigentümer (§§ 857 Abs. 6, 830, 804 Abs. 2 ZPO.) übergeben worden ist.

Der Brief ist zwar nicht an den Eigentümer selbst zurückgegeben worden, aber dessen bedarf es auch nicht unter allen Umständen für die Anwendung des § 1253. Die Rückgabe an ihn kann vielmehr auch in der Weise geschehen, daß auf Weisung des Eigentümers (oder des hier nicht in Frage kommenden Verpfänders) die Herausgabe an einen Dritten erfolgt (Jur. Wochenschr. 1912 S. 450 Nr. 6), wie auch die Übergabe an einen Verwahrer für den Eigentümer oder Verpfänder genügt, der allerdings nicht gleichzeitig Vertreter des Gläubigers sein darf (Biermann § 1253 BGB. 1 a; v. Staudinger § 1253 1 b). Dann aber wäre nicht einzusehen, inwiefern eine Zurückgabe, die den, wenn auch nur mittelbaren, Besitz des Eigentümers frei von der Beschränkung des Besitzes des Pfandgläubigers wiederherstellt, nicht ausreichen sollte. In diesem Sinne sprechen sich denn auch aus: Planck, § 1253 2 a; Komm. v. RGR., § 1253 Nr. 1 Abs. 2; v. Staudinger, § 1253 3 a. Mit Recht hält das Berufungsgericht einen derartigen Fall hier für gegeben. Es ist zwar richtig, daß die Immobilien-Verkehrsbank bereits, ehe ihr Pfandgläubiger O. den Grundschuldbrief den Klägern übergab, gemäß § 868 BGB. mittelbare Besitzerin war und daß sie dies geblieben ist, sowohl während der unmittelbaren Besitzzeit der Kläger als auch nach der Rückgabe durch diese an O. Aber deshalb kann doch nicht gesagt werden, daß der mittelbare Besitz der Bank in diesen drei Phasen durchaus der gleiche geblieben sei und daher von einer Rückgabe an sie nicht die Rede sein könne. Denn während des unmittelbaren Besitzes der Kläger war bei diesen, und nicht wie vorher bei O., die unmittelbare tatsächliche Verfügungsmöglichkeit. Mit der Rückgabe des Briefes durch die Kläger an den Pfandgläubiger O. hörte dies auf, und es trat wieder derselbe tatsächliche Zustand, derselbe mittelbare Besitz der Bank, ein, der vor der Ausantwortung des Briefes an die Kläger bestanden hatte. Unter diesen Umständen darf in der Wiederherausgabe des Briefes durch die Kläger an den Pfandgläubiger O., der dadurch wieder unmittelbarer Besitzer im Verhältnis zur Bank als mittelbarer Besitzerin wurde, eine Rückgabe des Pfandes im Sinne einer entsprechenden Anwendung des § 1253 BGB. gefunden werden."

RGZ. 92, 280.

Kann derjenige, welcher zur Sicherung einer Forderung ein Pfand bestellt oder eine Sache oder ein Recht übereignet hat, die Herausgabe der Sicherheit Zug um Zug gegen Befriedigung des Gläubigers verlangen? Muß er sich in der Klage unter Bezifferung der Forderung zur Befriedigung erbieten?

BGB. § 1223 Abs. 2.

V. Zivilsenat. Urt. v. 2. März 1918.

I. Landgericht Königsberg. — II. Oberlandesgericht daselbst.

Aus den Gründen:

. . . „Der Berufungsrichter nimmt an, daß die Klage in zweiter Linie auf die Behauptung gestützt sei, die Abtretung der Grundschuld und die Bestellung des Nießbrauchs seien erfolgt zur Sicherung für Forderungen der Beklagten gegen die B.schen Eheleute; die Klägerin verlange auf Grund dieser Behauptung die Herausgabe der zur Sicherung hingegebenen Vermögenswerte Zug um Zug gegen Befriedigung der Beklagten. Wenn der Berufungsrichter diesen Anspruch auf Grund des § 1223 Abs. 1 BGB. zurückweist, so ist das rechtsirrig. Daß § 1223 auch auf Sicherungsübereignungen entsprechende Anwendung zu finden hat, ist unbedenklich und vom Reichsgerichte bereits ausgesprochen (Rep. II. 548/05, Urteil vom 26. Juni 1906). Der Berufungsrichter hat ferner den Abs. 2 des § 1223 nicht beachtet, der bestimmt, daß der

Verpfänder die Rückgabe des Pfandes gegen die Befriedigung des Pfandgläubigers verlangen kann, sobald der Schuldner zur Leistung berechtigt ist. Aus dieser Bestimmung ergibt sich, daß die Vorschrift des Abs. 1, soweit darin das vorherige Erlöschen des Pfandrechts als Voraussetzung für den Anspruch des Verpfänders auf Rückgabe des Pfandes aufgestellt wird, auf diejenigen Fälle eingeschränkt ist, in denen das Pfandrecht auf andere Weise als mittels Befriedigung des Pfandgläubigers durch den Verpfänder erlischt; z. B. mittels Befriedigung durch den persönlichen Schuldner, der nicht der Verpfänder ist, ferner durch anderweites Erlöschen der Forderung (§ 1252) oder in den Fällen der §§ *1253, 1255, 1256.* Der Verpfänder dagegen, welcher sich zur Befriedigung des Gläubigers bereit erklärt, kann die Verurteilung des Pfandgläubigers zur Herausgabe des Pfandes Zug um Zug gegen die Zahlung der Schuld verlangen. Daß dies der Sinn der Bestimmung ist, wird durch ihre Entstehungsgeschichte bestätigt. Vgl. Motive zum I. Entwurf eines BGB. Bd. 3 S. 813; Protokolle der Kommission für die zweite Lesung Bd. 3 S. 459 unter V., S. 461 unter IX.

Diesen Rechtsstandpunkt hat das Reichsgericht bereits in mehreren Entscheidungen eingenommen, und zwar auch für den Fall, daß der Verpfänder zugleich der persönliche Schuldner ist (vgl. Rep. II. 548/05, Urteil vom 26. Juni 1905; III. 244/09, Urteil vom 4. März 1910 [Jur. Wochenschr. 1910 S. 391 Nr. 10]; VI. 355/10, Urteil vom 3. Juli 1911 [Recht 1911 Nr. 3190]; VII. 399/1916, Urteil vom 20. März 1917 [RGZ. Bd. 90 S. 69]; auch Kammergericht in Rechtspr. d. Oberlandesgerichte Bd. 26 S. 203). Der Entscheidung der Rechtsfrage in diesem Sinne steht auch das vom Berufungsrichter angeführte Urteil des VI. Zivilsenats des Reichsgerichts vom 11. Oktober 1913, Rep. VI. 323/1913 (abgedruckt in einem Auszug im Recht 1913 Nr. 3258) nicht entgegen. In diesem Urteil ist ausdrücklich hervorgehoben, daß § 1223 Abs. 2 deswegen nicht in Frage stehe, weil es sich in dem damals zu entscheidenden Falle darum handelte, ob der Gläubiger (Pfandgläubiger) Zahlung seiner Forderung nur gegen das Anerbieten der Pfandrückgabe verlangen könne. Von den vom Berufungsrichter für seine Meinung angeführten sonstigen Urteilen beziehen sich diejenigen der Oberlandesgerichte Jena, Celle und Hamburg (SeuffArch. Bd. 37 Nr. 197, Bd. 27 Nr. 212 und Bd. 38 Nr. 304) auf das gemeine Recht, für welches aus positiven Quellenstellen die Ansicht hergeleitet wurde, daß die Rückgabe des Pfandes immer erst nach Tilgung der Schuld zu erfolgen habe, während die auf dem Boden des Bürgerlichen Gesetzbuchs ergangenen Urteile der Oberlandesgerichte Naumburg und Dresden

(Rechtspr. Bd. 29 S. 381 und 383) sowie Bamberg (SeuffArch. Bd. 62 Nr. 58), soweit sie sich mit der hier zu entscheidenden Frage beschäftigen, dem Wortlaut und der Entstehungsgeschichte des § 1223 Abs. 2 nicht gerecht werden und deshalb keinen Anlaß bieten, von der bisherigen Rechtsprechung des Reichsgerichts abzuweichen.

Es fragt sich aber, ob die Zurückweisung des aus dem fiduziarischen Rechtsverhältnis hergeleiteten Klagegrundes nicht dadurch gerechtfertigt wird, daß, wie der Berufungsrichter hervorhebt, unter den Parteien nicht unstreitig war, welche Forderungen der Beklagten gegen die Eheleute B. durch die Übereignungen gesichert werden sollten. *Diese Frage muß indes verneint werden.* Der III. Zivilsenat des Reichsgerichts hat in dem angeführten Urteile vom 4. März 1910 bereits ausgeführt, daß eine Klage auf Rückgabe eines Pfandes nicht um deswillen abgewiesen werden dürfe, weil der Kläger in der Klage nicht die durch das Pfand gesicherten Forderungen beziffert und sich zu ihrer Befriedigung unter Angabe ihres Betrags bereit erklärt habe. Es wird dort darauf hingewiesen, daß der Verpfänder unter Umständen gar nicht in der Lage sei, zu wissen, welche Ansprüche der Pfandgläubiger erheben wolle, und daß er den Anspruch auf Rückgabe der Pfandsache überhaupt nicht mit Erfolg würde geltend machen können, wenn der Pfandgläubiger mit seinen Ansprüchen nicht hervortrete oder unberechtigte Ansprüche erhebe. Dieser Auffassung, die auch für die entsprechende Anwendung der § 1223 Abs. 2 auf Sicherungsübereignungen durchgreift, schließt sich der jetzt erkennende Senat an. Danach hätte der Berufungsrichter den Herausgabeanspruch nicht ohne weiteres um deswillen abweisen dürfen, weil streitig war, für welche Forderungen die Sicherheiten hafteten; vielmehr hätte er nach Maßgabe der Parteibehauptungen sowie unter Würdigung der Beweislast und der etwa angetretenen Beweise, nötigenfalls unter Ausübung des Fragerechts, den Betrag, für welchen die Sicherheiten noch hafteten, feststellen und die Beklagten zur Herausgabe der Sicherheiten Zug um Zug gegen Zahlung dieses Betrags verurteilen müssen." . . .

RGZ. 98, 70.

Widerspricht es den guten Sitten, wenn der Pfandgläubiger das Pfand bei Pfandreife veräußert, um einem Dritten den Erwerb zu ermöglichen?

BGB. §§ 1220, 1221, 1293, 1132, 826, 226.

I. Zivilsenat. Urt. v. 24. Januar 1920.

I. Landgericht Halberstadt. — II. Oberlandesgericht Naumburg a. S.

Der Kläger schuldete der Beklagten im Jahre 1917 eine erhebliche Summe und befand sich seit längerer Zeit im Verzuge. Zur Bezahlung eines Teilbetrags war er bereits durch ein Versäumnisurteil vom 5. Januar 1915 verurteilt worden. Zur Sicherheit hatte er der Beklagten 387 Aktien des von ihm gegründeten M.-Eisenhüttenwerks, Aktiengesellschaft, in Pfand gegeben. Zur weiteren Sicherheit hatte er für sie auf seinen Grundstücken Hypotheken eintragen lassen. Die Beklagte beabsichtigte, die verpfändeten Aktien zu veräußern. Zu dem Zwecke wurde ein Versteigerungstermin auf den 12. März 1917 angesetzt und der Zuschlag einem Bankier G. für nicht ganz 5 % des Nennwerts erteilt. Der Kläger erhebt wegen dieses Verkaufs, den er als den guten Sitten widerstreitend anficht, Schadensersatzansprüche und hat beantragt, festzustellen, daß seine Schuld zur Höhe von 213 300 ℳ durch die Schadensersatzansprüche getilgt sei.

Die Klage wurde in den Vorinstanzen abgewiesen. Auch die Revision des Klägers hatte keinen Erfolg.

Gründe:

„Der Kläger beantragt Feststellung, daß ein Teil der von ihm der Beklagten geschuldeten Summe durch eine Schadensersatzforderung, die ihm gegen die Beklagte zustehe, getilgt sei. Die Schadensersatzforderung gründet sich darauf, daß die Beklagte Aktien, die ihr zum Pfande für ihre Forderung bestellt waren, entgegen den guten Sitten weit unter dem wahren Werte zum Schaden des Klägers verkauft habe.

Das Berufungsgericht hat die Schadensforderung für unbegründet erachtet. Der hiergegen erhobenen Revision steht schon die Feststellung entgegen, daß die Aktien nicht unter ihrem derzeitigen Werte verkauft worden sind." (Wird näher ausgeführt.)

„Weiter hat das Berufungsgericht ausgeführt, daß der Verkauf nicht in sittenwidriger Weise vorgenommen sei. Hiergegen richten sich die Hauptangriffe der Revision. Die Sachlage war nach Behauptung des Klägers, wie folgt. Bei sämtlichen vom Landgericht angeführten, im Jahre 1917 erfolgten freihändigen Verkäufen von M.-Aktien ist ein gewisser H. als Käufer aufgetreten. Das Berufungsgericht scheint auch nicht zu bezweifeln, daß H. auch die von der Beklagten verkauften Aktien gekauft hat — der Zuschlag ist formell an einen Bankier G. erteilt. H. soll seit Jahren den Plan verfolgt haben, die Fabrik M. billig in seine Hand zu bekommen. Zu dem Zwecke soll er die Beklagte zu dem Verkaufe der verpfändeten Aktien veranlaßt haben, indem er ihr eine Abfindung auf ihre Forderung gegen die Aktiengesellschaft versprach. Nun soll die Beklagte durch die in der Klage angeführten Hypotheken auf Grundbesitz des Klägers ausreichend gesichert gewesen sein. Weiter soll der Kläger versprochen haben, bis zum 26. März 1917 – der Verkaufstermin fand am 12. März 1917 statt – für die verpfändeten Aktien 100 000 ℳ und später noch 50 000 ℳ zu zahlen und inzwischen einen Grundschuldbrief über 90 000 ℳ als weitere Sicherheit zu geben. Endlich soll ein Fabrikbesitzer S. einen Tag vor dem Termin, am 11. März, telegraphiert haben, er sei bereit, die Aktien zu 20 % zu übernehmen. Der Kläger sucht darzulegen, angesichts der anderweiten Sicherung der Beklagten und angesichts der höheren Gebote des Klägers und des S. verstoße es gegen die guten Sitten, wenn die Beklagte die Aktien zu so niedrigem Preise habe verkaufen lassen, was nur geschehen sein könne, um das Werk dem H. billig in die Hände zu spielen und die von diesem ihr versprochene Abfindung zu erlangen.

Diesen Ausführungen kann nicht zugestimmt werden. Zunächst ist darauf hinzuweisen, daß die Forderung der Beklagten fällig, zum Teil auch ausgeklagt, und der Kläger im Verzuge war; es war die sogenannte Pfandreife vorhanden. Es ist danach unbestritten, daß die Beklagte an sich zum Pfandverkaufe berechtigt war.

Sodann ist zu betonen, daß die Gebote des Klägers und des S. für die zur Entscheidung stehende Frage nicht von Rechtserheblichkeit sind. Das Urteil gegen den Kläger auf 50 000 ℳ war vor über zwei Jahren, am 5. Januar 1915, ergangen. Während dieser langen Frist hatte der Kläger seine Schuld weder beglichen noch auch die Aktien ausgelöst. Unter diesen Umständen verstieß es nicht gegen die kaufmännische gute Sitte, wenn die Beklagte auf das Versprechen des Klägers, nunmehr in vierzehn Tagen 100 000 ℳ und später noch 50 000 ℳ zu zahlen, keine Rücksicht nahm. Ebenso brauchte das Telegramm des S. nicht berücksichtigt zu werden. War dieser ein ernstlicher Bewerber, so hätte er zum Termin erscheinen und die Bietungskaution hinterlegen sollen. Da der in der Klage mitgeteilte Wortlaut des Telegramms, das in letzter Stunde einging, keine realen Unterlagen angab, nötigte es nach berechtigter kaufmännischer Auffassung nicht zu einer Vertagung des Verkaufstermins.

Die zu entscheidende Frage spitzt sich demnach darauf zu, ob die Beklagte von ihrem formalen Rechte zur Pfandversteigerung Gebrauch machen durfte angesichts des Umstands, daß sie – wie der Kläger behauptet, die Beklagte freilich bestreitet – anderweitig durch die Hypotheken gedeckt war, und angesichts des weiteren Umstands, daß sie — wie gleichfalls der Kläger behauptet und die Beklagte bestreitet — zu dem Pfandverkaufe durch ihre Abmachungen mit H. veranlaßt wurde. Diese Frage ist vom Berufungsgerichte mit Recht bejaht worden, ohne daß es darauf ankommt, ob die beiden erwähnten Behauptungen des Klägers erweislich sind. Es kommt nach der Lage des Falls nicht entscheidend darauf an, durch welche Beweggründe die Beklagte zu ihrer Handlungsweise veranlaßt wurde. Beweggründe können in Betracht kommen, wenn nach Gesichtspunkten der guten Sitte zu würdigen ist, ob ein einen anderen schädigendes Vorgehen, das zwar an sich vom Gesetze nicht verboten ist, auf das aber ein wohlerworbenes Recht nicht vorliegt, billigenswert erscheint oder nicht. Die Beweggründe sind deshalb für ausschlaggebend angesehen worden, wenn beispielsweise zu entscheiden war, ob Maßnahmen des Wettbewerbs, die an sich nicht verboten sind, einwandfrei erscheinen (Warneyer 1916 Nr. 193). Anders aber ist die Sachlage, wenn von einem wohlerworbenen Rechte Gebrauch gemacht wird. Dieser Unterschied ist in der grundlegenden Entscheidung RGZ. Bd. 58 S. 217 betont und seitdem ständig in der Rechtsprechung des Reichsgerichts beobachtet worden. Wer von seinem Privatrechte Gebrauch macht, ist grundsätzlich keine Aufklärung schuldig, weshalb er das tut, auch wenn die Rechtsausübung dem Gegner zum Schaden gereicht — wofern nicht der Fall der Schikane nach § 226 BGB. vorliegt (vgl. RGZ. Bd. 79 S. 417 flg., Bd. 71 S. 173). Nur wenn ganz besondere Umstände vorliegen, kann die Ausübung eines Rechtes sittenwidrig erscheinen. Das ist dann der Fall, wenn diese Ausübung sich nicht als eine einzelne, für sich allein in Betracht kommende Handlung darstellt, sondern wenn sie ein Glied eines größeren, auf sittenwidrige Schädigung des Gegners gerichteten Gesamtverhaltens ist, wobei insbesondere von Bedeutung sein wird, ob das Recht, um dessen Ausübung es sich handelt, von vornherein nur zu dem Zwecke erworben ist, dem Gegner einen rechtswidrigen Nachteil zuzufügen (vgl. RGZ. Bd. 74 S. 230). . . .

Danach könnte höchstens in Frage kommen, ob die Billigkeit erforderte, die Vollstreckung nicht gerade in die verpfändeten Aktien, sondern in die übrigen Pfandgegenstände vorzunehmen. Auch das ist zu verneinen. Das Gesetz gibt dem Gläubiger ausdrücklich die Wahl, welche Pfänder er veräußern will (vgl. §§ 1230, 1132 BGB.). Dieses Recht kann dem Gläubiger nicht verkümmert werden, und zwar hier um so weniger, als die übrigen Pfänder aus Hypotheken bestanden, deren Pfandveräußerung ein weitläufigeres Verfahren notwendig macht, und als, wie die Beklagte behauptet und der Kläger nicht bestreitet, die Zwangsvollstreckung in einige der Grundstücke auf seinen Antrag eingestellt und über sein Vermögen die Geschäftsaufsicht verhängt worden war."

RGZ. 101, 47.

Ist der Pfandgläubiger verpflichtet, falls eine wesentliche Minderung des Wertes eines Pfandes zu besorgen ist, bei dessen Ersatz durch anderweitige Sicherheitsleistung auf Verlangen des Verpfänders mitzuwirken?

VII. Zivilsenat. Urt. v. 3. Dezember 1920.

I. Landgericht III Berlin. — II. Kammergericht daselbt.

Der Kläger hatte bei der Beklagten Ultimogeschäfte getätigt. Aus dieser Geschäftsverbindung bestand im Februar 1916 eine Schuld des Klägers an die Beklagte von 134 111,50 ℳ. In einer notariellen Schuldurkunde vom 26. Februar 1916 erkannte er diese Schuld an, verpflichtete sich zu bestimmten Ratenzahlungen, verpfändete zur Sicherheit der Beklagten eine Reihe von Wertpapieren, darunter 25 Stück Petersburger Internationale Handelsbank-Aktien — kurz Peter Inter genannt — und unterwarf sich der sofortigen Zwangsvollstreckung aus der Urkunde. Am 12. Dezember 1917 erteilte der Kläger der Beklagten den Auftrag, die in ihrem Besitze befindlichen Peter Inter zu verkaufen, weil infolge der damals einsetzenden russischen Wirren ein starker Kurssturz dieser Papiere zu besorgen war, und statt ihrer 5000 ℳ Phönix- und 5000 ℳ Norddeutsche Lloydaktien anzuschaffen und in Pfand zu nehmen. Die Beklagte hat diesen Auftrag abgelehnt. Der Kläger behauptet, durch dieses Verhalten der Beklagten, das wider Treu und Glauben verstoßen habe, sei ihm ein erheblicher Schaden erwachsen. Er habe die Peter Inter erst am 12. August 1918 auslösen können und habe dann nur einen Verkauf zum Kurse von 112 erzielt, während am 12. Dezember 1917 ein Verkauf zum Kurse von 149½ möglich gewesen wäre. Ferner hätte er an den Phönixaktien, wenn sie am 12. Dezember 1917 gekauft worden wären, 40 % verdient; denn er habe andere, in seinem Besitz befindliche Phönix im Mai 1918 zu einem 40 % höheren Kurse als dieser am 12. Dezember 1917 betrug verkauft. Er verlangt, nach Abzug einer unstreitigen Forderung der Beklagten an ihn, Zahlung von 4531,50 ℳ nebst Zinsen; außerdem begehrt er Feststellung, daß der Beklagten keinerlei Ansprüche aus der Geschäftsverbindung mit ihm mehr zustehen, daß sie deshalb auch nicht berechtigt sei, Zwangsvollstreckung aus der Urkunde vom 26. Februar 1916 vorzunehmen.

Beide Vorinstanzen haben den Anträgen des Klägers stattgegeben. Die Revision der Beklagten wurde zurückgewiesen aus folgenden

Gründen:

Der Rechtsansicht des Kammergerichts, daß die Beklagte verpflichtet war, dem Verlangen des Klägers auf Umtausch der 25 Stück Peter Inter, die sie in Pfand hatte, gegen 5000 ℳ Phönix und 5000 ℳ Norddeutscher Lloyd stattzugeben, ist beizutreten.

Es steht fest, daß im Dezember 1917 eine wesentliche Minderung des Wertes der Peter Inter durch Kursverlust zu besorgen war. Der Kläger als Verpfänder konnte also gemäß § 1218 BGB. die Rückgabe dieser Aktien gegen anderweitige Sicherheitsleistung verlangen. Wenn der Kläger daher der Beklagten damals 5000 ℳ Phönix und 5000 ℳ Norddeutscher Lloyd Zug um Zug gegen Rückgabe der Peter Inter angeboten hätte, so würde die Beklagte diesen Umtausch der Pfandstücke nicht haben ablehnen dürfen; denn das Berufungsgericht hat festgestellt, daß diese Ersatzpapiere mindestens die gleiche Sicherheit boten wie die Peter Inter und daß bei jenen ein Wertverlust, wie bei diesen, damals nicht zu besorgen war. Eine größere Sicherheit aber, als der Beklagten im Dezember 1917 die Peter Inter gewährten, konnte sie an deren Stelle nicht beanspruchen, insbesondere hatte sie keinen Anspruch darauf, mündelsichere Werte dagegen zu erhalten. Wirtschaftlich hätte es zu dem gleichen Ergebnis geführt, wenn die Beklagte selbst, wie der Kläger sie beauftragt hatte, den Umtausch in der Weise vorgenommen hätte, daß sie die in ihrem Besitz befindlichen Peter Inter an der Börse verkaufte, mit dem Verkaufserlös die aufgegebenen Ersatzpapiere anschaffte und diese dann in Pfandbesitz nahm. Die Beklagte meint aber, sie hätte diesen Auftrag ablehnen dürfen, weil der Bankier nicht verpflichtet sei, Börsenaufträge anzunehmen. Das ist aber nicht die Frage, um die es sich hier handelt. Ob und inwieweit, insbesonders mit Rücksicht auf den Handelsbrauch, ein Bankier im allgemeinen berechtigt ist, Kommissionsaufträge im Effektenhandel abzulehnen, kann unerörtert bleiben. Hier ist vielmehr die Frage zu entscheiden, ob ein Pfandgläubiger, gleichgültig ob Bankier oder nicht, verpflichtet ist, beim Ersatz eines notleidenden Pfandstücks durch ein anderes gleichwertiges mitzuwirken, und zwar in der Art, wie der Kläger die Beklagte beauftragt hatte. Dieser Auftrag war an die Beklagte nicht sowohl in ihrer Bankiereigenschaft gerichtet, als vielmehr wesentlich in ihrer Eigenschaft als Vertragsgegnerin und Pfandgläubigerin des Klägers. Gerade das Vertragsverhältnis, in dem sie zum

Kläger stand, legte ihr besondere Pflichten auf, und dieser ihrer Vertragspflicht hat sie durch die grundlose Ablehnung des Auftrags des Klägers schuldhaft zuwidergehandelt.

Daß aus einem Pfandvertrage nicht nur dem Pfandschuldner, sondern auch dem Pfandgläubiger Pflichten erwachsen, bedarf keiner weiteren Begründung. Ebenso unbedenklich findet der Grundsatz von Treu und Glauben (§ 242 BGB.) Anwendung auf die Erfüllung der dem Pfandgläubiger obliegenden Vertragspflichten. Nun legt der § 1218 BGB. dem Pfandgläubiger die Verpflichtung auf, gegen anderweitige Sicherheitsleistung in die Rückgabe eines Pfandes einzuwilligen, *wenn eine wesentliche Minderung seines Wertes zu besorgen ist.* Diese Bestimmung bildet selbst schon einen Anwendungsfall des § 242 (RGZ. Bd. 74 S. 151). Wenn nun zwar auch § 1218 nicht ausdrücklich ausspricht, daß der Pfandgläubiger selbst bei den für den Pfandersatz notwendigen rechtsgeschäftlichen Handlungen mitzuwirken hat, so muß dieser doch auch dazu für verpflichtet erachtet werden, sofern nach den Umständen des Falles Treu und Glauben eine solche Mitwirkung gebieten. So liegt aber hier die Sache.

Die Frage nach Treu und Glauben ist wesentlich eine Frage der beiderseitigen Interessenabwägung. War die Mitwirkung der Beklagten beim Umtausch der Pfandstücke durch ein dringendes Interesse des Klägers geboten, ohne daß dadurch ein ebensolches Interesse der Beklagten verletzt wurde, so verstieß es gegen Treu und Glauben, wenn die Beklagte ihre Mitwirkung versagte. Das dringende Interesse des Klägers an dem Verkauf der Peter Inter, deren weitere erhebliche Wertminderung infolge der russischen Wirren zu besorgen war, stand fest. Anderseits wurde das Interesse der Beklagten dadurch, daß an Stelle dieser Papiere gute deutsche Papiere von mindestens gleichem Wert in Pfand gegeben werden sollten, nicht nur nicht beeinträchtigt, sondern es wurde im Gegenteil auch ihrem Interesse dadurch gedient. Der Beklagten erwuchs durch die Erfüllung des Auftrags auch keine Mühewaltung, die ihr nicht zuzumuten gewesen wäre. Der Verkauf und Ankauf von Effekten gehört zu ihrem gewöhnlichen Gewerbebetrieb. Für die Besorgung des Auftrags durfte sie die übliche Provision berechnen. Gewiß hätte sie ein größeres Interesse daran gehabt, nur die Peter Inter zu verkaufen und den Barerlös auf ihre Forderung gegen den Kläger zu verrechnen. Darauf hatte sie aber gemäß dem zwischen den Parteien bestehenden Vertrag keinen Anspruch und sie durfte daher den Auftrag nicht ablehnen, um den Kläger zu zwingen, in den Verkauf der Peter Inter zwecks Verrechnung des Erlöses einzuwilligen und sich auf diese Weise einen vertragswidrigen und deshalb unberechtigten Vorteil zu verschaffen.

Die Revision meint, die Beklagte hätte zu Spekulationsgeschäften des Klägers mit den verpfändeten Papieren ihre Hand nicht zu bieten brauchen, und es sei keineswegs die Möglichkeit ausgeschlossen gewesen, daß die Kurse sich auch anders entwickelt hätten. Beides ist an sich richtig. Aber es handelte sich nicht um ein Spekulationsgeschäft des Klägers. Sein Interesse war nicht darauf gerichtet, durch den Umtausch der Effekten Kursgewinne zu machen, sondern er wollte einen drohenden erheblichen Verlust abwenden. Die Beklagte hat auch den Auftrag nicht aus dem Grunde abgelehnt, weil möglicherweise die Ersatzpapiere im Kurse fallen und minderwertig werden könnten. Eine so erhebliche Kursminderung, wie sie den russischen Papieren drohte, war damals mit Rücksicht auf die politische und wirtschaftliche Lage in Deutschland für die Ersatzpapiere nicht zu besorgen, wie das Berufungsgericht zutreffend feststellt, und die Beklagte hat auch in den Vorinstanzen keinerlei Tatsachen vorgebracht, aus denen sich damals eine solche Besorgnis hätte rechtfertigen lassen.

Ob die Beklagte vielleicht dann den Auftrag des Klägers hätte ablehnen dürfen, wenn dieser in der Lage gewesen wäre, die Ersatzpapiere sich anderweit zu verschaffen, kann unerörtert bleiben, da der Berufungsrichter, ohne daß der von der Revision gerügte Prozeßverstoß anzuerkennen wäre, tatsächlich festgestellt hat, daß der Kläger mangels barer Mittel zu einer anderweiten Anschaffung der Ersatzstücke nicht in der Lage war.

Ebensowenig kann die Beklagte sich darauf berufen, daß es ihr verboten gewesen sei, andere als Kassageschäfte zu übernehmen; denn es handelte sich hier um reine Kassageschäfte. Die 5000 ℳ Phönix und 5000 ℳ Norddeutscher Lloyd sollten mit dem Barerlös aus dem Verkauf der Peter Inter gekauft werden. Ein Kredit wurde vom Kläger nicht in Anspruch genommen, und die Beklagte hat auch nicht darzulegen vermocht, daß der Barerlös aus den zu verkaufenden Effekten den Anschaffungspreis der Ersatzpapiere voraussichtlich nicht gedeckt haben würde.

Schließlich macht die Revision noch geltend, die Beklagte sei, wenn sie auch den Auftrag zum Verkauf der Peter Inter hätte ausführen müssen, jedenfalls nicht zum Ankauf der Ersatzpapiere verpflichtet gewesen, und es könne ihr deshalb der Schaden, den der Kläger durch entgangenen Kursgewinn an den Phönxiaktien erlitten habe, nicht zur Last gelegt werden. Auch diese Ansicht ist verfehlt. Es handelte sich um einen einheitlichen, unteilbaren Auftrag, der gemäß § 1218 BGB. bezweckte, andere Wertpapiere an Stelle der notleidenden Peter Inter unter Pfandschaft zu bringen. Zweckgemäß mußte also der ganze Auftrag von der Beklagten ausgeführt werden. Die Beklagte hat demnach den gesamten Schaden dem Kläger zu ersetzen, der ihm durch die pflichtwidrige Nichtausführung des unteilbaren Auftrags entstanden ist, und der entgangene Gewinn an den 5000 ℳ Phönix steht ebenso, wie der Kursverlust an den Peter Inter, in adäquatem Zusammenhange mit der schuldhaften Vertragspflichtverletzung der Beklagten.

RGZ. 104, 300.

Zur Frage des gutgläubigen Eigentumserwerbs an einer gepfändeten Sache.

VII. Zivilsenat. Urt. v. 25. April 1922.

I. Landgericht I Berlin. — II. Kammergericht daselbst.

Der Bankier J. hatte in dem Hause des Beklagten in Berlin Räume gemietet und eine Büroeinrichtung eingebracht. Diese ließ der Kläger auf Grund eines vollstreckbaren Zahlungsbefehls am 15. Februar 1916 pfänden. Zufolge eines bei dem örtlich unzuständigen Amtsgericht zu Berlin-Schöneberg, das den Zahlungs- und Vollstreckungsbefehl erlassen hatte, gemäß § 825 ZPO. erwirkten Beschlusses vom 4. März 1916 wurden die gepfändeten Gegenstände dem Kläger durch den Gerichtsvollzieher freihändig verkauft und in der Weise einzeln übergeben, daß der Kläger durch Berühren jedes Gegenstands mit der Hand den Besitz ergriff, die Sachen dann aber in den Mieträumen beließ. Der Kläger überließ sie als bald dem J. mietweise. Gemäß einem Abkommen mit dem Kläger kündigte J. die Wohnungsmiete zum 1. Oktober 1916. Da J. die Vierteljahrsmiete, die am 1. Juli 1916 fällig war, nicht zahlte, erwirkte der Beklagte gegen ihn einen Zahlungs- und Vollstreckungsbefehl über 1263,50 ℳ und ließ dieselbe Büroeinrichtung pfänden. Am 1. Oktober 1916 verließ J. die Wohnung nicht, und nunmehr erwirkte der Beklagte gegen ihn noch einen weiteren Zahlungs- und Vollstreckungsbefehl wegen eines nach dem Mietvertrag ihm angeblich zustehenden Anspruchs auf Vertragsstrafe in Höhe von 1250 ℳ und eines ferneren Anspruchs auf Wiederherstellungskosten zum Betrage von 2500 ℳ. Auch auf Grund dieses Titels ließ er die, mittlerweile auch von anderer Seite gepfändeten, Sachen nochmals anschlußweise pfänden. Bei der Versteigerung am 20. November 1916 wurden sie dem Beklagten, als dem Meistbietenden, zugeschlagen.

Der Kläger beansprucht vom Beklagten die Herausgabe der Sachen, da dieser durch den Zuschlag in der Versteigerung Eigentum nicht erworben habe.

Das Landgericht gab dem Klaganspruch statt, das Kammergericht wies ihn dagegen ab. Die Revision hatte keinen Erfolg.

Gründe:

Es braucht zu der Frage, ob der Kläger am 15. März 1916 durch den freihändigen Verkauf der gepfändeten Büroeinrichtung auf Grund des gemäß § 825 ZPO. erlassenen Beschlusses des örtlich unzuständigen Amtsgerichts Berlin-Schöneberg Eigentum erworben hat, ebensowenig Stellung genommen zu werden, wie zu der ferneren Frage, ob, wenn er Eigentum erworben hat, das Vermieterpfandrecht an den Pfandstücken zugunsten des Beklagten bestehen geblieben ist. Denn auch dann, wenn man den Eigentumserwerb des Klägers bejaht, den Fortbestand des Vermieterpfandrechts an den Sachen aber zugunsten der Revision verneint, ist der Entscheidung des Berufungsrichters im Ergebnis beizutreten, weil der Beklagte unter allen Umständen bei der späteren öffentlichen Versteigerung der Sachen kraft seines guten Glaubens Eigentum an ihnen erlangt hat.

Unterstellt man, daß der Kläger am 15. März 1916 Eigentum an der Büroeinrichtung des Schuldners J. erworben hatte, so waren die Pfändungen, die der Beklagte nachher gegen den Schuldner in bezug auf diese Sachen ausgebracht hat, zwar unwirksam. Der Beklagte hätte, wenn er sein Vermieterpfandrecht an den Sachen — dessen Fortbestand trotz des Eigentumserwerbs des Klägers im Zwangsvollstreckungswege zunächst einmal angenommen — auswirken wollte, nach § 1233 Abs. 2 BGB. verfahren müssen, wie der Berufungsrichter zutreffend darlegt: er hätte sich einen vollstreckbaren Titel gegen den Kläger als nunmehrigen Eigentümer der Sachen verschaffen müssen und konnte dann den Verkauf auch nach den für den Verkauf einer gepfändeten Sache geltenden Vorschriften der Zivilprozeßordnung bewirken lassen. Die Veräußerung der Sachen in öffentlicher Zwangsversteigerung gemäß § 816 ZPO. war deshalb eine unrechtmäßige, da die Pfändung gegen den Schuldner J. der Wirksamkeit entbehrte, ein Pfändungspfandrecht also nicht rechtswirksam entstanden war. Gutgläubiger Erwerb des Pfändungspfandrechts ist rechtlich ausgeschlossen. § 1207 BGB. findet auf das Pfändungspfandrecht, wie in Rechtsprechung und Schrifttum allgemein anerkannt ist, keine Anwendung. Überdies war dem Beklagten auch zur Zeit der Vornahme der Pfändung nach der Feststellung des Berufungsgerichts der Eigentumserwerb des Klägers bereits bekanntgegeben worden. Der Mangel der Rechtsbeständigkeit des Pfändungspfandrechts hindert aber nicht, daß derjenige, der die Sachen in der öffentlichen Zwangsversteigerung zugeschlagen erhält, Eigentum erwirbt, wenn er des guten Glaubens ist, daß das Pfandrecht des Pfändungsgläubigers zu Recht bestehe.

Für das vertragliche Pfandrecht bestimmt § 1244 BGB., daß die Vorschriften der §§ 932 bis 934, 936 BGB. entsprechende Anwendung finden, wenn eine Sache veräußert wird, ohne daß dem Veräußerer ein Pfandrecht zusteht. Voraussetzung ist nur, daß die Veräußerung des *Pfandes in den gesetzlichen Formen des § 1233* Abs. 2 oder der §§ *1235*, 1240 Abs. 2 BGB. vor sich geht. Der Mangel des Pfandrechts des Veräußerers soll dann also durch den guten Glauben des Erwerbers an das Bestehen des Pfandrechts gedeckt werden. Nun finden nach ständiger Rechtsprechung des Reichsgerichts (RGZ. Bd. 87 S. 416 mit Nachw., ferner Bd. 97 S. 41), die mit der herrschenden Lehre übereinstimmt, die Vorschriften des Bürgerlichen Gesetzbuchs über das Vertragspfand auf das Pfändungspfandrecht insoweit entsprechende Anwendung, als nicht Vorschriften der Zivilprozeßordnung (z. B. über die Begründung des Pfändungspfandrechts, über den Pfandverkauf) entgegenstehen. Zu den entsprechend anwendbaren Bestimmungen des Bürgerlichen Gesetzbuchs gehört auch der § 1244 (RGZ. Bd. 61 S. 133) — a. M. Stein ZPO. Bem. IV zu § 817, der aber auf dem Wege der Theorie des originären Eigentumserwerbs des Erstehers auf Grund Staatsaktes zu demselben Ergebnis gelangt. — Der erkennende Senat hält an der bisherigen reichsgerichtlichen Rechtsprechung fest.

Hat nun der Beklagte, als er die Sachen in der öffentlichen Zwangsversteigerung zugeschlagen erhielt, gewußt, daß der Kläger zur Zeit der Pfändung bereits Eigentümer war, so konnte sich sein guter Glaube nur darauf beziehen, daß an den Sachen trotz des Eigentumserwerbs des Klägers sein Vermieterpfandrecht fortbestanden habe und daß die von ihm erwirkte Pfändung gegen den Schuldner J. der rechte und zulässige Weg gewesen sei, das Vermieterpfandrecht zu verwirklichen und auszuwerten. Kann ihm dieser gute Glaube nicht widerlegt werden, so hat er das Eigentum an den Pfandsachen erworben. Das Berufungsgericht, das zu der rechtlichen Auffassung gelangt ist, daß in der Tat das Vermieterpfandrecht an den vom Kläger erworbenen Sachen fortbestanden habe, brauchte sich aus diesem Grunde natürlich nur mit der Frage zu befassen, ob der Beklagte des guten Glaubens war, daß er mit der von ihm ausgebrachten Pfändung den rechtlich zulässigen und richtigen Weg zur Auswirkung seines bestehenden gesetzlichen Pfandrechts beschritten und somit ein wirksames Pfändungspfandrecht erworben habe. Das hat der Vorderrichter mit tatsächlichen, in dieser Instanz nicht nachzuprüfenden, prozeßrechtlich einwandfreien Gründen bejaht. Man kann aber auch für den Fall, daß man hinsichtlich des wirklichen Fortbestands des Vermieterpfandrechts zu einer andern rechtlichen Auffassung, als der Berufungsrichter, kommen und den Fortbestand des Vermieterpfandrechts verneinen müßte, dem Beklagten den guten Glauben an den Fortbestand seines gesetzlichen Pfandrechts nicht absprechen, um so weniger als die Rechtsfrage äußerst zweifelhaft ist, auch ein Strafsenat des Reichsgerichts (RGSt. Bd. 35 S. 412) und auch das Berufungsgericht sich für das Fortbestehen des Vermieterpfandrechts bei einem Erwerb der Pfandsachen auf Grund freihändigen Verkaufs gemäß § 825 ZPO. ausgesprochen haben.

Hat aber der Beklagte, geschützt durch seinen guten Glauben an die Rechtmäßigkeit seines Pfandrechts, Eigentum an den Pfandsachen erworben, so ist der Anspruch des Klägers auf Herausgabe der Sachen, soweit er auf sein Eigentum gestützt ist, mit Recht als unbegründet abgewiesen worden. . . .

RGZ. 105, 408.

Muß ein Vermieter, der auf Grund seines Vermieterpfandrechts Möbel des Mieters in Pfandbesitz nimmt und sie, ohne dazu ermächtigt zu sein, an dritte Personen vermietet, dem Mieter den Reinertrag der gezogenen Nutzungen herausgeben?

VII. Zivilsenat. Urt. v. 1. Dezember 1922.

I. Landgericht Hamburg. — II. Oberlandesgericht daselbst.

Die Klägerin hatte in dem Grundstück des Beklagten vier Wohnungen gemietet. Einen Teil der Räume benutzte sie selbst, die übrigen hatte sie mit Möbeln versehen und weitervermietet. Am 20. Dezember 1915 erlangte der Beklagte ein Räumungsurteil gegen die Klägerin. Am 3. Januar 1916 wurde daraufhin die Klägerin aus der von ihr benutzten Wohnung hinausgesetzt. Die darin befindlichen Möbel übergab der Gerichtsvollzieher dem sein Vermieterpfandrecht geltend machenden Beklagten. Eine weitere Vollstreckung des Urteils fand nicht statt, der Beklagte erklärte jedoch den Untermietern der Klägerin, daß er für die Zukunft ihr Vermieter sei, sie hätten die Miete nunmehr an ihn zu zahlen. So geschah es auch. Später ließ der Beklagte die gesamten Sachen, die sich in den früher von der Klägerin benutzten Wohnungen befanden, auf Grund eines gegen sie wegen rückständiger Miete erwirkten Urteils pfänden. Am 10. April 1919 wurden die Sachen versteigert. Die Klägerin behauptet, daß der Beklagte in der Zeit vom 3. Januar 1916 bis zum April 1919 ihre Möbel unbefugt vermietet und darauf einen Gewinn von monatlich mindestens 150 ℳ erzielt habe. Sie verlangt Zahlung von 5850 ℳ. Beide Vorinstanzen haben die Klage abgewiesen. Die Revision hatte Erfolg.

Gründe:

Die Revision stellt in erster Reihe die rechtlichen Gesichtspunkte zur Nachprüfung, welche die Klägerin selbst für ihre Klage herangezogen hat. Insoweit ist indessen das Berufungsurteil nicht zu beanstanden. Die Ablehnung der Schadensersatzforderung beruht auf der aus tatsächlichen Erwägungen getroffenen Feststellung, daß ein Schaden nicht entstanden ist; die Vermietung der Möbel und ihre Benutzung durch die Mieter hat nach der Überzeugung des Oberlandesgerichts die Höhe des Versteigerungserlöses nicht beeinträchtigt. Die Bereicherungsklage läßt das Oberlandesgericht mit Recht daran scheitern, daß die Klägerin die vom Beklagten in Pfandbesitz genommenen Möbel ihrerseits nicht mehr vermieten konnte, daß der Beklagte also die Miete für die Möbel nicht auf Kosten der Klägerin gezogen hat. Dagegen läßt sich auch nicht einwenden, daß die Klägerin die Möbel ohne Schädigung des Beklagten hätte vermieten können, wenn nur die Möbel dabei auf dem Grundstück des Beklagten verblieben. Das hätte die Klägerin nur mit Zustimmung des Beklagten als des Pfandbesitzers tun können; auf eine solche Zustimmung hatte sie keinen Anspruch, jene Zustimmung ist auch weder erteilt noch auch nur nachgesucht worden. Die Heranziehung des § 816 BGB. endlich hat das Berufungsurteil ohne Rechtsirrtum abgelehnt, das Vermieten von Sachen stellt keine Verfügung im Sinne von § 816 BGB. dar, d. h. keine Verfügung mit dinglicher Wirkung.

Beizutreten ist der Revision aber in ihren aus §§ 1213 flg. BGB. hergeleiteten Schlüssen. Das Vermieterpfandrecht steht als gesetzliches Pfandrecht nach der Vorschrift des § 1257 BGB. unter den Regeln des Vertragspfandes. Dasselbe gilt auch von dem vielleicht für eine gewisse Zeit in Frage kommenden Pfändungspfandrecht des Beklagten nach § 804 ZPO., soweit nicht etwa abweichende Vorschriften der Zivilprozeßordnung eingreifen; solche sind aber wegen des Nutzungspfandes nicht erlassen.

Der Ertrag, welchen vermietete Möbel abwerfen, ist nach § 99 Abs. 3 BGB. eine „Frucht" der Möbel. Das Recht, Früchte von den verpfändeten Sachen zu ziehen, ist dem Pfandgläubiger in aller Regel versagt. Es kann ihm nach § 1213 BGB. aber beigelegt werden, und dann ist er nach § 1214 BGB. beim Fehlen abweichender Vereinbarungen verpflichtet, den Reinertrag der Nutzungen dem Pfandschuldner gutzubringen. Gerade das verlangt die Klägerin, und sie verlangt es mit Recht. Was das Gesetz für den Fall vertraglicher Einräumung des Nutzungsrechts bestimmt, muß erst recht gelten, wenn der Pfandgläubiger die Früchte zieht, ohne sich auf eine vertragsmäßige Ermächtigung dazu berufen zu können.

Im übrigen blieb aber auch zu erwägen, ob nicht die Klägerin durch ihre Klage auf Auskehrung des Reinertrages der Nutzungen das an sich gesetzwidrige Früchteziehen durch den Beklagten nachträglich genehmigt hat, und ob nicht der Beklagte sich deshalb so behandeln lassen muß, als ob er die Früchte von vornherein mit Zustimmung der Klägerin gezogen hätte.

Letzten Endes sei auch noch auf § 687 Abs. 2 BGB. hingewiesen. Das Vermieten der, wie der Berufungsrichter annimmt, der Klägerin gehörigen Möbel war ein Geschäft der Klägerin. Dieses fremde Geschäft hat der Beklagte als eigenes behandelt, obwohl er nach der Behauptung der Klägerin wußte, daß er dazu nicht berechtigt war. Trifft das zu, so ist der Beklagte auch nach §§ 681, 667 BGB. verpflichtet, das aus der Geschäftsbesorgung Erlangte herauszugeben.

Das angefochtene Urteil mußte hiernach aufgehoben werden. Zur Endentscheidung ist der Rechtsstreit noch nicht reif, . . . (wird ausgeführt).

RGZ. 116, 198.

1. Unter welchen Voraussetzungen erwirbt der Kommittent bei einer Einkaufskommission das Eigentum an den vom Kommissionär eingekauften Wertpapieren, wenn der Kommissionär die Papiere in Verwahrung nimmt und dem Kommittenten kein Nummernverzeichnis übersendet?

2. Wie ist die Rechtslage, wenn an der Forderung des Kommittenten gegen den Kommissionär auf Ausantwortung der für den ersteren gemäß dem Auftrag angeschafften Wertpapiere ein Pfandrecht des Kommissionärs besteht (pignus debiti)?

BGB. §§ 181, 223, 929, 930, 1228, 1280, 1287. HGB. § 384.
Depotgesetz §§ 7, 8.

II. Zivilsenat. Urt. v. 22. Februar 1927.

Die Entscheidung ist abgedruckt unter „Handelsrecht".

RGZ. 116, 266.

Worin besteht der dem Verpfänder einer fremden Sache zu leistende Schadensersatz, wenn ihm das Pfand nicht mehr zurückgegeben werden kann?

BGB. §§ 249, 1223.

I. Zivilsenat. Urt. v. 5. März 1927.

Die Entscheidung ist abgedruckt unter „Bürgerliches Recht, Schuldrecht".

RGZ. 118, 34.

1. Zur Auslegung und Rechtsnatur eines an Order gestellten Depotscheins.

2. Ist der Pfandgläubiger, dem der Pfandschuldner die Befugnis eingeräumt hat, die verpfändeten Wertpapiere weiter zu verpfänden, ohne weiteres berechtigt, die Papiere im eigenen Nutzen für Beträge von unbeschränkter Höhe weiter zu verpfänden?

3. Zur Sorgfaltspflicht des Pfandgläubigers beim Erwerb eines Pfandrechts. Wann ist er nicht in gutem Glauben?

BGB. §§ 932 Abs. 2, 1206, 1207. HGB. §§ 346, 363, 364, 366.

I. Zivilsenat. Urt. v. 13. Juli 1927.

I. Landgericht II Berlin. — II. Kammergericht daselbst.

Auf Grund von Vereinbarungen, die am 16. und 19. Juli und anfangs September 1924 getroffen worden waren, hatte die Klägerin von der Firma E. D., einer Gesellschaft mit beschränkter Haftung, welche Bank- und Geldgeschäfte betreibt, im September 1924 ein Darlehen von 500000 GM erhalten und als Sicherheit dafür der Gläubigerin eine Reihe von Wertpapieren verpfändet. Ein Teil davon wurde bei einer Bank in B. zur freien und uneingeschränkten Verfügung der Darlehensgeberin hinterlegt, der größere Teil aber bei der Zweigstelle dieser Bank in G., und zwar ebenfalls zugunsten der Gläubigerin „oder Ordre", jedoch mit der Bestimmung, daß über sie nur gemeinschaftlich von der Klägerin und der Firma E. D. „oder Ordre" verfügt werden könne. Auf Veranlassung der Klägerin erhielt die Firma E. D. von der Bank einen vom 24. Juli 1924 datierten „Sperrschein" entsprechenden Inhalts. In dem Darlehensabkommen vom 16. Juli war bestimmt worden, daß der Geldgeber bei Zahlungsverzug der Klägerin berechtigt sei, sich aus den Sicherheiten nach Maßgabe der Bestimmungen des Bürgerlichen Gesetzbuchs zu befriedigen. Mit Zustimmung der Klägerin bestätigte jedoch die Bank durch ein Schreiben vom 19. August 1924 der Firma E. D., diese sei ermächtigt, „die durch Sperrschein vom 24. Juli 1924" zu ihren Gunsten oder ihrer Order „hinterlegten Aktien derart zu behandeln", daß sie unwiderruflich berechtigt sei, sich bei Zahlungsverzug innerhalb drei Tagen unter Ausschaltung des Klagewegs wegen ihrer Forderungen aus dem Depot in G. zu befriedigen. Hinzugefügt war, daß dieses Schreiben einen unlöslichen Bestandteil des Sperrscheins vom 24. Juli 1924 bilde und daß die Bank entsprechend diesen Weisungen der Klägerin verfahren werde.

Die Firma E. D. hatte zunächst ihrerseits mit einer Bank in F. einen Darlehensvertrag abgeschlossen. Später trat sie wegen eines Darlehens mit der Beklagten in Verbindung. Sie erhielt von dieser ein solches von 1,4 Millionen RM und verpfändete ihr als Sicherheit hierfür die in G. hinterlegten und die meisten der in B. hinterlegten Wertpapiere. Zu dem Zwecke trat sie an die Beklagte ihren Herausgabeanspruch gegen die Bank ab, machte der Bank davon Anzeige und händigte der Beklagten den auf sie girierten Depotschein aus. Auf Wunsch der Beklagten richtete die Bank am 22. Dezember 1924 mit Zustimmung der Klägerin ein Schreiben an die Beklagte. Darin bestätigte sie ihr, daß eine Reihe einzeln aufgeführter Aktien bei ihr hinterlegt seien, welche die Klägerin der Firma E. D. „mit dem Recht zur Weiterverpfändung lt. Depotschein vom 24. Juli 1924" verpfändet habe. Sie erklärte ferner, alle sich aus dem Sperrschein und aus dem Schreiben vom 19. August 1924 ergebenden Rechte auf das Sperrdepot seien auf die Beklagte übergegangen, und bestätigte schließlich, daß die Beklagte bei Bekanntgabe eines Verzugs der Firma E. D. laut Schreiben vom 19. August 1924, das einen unlöslichen Bestandteil des Depotscheins vom 24. Juli 1924 bilde, unwiderruflich berechtigt sei, innerhalb dreier Tage über das Depot zu verfügen.

Mit der Rückzahlung dieses Darlehens ist die Firma E. D. in Verzug gekommen. Die Klägerin behauptet, das ihr von E. D. gewährte Darlehen von 500 000 RM durch Zahlung an die Beklagte getilgt zu haben, und fordert mit der Klage Herausgabe des Depots in G. Die Beklagte wendet ein, sie habe an diesen Wertpapieren in der vollen

Höhe des Darlehens, das sie der Firma E. D. gegeben habe, ein Pfandrecht erworben. Die Klägerin will der Beklagten ein solches Pfandrecht, falls es überhaupt zur Entstehung gelangt sei, nur in Höhe von 500 000 RM zugestehen.

Die Instanzgerichte haben entsprechend dem Klagantrag erkannt. Die Revision der Beklagten blieb erfolglos.

Aus den Gründen:

1. Die Beklagte macht geltend, daß die Firma E. D. bereits vor dem Schreiben der Bank in B. vom 22. Dezember 1924 unbeschränkt zur pfandmäßigen Verwertung der in G. hinterlegten Wertpapiere berechtigt gewesen sei. Es ist demnach zunächst zu prüfen, welche Rechte in dieser Hinsicht der Firma E. D. bis zum genannten Zeitpunkt zustanden.

Für das Rechtsverhältnis zwischen der Klägerin und der Firma E. D. war in erster Linie das Darlehensabkommen vom 16. Juli 1924 mit seinen Nachträgen maßgebend. Danach wurde die Forderung des Darlehensgebers durch Verpfändung von Wertpapieren gesichert. Die Verpfändung des kleineren Teiles dieser Papiere geschah gemäß § 1205 Abs. 2 BGB., indem die Klägerin sie bei der Bank in B. hinterlegte und durch Übertragung der freien und uneingeschränkten Verfügungsberechtigung unter Benachrichtigung der Bank hiervon ihren mittelbaren Besitz auf die Pfandgläubigerin übertrug. Die Berechtigung der Firma E. D. zur Weiterverpfändung dieser Wertpapiere für Forderungen in beliebiger Höhe, auch zu eigenem Nutzen, und die Wirksamkeit der Weiterverpfändung ist zwischen den Parteien nicht streitig.

Die Verpfändung des größeren Teiles der Wertpapiere fand jedoch gemäß § 1206 Halbsatz 2 BGB. statt. Die Klägerin räumte der Darlehensgeberin den mittelbaren Mitbesitz an den bei der Zweigstelle in G. hinterlegten Wertpapieren ein, indem sie mit ihr und der Bank vereinbarte, daß die Parteien des Pfandvertrags nur gemeinschaftlich über die Pfandstücke verfügen könnten. In einem Schreiben vom 24. Juli 1924, von der Bank als „Sperrschein", weiterhin auch als „Depotschein" bezeichnet, teilte die Pfandhalterin der Firma E. D. mit, daß die Klägerin zugunsten der Firma E. D. oder ihrer „Ordre" ein Depot hinterlegt habe, über das nur von der Klägerin und der Gesellschaft oder „Ordre" gemeinschaftlich verfügt werden könne. Die Einfügung dieser Orderklausel läßt erkennen, daß eine Weiterverwertung der Effekten durch die Firma E. D. in Aussicht genommen war. Es war der Klägerin ja auch bekannt, daß diese Firma, die ihr gegenüber als

Geldgeberin auftrat, wirtschaftlich nur die Rolle eines Vermittlers hatte und sich die Mittel für das der Klägerin zu gewährende Darlehen anderweit beschaffen mußte. Mit Recht nimmt aber das Berufungsgericht an, daß in dem Sperrschein der Firma E. D. eine Befugnis zur Verwertung des Depots in weiterem Umfange, als sie selbst ein Recht daran erworben hatte, nicht eingeräumt werden sollte. Die Klägerin muß es allerdings gegen sich gelten lassen, wenn der auf ihre Veranlassung von der Bank ausgestellte Depotschein nach der Auffassung des Verkehrs von einem Dritten im Sinne einer weitergehenden Berechtigung der Firma E. D. verstanden werden durfte (RGZ. Bd. 93 S. 230). Die Beklagte aber, der bekannt war, daß die Zweitverpfänderin wirtschaftlich nur eine Vermittlerrolle spielte und daß der Darlehensbetrag zur Weitergabe an die Klägerin bestimmt war, konnte unter diesen Umständen aus der Einfügung der Orderklausel keinesfalls entnehmen, der Firma E. D. sei eine solche Befugnis zur Weiterverwertung der Pfandstücke zugestanden, die über den Umfang ihrer eigenen Rechte an den Papieren hinausging. Die ausdrückliche Beschränkung der Verfügungsbefugnis auf ein Handeln in Gemeinschaft mit der Klägerin legt diese Schlußfolgerung noch näher.

Die Revision meint, der Depotschein sei ein kaufmännischer Verpflichtungsschein im Sinne von § 363 HGB., die Beklagte sei durch das Indossament als dessen Inhaber legitimiert und danach könnten ihr keine Einreden aus dem der Ausstellung des Scheines zugrunde liegenden Rechtsverhältnis entgegengesetzt werden. Es ist aber verfehlt, den Depotschein als ein Orderpapier der genannten Art zu betrachten. Er enthält lediglich ein Bekenntnis der Bank über die Hinterlegung einer Anzahl von Wertpapieren und den Sperrvermerk, keineswegs aber eine selbständige Verpflichtungserklärung zu einer Leistung. Es ist kein Grund gegeben, ihm eine weitergehende Bedeutung beizulegen, als sie einem Depotschein in der Regel zukommt, nämlich die einer Quittungs- und Legitimationsurkunde. Die Hinzufügung der Orderklausel hatte somit auch nicht Indossabilität im Sinne von § 363 HGB. und die Indossierung nicht den Rechtsübergang im Sinne von § 364 HGB. mit den dort vorgesehenen Wirkungen zur Folge. Die Girierung des Scheines kann daher nur als Abtretung des Herausgabeanspruchs aufgefaßt werden, wie sie auch bereits im Darlehensvertrag der Zweitverpfänderin mit der Beklagten ausgesprochen worden ist. Durch sie konnte die Beklagte nicht mehr Rechte übertragen, als sie hatte. Das von der Klägerin veranlaßte Schreiben der Bank an die Firma E. D. vom 19. August 1924 hat keine Veränderung der Rechtslage im Zeitpunkt der Weiterverpfändung des Depots in G. zur Folge gehabt. . . . (Wird näher ausgeführt, insbesondere wird dargetan, daß aus dem Schreiben eine Aufhebung des Mitverfügungsrechts der Klägerin für die Zeit vor Eintritt der Pfandreife nicht zu entnehmen sei.)

2. Auch das von der Beklagten veranlaßte und unter Zustimmung der Klägerin ergangene Schreiben der Bank vom 22. Dezember 1924 hat diese Rechtslage nicht geändert. Mag im Bankverkehr in der Regel unter der Einräumung des Rechts zur Weiterverpfändung die Berechtigung zur uneingeschränkten Weiterverpfändung auch zu eigenem Nutzen verstanden werden, so ergibt doch hier der bei Erwähnung des Rechts zur Weiterverpfändung erfolgte ausdrückliche Hinweis auf den Depotschein, daß eine Aufgabe von Rechten aus der im Depotschein zum Ausdruck gebrachten Mitverfügungsberechtigung nicht beabsichtigt war. Der folgende Satz, daß die aus dem Sperrschein ersichtlichen Rechte auf die Beklagte übergegangen seien, läßt sich nur in gleichem Sinne auffassen. Daß die Klägerin in diesem Schreiben keinerlei Rechte aufgeben wollte, erhellt deutlich aus dem Vergleich des ursprünglichen Entwurfs der Beklagten mit der von der Klägerin dem Schreiben gegebenen Fassung, durch die erst die Bezugnahme auf den Sperrschein hineinkam und wo unter Hinweis hierauf und auf das Schreiben vom 19. August die abgetretenen Rechte begrenzt wurden.

Der Brief vom 22. Dezember enthält allerdings nichts von einer Beschränkung des Betrags, zu dessen Sicherheit die Wertpapiere weiterverpfändet werden durften. Es ergibt sich jedoch, wie schon oben ausgeführt, bereits aus der Sachlage, daß die Beklagte eine Befugnis der Zweitverpfänderin zur Belastung der Pfandstücke, die über die Grenzen der ihr selbst zugestandenen Berechtigung hinausging, nicht annehmen konnte. Die Besorgnis der Klägerin, eine Schmälerung ihrer Rechtslage auszuschließen, wie sie in der von ihr gewählten Fassung des Schreibens zum Ausdruck kam, mußte es der Beklagten deutlich werden lassen, daß die Klägerin auch jetzt nicht gewillt war, der Zweitverpfänderin eine aus ihren Erklärungen in Verbindung mit der Sachlage nicht zu entnehmende Berechtigung einzuräumen.

Ob die Beklagte mit dem Schreiben vom 22. Dezember eine weitergehende Verfügungsmacht der Zweitverpfänderin zu erreichen gesucht und auch erreicht zu haben geglaubt hat, ist ohne Bedeutung. Sie muß den Inhalt der Erklärung so gegen sich gelten lassen, wie er sich unter Berücksichtigung der gesamten Umstände ergibt. . . (Diese Umstände werden erörtert.)

3. Die Zweitverpfänderin hat zur Bestellung des Pfandrechts für die Beklagte an diese den ihr in jenem Zeitpunkt nur in Gemeinschaft mit der Klägerin zustehenden Herausgabeanspruch gegen die Bank abgetreten. Es kann zunächst schon Zweifeln begegnen, ob die objektiven Voraussetzungen der Pfandbestellung durch einen Nichteigentümer hierbei gewahrt worden sind. Die Zweitverpfänderin hat nicht den unmittelbaren Alleinbesitz, sondern nur gemeinschaftlich mit der Klägerin den der Vorschrift des § 1206 Halbsatz 2 BGB. entsprechenden Mitbesitz gehabt. Es ist insbesondere zweifelhaft, ob bei dieser Sachlage die gemäß §§ 1207, 934 BGB. für den Pfandrechtserwerb erforderliche Tatsache des mittelbaren Besitzes bei der Zweitverpfänderin als gegeben angenommen werden darf. Es kann aber dahingestellt bleiben, wie diese Frage zu entscheiden ist und ob auch im übrigen die objektiven Voraussetzungen der Pfandbestellung gewahrt sind, da das Berufungsgericht ohne Rechtsirrtum angenommen hat, daß die Beklagte sich beim Erwerb des Pfandrechts nicht in gutem Glauben an die Verfügungsbefugnis der Zweitverpfänderin befunden habe.

Nach den vorherigen Darlegungen über den Umfang der Verfügungsbefugnis der Firma E. D. konnte die Beklagte ein Pfandrecht, soweit sie es wegen einer den Betrag von 500 000 RM übersteigenden Forderung beansprucht, nur dann erwerben, wenn sie ohne grobe Fahrlässigkeit eine Verfügungsbefugnis der Zweitverpfänderin in dieser Höhe annehmen durfte (§ 366 HGB.). Die Frage, ob die Beklagte sich eine grobe Fahrlässigkeit hat zuschulden kommen lassen, hängt im wesentlichen von tatsächlicher Würdigung ab. Das Berufungsgericht hat bei seinen in dieser Richtung angestellten Erwägungen alle erheblichen rechtlichen Gesichtspunkte berücksichtigt. Die von der Zweitverpfänderin erbetene Darlehenssumme hielt sich allerdings innerhalb des Betrags, für den banküblich die angebotenen Pfandstücke zu jener Zeit noch ausreichende Sicherheit boten. Weiter durfte die Beklagte deshalb, weil der Firma E. D. die uneingeschränkte Verfügungsbefugnis über das Depot in B. eingeräumt war, davon ausgehen, daß sie der Klägerin eines gewissen Maßes von Vertrauen wert erschienen war. Immerhin mußte ihr, wie das Berufungsgericht mit Recht hervorgehoben hat, die kaufmännische Vorsicht empfehlen, bei einem Geschäft, bei dem es sich um so erhebliche Werte eines Dritten handelte, sich Gewißheit zu verschaffen über den Umfang der Befugnisse des wirtschaftlich nur in der Rolle eines Vermittlers auftretenden Zweitverpfänders, bei dem sie eben wegen dieser Eigenschaft nicht mit dem Vorhandensein erheblicher Mittel rechnen konnte. Dies konnte sie, falls sie es nicht für geschäftsüblich hielt, sich mit der Klägerin selbst in Verbindung zu setzen, schon dadurch erreichen, daß sie von der Firma E. D. bestimmtere Nachweise in dieser Richtung forderte, als sie sich aus den vorgelegten Urkunden ergaben; aus diesen war über die Höhe der Darlehensaufnahme gar nichts zu entnehmen. Hierzu bestand um so mehr Veranlassung, als sie nach Lage der Sache ohne weiteres annehmen mußte, daß hierüber irgendwelche Abreden zwischen der Klägerin und der Firma E. D. getroffen worden waren, und als sie selbst die Befugnisse des Zweitverpfänders durch den vorgelegten Sperrschein und das Schreiben vom 19. August nicht für genügend geklärt hielt. Bei sorgfältiger Prüfung konnte ihr nicht entgehen, daß im Schreiben vom 22. Dezember durch die Fassung, welche die Klägerin ihm gegeben hatte, die Befugnisse des Zweitverpfänders nicht erweitert worden waren und ihm jedenfalls kein Recht zu uneingeschränkter Verfügung über das Depot eingeräumt war. Die Veranlassung, sich nähere Kenntnis über den Umfang seiner Verfügungsbefugnis zu verschaffen, blieb danach bestehen. Die Verkehrssicherheit erfordert es, daß sich Unternehmungen, welche bankmäßige Geschäfte betreiben, bei solchen Abschlüssen der peinlichsten Gewissenhaftigkeit befleißigen. In Anbetracht dieser auch der Beklagten im Interesse der Verkehrssicherheit obliegenden besonderen Sorgfaltspflicht ist es nicht rechtsirrig, wenn das Berufungsgericht in ihrem Verhalten unter Würdigung aller sonstigen vorstehend wiedergegebenen maßgebenden Gesichtspunkte eine grobe Fahrläsisgkeit erblickt hat. Die Angriffe der Revision sind in dieser Hinsicht somit unbegründet.

RGZ. 118, 250.

Besitz des Haupt- und des Unterspediteurs am Speditionsgut. Kann der Hauptspediteur ein vertraglich ausbedungenes Pfandrecht am Speditionsgut durch seinen Unterspediteur erwerben? Kann der Unterspediteur ein solches Pfandrecht dem Eigentümer des Gutes entgegenhalten?

BGB. §§ 868, 986, 1205.

I. Zivilsenat. Urt. v. 22. Oktober 1927.

I. Landgericht Lübeck, Kammer für Handelssachen. — II. Oberlandesgericht Hamburg.

Die Klägerin verkaufte im Februar 1924 an die Firma K. & Co. in L. 100 Tonnen Walzdraht *fob* Antwerpen, Zahlung gegen Verschiffungsdokumente. Die Ware wurde in Antwerpen nach H. an die Beklagte als Spediteurin der Käuferin verschifft. Die Konnossemente gingen abredegemäß an die D. und N.bank, Filiale L., zur Einlösung durch die Käuferin. Dieser gelang es jedoch, die Klägerin zu bestimmen, daß sie die Bank anweisen ließ, die Verschiffungspapiere ohne Zahlung des Rechnungsbetrags von 793,17,5 engl. Pfd. auszuhändigen. Die Beklagte nahm daraufhin die Ware entgegen. Einige Tage später wurde über die Käuferin die Geschäftsaufsicht verhängt, darauf auch das Konkursverfahren über ihr Vermögen eröffnet. Die Klägerin hat gegenüber der Käuferin die Freigabe der Verschiffungspapiere und die damit verbundene Eigentumsübertragung wegen arglistiger Täuschung angefochten. Gleichzeitig hat sie der Beklagten die Anfechtung mitgeteilt und jeder Verfügung über die Ware widersprochen. Nachdem die Klägerin gegen die Beklagte auf Herausgabe des Gutes Klage erhoben hatte, ist dieses im Einvernehmen der Beklagten und des Konkursverwalters verkauft worden. Die Klägerin verlangte nunmehr Zahlung des Rechnungswerts der Ware.

Die Beklagte machte u. a. geltend, ihr habe wegen ihrer Forderung aus dem Speditonsvertrag ein gesetzliches Pfandrecht an der Ware zugestanden. Weiter berief sie sich darauf, die Firma C. & A. Nachf. in S., die von der Firma K. & Co. beauftragt gewesen sei, die Versendung der Ware zu besorgen, habe nach § 52 der zwischen ihr und ihrer Auftraggeberin geltenden „Allgemeinen Geschäftsbedingungen, festgestellt vom Verein Deutscher Spediteure", wegen ihrer den Klagebetrag übersteigenden Forderungen aus anderen Speditionsaufträgen ein vertragliches Pfandrecht an der Ware gehabt, das auch von ihr, der Beklagten, als Unterspediteurin dieser Firma habe geltend gemacht werden können.

Das Landgericht verurteilte die Beklagte durch Teilurteil zur Zahlung des Unterschieds zwischen dem Erlös aus der Ware und dem Betrag ihrer eigenen Forderung. Die Berufung der Beklagten wurde zurückgewiesen. Ihre Revision führte zur Aufhebung und Zurückverweisung.

Gründe:

Nach den Feststellungen des Berufungsgerichts hat die Firma C. & A. Nachf. von der Firma K. & Co. den Auftrag erhalten, die Versendung der *fob* Antwerpen gekauften Ware von dort nach H. und weiter nach L. zu besorgen. Sie hat sich zur Ausführung des Auftrags der Beklagten bedient. Diese hat die der Käuferin ausgelieferten Konnossemente erhalten und die Ware darauf entgegengenommen. Die in der Aushändigung der Konnossemente an die Käuferin liegende Eigentumsübertragung ist von der Klägerin, der Verkäuferin, nach den nicht zu beanstandenden Darlegungen des Berufungsgerichts mit Erfolg angefochten worden. ... (Es folgt Wiederholung der im Tatbestand angegebenen Einwendungen der Beklagten und es wird festgestellt, daß sie, wie schon das Landgericht mit Recht angenommen habe, wegen ihrer eigenen Forderung von 106,15,7 engl. Pfd. ein gesetzliches Pfandrecht gehabt habe.)

Geht man von diesem Sachverhalt aus, so kann die Klägerin an die Beklagte wegen Verweigerung der Herausgabe nur dann Ansprüche stellen, wenn die Firma C. & A. Nachf. das beanspruchte Pfandrecht gehabt hat, das nach der bestrittenen Behauptung der Beklagten wegen einer den Wert des Gutes übersteigenden Forderung bestanden haben soll, und wenn die Beklagte berechtigt war, sich gegenüber dem Herausgabeanspruch der Klägerin auf dieses Pfandrecht zu berufen. Ist dies zu bejahen, so war die Verweigerung der Herausgabe berechtigt. Ein Schadensersatzanspruch gegen die Beklagte ist dann wegen dieser Verweigerung nicht entstanden. Anderseits handelte die Beklagte, sofern einer der entscheidenden Punkte zu ihren Ungunsten zu beantworten ist, widerrechtlich, wenn sie es zuließ, daß eine Verwertung des Pfandgutes über das hinaus stattfand, was zu ihrer Befriedigung aus dem ihr selbst zustehenden Pfandrecht erforderlich war (§ 1230 BGB.) und wenn sie insoweit dem Herausgabeanspruch des Eigentümers nicht nachkam. Sie ist dann nach § 823 BGB., gegebenenfalls auch nach § 990 Abs. 1 Satz 2 BGB., schadensersatzpflichtig.

Unerheblich ist es, ob der Firma C. & A. Nachf. von ihrer Auftraggeberin vertraglich ein Zurückbehaltungsrecht eingeräumt worden ist. Denn ein solches ließ gegen die Klägerin keine Rechte entstehen. Die Voraussetzungen des § 369 Abs. 2 HGB. liegen nicht vor. Es ist in der Rechtsprechung anerkannt, daß sich der Spediteur über das gesetzliche Pfandrecht hinaus auch für Forderungen, die nicht aus dem übernommenen Speditionsauftrag erwachsen sind, ein Pfandrecht am Speditionsgut ohne Rücksicht auf die Eigentumsverhältnisse ausbedingen kann (RGZ. Bd. 113 S. 427). Objektive Voraussetzung der Entstehung eines Pfandrechts ist aber nach § 1205 Abs. 1 BGB. neben der Einigung über die Bestellung des Pfandrechts, daß der Pfandgläubiger den Besitz der Sache erhält oder sich bereits darin befindet. Ein unmittelbarer Besitz der Firma C. & A. Nachf. kommt nicht in Frage. Es genügt aber auch der mittelbare Besitz (RGZ. Bd. 112 S. 133). Der Vorderrichter hat verneint, daß ein den Voraussetzungen des § 868 BGB. entsprechendes Rechtsverhältnis der Firma C. & A. Nachf. zum unmittelbaren Besitzer des Speditionsgutes bestanden habe. Die Revision greift das mit Recht als irrtümlich an. Unmittelbare Besitzerin des Gutes war unstreitig die Beklagte. Diese stand als Unterspediteurin lediglich mit ihrer Auftraggeberin, der Firma C. & A. Nachf., in Vertragsbeziehungen. Soweit sie mit der Firma K. & Co. in unmittelbaren Verkehr getreten ist, geschah dies nur auf Grund des von der Firma C. & A. Nachf. erhaltenen Auftrags. Nahm sie die Ware auf Grund der in ihre Hände gelangten Konnossemente in Besitz, so geschah auch dies nur auf Grund des zwischen der Firma C. & A. Nachf. und ihr bestehenden Auftragsverhältnisses. Wenn die Firma K. & Co. die Konnossemente unmittelbar an sie übersandte, so erzeugte dies zwischen beiden keine unmittelbaren Vertragsbeziehungen. Der Firma C. & A. Nachf. gegenüber war die Beklagte durch die Annahme des Auftrags zur Entgegennahme und Weiterspedition des Gutes zu dessen Inbesitznahme auf Zeit verpflichtet Nach § 410 HGB. war sie auch befugt, ein Recht auf den erworbenen Besitz bis zur Befriedigung ihrer Forderungen aus dem Speditionsvertrag geltend zu machen. Die Voraussetzungen des § 868 BGB. sind also, was das Rechtsverhältnis der Firma C. & A. Nachf. zur Beklagten angeht, gegeben. Jene war ihrerseits durch Annahme des Auftrags zur Spedition in entsprechende Beziehungen zur Firma K. & Co. getreten. Die Beklagte war somit unmittelbare, die Firma C. & A. Nachf. mittelbare, die Firma K. & Co. entfernt mittelbare Besitzerin des Speditionsgutes.

War der Firma C. & A. Nachf. ein vertragliches Pfandrecht und damit ein Recht zum Besitz des Gutes entstanden, so war die Beklagte, die ihr Recht zum Besitz nach dem Gesagten nicht nur aus ihrem eigenen Pfandrecht, sondern auch von der Firma C. & A. Nachf. als mittelbarer Besitzerin ableitete, nach § 986 BGB. berechtigt, dem auf Eigentum gestützten Anspruch der Klägerin neben dem ihr selbst zustehenden Recht zum Besitz das Recht der mittelbaren Besitzerin entgegenzuhalten. Die Rechtsbeziehungen zwischen dem Hauptspediteur als mittelbarem Besitzer, dem Unterspediteur als unmittelbarem Besitzer und dem am Speditionsvertrag nicht beteiligten Eigentümer des Speditionsgutes sind durch die Vorschrift des § 986 BGB. geregelt. Eine Anwendung des § 411 Abs. 1 HGB. kommt insoweit überhaupt nicht in Betracht, da es an den Voraussetzungen einer Zwischenspedition fehlt.

Die Klägerin hat nicht behauptet, daß die Hauptspediteurin die Anfechtbarkeit der Eigentumsübertragung gekannt habe; § 142 Abs. 2 BGB. ist deshalb nicht anwendbar. Das Pfandrecht der Firma C. & A. Nachf., auf das sich die Beklagte berufen hat, ist daher trotz der Wirkungen der Eigentumsanfechtung nach §§ 1207, 932 BGB., § 366 HGB. als gutgläubig erworben anzusehen, falls die von der Beklagten behauptete Forderung der Firma C. & A. Nachf. besteht. Der objektiven Voraussetzung für die Entstehung des Pfandrechts, daß die Besitzverhältnisse den in §§ 929, 932 Abs. 1 BGB. aufgestellten Anforderungen entsprechen, ist genügt.

Auch wenn sich die Klägerin, wie sie behauptet, das Eigentum an der Ware bis zur völligen Bezahlung vorbehalten haben sollte, hat die Firma C. & A. Nachf., da böser Glaube beim Pfandrechtserwerb nicht behauptet ist, das beanspruchte Pfandrecht erlangt, falls die Behauptung der Beklagten über die ihm zugrunde liegende Forderung den Tatsachen entspricht. Unter diesen Umständen kann es dahingestellt bleiben, ob die Annahme des Berufungsgerichts, der Eigentumsvorbehalt sei nicht Vertragsinhalt geworden, einer rechtlichen Nachprüfung standhält.

RGZ. 126, 348.

1. Erwirbt eine Bank, für welche nach ihren Geschäftsbedingungen an allen in ihren Besitz gelangenden Werten ihrer Kunden ein Pfandrecht entsteht, gemäß § 1292 BGB. an den ihr vom Bankkunden zur Diskontierung übergebenen Wechseln auch dann ein Pfandrecht, wenn sie die Diskontierung ablehnt?

2. Streitet eine Vermutung dafür, daß ein Bankkunde, der seiner Bank Wechsel zur Diskontierung übersendet, auch für den Fall der Ablehnung der Diskontierung mit der Verpfändung der Wechsel nach Maßgabe der Geschäftsbedingungen einverstanden ist?

BGB. §§ 1205, 1292. WO. Art. 9 flg.

II. Zivilsenat. Urt. v. 12. November 1929.

I. Landgericht III Berlin. — II. Kammergericht daselbst.

Die Deutsche Bank, die Rechtsvorgängerin der jetzigen Klägerin (im folgenden Klägerin genannt), ist legitimierte Inhaberin von zehn Wechseln an eigene Order über den Gesamtbetrag von 15 000 RM. Hiervon ist ein Wechsel über 1300 RM am 6. August 1926 mangels Zahlung protestiert worden. Bezogene und Akzeptantin sämtlicher Wechsel ist die nicht eingetragene „H"-Kaffee-Vertriebs- und Handelsaktiengesellschaft, für welche die Beklagten v. P. und H. als Vorstandsmitglieder gezeichnet haben. Ausstellerin und Girantin sämtlicher Wechsel ist die Transatlantische Handelskompagnie mbH., und zwar girierte sie am 30. März 1926 diese Wechsel durch zwei gemeinsam vertretungsberechtigte Prokuristen an die Klägerin mit folgendem Begleitschreiben: „Belieben Sie uns auf Girokonto Wert heute gutzuschreiben." Einen von den Wechseln, über 1100 RM, hat die Klägerin gegen die Beklagten v. P. und H. eingeklagt; in zwei Instanzen hat sie ein obsiegendes Urteil erstritten.

Für die Einlösung sämtlicher Wechsel hat der Drittbeklagte Ph. der Trassantin gegenüber selbstschuldnerische Bürgschaft übernommen. Die Trassantin hat durch ihren Generalbevollmächtigten Dr. Gr. die Rechte aus der Bürgschaft am 6. Mai 1926 an die Klägerin abgetreten. Die zunächst gegen die drei Beklagten erhobene Klage ist von der Klägerin nur gegen H. und Ph. weiter verfolgt worden, weil der Beklagte von P. nicht vertreten war. Sie verlangt gesamtschuldnerische Verurteilung der beiden zur Zahlung von 13 900 RM nebst Zinsen, ferner Verurteilung des Beklagten Ph., als Gesamtschuldner mit den beiden bereits rechtskräftig verurteilten Beklagten v. P. und H. weitere 1100 RM nebst Zinsen und 14,50 RM Wechselunkosten zu zahlen.

Die Beklagten H. und Ph. bestritten die Sachlegitimation der Klägerin, indem sie geltend machten, die Wechsel seien ihr zur Diskontierung übergeben, diese sei jedoch von ihr abgelehnt worden, es fehle also an einem Begebungsvertrag. Hilfsweise behaupten sie, die Girantin habe die Wechsel der Klägerin zum Inkasso gegeben, und leiten daraus ihr Recht her, alle gegen die Girantin ihnen zustehenden Einreden auch der Klägerin gegenüber geltend zu machen. Die Klägerin gibt zu, daß sie die Diskontierung der Wechsel abgelehnt habe, sie will jedoch auf Grund ihrer Geschäftsbedingungen nach § 1292 BGB. ein Pfandrecht an den Wechseln erworben haben für eine ihr gegen die Indossantin zustehende Forderung; auch habe sich Dr. Gr. am 10. April 1926 namens der Indossantin mit der Inpfandnahme der Wechsel ausdrücklich einverstanden erklärt.

Das Landgericht verurteilte die Beklagten H. und Ph. nach dem Klagantrag. Berufung und Revision dieser Beklagten hatten keinen Erfolg.

Aus den Gründen:

Die Haftung des Beklagten H. aus den Klagewechseln ergibt sich aus Art. 95 WO. in Verb. mit § 200 Abs. 1 HGB.

Die Klägerin hat nur dann ein Pfandrecht an den Wechseln gemäß § 1292 BGB. erworben, wenn bei Übergabe der indossierten Wechsel Einigung über die Pfandbestellung geherrscht hat, oder mit anderen Worten, wenn ein Begebungsvertrag zu Pfandzwecken abgeschlossen worden ist. Einen solchen Begebungsvertrag zwischen der Transatlantischen Handelskompagnie und der Klägerin folgert der Berufungsrichter daraus, daß sich die Indossantin als Bankkundin der Klägerin deren Geschäftsbedingungen unterworfen habe und daß diese Bedingungen die Bestimmung enthielten, die Klägerin erwerbe ein Pfandrecht an allen Werten ihrer Kunden, in deren Besitz sie gelange. Der Berufungsrichter meint zwar, trotz solcher Unterwerfung unter die Geschäftsbedingungen könne im Einzelfall etwas anderes vereinbart werden, aber immerhin spreche eine Rechtsvermutung dafür, daß sämtliche Rechtsgeschäfte zwischen der Bank und dem Bankkunden unter die Geschäftsbedingungen fielen. Hiernach soll auch eine Vermutung dafür streiten, daß ein Bankkunde, der seiner Bank Wechsel zur Diskontierung übersendet, dann, wenn letztere von der Bank abgelehnt wird, ohne weiteres mit einer Verpfändung der Wechsel gemäß den Geschäftsbedingungen einverstanden sei, sofern er nicht bei Hingabe der Wechsel ausdrücklich einen anderen Willen zu erkennen gebe.

Dem kann der erkennende Senat nicht beitreten. In der Übersendung von Wechseln zum Diskontieren liegt gegenüber der Bank ein Angebot zum Abschluß eines Wechselbegebungsvertrags unter der Bedingung, daß die Bank zum Diskontieren bereit ist. Der hierbei klar zum Ausdruck gekommene Wille des Bankkunden geht in einem solchen Falle dahin, daß die Wechsel der Bank nur für den Fall übergeben werden sollen und daß sie durch die Begebung nur dann Eigentümerin der indossierten Wechsel werden soll, wenn sie dem Bankkunden die Diskontsumme zur Verfügung stellt, daß aber bei Ablehnung der Diskontierung kein Begebungsvertrag abgeschlossen, sondern der Wechsel an den Indossanten zurückgegeben werden soll. Es liegt hier also ein typischer Fall vor, wo — was ja auch der Berufungsrichter mit Recht für zulässig erachtet — die Geschäftsbedingungen für ein einzelnes Geschäft durch die Willenserklärung des Bankkunden außer Kraft gesetzt werden; dann kann aber auf Grund der Geschäftsbedingungen kein Pfandrecht nach § 1292 BGB. entstehen. Der Bankkunde erklärt ja bei der Hingabe der Wechsel, daß die Bank bei Nichtdiskontierung die Wechsel mangels Zustandekommens eines Begebungsvertrags zurückgeben soll. Wenn die Bank auf Grund ihrer Geschäftsbedingungen die Rückgabe verweigern würde, obwohl der Kunde die Bedingungen für den erwähnten Fall außer Kraft gesetzt und ihr die Wechsel mit jener Maßgabe ausgefolgt hat, so läge hierin ein grober Verstoß gegen Treu und Glauben mit Rücksicht auf die Verkehrssitte und ein offenbarer Mißbrauch des vom Kunden der Bank entgegengebrachten Vertrauens. Möglich und durchaus zulässig ist zwar, daß die Bank bei Ablehnung der Diskontierung dem Bankkunden unter Hinweis auf ihre von ihm angenommenen Geschäftsbedingungen den Vertragsantrag macht, ob er ihr den Wechsel als Pfand belassen wolle; ein Pfandrecht entsteht aber in diesem Falle erst mit der Annahme eines solchen Vertragsantrags durch den Kunden. Die bloße Tatsache, daß die hier fraglichen Geschäftsbedingungen bestehen, vermag einen solchen Vertragsantrag nicht zu ersetzen. Auch ist im Zurückbehalten der Wechsel durch die Bank noch kein stillschweigendes Angebot zum Abschluß eines Wechselbegebungsvertrags im Sinne des § 1292 BGB. zu erblicken, da dieses Zurückbehalten zu Unrecht geschieht und vom Bankkunden angesichts seiner klar hervorgetretenen gegenteiligen Willensmeinung *nach Treu und Glauben nicht als neuer Vertragsantrag der Bank* gedeutet werden kann. Wohl aber kann die Annahme eines erkennbaren Vertragsantrags der Bank gegebenenfalls auch stillschweigend erfolgen und aus den gesamten Umständen gefolgert werden. Dies entspricht dem für stillschweigende Willenserklärungen geltenden Grundsatz, wonach jedermann sich gefallen lassen muß, daß sein Verhalten vom andern Teil so beurteilt wird, wie es nach Treu und Glauben mit Rücksicht auf die Verkehrssitte zu deuten ist. Es fragt sich jedoch, ob schon in der einfachen Berufung der Bank auf ihre Geschäftsbedingungen und in der Tatsache, daß der Bankkunde trotz Ablehnung der Diskontierung die hingegebenen Wechsel nicht zurückverlangt, stets eine derartige stillschweigende Willenserklärung zu erblicken ist. Das muß verneint werden. Der erkennende Senat hat schon im Urteil vom 13. November 1925 II 394/25 (SeuffArch. Bd. 80 Nr. 47) ausgeführt, daß in der Untätigkeit des Indossanten nicht unter allen Umständen ein stillschweigendes Einverständnis mit der Verpfändung zu erblicken sei, insbesondere dann nicht, wenn dem Indossanten nur an der Erlangung baren Geldes und nicht an der Verpfändung des Wechsels gelegen gewesen und die Rückforderung des Wechsels nur deshalb unterblieben sei, weil er die Bank auf Grund der Geschäftsbedingungen zu ihrem Vorgehen für befugt gehalten und sich lediglich dem „Zwange gefügt" habe (vgl. hierzu Urteil des Oberlandesgerichts München vom 20. März 1925 in LZ. 1925 Sp. 884).

Wenn daher nicht noch sonstige Umstände dazutreten, kann aus der Untätigkeit des Indossanten für sich allein nicht gefolgert werden, daß er sich nach Ablehnung der Diskontierung mit dem Abschluß eines Begebungsvertrags über Verpfändung des Wechsels einverstanden erklärt hat, und erst recht nicht vermag das Vorhandensein derartiger Geschäftsbedingungen ohne alles weitere einen Vertragsantrag der Bank zu ersetzen, der dahin geht, daß ihr die Wechsel zu Pfandzwecken nach

§ 1292 BGB. belassen werden sollen. Es besteht keinerlei Vermutung, wie sie der Berufungsrichter annimmt; vielmehr trifft in einem solchen Falle die Bank die Beweislast für das Zustandekommen eines Begebungsvertrags zu Pfandzwecken. Das entspricht der herrschenden Meinung (vgl. KommRGR. 6. Aufl. § 1292 Anm. 1 a. E.; Staudinger 13. Aufl. § 1292 Anm. 5).

Allein für den vorliegenden Fall hat diese Frage überhaupt keine entscheidende Bedeutung. Denn nach den Feststellungen des Berufungsrichters ist ein Begebungsvertrag zu Pfandzwecken dadurch zustande gekommen, daß die Indossantin, die Transatlantische Handelskompagnie, durch ihren Generalbevollmächtigten Dr. Gr. der Inpfandnahme der auf die Klägerin indossierten Wechsel ausdrücklich zugestimmt und dies in der Urkunde vom 10. April 1926 noch besonders erklärt hat. Diese Feststellung hat der Berufungsrichter auf Grund der beeidigten Aussage des Dr. Gr. getroffen, der er vollen Glauben beimißt.

Der Abschluß eines Begebungsvertrags nach § 1292 BGB. wird nicht dadurch ausgeschlossen, daß die Einigung über die Belassung der Wechsel als Pfand der Übergabe zur Diskontierung nachgefolgt ist. Dies ergibt sich aus § 1205 Abs. 1 Satz 2 in Verbindung mit § 929 Satz 2 BGB.

RGZ. 140, 345.

1. Inwieweit muß sich der Verpfänder, der die Rückgabe des Pfandes verlangt, zur Befriedigung des Pfandgläubigers erbieten?

2. . . .

I. Zivilsenat. Urt. v. 17. Mai 1933.

Die Entscheidung ist abgedruckt unter „Handelsrecht".

RGZ. 141, 129.

Zur Anwendung des § 1207 BGB. (in Verbindung mit § 932 das.) und des § 366 HGB.

VII. Zivilsenat. Urt. v. 26. Mai 1933.

§ 366 HGB.

Die Entscheidung ist abgedruckt unter „Handelsrecht".

RGZ. 148, 349.

Unter welchen Voraussetzungen ist die in mehreren Urkunden enthaltene schriftliche Erklärung der Verpfändung einer Hypothek wirksam?

BGB. §§ 126, 1154, 1274.

VII. Zivilsenat. Urt. v. 20. September 1935.

I. Landgericht Braunschweig. — II. Oberlandesgericht daselbst.

Für den Landwirt Sch. wurde im Jahre 1917 auf einem im Grundbuch von Schl. eingetragenen Grundbesitz eine Restkaufgeldhypothek von 150000 ℳ eingetragen. Diese Briefhypothek verpfändete Sch. zur Sicherung eines ihm gewährten Kredits an eine Bank. Im Jahre 1920 erhielt er in der Person des Gutsbesitzers D. zur Besorgung seiner Vermögensangelegenheiten einen Pfleger. D. löste aus seinen eigenen Mitteln die Bankschuld ab und leistete an Sch. weitere Zahlungen zur Bestreitung von dessen Lebensunterhalt. Da D. zu seiner Sicherheit die Verpfändung der Hypothek wünschte, wurde Rechtsanwalt B. als Sonderpfleger für Sch. bestellt; er erklärte am 5. Dezember 1921 zu Protokoll des Amtsgerichts G., die Hypothek an den mitanwesenden D. zu verpfänden. Auf Antrag des Rechtsanwalts B. vom 12. Januar 1922 wurde die Verpfändung am 30. Januar 1922 ins Grundbuch eingetragen; den Hypothekenbrief übersandte das Grundbuchamt an D.

Später wurde die Forderung auf insgesamt 50000 RM aufgewertet. Hiervon sind am 13. Januar 1932 30000 RM als Aufwertungsbetrag im Grundbuch von Schl. eingetragen worden. D. hat den größten Teil seiner Forderung gegen Sch. an seine Gläubiger abgetreten; nach Zwischenabtretungen erwarb von der Forderung des D. an Sch. die Erstklägerin einen Teilbetrag von 23000 RM, die Zweitklägerin einen solchen von 16000 RM. Nach Kostenfestsetzungsbeschlüssen des Landgerichts H. schuldete Sch. dem Bankherrn W. 33552,81 RM; wegen dieser Forderung ließ W. am 24. März 1928 die Hypothek pfänden und sich überweisen. W. ist verstorben; über seinen Nachlaß ist Konkurs eröffnet und der Beklagte ist zum Konkursverwalter bestellt worden.

Die Klägerinnen begehren die Feststellung, daß ihnen dem Beklagten gegenüber das Vorbefriedigungsrecht aus der im Grundbuch von Schl. auf den Namen des Sch. als Gläubigers und des D. als Pfandgläubigers eingetragenen Hypothek vor der von W. ausgebrachten Pfändung zustehe. Der Beklagte hat Klagabweisung beantragt, weil keine rechtswirksame Verpfändung der Hypothek des Sch. an D. vorliege und deshalb auch die Klägerinnen kein Pfandrecht an der Hypothek erworben hätten.

Das Landgericht hat nach dem Klagantrag erkannt. Das Oberlandesgericht hat dagegen die Klage abgewiesen. Auf die Revision der Klägerinnen wurde das erstinstanzliche Urteil wiederhergestellt.

Aus den G r ü n d e n :

Das Berufungsgericht kommt zunächst ohne Rechtsirrtum zu der Feststellung, daß die im Grundbuch erfolgte Eintragung der Verpfändung rechtsunwirksam sei, weil in der Eintragung weder die pfandgesicherte Forderung angegeben noch auf die Eintragungsbewilligung Bezug genommen sei . . . (Wird näher dargelegt.) Es prüft dann weiter, ob eine Verpfändungserklärung in schriftlicher Form erteilt worden sei, und führt dazu aus, die Beteiligten hätten eine privatschriftliche Verpfändungserklärung nicht abgegeben, wohl aber eine solche zu Protokoll des Amtsgerichts G. vom 5. Dezember 1921, die — ihre Rechtsgültigkeit vorausgesetzt — die privatschriftliche nach § 126 Abs. 3 BGB. ersetzen würde. Nach dem Protokoll vom 5. Dezember 1921 sind vor dem Richter der Sonderpfleger Rechtsanwalt B. und D. erschienen. B. hat erklärt, er verpfände an D. die Hypothek von 150 000 ℳ; das Protokoll schließt: „Die Erschienenen erklärten, eine eingehende schriftliche Begründung noch nachbringen zu wollen." Am 10. Dezember 1921 schrieb D. an Rechtsanwalt B., er habe die Bankschuld des Sch. am 1. Oktober 1921 mit 34 172 ℳ abgelöst und sich die Hypothek verpfänden lassen, um sie dessen Bedürfnissen entsprechend zu beleihen; er leihe das Geld, solange er es aus eigenen Mitteln könne, für 5 v. H. Diesen Brief des D. sandte Rechtsanwalt B. mit Schreiben vom 14. Dezember, eingegangen am 15. Dezember 1921, an das Amtsgericht G. Das von Rechtsanwalt B. unterzeichnete Schreiben lautet: „In der Pflegschaftssache Sch. übersende ich anbei Erklärung des Vormundes des Landwirts Sch. Aus dieser Erklärung geht hervor, daß die Übernahme der Schuld vom Vormund im Interesse des Landwirts Sch. geschehen ist, um diesem die hohen Bankzinsen zu ersparen. Der Verpfändung der Hypothek an D. steht demnach nichts im Wege." Danach hat das Amtsgericht den Rechtsanwalt B. aufgefordert, Eintragungsantrag zu stellen. Am 12. Januar 1922 hat dieser in den Grundakten Schl. den Antrag gestellt, worauf die oben erwähnte Eintragung im Grundbuch erfolgte und der Hypothekenbrief an D. übersandt wurde.

Wie das Berufungsgericht mit Recht ausführt, ist neben der Bezeichnung des Pfandgegenstandes und dem Ausdruck des Verpfändungswillens die Bezeichnung der zu sichernden Forderung notwendiges Erfordernis der Verpfändungserklärung. In der Entscheidung RGZ. Bd. 136 S. 422 (424) hat der erkennende Senat ausgeführt, daß, wenn für eine Willenserklärung Schriftlichkeit vorgeschrieben sei, die Willenserklärung in ihrer Gesamtheit in e i n e r Urkunde enthalten sein müsse, und daß, wenn sich die Willenserklärung über mehrere Blätter erstrecke, diese zu einer einheitlichen Urkunde im Rechtssinn zusammengefaßt werden müßten, ferner, daß, wenn die Blätter in sich selbständige Willenserklärungen enthielten, es außerdem einer Bezugnahme der einen Willenserklärung auf die andere bedürfe. Weiter ist dort ausgesprochen, daß die Willenserklärungen nicht von derselben Person abgegeben sein müßten. Eine diesen Erfordernissen genügende schriftliche Verpfändungserklärung, die nur vom Verpfänder abzugeben ist, ist aber, im Gegensatz zu der Rechtsauffassung des Berufungsgerichts, vom Pfleger B. auch abgegeben worden. Allerdings ist in der Verpfändungserklärung vom 5. Dezember 1921 die pfandgesicherte Forderung nicht genannt; sie ergibt sich aber aus dem Brief des Rechtsanwalts B. vom 14. Dezember in Verbindung mit dem Brief des D. vom 10. Dezember. Aus diesen Briefen geht hervor, daß durch die Verpfändung die Forderungen des D. an Sch. gesichert werden sollten, die durch Ablösung der Bankschuld und durch die von D. an Sch. geleisteten und noch zu leistenden Zahlungen zur Bestreitung des Lebensunterhalts entstanden.

Die Revisionsbeantwortung meint, das genüge nicht, weil weder in der Urkunde vom 5. Dezember darauf Bezug genommen sei, daß später eine Urkunde errichtet werden sollte, die eine Ergänzung der Willenserklärung durch Angabe der zu sichernden Forderung zum Inhalt haben werde, noch die Urkunden vom 10. und 14. Dezember eine Bezugnahme auf die Urkunde vom 5. Dezember enthielten; abgesehen davon aber seien die Erklärungen vom 10. und 14. Dezember offensichtlich nicht als Willenserklärungen gewollt gewesen, sondern nur als Darlegung des Sachverhalts gegenüber dem Vormundschaftsgericht. Diese Auffassung ist jedoch abzulehnen. Da es sich bei der im Protokoll vom 5. Dezember in Aussicht gestellten „Begründung" gerade auch um den Grund und die Höhe der zu sichernden Forderung handelte, so mußte in der noch zu gebenden „Begründung" diese Forderung auch bezeichnet werden. So sagt auch das Berufungsgericht, unter der Begründung der Verpfändung möge die in Aussicht gestellte Angabe der Forderung verstanden werden können, zu deren Sicherung die Verpfändung habe dienen sollen. Nur so kann tatsächlich die Erklärung vom 5. Dezember unter Berücksichtigung der §§ 133, 157 BGB. verstanden werden. Denn da der Pfleger B. wußte, daß durch seine Erklärung vom 5. Dezember noch keine wirksame Verpfändung erfolgt war, er eine solche aber herbeiführen wollte, müssen seine weiteren Erklärungen in möglichst weitgehendem Maße dahin ausgelegt werden.

daß sie den von ihm gewollten Rechtserfolg herbeiführen, und zwar nicht nur im Sinne einer Begründung des Antrags auf vormundschaftsgerichtliche Genehmigung, sondern auch hinsichtlich der Bezeichnung der zu sichernden Forderung. Dabei ist es unerheblich, ob er sich der rechtlichen Bedeutung seiner Erklärungen im einzelnen bewußt gewesen ist. Hiernach trifft weder die Auffassung der Revisionsbeantwortung zu, B. habe mit dem Schreiben vom 14. Dezember keine Willenserklärung abgeben wollen, noch auch der Einwand, in der Urkunde vom 5. Dezember sei auf die spätere Urkunde, die diese in der Willenserklärung ergänzen sollte, nicht Bezug genommen und deshalb die Schriftform nicht gewahrt. Weiter wird in dem Schreiben vom 14. Dezember auf das gleichzeitig übersandte Schreiben des D. vom 10. Dezember 1921 Bezug genommen. Die Revisionsbeantwortung meint, es fehle aber in dem Schreiben vom 14. Dezember die Bezugnahme auf die Erklärung vom 5. Dezember. Auch dieser Einwand ist unbegründet. Wenn auch eine solche Bezugnahme im Schreiben vom 14. Dezember nicht ausdrücklich enthalten ist, so ergibt sich aus dem letzten Satz dieses Schreibens, „der Verpfändung der Hypothek an D. stehe demnach nichts im Wege", mit hinreichender Deutlichkeit die Bezugnahme auf die am 5. Dezember zu Protokoll gegebene Erklärung. Hiermit ist dem Erfordernis der Bezugnahme um so mehr genügt, als es sich hier nicht um zwei selbständige Willenserklärungen handelt, sondern die zweite nur eine Ergänzung der ersten Willenserklärung darstellt.

Diese drei Urkunden bilden auch eine einheitliche Urkunde im Rechtssinne. Wenn die beiden letzten Urunden auch nicht ausdrücklich als Anlage zu der ersten Urkunde genommen worden sind, so ist der äußere Zusammenhang dieser innerlich aufeinander verweisenden Urkunden dadurch hinreichend hergestellt, daß der Richter die Urkunden vom 10. und 14. Dezember dem Willen der Aussteller entsprechend zu den Pflegschaftsakten genommen hat, in denen sich das Protokoll vom 5. Dezember 1921 bendet. Von dem in RGZ. Bd. 136 S. 422 entschiedenen Fall, in dem der erkennende Senat eine einheitliche Urkunde im Rechtssinn nicht angenommen hat, unterscheidet sich der vorliegende insbesondere dadurch, daß dort die einzelnen Urkunden in keiner Beziehung eine rechtliche Einheit bildeten und die darin enthaltenen Willenserklärungen auch nicht aufeinander Bezug nahmen.

Die schriftliche Verpfändungserklärung ist dem D. auch im Sinne der §§ 1274, 1154 BGB. erteilt worden. Das Berufungsgericht geht bei Erörterung dieser Frage richtig davon aus, daß zur Erteilung einer schriftlichen Erklärung eine Aushändigung des die Erklärung enthaltenden Schriftstücks nicht erforderlich ist, sondern jeder Akt genügt, durch den sich der Erklärende des Schriftstücks in solcher Weise zugunsten des Erklärungsempfängers entäußert, daß dieser darüber verfügen kann (RGUrt. vom 15. Juni 1906 VII 515/05, abgedr. Gruch. Bd. 51 S. 181 [184], vom 26. Januar 1918 V 305/17, abgedr. LZ. 1918 Sp. 1067 Nr. 15, vom 7. Dezember 1925 IV 490/25, abgedr. SeuffArch. Bd. 80 Nr. 82, vom 23. Mai 1932 VIII 75/32, abgedr. DRZ. 1932 Rspr. Nr. 564 und HRR. 1932 Nr. 1917). Wenn es dann aber weiter ausführt, daß sich die Klägerinnen auch keine Ausfertigung des Protokolls vom 5. Dezember 1921 verschafft hätten, die Pflegschaftsakten auch keinen Vermerk über Anforderung oder Ausstellung einer solchen Ausfertigung enthielten und es danach zu einer Erteilung der zu Protokoll gegebenen Verpfändungserklärung an D. nicht gekommen sei, so setzt es sich hiermit in Widerspruch zu seiner vorher wiedergegebenen Rechtsauffassung, wonach es genügt, daß der Erklärungsempfänger über sie verfügen k a n n. Rechtsanwalt B. hat sich durch seine in Gegenwart des D. am 5. Dezember vor dem Amtsgericht abgegebene Verpfändungserklärung und seinen gleichzeitig mit dem Brief des D. vom 10. Dezember an das Amtsgericht gerichteten Brief vom 14. Dezember und seinen Antrag auf Eintragung der Verpfändung im Grundbuch in solcher Weise der Verpfändungserklärung entäußert, daß D. nunmehr darüber verfügen konnte; denn sein Wille kann nur dahin ausgelegt werden, daß er, soweit es zur Entstehung des Pfandrechts nötig war, mit der Verfügung des anderen Teils über diese Urkunde, insbesondere auch mit einer nach § 34 FGG. möglichen Erteilung beglaubigter Abschriften, einverstanden war. Zur Erteilung der Verpfändungserklärung genügt es im vorliegenden Fall aber auch, daß D. über beglaubigte Abschriften verfügen konnte (vgl. für die Bürgschaftserteilung RGZ. Bd. 126 S. 121). Demnach ist, da auch hinsichtlich der Genehmigung des Vormundschaftsgerichts keine Bedenken bestehen, die Erteilung der Verpfändungserklärung rechtswirksam erfolgt. . .

RGZ. 167, 298.

Ist, wenn ein Miterbe seinen Erbanteil verpfändet, das gesetzliche Vorkaufsrecht eines anderen Miterben (§ 2034 BGB.) als ein Recht im Sinne der §§ 1249, 1273 BGB. anzusehen?

VII. Z i v i l s e n a t. Urt. v. 3. Oktober 1941.

I. Landgericht Stuttgart. — II. Oberlandesgericht daselbst.

Die Parteien sind Brüder und zusammen mit einem dritten Bruder He. B. Miterben ihrer in den Jahren 1935 und 1938 verstorbenen Eltern. He. B. verkaufte und übertrug im Juni 1939 seine Anteile an den elterlichen Nachlässen für 20 000 RM an den Beklagten, der zur Beschaffung des Kaufpreises 15 000 RM von der St.-Bank lieh und ihr dagegen eine vollstreckbare Schuldurkunde ausstellte sowie seinen Erbanteil und den des He. B. verpfändete. Am 19. September 1940 zahlte der Kläger gemäß § 1249 BGB. an die Bank den Betrag ihrer auf 13 237,97 RM errechneten Forderung gegen den Beklagten und erhielt von ihr die Schuldurkunde vom 26. Juni 1939 ausgehändigt.

Der Rechtsstreit geht um das Ablösungsrecht des Klägers, der die Feststellung erstrebt, daß er vermöge der Tilgung der Bankschuld des Beklagten Gläubiger der Bankforderung nebst 6 v. H. Zinsen seit dem 23. September 1940 geworden sei und das Pfandrecht der Bank an den Erbanteilen des Beklagten erlangt habe.

Gemäß dem Antrage des Beklagten haben beide Vordergerichte die Klage abgewiesen. Die Revision des Klägers hatte keinen Erfolg.

Gründe:

Das vom Kläger auf Grund der §§ 1249, 1273 BGB. in Anspruch genommene Ablösungsrecht verneint das angefochtene Urteil in Übereinstimmung mit dem Erstrichter. Die Ausführungen, mit denen die Revision diese Entscheidung bekämpft, können nicht für zutreffend erachtet werden. Das Befriedigungsrecht des § 1249 besteht nur zugunsten dessen, der durch die Veräußerung des Pfandes ein Recht an dem Pfande verlieren würde. Pfandgegenstand waren im Streitfalle die Erbanteile des Beklagten, die er mit Urkunde vom 26. Juni 1939 der Bank verpfändet hatte, also vermöge des Wesens der Erbengemeinschaft als einer Gemeinschaft zur gesamten Hand (§§ 2032 flg.) das Mitgliedschaftsrecht des Beklagten an dieser. Durch die der Bank in der Urkunde eingeräumte Berechtigung zur öffentlichen Versteigerung des Pfandgegenstandes bei Fälligkeit ihrer Darlehnsforderung wurde kein Recht des Klägers am Pfandgegenstande berührt. Auch der Kläger hatte als Miterbe nur ein Mitgliedschaftsrecht an der Erbengemeinschaft, das ihm aber kein Recht an den Anteilen des anderen Miterben gab. Das Vorkaufsrecht, auf das der Kläger sein Ablösungsrecht gemäß §§ 2034 flg. BGB. stützt, begründete kein unter § 1249 fallendes Recht am Pfandgegenstand. Es ist davon auszugehen, daß der Ausdruck „Recht an dem Pfande, wie er sich in dieser Gesetzesvorschrift findet, im gleichen rechtsbegrifflichen Sinne zu verstehen ist, wie das Bürgerliche Gesetzbuch in seinem ganzen Umfange die Wortfassung — Recht an einem Gegenstande — folgerichtig gebraucht, d. h. im Sinne des dinglichen Rechts. Der Bereich dieser Rechte ist fest umgrenzt (Eigentum, Nießbrauch, Pfandrecht und dgl.). Das Vorkaufsrecht der §§ 504 flg. BGB. kann schon seiner begrifflichen Natur nach nicht darunter fallen, da es nach der auch für den Fall der §§ 2034 flg. geltenden Regelung der §§ 504 flg. BGB. nur die vertragliche oder gesetzliche Anwartschaft auf den Eintritt des Berechtigten in ein Verpflichtungsgeschäft (einen Kauf) des Vorkaufsverpflichteten begründet. Wenn das Vorkaufsrecht an Grundstücken nach dem Bürgerlichen Gesetzbuch das Wesen einer dinglichen Belastung hat, so bedeutet das eine mit Rücksicht auf das Grundstücksrecht getroffene Sonderregelung, die aber für den Streitfall ohne Bedeutung ist, weil hier das Vorkaufsrecht am Erbanteil, nicht an dem den Hauptbestandteil der Erbmasse bildenden Grundstück in Frage steht. Das Vorkaufsrecht der Miterben wird auch nicht dadurch zu einem dinglichen Recht am Erbteil, daß das Recht nach §§ 2035, 2037 BGB. eine sogenannte dingliche Wirkung gegenüber dem Käufer des Erbanteils und einem etwaigen Nacherwerber besitzt. Unter diesen Umständen kann unentschieden bleiben, ob der Ausübung des Vorkaufsrechts im Streitfall überdies — worauf der Vorderrichter abstellt — die Bestimmung des § 512 BGB. entgegenstände, wonach das Recht jedenfalls bei Verkäufen im Wege der Zwangsvollstreckung und durch den Konkursverwalter entfällt, weil das gleiche angenommen werden müsse, wenn die Veräußerung eines verpfändeten Erbteils im Wege der Befriedigung aus dem Pfand in Frage stehe (RGR. Komm. z. BGB. Bem 2 zu § 512; Planck BGB. Bd. II Bem. 1 zu § 512; Staudinger BGB. Bd. II Bem. 2 zu § 512). Daß auch die dem Pfandgläubiger eines Erbteils durch § 86 FGG. gegebene Möglichkeit, sich der Vermittlung des Nachlaßgerichts zu bedienen, um auf diesem Wege die Erbauseinandersetzung zu betreiben, das Ablösungsrecht des Klägers nicht rechtfertigen kann, hat das angefochtene Urteil zutreffend dargelegt.

Mit Recht hat hiernach der Vorderrichter festgestellt, daß der Kläger das Recht des § 1249 BGB., der die Übertragung des § 268 BGB. auf die Verhältnisse des Pfandrechts bedeutet, nicht für sich in Anspruch nehmen kann. Die Revision versucht, die Klage noch aus § 267 BGB. zu begründen, indem sie geltend macht, der Kläger habe in den früheren Rechtsgängen behauptet, daß die Bank an ihn bei seiner Zahlung ihre Forderung gegen den Beklagten samt dem daran haftenden Pfandrecht abgetreten habe. Indessen ist eine derartige Behauptung den Akten nicht zu entnehmen. Die Revision bescheidet sich denn auch, wie dies schon im Berufungsurteil zutreffend dargelegt wird, dabei, daß die in § 267

BGB. zugelassene Leistung eines Dritten lediglich eine Erfüllungshandlung darstelle und das Erlöschen des Schuldverhältnisses, nicht aber von Gesetzes wegen den Übergang der getilgten Forderung samt Nebenrechten auf den leistenden Dritten nach sich ziehe. Ist aber statt dessen der Wille der Beteiligten gerade auf einen solchen Übergang der Forderung, also auf deren Erwerb durch den Leistenden, gerichtet, so handelt es sich nicht um den Fall des § 267 BGB., sondern um ein Abtretungsgeschäft entgeltlicher Art, und ein solches bedürfte der Darlegung und des Beweises seiner tatsächlichen Grundlagen. Diese können nicht aus der bloßen Geltendmachung der Leistung durch einen Dritten und der Herausgabe der Schuldurkunde an ihn seitens des Gläubigers entnommen werden, und mehr als das hat der Kläger in den früheren Rechtsgängen nicht vorgebracht. Um einen Fall des § 140 BGB. handelt es sich dabei ebenfalls nicht. Auch auf eine — im übrigen nutzlose — Änderung des Klageantrages im Sinne des veränderten rechtlichen Gesichtspunktes hinzuwirken, hatte der Vorderrichter weder Verpflichtung noch angesichts des Klagevorbringens Veranlassung.

RGZ. 169, 321.

Zur Frage der Haftung des Pfandgläubigers aus § 1285 Abs. 2 BGB.

VII. Zivilsenat. Urt. v. 7. August 1942.

I. Landgericht Aachen. — II. Oberlandesgericht Köln.

Der Kläger ist Ende 1928 in Höhe von 7250 RM Darlehnsschuldner der Beklagten geworden und hat ihr zur Sicherung ihrer Forderung eine ihm auf einem Grundstück des Maklers M. in A. zustehende Hypothekenforderung von gleicher Höhe verpfändet. M. veräußerte um die Jahreswende 1928/29 das Grundstück an den Kaufmann A. in München, wobei dieser die Hypothekenschuld in Anrechnung auf den Kaufpreis übernahm. Im Jahre 1935 erwirkte die Beklagte gegen den Kläger wegen ihrer Forderung samt Zinsen abzüglich an sie aus der Zwangsverwaltung des Grundstücks gezahlter 684 RM ein rechtskräftig gewordenes Versäumnisurteil. Die entmündigte Mutter des Klägers war Eigentümerin eines Sägewerks in W. Dieses hatte sie am 5. Oktober 1937 dem A. für 50 000 RM notarisch zum Kauf angeboten, wobei A. 15 000 RM auf den Preis angezahlt hatte, die bei Nichtannahme des Angebots bis zum 1. Januar 1938 verfallen sollten. Der Kläger ließ die Beklagte durch seinen Anwalt auf die Vollstreckungsmöglichkeit aufmerksam machen, die hierdurch gegen A. auf Grund der vollstreckbaren Hypothekenurkunde bestand, worauf die Beklagte auch zunächst durch Vorpfändung und danach durch Pfändungs- und Überweisungsbeschluß

a) die Forderung A.s gegen Frau Ch. auf Übereignung des Sägewerks,
b) seinen ihm nach dem notarischen Kaufangebote vom 5. Oktober 1937 zustehenden Anspruch auf Abholung der darin befindlichen Maschinen,
c) seinen Anspruch auf Rückgabe der gezahlten 15 000 RM bei Rückgängigmachung des notarischen Abkommens

mit Beschlag belegen ließ. Durch einen im November 1937 mit A. geschlossenen Vergleich gab die Beklagte die Pfändung zu b) gegen Zahlung von 2150 RM wieder frei. Infolge des Todes A.s kam es nicht zum Erwerbe des Sägewerks durch ihn. Das eingangs erwähnte Grundstück wurde im Jahre 1941 zwangsweise versteigert, wobei der Beklagten 2651,76 RM aus dem Erlöse zuflossen.

Diesen Betrag nebst anderen auf das Darlehn bezahlten 3907 RM samt Zinsen fordert der Kläger von der Beklagten mit dem weiteren Antrage, die Zwangsvollstreckung aus dem von dieser erwirkten Versäumnisurteil für unzulässig zu erklären und sie zur Herausgabe dieses Schuldtitels zu verurteilen. Zur Begründung führt er an, die Beklagte habe durch ihren Vergleich mit A. ihre Vereinbarungen mit ihm, dem Kläger, verletzt und außerdem gegen ihre Verpflichtung zur Wahrnehmung seiner Belange bei der Zwansvollstreckung verstoßen, damit aber ihre Befriedigung aus den A.schen Ansprüchen zu seinem, des Klägers, Nachteil schuldhaft vereitelt.

Beide Vordergerichte haben die Klage abgewiesen. Die Revision des Klägers wurde zurückgewiesen.

Gründe:

Die Behauptung der Klage, die Beklagte habe sich dem Kläger zur Zwangsvollstreckung gegen A. gemäß seinen Weisungen vertraglich verpflichtet, betrachtet das angefochtene Urteil mit dem Erstrichter als widerlegt. Ist hiernach davon auszugehen, daß für die Beklagte hinsichtlich ihrer Zwangsvollstreckung gegen A. keinerlei vertragliche Bindung bestand, so stand es in ihrem Verhältnis zum Kläger als ihrem Darlehns- und Pfandschuldner in ihrem Ermessen, was sie gegen den Grundstückseigner A. als dinglichen und persönlichen Schuldner kraft des ihr zustehenden Pfandrechts auf Grund der vollstreckbaren Urkunde vom 30. Oktober 1928 zur Beitreibung ihrer Forderung unternahm. Entschloß sie sich auf einen entsprechenden Hinweis des Klägers, nicht in das Grundstück zu vollstrecken, sondern sich zunächst an die angeblichen persönlichen Ansprüche des A. gegen die Mutter des Klägers aus der notarischen Abmachung vom 5. Oktober 1937 zu halten, so war das ein Beitreibungsversuch mit Hilfe einer außerhalb des Pfandverhältnisses liegenden Forderung, wobei die Beklagte dem Kläger nur insofern zur Rechenschaft verpflichtet war, als sie nach § 1285 Abs. 2 BGB. für ordnungsmäßige Einziehung der Pfandforderung einzustehen hatte. Die Pfandforderung aber war nicht die Forderung A.s gegen die Mutter des Klägers, sondern die Forderung des Klägers gegen A., und bei der Vollstreckung in die ersterwähnte, außerhalb des Vermögens des Klägers stehende Forderung konnte eine Haftung der Beklagten in ihrem Verhältnis zum Kläger überhaupt nicht entstehen. Dem Kläger gegenüber hatte die Beklagte weder eine Obliegenheit, den gewählten Vollstrekkungsweg zu beschreiten, noch auch, wenn sie ihn beschritt, die Pflicht, ihn zu vollenden, und sie war nicht behindert, auf dadurch erlangte Vollstreckungsrechte zu verzichten, ohne sich damit dem Kläger haftbar zu machen. Die gegenteilige Annahme würde auf eine dem Gedanken des Pfandrechts zuwiderlaufende Rechenschaftspflicht des Pfandgläubigers gegenüber dem Pfandschuldner wegen außerhalb des Pfandes liegender Beitreibungsversuche hinauslaufen. Die Forderung des Klägers gegen A. hat die Beklagte keineswegs preisgegeben, vielmehr bei ihrem Vergleich mit diesem gegen eine Abfindungsumme lediglich den auf die Maschinen bezüglichen Teil ihres erlangten Vollstreckungspfandes freigegeben, ihre Vollstreckungsrechte im übrigen aber aufrecht erhalten. Einen Verstoß gegen die Verpflichtung ordnungsmäßiger Einziehung der ihr verpfändeten Forderung des Klägers gegen A. beging sie damit nicht. Ihr war nicht zuzumuten, sich der von ihr nicht ohne Grund angenommenen Möglichkeit auszusetzen, daß sie bei einer Verwirklichung dieser Forderung auf Schwierigkeiten stoßen werde (vgl. RG. in Seuff.Arch. Bd. 65 Nr. 75). Eines Eingehens auf die Ausführungen der Revision zu den Gründen, aus denen das Berufungsgericht das Verhalten der Beklagten für entschuldbar hält, bedarf es sonach nicht, und zwar um so weniger, als durch A.s Tod sich unstreitig das ganze, von der notarischen Beurkundung vom 5. Oktober 1937 erfaßte Angebot alsbald zerschlagen hat. Daß das dem A. unter VI dieses Angebots eingeräumte Verfügungsrecht über die Maschinen und Einrichtungen des Sägewerks auch in diesem Falle bestehen bleiben sollte, folgt aus dem Vertragsinhalt in keiner Weise. Schon damit verliert die Schadensbegründung des Klägers ihre Schlüssigkeit. Unter diesen Umständen ist die Frage des Wertes der Maschinen und des Zeitpunktes ihrer Entfernung aus dem Grundstück ebenso bedeutungslos wie die nach der Richtigkeit des Gutachtens über den Wert des mit der Hypothek des Klägers belasteten Hauses in A., das dieser der Beklagten vorgelegt hat.

Sachregister

(Die Ziffern bedeuten die Seitenzahlen dieses Bandes)

A

B

D

E

F

G

N

O

P

R

S

Z

Veröffentlichungen der Vereinigung der Deutschen Staatsrechtslehrer

1. Heft. Vergriffen.

2. Heft. **Der Schutz des öffentlichen Rechts. Die neueste Entwicklung des Gemeindeverfassungsrechts.** Referate von Walter Jellinek, Gerhard Lassar, Fritz Stier-Somlo, Ludwig v. Köhler, Hans Helfritz. — Verhandlungen der Tagung der Deutschen Staatsrechtslehrer zu Leipzig am 10. und 11. März 1925. Mit Eröffnungs- und Begrüßungsansprachen sowie einer Zusammenfassung der Diskussionsreden. Oktav. 265 S. 1925 .... DM 12,—

3. Heft. **Die Gleichheit vor dem Gesetz im Sinne des Art. 109 der Reichsverfassung. Der Einfluß des Steuerrechts auf die Begriffsbildung des öffentlichen Rechts.** Berichte von Erich Kaufmann, Hans Nawiasky, Albert Hensel und Ottmar Bühler. — Verhandlungen der Tagung der Deutschen Staatsrechtslehrer zu Münster i. W. am 29. und 30. März 1926. Mit einem Auszug aus der Aussprache. Oktav. 140 S. 1927 DM 7,—

4. Heft. **Das Recht der freien Meinungsäußerung. Der Begriff des Gesetzes in der Reichsverfassung.** Berichte von Karl Rothenbücher, Rudolf Smend, Hermann Heller und Max Wenzel. — Verhandlungen der Tagung der Deutschen Staatsrechtslehrer zu München am 24. und 25. März 1927. Mit einem Auszug aus der Aussprache. Oktav. 215 S. 1928 .. DM 10,—

5. Heft. **Wesen und Entwicklung der Staatsgerichtsbarkeit.** Überprüfung von Verwaltungsakten durch die ordentlichen Gerichte. Berichte von Heinrich Triepel, Hans Kelsen, Max Layer und Ernst v. Hippel. — Verhandlungen der Tagung der Deutschen Staatsrechtslehrer zu Wien am 23. und 24. April 1928. Mit einem Auszug aus der Aussprache. Oktav. 238 S. 1929 DM 12,—

6. Heft. **Bundesstaatliche und gliedstaatliche Rechtsordnung. Verwaltungsrecht der öffentlichen Anstalt.** Berichte von Fritz Fleiner, Josef Lukas, Lutz Richter und Arnold Köttgen. —Verhandlungen der Tagung der Deutschen Staatsrechtslehrer zu Frankfurt a. M. am 25. und 26. April 1929. Mit einem Auszug aus der Aussprache. Oktav. 166 S. 1929....DM 9,—

7. Heft. **Entwicklung und Reform des Beamtenrechts. Die Reform des Wahlrechts.** Berichte von Hans Gerber, Adolf Merkl, Heinrich Pohl und Gerhard Leibholz. — Verhandlungen der Tagung der Deutschen Staatsrechtslehrer zu Halle am 28. und 29. Oktober 1931. Mit einem Auszug aus der Aussprache. Oktav. III, 212 S. 1932........ DM 10,80

WALTER DE GRUYTER & CO. / BERLIN W 35